國家圖書館出版品預行編目資料

生產與作業管理／黃學亮著. -- 初版.
--臺北市：三民，民88
　　面；　　公分
ISBN 957-14-2916-3 (平裝)

1.生產管理

494.5　　　　　　　　87013678

網際網路位址　http://www.sanmin.com.tw

© 生產與作業管理

著作人　黃學亮
發行人　劉振強
著作財產權人　三民書局股份有限公司
發行所　三民書局股份有限公司
　　　　地址／臺北市復興北路三八六號
　　　　電話／二五○○六六○○
　　　　郵撥／○○○九九九八──五號
印刷所　三民書局股份有限公司
門市部　復北店／臺北市復興北路三八六號
　　　　重南店／臺北市重慶南路一段六十一號
初版　中華民國八十八年六月
編號　S 49281
基本定價　拾元陸角
行政院新聞局登記證局版臺業字第○二○○號

有著作權·不准侵害

ISBN 957-14-2926-3 (平裝)

大專用書

生產與作業管理

黃學亮　著

三民書局 印行

序

　　最近幾年來國內有關生產與作業管理的教科書或相關書籍漸漸多了，這顯示國內學術界或製造業者與服務業者對這一門學問之重視與需要。基本上生產與作業管理是一門綜合性的管理科學，它包含了統計學、企業管理學、工業工程學、資訊科技、工程經濟、作業研究甚至一些工程學的知識，這門課程中有些章節如計算機整合製造 (CIM)、可靠度 (Reliability)、自動化 (Automation)、專案管理、品質管理、維護保養等都已發展成獨立的專業知識，此之種種平添了這門課程的複雜度，自然造成編寫上之挑戰性。

　　本書大體上是依據教育部對專科學校生產與作業管理之課程標準編寫，但是作者在寫作過程中仍針對下列三件事反覆地思索：要給學生什麼樣的內容？在有限的篇幅中這些內容的深度又若何？除了學生外是否也能為就業者與待業者在生產與作業管理方面提供有幫助的資訊？因此，作者乃秉持下列原則進行編纂：

- 本書強調的是近代生產與作業管理之基本觀念，因此避免一些過於繁瑣之實務流程或一些艱澀之作業研究或數學模式。

- 本書有許多觀念來自不同領域之管理大師如 L. Thurow、 Michael E. Porter、 Peter F. Drucker、 R. Schonberger 等，其目的在使讀者體認出未來趨勢並能產生另類的思考方式，深信較為宏觀的理解有助於一個生產與作業管理者對於錯綜複雜且瞬息萬變之生產與作業環境較有因應能力。

- 本書除介紹資訊科技、自動化等在生產與作業管理之應用情況外，

並對美國、日本產業界之一些新進發展之成果，諸如最佳化生產技術等做一簡介，以期讀者未來在汲取這類新知時能有一基本的概念而不致全然無知，並進而提昇讀者在這方面研讀的興趣。

筆者在我國最大製造業中國石油公司服務近二十年，深深感到製程技術之重要性，而生產與作業管理是製程技術中極其重要的一部份。如今我國正邁向科技島，製造是我們的專長，我們不僅要進行產品創新更要改善製程技術，爰此，斯時斯地生產與作業管理之研究實刻不容緩。在寫作歷時三年間不時有一些新的觀念與新的學說出現，惟囿於篇幅，除一部份作精簡介紹外其餘只好忍痛放棄，同時筆者在這方面學養極淺，魯魚亥豕、謬誤之處在所難免，將在此一併祈請海內外方家賜正，不勝感荷。

黃學亮

八十八年五月

中油公司總工程師室

生產與作業管理

目　次

序

第一章　導　論

第二章　生產／作業決策

第十二章 物料管理與採購

第十三章 及時生產系統

第十四章 裝配線平衡技術

第十七章　專案管理

第十八章　維護保養

第十九章　展　望

第一章 導　論

1.1　生產與作業管理的基本概念

生產系統

　　凡是能創造**效用**(Utility) 的活動都稱為生產，具體而言，它是人們將各種可用之資源經由**轉換過程** (Transformation Process) 以產出產品或服務的作為。因為組織自**生產要素** (Production Factors) 投入生產活動後，經轉換過程以迄產出產品或服務之各個階段中均設有控制機制以進行**反饋** (Feedback)，這正是典型的系統模式，因此學者多以系統之觀點來研究生產活動。圖 1-1 即是一個最簡化的生產系統。

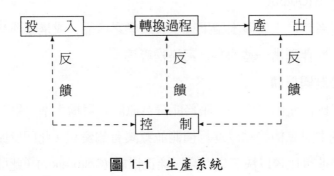

圖 1-1　生產系統

　　現在我們將對上述生產系統之重要成份作一討論：

　1.投入 (Input)

這是指參與生產活動之可用資源，包括物料、機器設備、勞動力、資金、土地、廠房、技術、能源、資訊、管理等等。

2.轉換過程

它包括**系統設計**(System Design) 和**作業規劃與控制** (Operations Planning and Control) 二部份：

(1)系統設計：包括產品設計、廠址選擇、**佈置規劃** (Layout Planning)、**產能規劃** (Capacity Planning)、工作系統之設計等。系統設計一般是屬於**高階主管** (Chief Executive Office，簡記CEO)之職責，系統設計之良窳直接影響到日後作業系統之執行順利與否，同時系統設計一旦成形後便不易修改，即便可以修改，亦將所費不貲，因此，企業在規劃系統設計時莫不抱持審慎之態度。

(2)作業規劃與控制：包括**整體生產規劃** (Aggregate Planning)、存貨管理、**物料需求規劃** (Material Requirement Planning，簡記MRP)、排程規劃、維護保養與品質管理等等。

基本上系統設計是**屬戰略性** (Strategic)，而作業規劃與控制為**戰術性** (Tactical)，故在本質上多為生產部門之**例行管理** (Routine Management)。

3.產出(Output)

生產系統之主要產出結果或是製造業之產品，或是服務業之服務，此外尚可能伴隨著一些廢料、污染物等等。

4.控制與反饋

為了確保產出之產品或服務能符合原訂之目標水準，生產者每每在生產系統中設立檢驗點以進行偵測並蒐集有關資訊（此即反饋），俾與原訂標準進行比較以決定是否需採**矯正措施** (Calibration)（此即控制）。

例 1 試以(a)大學(b)麥當勞(c)醫院(d)小型零件代工廠為例，說明它們的投入、轉換過程及產出。

解: (a)大學:

　　1.投入: 學生、教職員、教學設備、校舍、公用設施等……

　　2.轉換過程: 教學活動、圖書資料之提供……

　　3.產出: 受教育的學生……

(b)麥當勞:

　　1.投入: 顧客、服務員、材料（漢堡牛肉、麵包、生薯條、生雞塊……）、店面、廚具……

　　2.轉換過程: 烹調……

　　3.產出: 炸薯條、漢堡、炸雞、可樂等等

(c)醫院:

　　1.投入: 病人、醫護人員、病房、醫療設備……

　　2.轉換過程: 身體檢查、診斷治療……

　　3.產出: 病人的健康

(d)小型零件代工廠:

　　1.投入: 工人、廠房、生產設備、材料、輸儲設備……

　　2.轉換過程: 產品設計、加工

　　3.產出: 零件

　　上例之投入、轉換過程及產出是相當簡化的，讀者當可舉出更多的項目來補強它，同時讀者亦可看出在大學、麥當勞及醫院這類服務業中消費者都在生產系統內，但製造業的小型零件代工廠則否，這正是傳統服務業與製造業最重要差別之一❶。

---

❶ 傳統之 POM 教材認為服務業之消費者在生產系統中，但一些應用資訊技術之服務業如「爆炸性服務業」（見本書 p.10）之消費者便不在生產系統中。

生產作業管理

生產作業管理 (Production and Operation Management, 簡記POM)是有關生產系統的管理作為。就歷史而言，早期之生產管理較偏重於製造管理，但近十幾年來，鑑於服務業之重要性日增而且服務業與製造業在生產流程上有許多相似之處，例如：它們都要做銷售預測、整體規劃、品質管理、機器設備之維護保養等等，因此乃有以「生產與作業管理」取代「生產管理」的趨勢，POM 之應用也因而涵蓋服務業。

1.2　生產管理的功能

企業不論是屬於製造業或服務業，除都需具備生產、財務與行銷三種基本功能外，尚需一些輔助性功能，如會計、人事、採購、公共關係、研究發展、工業工程、資訊、維修等，輔助性功能會因行業或企業規模不同而有所增減或偏重。不論企業之基本功能或輔助性功能都可藉由分工合作之方式以達成組織既定之目標。

圖 1-2　企業組織之三種基本功能

POM 的功能

POM 之主要功能即是對生產系統進行規劃、決策與執行，俾能有效

地使用企業內之可用資源以達成 POM 之三個目標: 提升品質、降低成本與保證交期。**品質** (Quality)、**成本** (Cost) 與**交期** (Delivery) 合稱 QCD。近年來為因應消費者快速多變之需求特性以及來自其他廠商之競爭壓力,因此又增加了另一個目標——**彈性** (Flexibility),企業可透過這四大目標以突顯其產品或服務之特性而能在市場競爭中取得優勢。

管理程序與生產經理之職責

不論在製造業或服務業, 生產經理的工作性質都脫離不了管理的範疇, 因此他必須依據管理程序來進行生產系統之管理工作: 亦即他必須透過**規劃** (Planning) 以釐訂符合組織目標之行動方針; 他必須透過**組織** (Organizing) 以協調各部門以達成組織之共同目標; 他必須透過**用人** (Staffing) 以甄選適當人才並經由**在職訓練** (On Job Training, 簡記OJT) 來提升人力素質; 他必須透過**領導** (Directing) 以指揮、激勵部屬有效地達成組織之任務; 他必須透過**控制**(Controlling) 以工作績效之評量來了解達到組織既定目標之程度以及決定是否要採取必要之矯正措施。

1.3　生產與作業系統之形態

製造業生產作業形態

製造業與服務業之生產作業形態不同, 這是不言可喻之事實, 製造業中之煉油業、造船業、汽車業等之生產作業形態固有相當大的歧異, 即便是同屬汽車製造業亦頗有差異, 這種差異可能來自產品類別、生產規模、技術複雜度等等, 因此我們有必要找一些分類標準來研究各類型生產作業形態之特性。產品標準化的程度, **批量大小** (Lot Size) 等都是常見之分類標準, 在此應注意的是: 這種分類祇是為了便於研究, 實務

上有許多企業是介於兩者之間。

依批量大小分類

依批量大小可分零工生產(Job Shop Production) 又稱為間歇性生產 (Intermittent Production)、分批生產 (Batch Production)、大量生產 (Mass Production) 三類，茲分述如下：

1.零工生產

零工生產國內有人稱之為單件小批量、少量多樣生產或是間歇性生產，這些名稱顧名思義恰恰反映了零工生產的特點：依顧客訂單從事小批量生產，訂單上經常只有一種產品，一項產品只做一件，或一次一件的單件生產 (Unit Production)，又因為生產者要因應顧客不同之規格需求，因此生產線須能彈性調整。生產設備必須通用化 (General Purpose)。在生產上常因訂單之有無而有停工開工情況。工人須有較高的技術水準，以應付不同工作之需要。重機械設備、造船、航空工程、特殊機具生產屬之。

專案生產 (Project Production) 是一種特殊之單件生產，它是在特定之時間及預算下要完成一大型或創新性極高之工程。在實施專案生產時，可能需聚集不同專業部門之人才，我們將在第十七章裡作詳盡之討論。

2.分批生產

分批生產方式是以中等批量大小來生產相同的產品，它可能只生產一次也可能是週期性的定期生產，生產的目的在於滿足顧客對此一特定產品之持續性需求，因此分批生產者必須擁有特殊設計之夾具 (Fixture) 與鑽模 (Jig)。

3.大量生產

大量生產方式的特點是生產產品的種類很少，但每一種產品之生產量都很大，因此大量生產者都擁有專用生產某種產品之特殊生產設備以進

行高效率生產，產品之標準化程度高，**重複性生產** (Repetitive Produciton)
是為一例。因為大部份之生產技術已嵌入專用機具中，所以對工人之技
術水準之要求上也比前兩種生產方式為低。

產品標準化程度

按產品標準化程度可分(1)**標準化產品** (Standardized Product) 與(2)**顧
客化產品** (Customized Product) 兩種：

1.標準化產品

標準化產品之特性是產品具有高度的**齊質性**(Uniformity)，如家電用
品、文具、汽車輪胎等。這類產品在生產過程中可能有相當比重的零件
來自外購，同時它便於**模組化** (Modulation) 設計，產製過程較為簡單。
標準化產品之廠商必須參酌市場需求、自身產能與銷售能力來訂定生產
計畫，同時它必須維持相當的存貨以因應不時之需。標準化生產可因標
準化之作業流程、原料以及自動化而達到大量生產與降低單位成本之目
標。

2.顧客化產品

顧客化產品是依顧客特殊要求而設計產製的，產製過程較為複雜，
工人技術水準要求較高，生產者需擁有彈性之多用途設備。顧客化產品
之市場需求並不明顯，多以訂單生產為主。

製程形態

按製程形態可分(1)**連續性製程** (Continuous Process) 及(2)**離散性製
程** (Discrete Process) 二大類：

1.連續性製程

這種生產方式是將原材料在生產線一端投入後，按生產順序連續地
生產操作、加工以大量生產高度同質化產品，生產設施亦是按生產流程

來進行佈置，像煉油、水泥、飲料等均是。如同大量生產，採連續製程之工業亦採用專用化之生產設備。連續性製程對作業員技術水準要求不高。連續性製程下產品有高度同質性，因此多屬存貨生產。

2.離散性製程

離散製程下產品最大特色是由許多零組件所構成的。在生產過程中零組件通常需經一定之加工、裝配的順序，將**半製品** (Work in Process，簡記WIP) 以**輸送帶** (Conveyor) 等方式送到下一製程。汽車、電子業等製造業均屬於離散製程。

連續製程需以自動化設備時時監控整個製造程序，一個製程出了問題往往會造成整個製程癱瘓。以煉油廠為例，從原油卸至儲油槽再到各煉製工場，分餾、精煉至成品，都是在工場之蒸餾系統裡為之，工程人員可透過各種電腦偵控系統了解製程以及運作是否有異常狀況。離散製程則需注意到及時將所需之零組件送達以及進料之品管工作。

依顧客訂貨方式

依顧客訂貨方式，生產可分接單生產與存貨生產二類:

1.接單生產 (Make to Order)

生產者依顧客指定之規格加工生產，每一訂單的數量可能少到只有一件，但也可能多至必須採用連續生產方式承製。接單生產之廠商因為顧客要求之規格甚為分歧，且數量有大有小，因此生產上必須極富彈性。

2.存貨生產 (Make to Stock)

生產者為因應市場可能之需要，按照某些規格先行產製，然後將產品儲存在倉庫或批發商處以便顧客不時之需。

服務業之作業形態

服務業作業形態之異質性甚高，因此要分類並非易事，以下是 W. J.

Baumol 對服務業所做的分類：

1.遲滯性之個人服務業 (Stagnant Personal Services)

遲滯性之個人服務業之特徵是服務部門與顧客有直接的接觸，服務品質與時間長短呈高度相關。像美容業、餐飲業、診所、律師、代書等都是典型的例子，服務的內容、品質很難標準化，因此要提升這類服務業之效率似乎只有從改善管理著手。

2.可替代性之個人服務業 (Substitutable Personal Services)

和遲滯性之個人服務業一樣，可替代性之個人服務業之服務部門也是與顧客直接接觸，但它與前者的最大差異在於可替代之個人服務業可用科技化之產品或方法所取代，例如：

- 銀行櫃臺人員之許多作業可被**自動櫃員機**(Automated Teller Machine，簡記ATM) 所取代。
- 傳統文書抄寫工作可被影印機所取代。
- 傳統之警衛工作可被**電子監視系統** (Electronic Surveillance System) 所取代。
- 傳統之郵遞可被**電子郵件** (Electronic Mail，簡記E-Mail) 所取代。

替代性之個人服務業若以科技化產品或方法取代時，或可將成本降低到某種程度，但效果有可能比較差。例如在現場看球賽之臨場效果當然比在家看電視轉播來得好。

3.進步性服務業 (Progressive Services)

進步性服務業通常蘊含二個成份，一是**技術密集成份**(Technology Intensive Component)，一是**勞力密集成份** (Labor Intensive Component)，其中技術密集成份會隨著技術之進步而使成本遞減，但過一段時間後勞力密集成份之成本將超過技術密集成份之成本而使得整個生產力拉下。

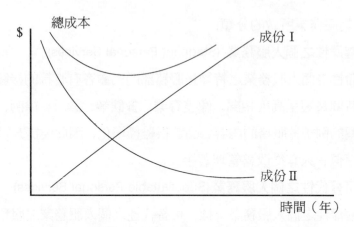

圖 1–3 成長性服務業成本 I ，II 之消長

進步性服務業在開始時每單位服務總成本降得愈快，其瀕臨總成本最低點之時間愈短。電腦業就是一個例子。

4.爆發性服務業 (Explosive Services)

在美國常可用電腦網路來訂機位、購物等，在服務過程中並不與顧客有所接觸，而是透過一些高科技，尤其是**資訊技術** (Information Technology，簡記IT) 來完成的，這類服務業稱為爆發性服務業。

服務業之競爭力

服務業之競爭力通常可由下列四個準則來進行評估:

(1)成本: 這裡所稱的成本包括資本成本與操作成本，不論產品或服務市場中，成本較低者在價格競爭中往往佔有優勢自不待言。

(2)品質: 服務業之競爭力往往會因行業不同而有不同的評估重點:

　　‧技藝性: 如理髮師、醫師、修車廠……

　　‧速度: 如快遞、打字業……

　　‧成果可靠性: 如股票分析……

(3)**可依特性** (Dependability): 它顯現在顧客需要服務時，服務業者

能及時提供服務的程度，例如：

- 24 小時便利超商一定較傳統雜貨店更具可依恃性。
- 綜合醫院通常較私人小診所更具有可依恃性。

(4)**彈性或顧客化程度 (Flexibility or Customization)**：它表現服務業者因應顧客之個別需要之能力。

製造性生產與服務性生產之比較

製造業與服務業在生產流程上有許多相似之處，但二者之間仍有相當大的差異性，例如：

- 製造生業強調有形產出──產品，而服務生產則為無形產出──行動，因此前者為產品導向，後者為動作導向。
- 製造生產系統下，消費者與生產者彼此隔離，亦即消費者不在生產性系統內，故生產者在生產過程中有較大的空間；反之服務生產下，消費者與生產者都在同一消費點上，亦即消費者納入生產系統中，服務之作業流程會因消費者而有所改變，例如牙科病患（顧客）與牙科醫師（服務生產者）均在牙科座檯上進行治療，其治療方式可能因病患之病情或病人之特殊需求而有所不同。此外製造業之嚴密之控制子系統及存貨系統在服務業中並不多見，同時服務生產對消費者需求變動甚為敏感，因此必須時時視情況來調整其「窗口」。
- 由勞動投入之齊質性觀之：服務生產業較製造生產業來得更多元化，因此服務生產之勞動投入的齊質性遠較製造生產為低。
- 由生產力觀之：製造生產因為在投入或產出方面均較服務生產有較高的齊質性，因此製造生產較服務生產更易於評估產出之品質、生產系統之生產力，同時製造生產之效率亦常較服務生產為高。

讀者應注意的是：我們將生產系統分成製造生產系統與服務生產系統兩大類，這是基於研究方便所作的分類，事實上，許多生產系統兼具

製造作業系統與服務作業系統兩種的性質，例如：臺灣家電製造業多在主要城市設置服務站，石油公司除煉製各項油品外亦設置加油站代售油品等等。

　　我國自民國八十五年以後，服務業就業人口逐漸超過製造業而步入了所謂「後工業時代」，且兩者差距有逐漸拉大的趨勢。在此值得我們注意的是：一個國家的服務業要能蓬勃發展實有賴於「健康的」製造業，六〇年代美國製造業走上頂峰，使得當時全球十大銀行美國居其七，及至一九九一年，美國製造業漸失其全球競爭優勢，美國在全球十大銀行中僅花旗銀行勉強擠入第八名外，其餘均落外國銀行手中，因此一國之製造部門生產力不振，品質低落、技術創新慢則必定會波及服務部門之競爭優勢。

1.4　生產力

生產力之定義

　　生產力 (Productivity) 是用作評估生產系統績效的一項指標，其一般定義是：

$$生產力 = \frac{產出量}{投入量}$$

例 2　三名打字員在四小時完成了18,000 個字的文稿，求其生產力？

解：

$$生產力 = \frac{打字數}{打字員工作總時數}$$

$$= \frac{18,000}{3 \times 4}$$

=1,500 字人工╱小時

若我們對生產要素 X_i 之生產力有興趣，則可定義其生產力為：（這種生產力特稱為**偏生產力衡量**(Partial Productivity Measure)）

$$生產要素 \ X_i \ 之偏生產力衡量 = \frac{產出量}{生產要素 \ X_i \ 之投入量}$$

偏生產力衡量以勞動生產力與資本生產力兩項最為重要：

$$勞動生產力 = \frac{產出量}{勞動投入量}$$

及

$$資本生產力 = \frac{產出量}{資本投入量}$$

但是單單以勞動生產力或資本生產力來評估企業整體效率並不合理，乃有綜合生產力或**多生產要素生產力衡量** (Multi-factor Productivity Measure) 之設計，設計這種生產力指標時，投入量和產出量應有相同之衡量標準，貨幣是最常用標準之一，此時投入量可能是成本而產出量為價格。

例3　某公司在 1994 年生產 A, B 兩型汽車。若 A 型汽車生產 40,000 輛，每輛售價為$100,000，耗用 145,000 個工時，每小時平均工資為 $200，物料費用$9,600,000，資本設備與折舊$1,600,000， B 型汽車生產 50,000 輛，每輛售價為$120,000，耗用 160,000 個工時，每小時平均工資為 $200，物料費用$12,000,000，資本設備與折舊 $1,800,000，試求二車之多生產要素生產力各為何？

解：　A 型車之多生產要素生產力

$$= \frac{產出量}{總投入量}$$

$$=\frac{總銷售額}{勞動成本+物料費用+資本設備與折舊}$$

$$=\frac{100,000 \times 40,000}{200 \times 145,000 + 9,600,000 + 1,600,000}$$

$$=99.5$$

同法可得 B 型車之多生產要素生產力為131.0

在上例中 B 型車之生產力雖較A 型車為高，但因為沒有其他進一步之成本資料，因此無法判斷 B 型車之利潤是否較 A 型車為高。

提高生產力並不意味著會增加企業的利潤或競爭優勢，例如美國企業習以裁員來提高生產力，但是這可能會損及產品品質或生產彈性，從而影響到競爭力。因此在研究生產力之同時也必須考慮到競爭力，光談生產力而不談競爭力將是一件無意義的事。

如何建立一個具有競爭性之生產力？

在回答這個問題前，我們可看看美國麻省理工學院產業生產力委員會對八〇年代美國產業競爭力衰退原因所做之剖析：

(1)美國企業經營決策過於偏重短期，尤其**投資報酬率** (Return on Investment，簡記ROI) 與**股東權益報酬** (Return of Entity，簡記ROE) 等財務面，使得在**研究發展** (Research and Development，簡記R&D) 之設備及人力之投資上均顯不足。

(2)美國企業忽略了國外競爭者的能力與意圖以及國外商機。

(3)美國企業因過度專業化和部門化以致組織與成員間缺乏溝通合作。

(4)美國企業一味削降勞工成本而未將勞工視為製造重要資源。

(5)美國企業過度重視產品創新而未強化製程改善。

該委員會根據上面之症狀，提出了以下處方：

(1)美國企業應在 R&D 上多做投資而不應過度強調短期財務面。

(2)美國企業在人力與設備上應多做投資並改善製程能力。

(3)美國企業應消除組織內溝通之障礙，並與供應商建立利害與共之關係。

(4)美國企業應視勞動力為一項重要之生產資源。

(5)美國企業應回歸到生產作業管理之基本面，同時在設計階段就應重視品質，強調製程創新。

他山之石可以攻錯，在此也擬提供一些做法做為國內廠商強化競爭性之參考：

1.生產技術與方法之改進

例如：

・加強 R&D：R&D 之方向除產品創新外亦需特別注意到製程改善，在心態上企業應視 R&D 為一項投資而非費用。

・製造、服務自動化：藉由自動化設備及資訊科技 (IT) 之適度引入，以提升產品或服務之品質，此外亦可使產品或服務更具彈性。

・作業製程之合理化。

・電腦整合製造 (Computer Integrated Manufacturing，簡記CIM)（第四章）、物料需求規劃 (MRP)（第十一章）、及時生產系統 (JIT)（第十三章）都是目前最佳之生產系統，企業應適當地引進這些系統，以邁向**世界級製造** (World Class Manufacturing，簡記WCM) 之境界，同時必須打破**習慣領域** (Habit Domain) 中之作業流程，惟有在製程方面之改善以取得成本、品質、交期、彈性之全面優勢才足以為企業在市場競爭勝利之左券。

2.品質

・藉由**全面品質管理** (Total Quality Management，簡記TQM)以提升

產品品質，降低不良率，進而杜絕不良品與再製品 (WIP) 所造成之浪費以及降低品質成本。

- 藉由**品質機能展開** (Quality Function Deplyment，簡記QFD)將消費者需求納入設計系統，以使得產品品質與市場需求間能有效之結合，我們在 4.8 節中有詳盡之討論。

3.**勞動力**

- 增加員工之**工作滿足** (Job Satisfication) 感。

- 加強員工之在職訓練 (OJT) 以提升勞工之素質。

- 藉由**品管圈** (Quality Control Circles，簡記QCC) 、提案制度等活動，讓員工直接參與和企業生產力與品質有關之活動，以提升員工對組織之參與感。參與管理之父 Dr.Rensis Likert 認為參與式管理將可提升生產力 20%～40%。

4.**管理**

- 從組織著手，採扁平化或變形蟲式組織，以提升組織對經營環境改變時之因應能力。

- 力求對人事獎薪制度、升遷管道之合理化、工作合理化，以激勵員工士氣，在此宜注意的是：一個企業提高薪資在短時期內或可提升士氣，若工作條件不隨之改善，士氣仍將跌回原來之水準。

1.5　當前生產管理問題

POM 經理在做決策時除了考量商場競爭、科技創新能力外，尚需顧及政治、社會、環保等問題，這些對 POM 之影響往往是千頭萬緒的，在此只能擇要列舉如下：

1.**全球性競爭**

戰後**關稅暨貿易總協定** (General Agreement on Tariffs and Trade，簡

記GATT) 與**世界貿易組織** (World Trading Organization，簡記WTO) 突破了國際貿易的藩籬，熱絡了國際貿易活動，同時由於資訊技術 (IT)、運輸、通訊等科技之快速發展與整合，使得各國之經濟活動因彼此互動而渾然成了一個全球性的經濟體系，一國有重大經濟衝擊時也往往會波及他國，這正是所謂的**世界村**(Global Village)。在這個大經濟環境下，國際競爭情勢也為之丕變，美國麻省理工學院教授 L. Thurow 稱九〇年代之企業是處在**短兵相接之競爭** (Head-to-Head Competition) 之市場環境而與往昔雙贏的**利基競爭** (Niche Competition) 有所不同，一些國際性之大企業遂有採取以下方式以茲因應：

(1)**國際性公司** (International Companies)：企業將其採購，生產與銷售之領域擴及全球；例如杜邦 (DuPont) 將其電子營業總部移往日本。《第三波》作者 Alvin Toffler 認為這些國際性公司將朝向**無國界公司** (Stateless Corporations)之境界，因為產品研發、設計、製造、零件均可能在不同的國家進行，因此一個產品分別它究竟是美製、日製抑是德製均不再有任何意義了。

(2)**策略聯盟** (Strategic Alliances)：幾個國際性大公司基於生產技術、財務或市場共利之考量下合組一個**合資公司** (Joint Ventures) 以拓展全球商機。例如 1990 年日本三菱公司與德國賓士集團，德意志銀行集團結盟以圖擴展全球民航機市場之佔有率。

(3)**共同產製** (Production Sharing)：一個產品可能由不同公司分別負責零組件生產、設計、裝配甚至資金籌措等，Peter F. Drucker 稱這種生產行為作共同產製。福特嘉年華 (Festiva) 在美國設計，由日本馬自達進行零組件生產而在韓國裝配。這便是共同產製的一個例子。

2.**資訊科技** (IT)

包括電腦、電傳通訊設備、工作站及資訊儲存站之整體應用，它對

POM 有極大之影響:

- **銷售點** (Point of Sales，簡記POS) 系統是 IT 對 POM 有重大影響的一個很好例子， POS 是先在銷售行為發生地利用電腦處理後透過電腦網路系統傳輸到有關部門以便這些部門進行規劃決策，因此它是一種**決策支援系統** (Decision Support System)。近年來POS 與**電子訂貨系統** (Electronic Ordering System，簡記EOS)、**電子資金移轉系統** (Electronic Fund Transfer，簡記EFT) 密切結合後有如虎添翼， EOS 藉由通訊網路將訂貨資料傳輸到發貨公司而取代傳統的訂單，EFT 則透過金融機構之**加值型網路** (Value-added Network；簡記VAN) 將貨款自動轉存。物流之 EOS，金流之 EFT及資訊流之 POS 經電腦整合後，已成為商業自動化之基礎。

3.**高等製造技術**(Advanced Manufacturing Technology，簡記AMT)

AMT 是近廿年來因**微電子學** (Microelectronics)，與電腦之快速進展而蘊釀出之最新製造技術，它包括以下幾個部份:

(1)**自動化裝配** (Automated Assembly): 這是利用電腦控制之機器設備來完成零件加工、組裝等有關操作程序。

(2)**自動引導車** (Automated Guided Vehicle，簡記AGV): 這是由電腦控制之無人車輛將材料、半製品 (WIP) 由一工場搬到另一工場。

(3)**電腦輔助設計／電腦輔助製造** (Computer Aided Design/Computer Aided Manufacturing，簡記CAD/CAM) 詳見第四章。

(4)**數值控制** (Numerical Control，簡記NC): NC 之觀念將在第四章中介紹。

(5)**工業機器人** (Industrial Robot，簡記IR): 這是一個 **可再程式化** (Reprogrammable) 之多功能操作機，它可被用作搬運物料，從事危險或高度重複性工作，由不同的程式化動作以進行不同之作業。

除此之外尚有**彈性製造系統** (Flexible Manufacturing System，簡記

FMS)、**計算機整合製造** (Computer Integrated Manufacturing，簡記CIM)、

群組技術 (Group Technology，簡記GT) 等均將在爾後諸章中陸續討論，

它們對 POM 均有深遠之影響。

4.勞工問題

在工業先進國家因為出生率低同時又有相當比率之製造業人口流向

服務業（其中尤以像石化、機械這類比較辛苦、骯髒、危險亦即日本人

所稱之 3K 行業為最），造成製造業之勞動力市場供需嚴重失衡，1970

年美國通過之**職業安全與健康法案** (Occupational Safety and Health Act,

簡記OSHA)確保了勞工之福利與工作安全，但企業為勞動力支付之成本

亦相對大幅增加。我國在實施勞動基準法與全民健保後類似的現象亦漸

漸浮現。

5.污染管制

世界各國政府對工業廢棄物、廢水、廢氣之排放管制日趨嚴格，因

此企業界對廠區污染防制設備莫不投入大量投資，甚至需對其既有之製

程、原料、產品做一修正甚至重新設計。例如：

- 我國經濟部所屬事業機構在新設廠前均需做**環境影響評估** (Environment Impact Assessment，簡記EIA)，廠址規劃時除了傳統之
  考量因素外尚需慮及是否通過 EIA 之考驗。

- 最近幾年國際間有鑒於臭氧層破洞日益擴大，因此將氟氯碳化物
  納入蒙特婁議定書列管化學物質，過去以氟氯化碳為冷媒之產品
  均需另覓新的代替品。

1.6　日本式生產概論

戰前日本產品因品質低劣致使「日本製」成為粗製濫造的代名詞，

1945年日本戰敗，全國幾成廢墟，但到了 1970 年日本在全球 GNP 之排

名僅次於美國，且在許多重要工業領域中取得傲世之成就：

- 1964年日本鋼鐵產量居世界第一位。
- 1975年日本造船噸位佔全球該年總噸位之 50.1%。
- 1980年日本汽車產量躍居世界第一。
- 1982年日本在工具機之生產量居世界第一。

此外日本擁有全球 70% 之機器人，在消費性電子業方面日本亦居全球
領導之地位。

是什麼因素造成今日日本之經濟成就？我們可先從美日企業經營目
標著手：歐美企業多側重短期利潤而日本則偏向市場佔有率與附加價值
之追求，因此歐美企業視投資報酬率 (ROI) 為主要經營指標，其目的則
在維護股東權益；而日本則以市場佔有率視為競爭力之指標，高品質低
成本產品便為其經營主體，同時亦重視員工及企業永續經營。

其次我們將從幾個角度來切入探討日本企業經營之特質：

1.群體式之參與管理

日本員工對群體有一種強烈的歸屬感，從而對群體表現出高度之忠
誠度，日本企業極為盛行之**品管圈 (QCC)**、員工提案制度等都是群體參
與管理的例子，這些活動對品質改進、員工士氣之提升和激勵上都有很
大的貢獻。

2.終身僱用制度❷

日本早在 1912 至 1916 年間即有一些公司希冀透過終身僱用制度以換

---

❷ 近年來一些日本企業因面臨持續不景氣之壓力，逐漸開始調整其用人政
  策，終身僱用制也漸漸被打破，新的用人趨勢包括：
  ・以退休金來鼓勵員工提前退休或志願退休。
  ・僱用兼時及臨時工。
  ・員工升遷將以績效作為考評之依據，而不再像過去一樣只重視年資與學
    歷，同時也跨層級拔擢人才。
  　日本企業這些一連串用人政策之大幅改變對未來營運有何影響則尚待
  進一步觀察。

取員工之忠誠度。戰後美軍佔領期間，豐田、三菱等大型公司在美軍說服下建立了最低水準之終身僱用制度，結果員工在職訓練 (OJT) 得以落實，再加上**工作輪調** (Job Rotation) 制度，員工涉及其他部門之業務而擴大其對企業流程之認知面，同時企業也因而降低了**設置時間** (Set-up Time)❸，培養出多能工，而為有名之**及時系統** (Just-in-Time System，簡記JIT) 奠定了堅實之基礎。關於這點，《Z 理論》之作者威廉大內 (William Ouchi) 說得好：「美國人服務過許多公司卻仍只有一個專長，日本人經歷不同的專長，卻仍在一個公司裡。」

3.日本擅長用簡單的方法來解決複雜之 POM 問題

美國人特別重視高等的決策技術、控制方法以及藉由計算機從事複雜之模式分析，日本人卻喜歡用簡單方法來進行 POM，及時系統 (JIT)（詳第十三章）之 5S 活動是最為人熟知之典型例子。5S 是五個日本名詞之羅馬拼音字的第一個字母，它們是：

(1)**整理** (Seiri)：將工作場所之事、物分出要與不要兩大類，然後將不要的部份加以整理。

(2)**整頓** (Seiton)：將整理後所要的事、物加以妥善的定位與定量，以便日後可快速取得。

(3)**清掃** (Seiso)：掃除工作場所、辦公室髒亂和垃圾，機器設備若有損壞則立即修護到可用狀態。

(4)**清潔** (Seiketsu)：整理、整頓、清掃以使得辦公室、工作場所經常保持乾淨、舒適和良好可用之狀態。

(5)**教養** (Shitsuke)：養成工作者良好的生活及工作習慣，並遵守公司紀律。❹

由此可看出日本式生產管理有相當部份是植基於日常作息規約之實

---

❸　Set-up Time 也有人譯為整備時間。

❹　日本愛信精機再加「好好地幹」 (Sikkari) 而成為 6S。

踐，此與美式生產管理有很大不同。

4.日本人視存貨為萬惡之首

美國早在 1931 年 Harris 導出有名的**經濟訂購量模式**（Economic Order Quantity Model，簡記**EOQ** 模式），爾後歷經作業研究學者不斷研究，存貨已儼然成為一門專門學問（詳第十一章），但日本人卻將存貨視為工廠七大浪費之首，在 JIT 制度下，前一製程只生產後一製程所需要之零件、數量、品質，然後適時地送到後一製程，因此一旦有不良品出現勢必引起後一製程之零組件不足，而延滯下一製程之工作進度，因而把製程中問題及時顯現出來，反觀美式之品質管制，因容有不良率發生，使得下一製程中因有充分之零配件，而大可將不良品丟到一邊，造成了大量的浪費。今日日本產品之品質與生產力凌駕於美國之上， JIT 居功甚大。 JIT 之控制實體可能是張卡片或是小球，與美國之存貨管理必須仰仗大規模之電腦連線而成一強烈對比。

日本式生產管理在美國、歐洲、我國都是一個饒人興味之課題，其理論或實務之探討迄今仍方興未艾，本書也將在其餘各章節中適時地加以討論。

1.7　本書架構

本書在架構上可分導論、預測、生產系統設計、作業規劃設計與展望五部份，在內容上除依中、外生產與作業管理教科書分章節逐一陳述外，本書特將下列資訊穿插全書：

- 我國現階段製造業、服務業發展近況以及未來趨勢，強調資訊科技 (IT) 之應用。

- L. Thurow, M.E. Porter, P. F. Drucker, R. Schonberger 等大師對相關問題之見解。

我們可將本書架構分成下列部份:

第一部份: 導論

導論主要是對 POM 之基本觀念與決策作一介紹, 它包括:

⑴導論（第一章）

⑵生產決策（第二章）

第二部份: 預測

銷售預測主要是針對產銷之願景作一描繪, 第三章對銷售預測有一扼要之簡介。

第三部份: 生產系統設計

生產系統設計是屬於企業策略性決策之一部份, 其決策品質與績效對企業競爭力有重大影響, 它包括:

⑴產品與服務設計（第四章）

⑵產能規劃（第五章）

⑶廠址規劃（第六章）

⑷佈置規劃（第七章）

⑸工作系統的設計（第八章）

第四部份: 作業規劃設計

作業規劃設計是屬於戰術性決策, 其決策與執行幾乎受限於生產系統設計。作業規畫設計與生產系統設計同為本書之核心, 它包括:

⑴整體生產規劃與控制（第九章）

⑵存貨管理（第十章）

⑶物料需求規劃 (MRP)（第十一章）

⑷物料管理與採購（第十二章）

⑸及時生產系統 (JIT)（第十三章）

⑹裝配線平衡技術（第十四章）

⑺排程規劃（第十五章）

⑻品質保證（第十六章）

⑼專案管理（第十七章）

⑽維護保養（第十八章）

第五部份：展望

第五部份是全書之總結，主要是針對我國生產環境進行討論，它包括:

⑴自動化與生產管理（第十九章）

⑵我國製造業環境及其因應（第十九章）

作業一

一、選擇題

（請選擇一個最適當的答案，有關數值計算的題目以最接近的答案為準）

1.（　）下列那一個不是 POM 之目標？

(A)降低成本　(B)提升品質　(C)保證交期　(D)維持存貨

2.（　）下列那一個規劃是戰略性？

(A)存貨規劃　(B)品質保證　(C)產能規劃　(D)排程規劃

3.（　）服務業的特性包括：(1)勞力密集　(2)服務業產品具有儲存性

(3)服務業產品傾向高度顧客導向　(4)服務業產品為有形的。

(A)僅(1)與(3)　(B)僅(1)與(4)　(C)僅(2)與(3)　(D)(1)、(2)、(3)、(4)皆

是。

4.（　）下列何者不是零工生產之特性？

(A)生產線能彈性調整

(B)必須有特殊之夾具

(C)工人技術水準比分批生產、大量生產為高

(D)可能是依顧客訂單進行生產

5.（　）下列那一種是零工生產？

(A)汽車　(B)特殊工具機　(C)鋼鐵　(D)水泥

6.（　）比較服務業與製造業的特徵，下列何者不正確？

(A)服務業的製品形態通常是較無形的

(B)服務業較製造業容易保有庫存

(C)服務業較製造業難以進行績效評估

　　　　(D)服務業比製造業易與顧客有直接的接觸

7.（　）下列有關製造業與服務業的敘述何者不正確？

　　　　(A)製造業與服務業都要進行預測、整體規劃、佈置規劃、設址
　　　　　規劃、作業排程等

　　　　(B)製造業進步的國家通常服務業也較先進

　　　　(C)目前臺灣雖然服務業在 GDP 之比重日趨重要，但仍不可忽
　　　　　視製造業之發展

　　　　(D)資訊科技對製造業影響較大，對服務業而言則幾無影響

8.（　）下列那一項作業屬於整頓作業？

　　　　(A)將不良品丟棄　(B)清除垃圾及灰塵

　　　　(C)將手工具歸定位且排列整齊　(D)使用花草裝飾現場

9.（　）下列那一個是日本人所稱之3K 行業？

　　　　(A)金融銀行　(B)保全　(C)電子　(D)機械

10.（　）下列那一種活動可增加企業競爭力？

　　　　(A) TQM　(B) R&D　(C) CIM　(D)以上皆是

11.（　）下列那一個不是高等製造技術 (AMT)？

　　　　(A) AGV　(B) MRP　(C) NC　(D) IR

12.（　）將工作場所中之物品加以定位是 5S 之:

　　　　(A)整理　(B)整頓　(C)清理　(D)清掃

13.（　）企業增加生產力的一種方法是減少生產力公式之分母部份，採
　　　　用這種方式增加生產力的企業稱為分母主義者。問下列那一個
　　　　不是分母主義者所考慮的調整項目？

　　　　(A)價格　(B)存貨水準　(C)工資　(D)員工人數

14.（　）下列那一個可為世界級製造者應適當引進之生產系統？

　　　　(A) JIT　(B) MRP　(C) CIM　(D)以上皆是

15.（　）下列那一個活動有助於員工對組織之參與感？

(A) QCC　(B) OJT　(C) JIT　(D) QFD

16. (　) 下列那一個活動可提升員工素質？

(A) OJT　(B) JIT　(C) CIM　(D) R&D

17. (　) 目前 (1999) 年，我國亟欲加入之世界組織是：

(A) EC　(B) OPEC　(C) ASEAN❺　(D) WTO

18. (　) 下列那一種系統可取代傳統訂單以進行訂貨？

(A) EFT　(B) EOS　(C) VAN　(D) AMT

19. (　) 承上題，EFT 可透過金融機關之：

(A) AGV　(B) EOS　(C) VAN　(D) IR

將貨款自動轉存。

20. (　) 下列何者不是日本企業經營之特質？

(A)群體式之參與管理　(B)終身僱用制度

(C)高等決策技術　(D)厭惡存貨

二、問答題

1. 如果老王想開牛肉麵店，請你為他設計一個生產系統，就這個系統中之投入、轉換過程、產出逐項討論，並請說明可能之反饋機制。

2. 生產、財務與行銷是組織的三個基本功能，彼此互相支援、合作以達成組織目標，請各列舉三個例子說明：

　(1)財務部門對生產部門支援。

　(2)行銷部門對生產部門支援（即生產部門有那些業務需財務部門／行銷部門提供資訊、技術……）。

3. 請你以一個假想的例子（如學期末了整理教室或宿舍……）來說明何謂 5S 運動？

4. 假如你是學校福利社經理，問你如何應用 POS 子系統來進行進貨、

❺　東南亞國協。

點貨、貨款轉帳？它帶給你那些便利之處？

5.簡要說明：

　(1)零工生產、批次生產及大量生產

　(2)顧客化產品及標準化產品

　(3)離散型製程及連續型製程

6.假定某公司在 1993 年與1994 年之營運資料如下：

	1993	1994	單位：萬元
銷售量	8,500	9,000	
勞工成本	3,000	3,800	
原材料	1,600	1,800	
資本設備與折舊	42,000	40,000	
其它投入	1,000	1,500	

　問(a)本題之投入與產出是什麼？

　　(b)列舉其它三個可能之「其它投入」

　　(c)若表中之勞工資料欄中之單位為小時，銷售量之單位為個，求二
　　　年之勞工偏生產力。

　　(d)若 1993 年之勞工工資為$20/小時，銷售單價為每個$1,200，1994
　　　年之勞工工資為$25/小時，銷售單價不變，求二年之勞工偏生產
　　　力。

　　(e)由(d)再求二年之多生產要素生產力。

第二章 生產／作業決策

2.1 決策程序

決策

決策 (Decision)是從幾個方案 (Alternatives) 中做一選擇的過程。 H. A. Simon 將決策過程分成資訊活動、設計活動、選擇活動及評估活動四個階段，具體言之，一個決策過程是由下列七個步驟所組成:

1.確定問題

認清問題、定義目標是決策過程中最重要也是最困難的一個步驟，如果這一步驟有了偏差將不僅無法解決問題，有時反而使問題惡化。因此 R. Ackoff 認為解決錯誤問題所造成之錯誤要比錯誤地解決正確問題要嚴重的多。如何認清問題?一般而言，我們可從以下方向來著手:

⑴確定問題之任務與目標。

⑵確定問題之限制條件。

⑶決策者之價值觀（包括經濟的、政治的、宗教的、理論的、社會的、惟美的……）。

2.設立決策準則

既然決策是選擇方案的過程，因此我們在方案抉擇前，必須訂出一些決策準則 (Decision Criteria)，這些準則有的是有形的，例如總成本、損失、生產力、收益、利潤、投資報酬率等，也有的是無形的，例如企

業主之經營理念、商譽、企業形象等。

3.儘可能枚舉各種可能方案

問題之各種可能方案在前提上必須是可行的（包括技術、法律、公司財務狀況、市場狀況等），同時亦必須滿足周延性（即須涵蓋所有可能方案）及互斥性（即任意二個方案之內涵、解決方式均不盡相同）二個原則，因此決策者對問題之了解上應有足夠之深度與廣度，否則極易遺漏一些潛在之重要方案。在實務上，我們常將**不做**(Do Nothing)列入方案中，一旦選「不做」做為方案時，將意味著決策者不需採取任何行動，因而決策者也不會耗用任何資源（如金錢、時間……），即使耗用了，也通常假定可忽略不計。

4.比較分析各種可能方案

決策者通常是透過**建模** (Model Building) 的方式，以數學、統計乃至工程、管理之邏輯推理來比較分析各種可能方案。在建模之過程中須儘量將決策者之價值觀、經驗甚至政治、社會、心理等主觀、不可量化的因素納入考慮。

5.選擇最佳方案

決策者對一些簡單的決策問題，有時只憑直覺、經驗即可直接處理，但面臨複雜的決策問題時，則每每需訴諸數學或統計技術以便在限制條件下求取**目標函數** (Objective Function) 之**最適解** (Optimal Solution)，但面臨高度複雜的問題時，便可能要借助計算機進行**模擬**(Simulation)，以求取一個**好的解**(Good Solution)。

6.選定方案的執行

當方案被選定後必須付諸實施，如果是選擇「不做」就不用有任何行動。因為決策是針對未來環境選擇方案之過程，未來存在有許多不可測因素，因此仍須備妥一些緊急應變計畫，而這卻往往被一般決策者所輕忽。

7.方案執行之檢核

我們應針對選定方案之執行情形加以檢核以判斷是否達到預期目標以及是否須採行矯正或補強措施。

由上觀之，決策過程是系統的，也是動態的，決策的每一階段中都隱含有「如何做」與「做什麼」兩個問題。在本質上，它建立在數學、統計學、管理科學等科學之基礎上，因此它是科學的，同時它也滲和了決策者的價值觀、判斷力、創造力、應變力等主觀認知，因此它也是藝術的。

決策未臻理想的原因

企業決策未臻理想的原因很多，茲舉其犖犖之大者如下：

- 在未了解問題之癥結所在之前便貿然投入決策過程，一味地去解決這個錯誤之問題，即便一時解決了，但原來問題的癥結依然存在。因此我們要記住：**做對事情** (Do the Right Thing) 比**把事情做好** (Do the Thing Right) 來得重要。
- 決策者可能因其偏狹之經驗或者是一時之倖致，造成其自以為是的心態而武斷行事，或是因其優柔寡斷之個性而無法毅然放棄其錯誤之決策。
- 企業因其自身之財力、人力、技術或社會法律等之限制而無法得到一個最佳結果，尤其在相當複雜之環境中只能透過模擬來得到一個好的解而非最適解，這種情況下所得之解答自非最佳決策。
- 在實施部門化的企業，往往會因某些部門在追求績效之最適化（如銷售量最大等）的過程中多用了資源，使得其他部門可用之資源因而減少，在企業之資源是有限的情況下，其它部門便可能因而無法達成它們原本應有的績效水準，從宏觀的角度來看，這對企業整體的績效而言未必有利。**線性規劃** (Linear Programming，簡

記LP) 之**多部門問題** (Multidivisional Problem)即在用數學方法來解決如何將資源調配至各獨立部門以使企業整體之績效為最適的問題。

- 人們理性之侷限：H. A. Simon 認為決策者每每囿於(1)客觀世界之複雜性遠遠超過決策者之知識與經驗，(2)對決策問題所需之相關知識或資訊掌握不完全(3)人們的偏好會因時間、環境等因素之影響而有所改變，(4)人與人間之價值觀不具一致性，以及(5)人們有限的計算分析能力使得人們從事理性分析時受到限制，因而只得就其手邊之方案中找一個滿意解。這便是 H. A. Simon 有名之**有限理性** (Bounded Rationality) 學說。

2.2 生產／作業決策之特性

POM 決策之種類

POM 決策大致可分以下三類：

1.**策略性決策** (Strategic Decision)

這是以產品、製程與設施為主要決策對象，投資金額大，因此對企業有長期性之影響，例如：

- 是否要開發新產品，若是，則其市場定位、產品設計及生產製程為何？
- 工廠之產能規劃。
- 如果要新設工廠？那麼，廠址應如何規劃？
- 工廠內之生產線應如何佈置？

2.**作業決策** (Operation Decision)

這主要是針對市場需求、競爭情況以進行產銷規劃等有關之決策，

例如:

- 存貨政策與水準之決定。
- 決定次月之生產排程。
- 決定次月之採購計畫。

3.控制決策 (Control Decision)

這主要是關於作業控制之決策, 在本質上是屬於例行性的, 例如:

- 品質抽驗。
- 生產進度之控制與**跟催**(Follow Up)。
- 生產線之調整。
- 標準工時之訂定。
- 對生產設施進行**預防保養** (Preventive Maintenance, 簡記PM)。

決策分析的方式

不論是策略性決策、作業決策還是控制決策, 它們之分析方式不外乎(1)**系統方法** (System Method)、(2)**建模** (Model Building)、(3)**數量方法** (Quantitative Method)、(4)**取捨分析** (Trade-Off Analysis)、及(5)**靈敏度分析** (Sensitivity Analysis) 等五種, 茲分述如下:

1.系統方法

系統語源於拉丁字 Systema, 它的原意是放在一起, 因此系統有整體的意思, 其一般定義是「一組**互相關聯** (Interindependent) 之**元件** (Component) 集合在一起, 依據某種法則運作以達成整體的目標。」因此一個系統應具有以下諸特性:

- 集合性: 一個系統是由許多元件組成, 這些元件可能是零件、機器或**子系統** (Subsystem)。
- 關聯性: 同一系統之元件間以某種法則彼此關聯著。
- 目標性: 任何系統均有其特定功能, 彼此互相合作支援以達成整

體目標。

· 環境適應性：任何一系統均在某種環境中運作，若環境改變時，系統必須維持相當之適應能力，否則極易為環境所淘汰。

系統分析即是以整個系統作為分析的對象，整體性的考量便成為系統分析之最重要特徵。站在系統的觀點，系統之整體績效比個別子系統之績效更應受到優先的考慮。因此組織之各部門應彼此互相協調、分工合作以期創造之整體利益大於所有各部門利益之總和。

2.建模

模型是用來說明相對實體的**結構** (Structure) 或**行為** (Behavior) 之任何東西，因此模型可能是實物、現象或系統的一個縮影。一般人很難在短期內對一個很複雜的實體（如一個煉油廠之廠房建築）、現象或系統（如煉油廠之分餾系統）有一概括的印象，但如果有一個具體而微的實體模型或相片，將很容易地知道煉油廠之大致外觀，如果再有一連串化學反應方程式或生產流程圖或許對分餾原理有所洞悉。在建模過程中均會因簡化之過程而犧牲了一些我們認為不重要的因子，因此不論是用那一種模型，都是相對實體的簡化，失真現象自然在所難免。一般而言，模型大致可分為以下幾種類別：

(1)**實體模型** (Physical Models)：如建築設計之模型屋或照片等，它主要是顯現真實主體之大致性狀。這種模型亦稱之為**圖像模型**(Iconic Models)。

(2)**圖表模型** (Schematic Models)：包括圖形、表圖、藍圖等與真實主體有關之圖表均是。專案管理之 PERT 圖即是一圖表模型。

(3)**數學模型** (Mathematical Models)：在 POM 領域中數學模型佔有極其重要之地位，主要因為數學是一個極為有用之推理工具，藉由數學方程式，我們可對問題中之變數進行分析、預測，同時也便於電子計算機處理。數學建模過程中通常須把持**精簡原則** (Parsimony

Principle)，亦即模型大小以能對研究主體作充分之解釋、分析、預測即已足矣，模型過於龐大將使得計算成本過高或不易對主體進行解釋、分析或預測，甚至無法計算而喪失了建模之本意。因此數學建模時應由小而大逐漸補強。數學模型會因考慮觀點不同而有以下的分類：

①**確定性模型** (Deterministic Models) 與**隨機模型** (Stochastic Models)：數學模型中若變數服從某種機率法則者稱為隨機模型，否則即為確定性模型。

②**動態模型** (Dynamic Models) 與**靜態模型** (Static Models)：數學模型中含有時間或其他因子而能將整個模型分成若干**階段** (Stage) 者稱為動態模型，否則為靜態模型。在動態模型中我們所考慮的是整個時域而非個別階段之最適化。❶

3.數量方法

因電子計算機之普及和相關套裝軟體的大量使用，使得數量方法在 POM 中應用日廣，POM 中之數量方法多源自作業研究，例如線性規劃 (LP)、存貨理論、等候線理論等，亦有來自統計學，例如決策理論、迴歸分析、變異數分析等，當然也有來自實務如物料需求規劃 (MRP)、生產途程規劃、生產線平衡分析等。

4.取捨分析

取捨現象在管理、工程各領域中均普遍存在，例如：在廠址規劃中常面臨的一個問題是：考慮在甲、乙二地擇一興蓋工廠，甲地離市場近但建廠成本高，乙地離市場遠但建廠成本低，因此若選甲地建廠，雖可省運輸成本但卻要負擔較高的建廠成本，乙地建廠之結果則恰恰相反。大凡二個方案互為衝突時便會考慮到取捨分析。在作取捨分析前，通常

---

❶　數學模型在近卅年來還發展出突變性模型與模糊模型，這些均遠超過本書討論之層次，有志者可參考有關專業書籍。

要透過價值判斷以評估有關項目之相對權重，當涉及安全尤其人命時，價值判斷尤需慎重。

5.靈敏度分析

在建立數學模型後，決策者常因對投入參數之正確性置疑，而將投入參數之部份或全部加以變動，以研究在那一個範圍內產出結果仍維持不變，或做某種程度改變後對整體結果之影響又為何？這種分析即為靈敏度分析。

2.3 決策理論

本節所討論之**決策理論** (Decision Theory) 為**統計決策理論** (Statistical Decision Theory) 之一部份，它是研究決策者在未來不同之環境條件、不同的方案、不同的**償付** (Payoff) 下，如何依據決策者所訂立之準則以選擇最佳方案的一門學問。

決策矩陣

一個決策問題包括以下幾個要素:

(1)**自然狀態** (State of Nature)：自然狀態是指決策者所不能改變的未來環境條件。例如市場景氣等。

(2)**方案**: 每一決策問題至少應包括二個或二個以上之可行方案可資選擇，這些方案可能有一個是「不做」。原則上這些方案必須具有互斥性及周延性。

(3)**償付**: 每一個方案在每一自然狀態下均對應一個償付O_{ij}，它表示在第 j 個自然狀態下執行第 i 個方案之結果。

以上三種資訊均可涵蓋在決策矩陣裡:

表 2-1

自然狀態

方案	S_1	S_2	S_3	⋯⋯	S_n
A_1	O_{11}	O_{12}	O_{13}	⋯⋯	O_{1n}
A_2	O_{21}	O_{22}	O_{23}	⋯⋯	O_{2n}
⋮	⋮	⋮	⋮	⋮	⋮
A_m	O_{m1}	O_{m2}	O_{m3}	⋯⋯	O_{mn}

因為上面矩陣之元素 O_{ij} 均表償付，因此稱為**償付矩陣** (Payoff Matrix)，另外一種決策理論常用之決策矩陣稱為**懊悔矩陣** (Regret Matrix)。懊悔矩陣之每一個元素 R_{ij} 均可由給定之償付矩陣導出：償付矩陣第 j 個自然狀態 S_j 之最佳方案所對應之償付減去該自然狀態下各方案償付便可得到第 j 個自然狀態下之各方案之**懊悔值** (Regret Value) R_{ij}，它表示在自然狀態 S_j 下，決策者因採取方案 A_i 而未採取最佳方案所造成之**機會損失** (Opportunity Loss)，其數學式為：

$$R_{ij} 或 L_{ij} = |O^*(S_j) - O_{ij}|$$

其中　　L_{ij}：在自然狀態 S_j 下，因採方案 A_i 所造成之機會損失

$O^*(S_j)$：在自然狀態 S_j 下，最佳方案之償付值

O_{ij}：在自然狀態 S_j 下，方案 A_i 之償付值

例 1 給定下列之償付矩陣，求對應之懊悔矩陣 R，又 R_{32} 表示什麼意思？

| | 自然狀態 | |
方案	S_1	S_2
A_1	6	-2
A_2	-3	-3
A_3	9	-5

解: (a)以自然狀態 S_1 而言，在 S_1 下之三個方案對應之償付分別為
6, -3, 9, 因此 A_3 為最佳方案，

$$\therefore R_{11} = O_{31} - O_{11} = 9 - 6 = 3$$

$$R_{21} = O_{31} - O_{21} = 9 - (-3) = 12$$

$$R_{31} = O_{31} - O_{31} = 9 - 9 = 0$$

同法可得 $R_{12} = 0$, $R_{22} = 1$, $R_{32} = 3$

從而可建立懊悔矩陣 R 如下:

| | 自然狀態 | |
方案	S_1	S_2
A_1	3	0
A_2	12	1
A_3	0	3

(b)R_{32} 表示在自然狀態 S_2 下因採用方案 A_3 而未採最佳方案 A_1 （S_2
下之最佳方案為 A_1）所造成之機會損失為 3。

償付矩陣之自然狀態 S_j 下最大值對應之方案即為 S_j 下之最佳方
案; 若為懊悔矩陣，則自然狀態 S_j 下之最小值即為 S_j 下之最佳方案。

決策問題因決策者對自然狀態之認知情況不同而可分(1)**確定情況
下之決策** (Decision under Certainty)、(2)**不確定情況下之決策** (Decision

under Uncertainty) 及(3)**風險情況下決策** (Decision under Risk) 三種，茲分述如下：

確定情況下之決策

決策者確定未來那一個自然狀態一定會發生時所做之決策稱為確定情況下之決策。在確定情況下，決策者只需選擇該自然狀態下最大利潤或最小成本對應之方案即可。

例 2　給定下列償付矩陣，若確定自然狀態 S_2 一定發生，問決策者應採何方案？

方案	自然狀態			
	S_1	S_2	S_3	S_4
A_1	12	17	8	6
A_2	16	6	10	9
A_3	14	9	11	13

解： 因 S_2 一定發生，且在 S_2 下採用 A_1 之償付 17 為最大，∴採用方案 A_1。

同理，假定 S_4 一定發生則決策者將採方案 A_3。

若例 2 是個成本矩陣，且假定 S_2 一定發生，因方案 A_2 之成本為 6，是三個方案中最小的，因此 A_2 是 S_2 一定發生下之最佳方案。

不確定狀況下之決策

所謂不確定狀況是指決策者不知道每個自然狀態發生之機率，因此

決策準則悉依決策者對冒險所持之心態而定，一般有以下五種準則:

1.小中取大準則(Maxmin Criteria)

決策者在償付矩陣中就每方案中找出一個最小償付（即先求列最小值），然後在這些最小償付中找出一個最大的，其對應之方案即為所求。採此準則之決策者，在心態上是屬於悲觀的、保守的與避免冒險的。

例 3　給定下列償付矩陣，依小中取大準則應採何種方案?

	自然狀態			
方案	S_1	S_2	S_3	S_4
A_1	8	10	12	11
A_2	8	7	9	10
A_3	13	12	6	9

解:

	自然狀態				
方案	S_1	S_2	S_3	S_4	列最小值
A_1	8	10	12	11	8 ←
A_2	8	7	9	10	7
A_3	13	12	6	9	6

∴依小中取大準則應選 A_1 方案

2.大中取大準則(Maximax Criteria)

決策者在償付矩陣中就每一方案選出各該方案之最大償付（即先求列最大值），然後就這些最大償付中找出最大者，其對應之方案即為所求。採大中取大準則之決策者在心態上是屬於樂觀的或富於冒險的。

例 4　（承例3）依大中取大準則應採用那個方案?

解：

<table>
<tr><td></td><td colspan="4">自然狀態</td><td></td></tr>
<tr><td>方案</td><td>S_1</td><td>S_2</td><td>S_3</td><td>S_4</td><td>列最大值</td></tr>
<tr><td>A_1</td><td>8</td><td>10</td><td>12</td><td>11</td><td>12</td></tr>
<tr><td>A_2</td><td>8</td><td>7</td><td>9</td><td>10</td><td>10</td></tr>
<tr><td>A_3</td><td>13</td><td>12</td><td>6</td><td>9</td><td>13　←</td></tr>
</table>

∴依大中取大準則應選方案 A_3。

3. Laplace 準則(Laplace Criteria)

　　決策者先計算每一方案之平均償付，具有最大平均值之方案即為所求。決策者採 Laplace 準則係假設每一自然狀態發生之可能性都是相同，故又稱為**同等可能準則** (Equally Likely Criteia)，有人認為這種假設並不合理，故 Laplace 準則有時也稱之為**不充分理由準則** (Criteria of Insufficient Reason)。

例 5　（承例 3）求在 Laplace 準則下應採何方案?

解：

<table>
<tr><td></td><td colspan="4">自然狀態</td><td></td></tr>
<tr><td>方案</td><td>S_1</td><td>S_2</td><td>S_3</td><td>S_4</td><td>平均值</td></tr>
<tr><td>A_1</td><td>8</td><td>10</td><td>12</td><td>11</td><td>$\frac{1}{4}(8+10+12+11)=10.25$ ←</td></tr>
<tr><td>A_2</td><td>8</td><td>7</td><td>9</td><td>10</td><td>$\frac{1}{4}(8+7+9+10)=8.5$</td></tr>
<tr><td>A_3</td><td>13</td><td>12</td><td>6</td><td>9</td><td>$\frac{1}{4}(13+12+6+9)=10$</td></tr>
</table>

4. Hurwicz 準則(Hurwicz Criteria)

　　L. Hurwicz 認為大多數決策者所持之決策心態是介於極端悲觀與極端樂觀之間，因此他提出了**樂觀指數** (Index of Optimism)α, $1 \geq \alpha \geq 0$，採 Hurwicz 準則之決策者先主觀認定 α 值，然後根據下列公式算出每一

方案之 H 值:

$$H_i = \alpha \, (\text{方案 } A_i \text{ 之最大償付}) + (1-\alpha) \, (\text{方案 } A_i \text{ 之最小償付})$$

最大 H 值對應之方案即為所求。

例 6　（承例 3）在樂觀指數 $\alpha = 0.3$ 下, 依 Hurwicz 準則應採那個方案?

解:

方案	自然狀態				H 值
	S_1	S_2	S_3	S_4	
A_1	8	10	12	11	$H_1 = 0.3 \times 12 + 0.7 \times 8 = 9.2$ ←
A_2	8	7	9	10	$H_2 = 0.3 \times 10 + 0.7 \times 7 = 7.9$
A_3	13	12	6	9	$H_3 = 0.3 \times 13 + 0.7 \times 6 = 8.1$

∴在 $\alpha = 0.3$ 之 Hurwicz 準則下應採方案 A_1。

在 Hurwicz 準則中, 根據 H 值之定義, 若決策者取 $\alpha = 0$ 則表示他在心態上是趨向於悲觀; 在 $\alpha = 1$ 時決策者之心態是趨向樂觀。大多數人決策時之心態介於樂觀與悲觀間, 故此準則也稱為**真實準則** (Criteria of Realism)。

5.大中取小準則(Minimax Criteria)

決策者依懊悔矩陣求出每一方案之最大懊悔值, 然後在這些最大懊悔值找出最小者, 其對應之方案即為所求。

例 7　（承例 3）依大中取小準則應採何方案?

解: 先將償付矩陣化為懊悔矩陣後, 從每列之最大值中取最小者, 其對應之方案即為所求。

方案	自然狀態 S_1 S_2 S_3 S_4	列最大值
A_1	5　2　0　0	5　←
A_2	5　5　3　1	5　←
A_3	0　0　6　2	6

∴在大中取小準則下應採方案 A_1 或 A_2

風險狀況下之決策

若決策者面臨之所有自然狀態發生之機率均為已知時，便稱他是處於風險狀況下做決策。在風險狀況下，決策者最常用之決策法則是**貨幣期望值準則** (Expected Monetary Value Criteria, 簡記EMV 準則)。計算各方案之貨幣期望值 EMV，EMV 其最大者，對應之方案即為所求。在懊悔矩陣中，**期望機會損失** (Expected Opportunity Loss, 簡記EOL)最小之方案即為所求。

例 8　（承例3）若自然狀態 S_1, S_2, S_3, S_4 發生之機率分別為 0.1, 0.4, 0.3, 0.2, (a)依 EMV 準則，決策者應採何方案？(b)又若將償付矩陣改為懊悔矩陣求出各方案之 EOL，決策者所採方案又為何？

解:

方案	自然狀態 S_1 0.1	S_2 0.4	S_3 0.3	S_4 0.2	EMV
A_1	8	10	12	11	$8\times0.1+10\times0.4+12\times0.3+11\times0.2=10.6$　←
A_2	8	7	9	10	$8\times0.1+7\times0.4+9\times0.3+10\times0.2=8.3$
A_3	13	12	6	9	$13\times0.1+12\times0.4+6\times0.3+9\times0.2=9.7$

∴在 EMV 準則下決策者應採方案 A_1。

(b)

方案	自然狀態				EOL
	S_1	S_2	S_3	S_4	
	0.1	0.4	0.3	0.2	
A_1	5	2	0	0	$5 \times 0.1 + 4 \times 0.4 + 0 \times 0.3 + 0 \times 0.2 = 1.3$ ←
A_2	5	5	3	1	$5 \times 0.1 + 5 \times 0.4 + 3 \times 0.3 + 1 \times 0.2 = 3.6$
A_3	0	0	6	2	$0 \times 0.1 + 0 \times 0.4 + 6 \times 0.3 + 2 \times 0.2 = 2.2$

∵ A_1 之 EOL 最小　∴決策者仍採方案 A_1。

在例 8 中，不論我們採 EMV 準則或採 EOL 準則所得之結果都是一樣的。這個結果在一般情況下均成立。

★完全情報期望值[❷]

在風險狀況下之決策問題中，我們可由EMV 準則求出一個最佳方案，如果決策者願意購買資訊以獲知那一個自然狀態確定會發生，那麼他願意支付金額的上限便稱為**完全情報期望值** (Expected Value of Perfect Information，簡記EVPI)。 EVPI 之計算方式有下列三種：

命題: $EVPI = (\sum\limits_{j}$ 第 j 個狀態下之最佳償付× 第 j 個狀態發生機率)
$-$ 最佳方案之 EMV

即每個自然狀態下最大償付值與對應之自然狀態發生機率乘積之總和 $-$ 最佳方案之 EMV。

例 9　(承例 3) 求 $EVPI$。

---

❷　在本書中，以★表示之章、節或例題，若授課時間不許可，可略之不授。

解: 由例 8 之結果知最佳方案為 A_1 其對應之 $EMV = 10.6$

$$\therefore EVPI = 13 \times 0.1 + 12 \times 0.4 + 12 \times 0.3 + 11 \times 0.2 - 10.6 = 1.3$$

$EVPI$ 之另一種求法是依據下列命題:

命題: $EVPI = \sum\limits_{j=1}^{n} P(S_j)L(A^*, S_j)$,　A^* 為最佳方案。

上述命題中:

　　$P(S_j)$: 第 j 種個自然狀態 S_j 發生之機率。

　　$L(A^*, S_j)$: 在自然狀態 S_j 下最佳方案 A^* 之機會損失。

　　若一決策問題含有 3 個自然狀態 S_1、S_2、S_3, A_2 為最佳方案則 $EVPI =$
$\sum\limits_{j=1}^{3} P(S_j)L(A_2, S_j) = P(S_1)L(A_2, S_1) + P(S_2)L(A_2, S_2) + P(S_3)L(A_2, S_3), L(A_i, S_j)$
為懊悔矩陣之 R_{ij}, 因此, 上式又可寫為

$$\sum\limits_{j=1}^{3} P(S_j)L(A_2, S_j) = P(S_1)R_{21} + P(S_2)R_{22} + P(S_3)R_{23}$$

例 10　（承例 3）求 $EVPI$。

解: 由例 8 知最佳方案為 A_1, 即 $A^* = A_1$

$$\begin{aligned}
\therefore EVPI &= \sum\limits_{j=1}^{n} P(S_j)L(A^*, S_j)\\
&= \sum\limits_{j=1}^{n} P(S_j)L(A_1, S_j)\\
&= 5 \times 0.1 + 2 \times 0.4 + 0 \times 0.3 + 0 \times 0.2 = 1.3
\end{aligned}$$

命題: $EVPI =$ 所有方案 EOL 中之最小者。

　　我們可用直觀之方式理解這個命題: 在完全情報下, 因為決策者知道那一個自然狀態會發生, 在理智地決策下, 機會損失應不會發生, 故 EOL 應為 0, 因此, 決策者在不確定情況下做決策時, 應儘可能使 EOL

為最小, 亦即, *EVPI* 應為所有方案 *EOL* 中之最小的那一個。

2.4　決策樹

　　決策者除了用償付矩陣外, 尚可用**決策樹** (Decision Tree) 來表示自然狀態、方案與償付之關係, 它在**N 階決策問題** (N-Stage Decision Problem) 中特別有用。決策樹是由**分枝** (Branch) 與**結點** (Node) 所組成, 結點又分為(1)**決策結點** (Decision Node, 以□表之), 決策結點引出之分枝為可能方案及(2)**機會結點**(Opportunity Node, 以○表之), 機會結點引出之分枝為自然狀態, 我們可在機會結點之分枝上標註其發生之機率。每一分枝之最右端為償付。決策樹之分析均由樹形之左端決策結點向右端逐一分析。當一切計算分析完成後, 習慣上在捨棄方案的分枝上劃以 "//"。

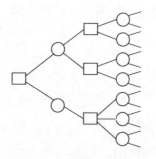

圖 2-1　多階段決策樹

　　本書囿於篇幅, 所討論的僅限於單一階段之決策樹分析。

例 11　某公司欲推出新產品上市, 企劃部門綜合市場與公司生產狀況得
　　　　到以下之資訊:

	市場蕭條 S_1 $P(S_1)=0.2$	市場持平 S_2 $P(S_2)=0.5$	市場繁榮 S_3 $P(S_3)=0.3$
方案			
A_1（投資 $200 萬）	100 萬	200 萬	360 萬
A_2（投資 $400 萬）	280 萬	400 萬	560 萬
A_3（不投資）	−30 萬	120 萬	180 萬

(a)試做決策樹，(b)本投資案應採何方案?

解: (a)

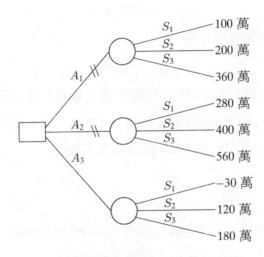

(b)①採方案 A_1，則期望利潤 $E(R)$ 為:

$$E(R) = (100萬 \times 0.2 + 200萬 \times 0.5 + 360萬 \times 0.3) - 200萬$$

$$= 28萬$$

②採方案 A_2，則期望利潤 $E(R)$ 為:

$$E(R) = (280萬 \times 0.2 + 400萬 \times 0.5 + 560萬 \times 0.3) - 400萬$$

$$= 24萬$$

③採方案 A_3，則期望利潤 $E(R)$ 為:

$$E(R) = (-30萬 \times 0.2 + 120萬 \times 0.5 + 180萬 \times 0.3) - 0萬$$

=108萬

∴採方案 A_3，即不進行投資，我們並在 A_1， A_2 分枝上劃 "//" 。

決策法為**貝氏決策模式** (Bayesian Decision Model) 之基礎，有志者可參閱作業研究這方面的書籍。

2.5　線性規劃的應用

線性規劃 (LP) 是 POM 中應用最廣之數量方法之一；它在廠址規劃、整體規劃、設施規劃等均有應用。 LP 是一個相當專業之課程，本節只討論 LP 模式之數學結構、假設等基本觀念。

LP 模式

基本上，LP 模式有兩種**典式形式** (Canonical Forms)，一個是極大化問題之典式形式，一個是極小化問題之典式形式：

1.極大化問題典式形式

max. $Z = c_1 x_1 + c_2 x_2 + \cdots + c_n x_n$

s.t.　$a_{11} x_1 + a_{12} x_2 + \cdots + a_{1n} x_n \leq b_1$

$a_{21} x_1 + a_{22} x_2 + \cdots + a_{2n} x_n \leq b_2$

. . . .

$a_{m1} x_1 + a_{m2} x_2 + \cdots + a_{mn} x_n \leq b_m$

$x_1 \geq 0, x_2 \geq 0 \cdots x_n \geq 0$

2.極小化問題典式形式

min. $Z = c_1 x_1 + c_2 x_2 + \cdots + c_n x_n$

s.t.　　$a_{11}x_1 + a_{12}x_2 + \cdots + a_{1n}x_n \geq b_1$

　　　　$a_{21}x_1 + a_{22}x_2 + \cdots + a_{2n}x_n \geq b_2$

　　　　$\cdots\cdots\cdots\cdots\cdots$

　　　　$a_{m1}x_1 + a_{m2}x_2 + \cdots + a_{mn}x_n \geq b_m$

　　　　$x_1 \geq 0, x_2 \geq 0 \cdots x_n \geq 0$

我們現以極大化問題為例說明有關變數或係數之經濟意義:

(1)x_j 稱為**決策變數** (Decision Variable),它表示第 j 個產品之產量。

(2)c_j 為目標函數中決策變數之係數,在極大化問題裡,它表示第 j 種產品之邊際利潤貢獻,在極小化問題裡,它表示第 j 種產品之邊際成本貢獻。

(3)a_{ij} 為**技術係數** (Technology Coefficient),它表示生產第 j 種產品所需第 i 種資源之投入量。

(4)b_i 稱為**右手係數** (Right-hand Side,簡記RHS),它表示第 i 種資源之可用數量。

　　在 LP 模式中之 $x_1, x_2 \cdots x_n \geq 0$ 之非負假設是基於經濟意義上之考量,若決策變數 x_j 可為正值亦可為負值時,我們稱 x_j 為**無符號限制** (Unconstrained in Sign),此時可取 $x_j = x_j^+ - x_j^-$,其中 $x_j^+ \geq 0$, $x_j^- \geq 0$,則又回復到 LP 之典式形式。

例 12　求 max　$2x + 3y + 5z$ 之典式形式。

　　　　s.t.　　$3x - y + 2z \leq 5$

　　　　　　　$2x - 3y - 2z \geq -3$

$$x \geq 0, y \geq 0, z \ \text{無限制}$$

解:
$$\max \quad 2x + 3y + 5(z^+ - z^-)$$

$$3x - y + 2(z^+ - z^-) \leq 5$$

$$-2x + 3y + 2(z^+ - z^-) \leq 3$$

$$x \geq 0, y \geq 0, z^+ \geq 0, z^- \geq 0$$

LP 之基本假設

1.確定性 (Certainty)

即 LP模式之所有參數c_j，b_i，a_{ij}均為常數而非隨機變數。若這些參數不易精確得知時，可藉靈敏度分析來判斷參數變動對最佳解的影響程度。

2.比例性 (Proportionality)

用數學的說法，比例性是指各決策變數為獨立，其 POM 意義是 LP 模式中無經濟學之**規模報酬**(Returns to Scale)、折扣或**學習效果** (Learning Effects)，亦即若第 k 個產品生產 x_k 個單位，則其目標值為 $c_k x_k$，而對應之第 i 種資源之使用量為$a_{ik} x_k$。

3.可加性 (Additivity)

可加性是指不論目標式或限制條件均不得有**交乘項** (Cross Terms)，它表示每一資源之使用量和效果之總和等於個別生產活動之資源使用量及其目標值之和。

4.可分性 (Divisibility)

可分性表示生產活動水準可任意分割，亦即每一決策變數值可為任意的非負數。

LP 問題之圖解法

　　POM 之 LP 問題一般規模都是很大的，必須藉助於一些電腦程軟體如 LINDO 才能求解，但因圖解法對 LP 學習上能有具體而直覺之了解，故仍有學習之價值。

　　LP 圖解法是將 LP 限制條件繪成不等式區域，求其交點（LP 之術語為頂點）對應之目標函數值：在最大值問題，最大目標函數值對應之頂點即為所求之最適解；在最小值問題，最小目標函數值對應之頂點即為所求之最適解。其理論依據可參考 LP 專書。

例 13　利用圖解法求

$$\max Z = 3x + 5y$$
$$s.t. \quad 2x + 3y \leq 9$$
$$x + 2y \leq 5$$
$$x \geq 0, y \geq 0$$

解:　我們先繪製不等式區域：此不等式區域由 $2x + 3y = 9$，　$x + 2y = 5$，$x = 0$ 及 $y = 0$ 所圍成。其區域如下圖之斜線部份。

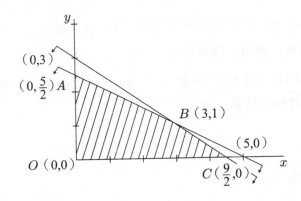

次求四個頂點：此四個頂點是由以下四組方程式所決定

$$\begin{cases} x = 0 \\ x + 2y = 5 \end{cases}$$，解出頂點 A 之坐標為 $(0, \frac{5}{2})$

$$\begin{cases} 2x + 3y = 9 \\ x + 2y = 5 \end{cases}$$，解出頂點 B 之坐標為 $(3, 1)$

$$\begin{cases} 2x + 3y = 9 \\ y = 0 \end{cases}$$，解出頂點 C 之坐標為 $(\frac{9}{2}, 0)$

以及原點 O 之坐標 $(0, 0)$

最後比較四個點對應之目標函數值 z：

(x, y)	$z = 3x + 5y$
$(0, 0)$	0
$(0, \frac{5}{2})$	$\frac{25}{2}$
$(3, 1)$	14
$(\frac{9}{2}, 0)$	$\frac{27}{2}$

因此在 $x = 3$，$y = 1$ 時，有極大值 14。

例 14 （承例13）在限制條件不變下，$z = ax + by$ 的 a，b 在那個變動範圍內，它的最適解仍是 $x = 3$，$y = 1$？

解：由上例知四個頂點是 $(0, 0)$，$(0, \frac{5}{2})$，$(3, 1)$，$(\frac{9}{2}, 0)$ 將之代入目標函數 z 有以下結果：

(x, y)	$z = ax + by$
$(0, 0)$	0
$(0, \frac{5}{2})$	$\frac{5}{2}b$
$(3, 1)$	$3a + b$
$(\frac{9}{2}, 0)$	$\frac{9}{2}a$

∴欲使 $x = 3$， $y = 1$ 時，仍為最適解之條件為

$$\begin{cases} 3a + b \geq \dfrac{5}{2}b \\ 3a + b \geq \dfrac{9}{2}a \end{cases}$$

解之 $2 \geq \dfrac{b}{a} \geq \dfrac{3}{2}$ 是為所求。

例 14 就是 LP 靈敏度分析的一個最簡單例子。

作業二

一、選擇題

（請選擇一個最適當的答案，有關數值計算的題目以最接近的答案為準）

1. （ ）若決策者之心態是悲觀保守，則他可能採取何種決策準則？

    (A)小中取大準則　(B)大中取小準則

    (C) Laplace 準則　(D) Hurwicz 準則

2. （ ）下列有關大中取小準則之敘述何者是不正確？

    (A)它是不確定狀況下之決策

    (B)採大中取小準則之決策者心態上是樂觀的

    (C)它是用懊悔矩陣計算

    (D)大中取小準則又稱為不充分準則

給定下列償付矩陣，

		自 然 狀 態			
		S_1	S_2	S_3	S_4
方	A_1	10	16	22	19
	A_2	10	7	13	16
案	A_3	25	22	14	13
	A_4	13	12	8	7

試據此資料作答 3～10

3. （ ）若給定 S_3 一定發生，則決策者應採何方案？

    (A) A_1　(B) A_2　(C) A_3　(D) A_4

4. （ ）未來自然狀態處於不確定情況，若決策者採小中取大準則，那他將採那一個方案？

(A) A_1　(B) A_2　(C) A_3　(D) A_4

5. （　）決策者採小中取大準則時，表示他在決策時之心態不是：

(A)保守的　(B)悲觀的

(C)避免冒險的　(D)對未來情況完全無知的

6. （　）若決策者在自然狀態不確定情況下，採 Laplace 準則，那他將採那一個方案？

(A) A_1　(B) A_2　(C) A_3　(D) A_4

7. （　）若決策者在自然狀態不確定之情況下，採 Hurwicz 準則（$\alpha = 0.3$)，則他應採何種方案？

(A) A_1　(B) A_2　(C) A_3　(D) A_4

8. （　）若決策者在自然狀態不確定之情況下，採大中取小準則，則他應採何種方案？

(A) A_1　(B) A_2　(C) A_3　(D) A_4

9. （　）若已知 S_1, S_2, S_3, S_4 發生之機率分別為 0.2, 0.3, 0.4 及 0.1，在EMV 準則下，決策者應採何種方案？

(A) A_1　(B) A_2　(C) A_3　(D) A_4

10. （　）根據第 9 題，EVPI =

(A) 3.8　(B) 4.8　(C) 5.2　(D) 12.2

11. （　）某工廠生產甲、乙二產品，甲產品須在 A 部門加工 4 小時，B 部門加工2 小時；乙產品須在 A 部門加工 3 小時，B 部門加工4 小時。甲產品每件可獲利 200 元，乙產品每件可獲利 180 元。A 部門可用生產時間為 120 小時，B 部門可用生產時間為 100 小時。此廠可獲得最大利潤為：

(A) 6,480 元　(B) 6,840 元　(C) 6,080 元　(D) 8,640 元

12. （　）許多現實情況錯綜複雜，難以建立數學模式分析求解時，宜採用：

(A)線型規劃　(B)等候原理　(C)模擬法　(D)動態規劃法

13.(　　) 根據下列償付矩陣, 假定自然狀態 S_1, S_2, S_3 發生機率分別為 0.4, 0.3, 0.3

		自然狀態		
		S_1	S_2	S_3
方	A_1	12	9	−7
案	A_2	8	9	−4
	A_3	7	5	3

則 EVPI =

(A) 1.5　(B) 2.1　(C) 3.2　(D) 4.6

二、問答題

1.何謂理性的侷限?

2.R. Ackoff 認為解決錯誤問題所造成之錯誤要比錯誤地解決正確問題要嚴重的多, 這句話的意義是什麼? 請你舉個例子說明之。這句話與「做對事情」比「把事情做對」有何關聯?

3.決策時首需認清問題, 問決策者應如何認清問題?

4.請將下列問題轉化成 LP 模式: 設一煉油廠擬將 I , II , III 三種不同化學成份, 拌入高級與普級兩種汽油, 問應如何組合可使成本最小?

成份	供應量 (桶)	成本 (\$/桶)
I	5000	12
II	6000	14
III	7500	15

兩種汽油之規格:

汽油	規格
普通	成份 I 不得超過 50%
	成份 II 不得少於 40%
	成份 III 不得少於 30%
高級	成份 I 不得超過 30%
	成份 II 不得少於 50%
	成份 III 不得少於 30%

5.什麼叫做捨取，請舉二個例子說明之。

6.試用三種方法分別計算例11 之 EVPI。

7.試用最簡短的方式說明下列各子題之差別。

　⑴確定性型模與隨機性模型

　⑵不確定情況下決策與風險情況下決策

8.在做數學模型時通常須遵守「精簡原則」，什麼是精簡原則？為何必
　須遵守精簡原則？

第三章 產銷預測

3.1 預測的基本概念

預測的意義

簡單地說**預測** (Forecasting)即是對未來現象所做的一種叙述，其目的在預知未來不確定的風險，以做為未來規劃或決策之用。例如：企業在進行策略規劃時需對未來競爭之**強勢** (Strength)、**弱勢** (Weakness)、潛在之**機會** (Opportunity)與**威脅** (Threat)做一所謂之 SWOT 分析（亦有人將此四種分析之英文字首重排成 TOWS 分析），而預測結果可供進行 SWOT 分析之重要依據，因此預測能力與品質實為企業策略規劃與決策成敗之一大關鍵。

企業內各部門多有其業務上所需之專業預測，例如財務部門之財務預測、人事部門之人力需求預測、研發部門之**技藝預測** (Technological Forecast)、行銷部門之銷售預測等，其中以銷售預測對 POM 最為重要，因為由銷售預測可知企業產品或服務之未來需求水準，可做為 POM 各種規劃（如產品規劃、排程規劃、存量規劃等等）之基礎。銷售預測為本章之重心。

預測的分類

我們可將預測依**預測時間**(Forecasting Horizon)之長短或預測方法來

進行分類。

1.依預測時間長短分類

依預測時間之長短可將預測分成下列三類:

⑴**短期預測 (Short Range Forecast):** 短期預測之預測時間可能只有幾個月、幾週甚至幾天, POM 中典型之短期預測如: 某特定產品或零組件下週之生產量,某產品下個月之需求量、存量等等。短期預測因預測時間短,因素變化小,預測準確度之要求較高,故預測重點在於對未來短期情勢有詳細而具體之說明,尤其對特殊情況之指陳。

⑵**中期預測 (Medium Range Forecast):** 中期預測時間通常在一至二年間。例如年度銷售預測、年度之產能預測等等均是。

⑶**長期預測 (Long Range Forecast):** 長期預測時間通常超過二年以上。 POM 中之產品之**產品生命週期 (Product Life Cycle,** 簡記 **PLC)** 預測、技藝預測均是長期預測之例子。長期預測因預測時間較長,影響因素變化多,預測之準確度甚差,故預測之重點在於未來趨勢走向或前景之刻劃。

2.依預測方法分類

依預測方法之類別可將預測方法分成以下:

⑴**時間數列方法 (Time Series Methods):** 在一給定時期內連續觀察同一現象,依時間順序所得到之一連串觀測值稱為時間數列。如每天之股票收盤價格即形成一時間數列。本書將介紹其中兩種最常用之時間數列方法: **移動平均法 (Moving Average Method)、**與 **指數平滑法 (Exponential Smooth Method)。**

⑵**因果方法(Casual Methods):** 因果方法是利用預測者所建立之被解釋變數(即因變數)與解釋變數(即自變數)間之關係以進行預測的方法,**迴歸分析 (Regression Analysis)**是其中最重要的方法。迴

歸分析在解釋變數之選擇上常有賴於決策者之經驗與專業知識。
以上兩種方法在性質上屬量性方法。

(3)**定性方法** (Qualitative Methods)：用定性方法進行預測時，常須透
　　過決策者之判斷，因此它又稱為**判斷法** (Judgement Methods)，
　　若過去歷史數據闕如或不足代表未來**趨勢**時，便需用定性方法
　　預測，**銷售組合法** (Sale Force Composite)、**情境分析法** (Senario
　　Method)、 Delphi 法都是常用之定性方法，其中 Delphi 法更常被
　　用在技藝預測上。

3.2　預測之程序

既然預測方法有許多種，我們應如何選擇一個適用之方法？一般可
歸納成以下幾個程序：

1.確定預測目的

進行預測程序第一步即在確定預測之目的，因為有了預測之目的後
便可對爾後之作業程序，以及預測作業所需之人力、設備、財務等進行
支援規劃。預測的目的亦直接影響到資料蒐集之方向，例如存貨預測與
產能預測所需之資料自然有所差異。

2.確定預測時間之長短

預測之目的將決定**預測期間** (Forecast Horigon) 間之長短，例如一
產品之下月銷售量自為短期預測，而五年後之銷售量便為長期預測。預
測之精確性與預測時間長短成反向關係，亦即預測時間愈長其精確性愈
差，一般而言，短期預測重在精確性而長期預測則重在趨勢之建立。從
預測類別而言，定性方法較適於長期預測，而量性方法則適於中、短期
預測。

3.確定預測方法

有了預測目的與預測期長短，便可決定採用何種預測方法，例如作短期生產預測時，指數平滑法是一個很好的選擇方法，若是預測高科技產品之技術趨勢時，Delphi 法自是其適當選擇。

4.蒐集並分析適當資料

預測方法確定後，緊接著便是蒐集分析適當的資料，以預測方法中之迴歸分析為例，我們應注意到：

(1)**資料形態** (Pattern of Data)：迴歸分析是以過去之統計關係推延到未來，故在應用時應注意預測對象是否存在某種曲線趨勢或季節性、循環性，以選擇適當之迴歸模式。

(2)根據預測目的決定被解釋變數 y 及解釋變數 $x_1, x_2 \cdots x_n$，但 $x_1, x_2 \cdots x_n$ 與 y 間應有其管理或製造上的意義，否則其結果會造成解釋上之困難，甚至「**垃圾進，垃圾出**」(Garbage in, Garbage out，簡記GIGO)之後果。

(3)判斷資料本身是否符合迴歸分析之假設，尤其是**多元共線性** (Multi-collinearity)、**時間落後** (Time-Lag)等，此外亦需對**特異值** (Outlier)進行分析。

(4)引用**次級資料** (Secondary Data)時需注意到其定義與蒐集方法是否合我們所用，其次必須對資料之正確性與穩定性進行檢討、更新。

5.對預測進行監控

預測模式完成後，需適時地對模式內之參數進行維護、修正。

3.3 定性預測

當歷史數據缺乏，或因政治、經濟或科技等原因使得過去之資料無法投影到未來時，便需根據決策者或專家之專業知識、經驗所做之直覺

或主觀之判斷來進行預測，這種預測，稱為定性預測。茲介紹幾種常用
之定性預測如下：

1.判斷預測法

　　判斷預測法往往是由組織內不同部門之相關專業人士所組成之小組，
透過會議、訪談或腦力激盪 (Brainstorming)等方式進行預測。在美國或
國內這是一種非常普遍的預測方法。在歷史上，專家們所做之預測也常
有令他們跌破眼鏡的時候，例如：

- 五〇年代蘇聯之科技之實力與美國不相上下，在 1957 年蘇聯因
  領先美國發射人造衛星 Spunik 號，同期之蘇聯經濟成長率也高於
  美國，美國有名的預測大師 George Orwell 有鑒於此，乃大胆地
  預測，到 1984 年蘇聯之 GNP 將超越美國，但事實上這個預測終
  未實現，且蘇聯在1991 年解體後, 經濟一蹶不振迄今（1999年）。

- 1943 年 IBM 的董事長 Thomas J. Watson 悲觀地估計，全球只有
  5 臺電腦的市場，但今日電腦尤其個人電腦之普及實其始料所未
  及。

2. Delphi 法

　　Delphi 法原本是六〇年代美國 Rand 公司用做技藝預測的方法，現
在已廣被用作長程規劃、預測之用。它是由一群專家組成一個 Delphi 委
員會，其成員除了與研究主體有關之相關部門專家外，亦可延請學者專
家共同組成，人數多在 10～50人之間。 Delphi 委員會成立後即將預測
之背景資料及問卷 (Questionnaire)以通信之方式交由委員會之成員獨立
作答，然後將預測結果交由 Delphi 委員會之聯絡人 (Coordinator)彙集，
若預測結果甚為分歧，則由聯絡人將這些結果整理歸納後，再請這些成
員重行作答後寄回，如此反覆幾個回合後，結論通常會趨於一致，這個
一致的結論即為所要的結果。

3.行銷研究

美國行銷研究協會對**行銷研究** (Marketing Research)所做的定義是：「行銷研究是針對產品或服務的行銷問題衍生之相關資料做有系統地蒐集、記錄與分析的一門學問」。當代行銷學巨擘，美國西北大學教授 Philip Kotler 認為行銷研究之目的在於利用行銷研究所發現之事實來強化產品或服務之行銷決策與控制的水準。行銷研究往往是透過產品試銷或問卷分析所得之資料以了解消費者之消費意向以及對新產品評價，其結果可供企業界對該新產品之**定位** (Position)進行決策，同時亦可藉以挖掘潛在之顧客與消費需求。因此行銷研究對 POM 亦有相當重要之貢獻，產品設計規劃之品質機能展開(QFD) 便需用到行銷研究之結果。

4.歷史類比 (Historical Analogy)

歷史類比法是利用一種類似產品之銷售情況來估計某產品之未來銷售量，這種方法在新產品之銷售預測上用途很廣。

5.草根式 (Grass-roots)

這是一種由基層而上之預測過程，將基層（例如銷售員）蒐集到之資料逐層彙總層報，以供企業高階主管 (CEO)決定預測值。

3.4　因果方法㈠簡單迴歸分析 ❶

在科技研究過程中，決定兩個變數 x, y 之關係是很重要的，例如汽車工程師想了解汽油之辛烷值與汽車耗油量之關係，以及某種新的觸媒對化學品之生產速率之效果等，兩個變數間如果有關係的話，其關係大致有兩種，一是函數關係，如圓面積 A 與半徑 r 有 $A = \pi r^2$ 之關係，一是相關關係，如身高高的人腳板通常較長，矮的人腳板也通常較短，但也可能會出現甲比乙高但甲的腳板比乙短之可能，因此我們無法找到

---

❶　本部分屬統計學範疇，已學過者可略過。

一個函數式 $y = f(x)$ 來供我們描述腳板長 x 者其身高 y 為何，但我們可透過**最小平方法** (Least Square Method)、**最概法** (Maximum Likelihood Method)等統計方法以求得方程式 $\hat{y} = f(x)$ 來供我們做預測之用，這種方程式便稱為迴歸方程式。

最小平方法

最小平方法是用做估計線性迴歸方程式母數之最主要方法，將 n 個

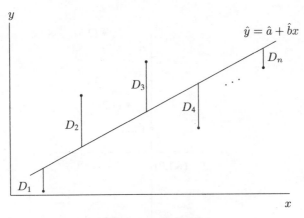

圖 3-1　散佈圖

有序元素對 (x_1, y_1), $(x_2, y_2) \cdots (x_n, y_n)$ 描繪在直角坐標圖上，這種圖稱為**散佈圖** (Scatter Diagram)。現在我們要找一條**最佳擬合曲線** (Best-fit Line) $\hat{y} = \hat{a} + \hat{b}x$，使得此 n 個點與 $\hat{y} = \hat{a} + \hat{b}x$ 之距離平方和為最小（即 $D = \sum\limits_{i=1}^{n} D_i$ 為最小）其中 D_i 為第 i 個有序元素對 (x_i, y_i) 到 $\hat{y} = \hat{a} + \hat{b}x$ 距離的平方，這種用來求最佳擬合曲線的方法稱為最小平方法，用最小平方法所求得之估計式稱為**最小平方估計式** (Least Square Estimators，簡記LSE)。

命題: 若 n 個樣本點 (x_1, y_1), $(x_2, y_2) \cdots (x_n, y_n)$ 可用迴歸方程式 $\hat{y} = \hat{a} + \hat{b}x$

來**擬合** (Fit)，則 a, b 之 LSE $\hat{a}, \hat{b}$ 為

$$\hat{b} = \frac{\Sigma(x - \bar{x})(y - \bar{y})}{\Sigma(x - \bar{x})^2} = \frac{n\Sigma xy - \Sigma x\Sigma y}{n\Sigma x^2 - (\Sigma x)^2}$$

$$\hat{a} = \bar{y} - \hat{b}\bar{x}$$

例 1　給定 $\dfrac{x}{y}\begin{array}{|ccccc} -2 & -1 & 0 & 1 & 2 \\ \hline 2 & 0 & 1 & 2 & 5 \end{array}$，若用 $\hat{y} = \hat{a} + \hat{b}x$ 來擬合，(a)求出 a, b 之 LSE $\hat{a}, \hat{b}$, (b) $x = 5$ 時 $\hat{y} =?$

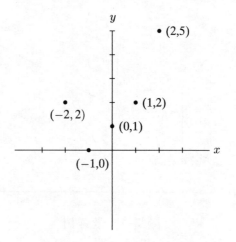

解: (a)

x	y	xy	x^2
-2	2	-4	4
-1	0	0	1
0	1	0	0
1	2	2	1
2	5	10	4
0	10	8	10

$$\hat{b} = \frac{n\Sigma xy - \Sigma x\Sigma y}{n\Sigma x^2 - (\Sigma x)^2}$$

$$= \frac{5 \times 8 - 0 \times 10}{5 \times 10 - 0^2} = 0.8$$

$$\hat{a} = \bar{y} - \hat{b}\bar{x} = \frac{10}{5} - 0.8 \times 0 = 2$$

$$\therefore y = 2 + 0.8x \text{ 是為所求}$$

(b) $x = 5$ 時 $\hat{y} = 2 + 0.8 \times 5 = 6$

★例2　若 (x_1, y_1), $(x_2, y_2) \cdots (x_n, y_n)$ 之迴歸方程式為 $\hat{y} \doteq \hat{a} + \dfrac{\hat{b}}{x}$, 問應如何求 a, b 之 LSE $\hat{a}, \hat{b}$?

解: 方法一:

$$D(\hat{a}, \hat{b}) = \Sigma(y - \hat{y})^2 = \Sigma(y - \hat{a} - \frac{\hat{b}}{x})^2$$

令 $\dfrac{\partial}{\partial \hat{a}} D(\hat{a}, \hat{b}) = \dfrac{\partial}{\partial \hat{a}} \Sigma(y - \hat{a} - \dfrac{\hat{b}}{x})^2 = 0$

得 $\Sigma(-2)(y - \hat{a} - \frac{\hat{b}}{x}) = 0$

$$\therefore \Sigma y = n\hat{a} + \hat{b}\Sigma\frac{1}{x} \tag{1}$$

令 $\dfrac{\partial}{\partial \hat{b}} D(\hat{a}, \hat{b}) = \dfrac{\partial}{\partial \hat{b}} \Sigma(y - \hat{a} - \dfrac{\hat{b}}{x})^2 = 0$

得 $\Sigma(-\frac{2}{x})(y - \hat{a} - \frac{\hat{b}}{x}) = 0$

$$\therefore \Sigma\frac{y}{x} = \hat{a}\Sigma\frac{1}{x} + \hat{b}\Sigma\frac{1}{x^2} \tag{2}$$

解(1), (2)可得

$$\hat{a} = \frac{\Sigma\frac{1}{x^2}\Sigma y - \Sigma\frac{1}{x}\Sigma\frac{y}{x}}{n\Sigma\frac{1}{x^2} - (\Sigma\frac{1}{x})^2}, \quad \hat{b} = \frac{n\Sigma\frac{y}{x} - \Sigma\frac{1}{x}\Sigma y}{n\Sigma\frac{1}{x^2} - (\Sigma\frac{1}{x})^2}$$

方法二:

取 $z = \dfrac{1}{x}$ 則由命題

$$\hat{b} = \frac{n\Sigma zy - \Sigma z\Sigma y}{n\Sigma z^2 - (\Sigma z)^2} = \frac{n\Sigma\dfrac{y}{x} - \Sigma\dfrac{1}{x}\Sigma y}{n\Sigma(\dfrac{1}{x^2}) - (\Sigma\dfrac{1}{x})^2}$$

$$\hat{a} = \bar{y} - \hat{b}\bar{z} = \frac{\Sigma y}{n} - \frac{n\Sigma\dfrac{y}{x} - \Sigma\dfrac{1}{x}\Sigma y}{n\Sigma(\dfrac{1}{x^2}) - (\Sigma\dfrac{1}{x})^2}\cdot\frac{1}{n}\Sigma\frac{1}{x}$$

$$= \frac{n\Sigma\dfrac{y}{x} - \Sigma\dfrac{1}{x}\Sigma y}{n\Sigma\dfrac{1}{x^2} - (\Sigma\dfrac{1}{x})^2}$$

由例 2 可看出，許多非線性的迴歸方程式可透過某種轉換變成簡單線性迴歸方程式，但像 $y = a + \dfrac{c}{x-b}$， a,b,c 為母數，便無法透過轉換變成簡單迴歸方程式。要注意的是線性迴歸方程式 $\hat{y} = \hat{a} + \hat{b}x$ 之迴歸係數 a,b 亦必須符合線性之條件。

估計標準誤

在迴歸分析中我們用**估計標準誤** (Standard Error of Estimate，簡記 S_e) 來評估樣本點對迴歸方程式 $\hat{y} = \hat{a} + \hat{b}x$ 之分散程度。 S_e 定義成 $S_e = \sqrt{\dfrac{\Sigma(y - \hat{y})^2}{n - 2}}$， $n-2$ 稱為**自由度** (Degree of Freedom)。

命題: 若 (x_1, y_1)， $(x_2, y_2)\cdots(x_n, y_n)$ 之迴歸方程式為 $\hat{y} = \hat{a} + \hat{b}x$， 則

$$S_e = \sqrt{\frac{\Sigma y^2 - \hat{a}\Sigma y - \hat{b}\Sigma xy}{n - 2}}$$

例 3　求例1之 S_e。

解:

$$S_e = \sqrt{\frac{\Sigma y^2 - \hat{a}\Sigma y - \hat{b}\Sigma xy}{n - 2}} = \sqrt{\frac{34 - 2\times 10 - 0.8\times 8}{5 - 2}} = 1.59$$

相關係數與決定係數

統計學告訴我們**相關係數**(Coefficient of Correlation，簡記r) 的平方即為**決定係數**(Coefficient of Determination，簡記r²)。決定係數 r^2 有兩種不同的定義方式，即

$$r^2 = \frac{可解釋變異}{總變異}$$

及 $r^2 = (\frac{cov(x,y)}{s_x s_y})^2$

可證明的是兩者是**同義** (Equivalent)。不論是那一種定義，均可利用下列命題來計算樣本相關係數。

命題: 樣本相關係數 $= \dfrac{n\Sigma xy - \Sigma x \Sigma y}{\sqrt{n\Sigma x^2 - (\Sigma x)^2}\sqrt{n\Sigma y^2 - (\Sigma y)^2}}$

例 4 求例 1 之相關係數。

解:

x	y	x^2	y^2	xy
-2	2	4	4	-4
-1	0	1	0	0
0	1	0	1	0
1	2	1	4	2
2	5	4	25	10
0	10	10	34	8

$$r = \frac{n\Sigma xy - \Sigma x \Sigma y}{\sqrt{n\Sigma x^2 - (\Sigma x)^2}\sqrt{n\Sigma y^2 - (\Sigma y)^2}}$$

$$= \frac{5(8) - 0(10)}{\sqrt{5(10) - 0^2}\sqrt{5(34) - (10)^2}}$$

$$= 0.68$$

相關係數之性質

相關係數與決定係數在統計學中均有詳盡之討論，在此僅將它們的一些重要性質列舉如下：

- 相關係數 r 之解釋： r 的值介於1 與 -1 間，即 $1 \geq r \geq -1$，當 $r = \pm 1$ 時稱為完全正（負）相關，它表示各樣本觀測值均落在直線上，相關係數 r 的大小表示 x, y 呈線性關係之程度， $r = 0$ 則為 x, y 間無線性關係之存在，但絕非意味著 x, y 間沒關係，如 $(1, 0)$， $(-1, 0)$， $(0, 1)$ 及 $(0, -1)$ 四點之 $r = 0$，但這四個點可能是取自某單位圓或正方形之四個點。其次我們要注意的是 $r = 0.3$ 與 $r = -0.3$ 之線性關係程度是一樣的，我們不可因為 $0.3 > -0.3$ 而說 $r = 0.3$ 之線性關係比 $r = -0.3$ 強。

- 決定係數 r^2 表示迴歸模式之解釋能力，例如 $r^2 = 0.9$ 表示迴歸模示裡 y 的**變異 (Variation)** 中有 90% 可由解釋變數 x 處獲得解釋。

- 在計算 r 前，尚需研究 x, y 間是否為**偽相關**(Spurious Correlation)，否則即便 r 值很高，也無任何實質意義，有時尚需考慮 x, y 之相關性是否係因第三個變數 z 使然。

簡單迴歸方程式之統計推論

最小平方法雖然能解決簡單迴歸方程式中迴歸係數之點估計的問題，但無法做進一步之推論，包括區間估計或檢定，因此必須加入一些機率性之假設即

$$y_i = a + bx_i + \varepsilon_i$$

在此假設：

(1) x 為固定值，即 x 不為隨機變數

(2)ε_i 為獨立服從平均數為 0，變異數為 σ^2 之常態分配，即 $\varepsilon_i \sim n(0, \sigma^2)$

根據上述假設，可導出當 $x = x_0$ 時 y 之單值 y_0 的預測區間，如下列命題所示。

命題: 簡單迴歸方程式 $\hat{y} = \hat{a} + \hat{b}x$，給定 $x = x_0$，則預測值 $\hat{y}_0$ 之 $(1 - \propto)100\%$ 信賴區間為:

$$\hat{y}_0 - t_{\frac{\alpha}{2}}(n-2)S_e \sqrt{1 + \frac{1}{n} + \frac{x_0 - \bar{x}}{\Sigma(x - \bar{x})^2}} < y_0 < \hat{y}_0 + t_{\frac{\alpha}{2}}(n-2)S_e$$

$$\sqrt{1 + \frac{1}{n} + \frac{x_0 - \bar{x}}{\Sigma(x - \bar{x})^2}}$$

例 5 給定下列觀測值組，(a)試求 $\hat{y} = \hat{a} + \hat{b}x$ 之最小平方估計式，(b)求 (a)之估計標準誤 S_e，(c) $x = 9$ 時之預測值 $\hat{y}$，(d)求(c)之 $\hat{y}$ 的95% 信賴區間

x	1	2	4	6	7
y	2	3	5	6	9

解: (a)

	x	y	x^2	xy	$\hat{y}$	$y - \hat{y}$	$(y - \hat{y})^2$
	1	2	1	2	1.88	0.12	0.0144
	2	3	4	6	2.92	0.08	0.0064
	4	5	16	20	5.00	0	0
	6	6	36	36	7.08	−1.08	1.1664
	7	9	49	63	8.12	0.88	0.7744
小計	20	25	106	127			1.9616

$$\hat{b} = \frac{n\Sigma xy - \Sigma x\Sigma y}{n\Sigma x^2 - (\Sigma x)^2}$$

$$= \frac{5 \times 127 - 20 \times 25}{5 \times 106 - (20)^2}$$

$$= 1.04$$

$$\hat{a} = \bar{y} - \hat{b}\bar{x}$$

$$= 5 - (1.04) \times 4 = 0.84$$

$$\therefore \hat{y} = 0.84 + 1.04x$$

(b) $S_e = \sqrt{\dfrac{\Sigma(\bar{y} - \hat{y})^2}{n-2}} = \sqrt{\dfrac{1.9616}{5-2}} = 0.81$

(c) $x = 9$ 時 $\hat{y} = 0.84 + 1.04 \times 9 = 10.2$

(d) $x = 9$ 時 $\hat{y}$ 之 95%信賴區間：

$$\hat{y} - t_{\frac{\alpha}{2}}(n-2)S_e\sqrt{1 + \frac{1}{n} + \frac{(x_0 - \bar{x})^2}{\Sigma(x - \bar{x})^2}} < y$$

$$< \hat{y} + t_{\frac{\alpha}{2}}(n-2)S_e\sqrt{1 + \frac{1}{n} + \frac{(x_0 - \bar{x})^2}{\Sigma(x - \bar{x})^2}}$$

代 $\hat{y} = 10.2, t_{0.025}(3) = 3.182, x_0 = 9, \bar{x} = 4$ 代入上式可得：

$$10.2 - 3.182 \times 0.81\sqrt{1 + \frac{1}{5} + \frac{(9-4)^2}{26}} < y$$

$$< 10.2 + 3.182 \times 0.81\sqrt{1 + \frac{1}{5} + \frac{(9-4)^2}{26}}$$

即 $6.41 < y < 13.98$

3.5　因果方法㈡複迴歸模式

複迴歸模式 (Multiple Regression Models) 是簡單線性迴歸模式之擴充，但前者遠較後者複雜。

假定我們用電腦跑出一個複迴歸模式

$$y = b_0 + b_1 x_1 + b_2 x_2 + b_3 x_3$$

估計標準誤　（　）（　）　（　）　（　）

上式中之括號內數字為迴歸母數之估計標準誤。在此只就複迴歸模式電腦報表之有關知識臚列於後以供入門：

1. b_i 的意義

$\frac{\partial y}{\partial x_i} = b_i$ 故 b_i 可表示 x_i 變動對 y 之影響程度，若 $b_1 = 14.7$，它表示在 x_2, x_3 不變之情況下，x_1 每增加 1 個單位時，將增加 y 14.7 個單位。若 x_1 之單位是公噸，而 y 之單位為元，則 b_1 的單位是元／公噸。x_1 之測度單位改變時對所有之母數及預測值 y 均可能會全面改變。

2. 決定係數 R^2

理論上 R^2 是指線性迴歸模式之解釋能力，例如 $R^2 = 0.87$ 就表示模式內所有解釋變數對 y 的變異有解釋出 87% 的能力。由統計理論可知，線性迴歸模式只要增加一個解釋變數便可提升模式 R^2 值，但在實務上，解釋變數之個數以能使模式對研究對象有足夠之解釋能力即已足夠，以免造成計算成本（如蒐集資訊、整理資訊……等）過高。

3. 統計檢定

線性迴歸模式之統計檢定可分為兩大類：一是用 t 檢定以測驗某個迴歸母數 b_i 是否顯著異於 0，一是用 F 檢定以測驗整個迴歸模式之顯著性。

表 3.1　H_o: $b_o = 0$ 之棄却域 ❷

樣本數	t 統計量 $t = \dfrac{b_i}{\hat{s}_b}$
$15 \geq n \geq 5$	$t \geq 3$
$n \geq 15$	$t \geq 2$

樣本數	F 統計量 $F = \dfrac{R^2/(k-1)}{(1-R^2)/n-k}$
$10 \geq n \geq 6$	$F \geq 6$
$n \geq 10$	$F \geq 5$

例 6　若電腦報表顯示出一個含12組樣本之複迴歸方程式:

$$y = 120 + 450x_1 + 360x_2$$
$$\quad\ (15)\quad (30)\quad (180)$$

括弧內之數字是估計標準誤,

(a)試檢定 $Y = b_0 + b_1x_1 + b_2x_2$ 中之 b_0, b_1, b_2 何者顯著異於 0。

(b)若 $R^2 = 0.64$, 問它的意義為何?

(c)若我們增加一個變數 x_3, 電腦報表之 R^2 值之字跡不清, 似乎是 0.63 或 0.68, 問那一個可能是對的?

(d)求 b_0, b_1, b_2 之 95% 信賴區間。

解: (a)b_0 之 $t_0 = \dfrac{\hat{b_0}}{S_{\hat{b_0}}} = \dfrac{120}{15} = 8 \geq 3$ $\quad \therefore b_0$ 顯著異於 0,

b_1 之 $t_0 = \dfrac{\hat{b_1}}{S_{\hat{b_1}}} = \dfrac{450}{30} = 15 \geq 3$ $\quad \therefore b_1$ 顯著異於 0,

b_2 之 $t_0 = \dfrac{\hat{b_2}}{S_{\hat{b_2}}} = \dfrac{360}{180} = 2 \leq 3$ $\quad \therefore$ 無充分證據推翻 Ho: $b_2 = 0$ 之假設。

(b)$R^2 = 0.64$ 表示 y 之總變異有 64% 可由 x_1, x_2 獲得解釋。

(c)$R^2 = 0.68$ 之可能是對的, 因為增加解釋變數會使模式之 R^2 值只增不減。

(d)b_i 之區間估計可用 t 分配為之, 其自由度 $df = n-k-1$, n 為樣本

---

❷ 這只是個近似判斷法, 精確的方法則須查 t 值表。

數, k 為解釋變數 x_i 之個數, b_i 之信賴區間為 $0 \pm t_{\frac{\alpha}{2}}(n-k-1)\hat{S}_{bi}$,

在本例 $n = 12, k = 2, t_{0.025}(12 - 2 - 1) = t_{0.025}(9) = 2.262$

$\therefore$ b_0 之信賴區間為 $0 \pm 2.262 \times 15 = \pm 33.93$

$\quad b_1$ 之信賴區間為 $0 \pm 2.262 \times 30 = \pm 67.86$

$\quad b_2$ 之信賴區間為 $0 \pm 2.262 \times 180 = \pm 407.2$

在上例可看出 b_0, b_1 均無法為 95% 信賴區間所涵蓋, 因此 b_0, b_1 均顯著異於 0; b_3 可為 95% 信賴區間所涵蓋, 因此我們沒有充分證據推翻 Ho: $b_3 = 0$ 之假設。

4.多元共線性

多元共線性 (Multicollinearity) 是建立複迴歸模式最常見的現象, 這是諾貝爾經濟學獎得主 Ragnar Frisch 所提出之名詞, 它是指在複迴歸模式中有二個或二個以上之解釋變數間有高度之相關時, 會造成 b_i 之估計標準誤太大, 致使得迴歸係數之信賴區間變得很大, 從而造成估計精確度變得很小。從統計檢定之角度來看, 多元共線性會增加承認虛無假設 $H_0 : b_i = 0$ 之機率, 同時也造成 R^2 很大但可能有一個或更多之 t 值却很小。複迴歸模式裡多元共線性是一個必然存在的現象, 因此我們對多元共線性之研究重點在於它的程度究竟有多大。一個最簡便的方法是求解釋變數與非解釋變數之簡單相關矩陣, 我們從中選出與 y 有高度相關, 但與其他 x_i 之相關係數很小的 x_j 納入複迴歸模式中, 當然這些入選之解釋變數與被解釋變數 y 間必須有管理、經濟或製造上的意義。❸

---

❸　複迴歸分析是一門兼具理論與實務之美的學問, 有志研究這個領域的讀者, 可參考「迴歸分析」、「計量經濟學」等專業書籍。

3.6 時間數列分析[4]

在某一給定時期裡，連續觀察同一現象，依時間先後所得到之一連串觀測值稱為**時間數列** (Time Series)。在實際生活中之每日某一股票收盤價格即是一時間數列。

統計學告訴我們，時間數列是由**長期趨勢** (Secular Trend，簡記T)、**季節變動** (Seasonal Variation，簡記S)、**循環變動** (Cyclical Variation，簡記C) 與**不規則變動** (Irregular Variation，簡記I)所組成，時間數列分析即企圖透過對上述四種成份之分解以對各成份之變化形態有所了解，進而利用時間數列之各成份過去變化之形態必將延伸到未來之假設，可計算出各成份過去變化對時間數列之影響。

本章介紹之時間數列分析法有：**自然預測法**(Naive Forecast)、**移動平均法** (Moving Average Method，簡記MA)、**季節指數法** (Seasonal Index Method)，及**指數平滑法** (Exponential Smooth Method) 四種。

自然預測法

自然預測法是一個相當直覺的預測方法。若預測期需求情況與緊鄰之過去幾期差不多時，通常是以時間數列之最後一個觀測值當做下期之預測值。如果時間數列中隱含有季節變動時，可用去年同一季節之需求量當做今年這一季節之需求量。如果時間數列中有長期趨勢時，則可用上期需求量加上上期與前期需求量之差額作為本期之預測值。例如一商品的七、八、九月份之需求量分別為 32,41,46 個單位，那麼十月份之需求量可預測為：九月份需求量 46 加上八、九月需求量之差 5 個單位共

---

[4] 本部分屬統計學範疇，已學過者可略之。

計為 $46 + 5 = 51$ 個單位。

顯然地，自然預測法的最大好處是決策者可在不需要耗用太多之計算成本下，輕易地求出他所需要的預測值，但預測結果則失之於主觀且略嫌粗糙。

移動平均法

歷史數據中往往含有一些**雜訊** (Noise) 也就是不規則因子，移動平均法 (MA 法) 即是透過移動平均過程將雜訊勻修掉然後據此勻修後結果進行預測。如同算術平均數可分簡單算術平均數與加權平均數，MA 法可分(1)**簡單移動平均法** (Simple Moving Average Method) 與(2)**加權移動平均法** (Weighted Moving Average Method)兩種。若無特別指明，移動平均法多指簡單移動平均法。茲分述如下：

1.簡單移動平均法

設 $y_1, y_2, \cdots$ 為一組時間數列，則定義 n **期移動平均** (MA of order n) 為

$$\frac{y_1 + y_2 + \cdots + y_n}{n}, \frac{y_2 + y_3 + \cdots + y_{n+1}}{n}, \frac{y_3 + y_4 + \cdots + y_{n+2}}{n} \cdots$$

若 n 為奇數時則上述結果即為 n 期移動平均之**勻修值** (Smoothed Value)。若 n 為偶數時，因為移動平均所得之勻修值均落在各期之中點而非起點，因此在求得 n 期移動平均後還須將所得之勻修值再做一次二期移動平均。偶數期之 MA 法亦可用加權移動平均。最後一個勻修移動平均值即為第 $n + 1$ 期乃至更後期之預測值。

例 7 給定右列時間數列 $\dfrac{t}{y}\begin{array}{|cccccccc} 1 & 2 & 3 & 4 & 5 & 6 & 7 & 8 \\ \hline 2 & 3 & 3 & 4 & 5 & 5 & 5 & 6 \end{array}$, (a)求三期移動平均之勻修值，(b)試求 $t = 9, 12$ 之預測值。

解: (a)

		三期	三期	
t	y	移動和	移動平均值	
1	2			
2	3	8	2.67	
3	3	10	3.33	
4	4	12	4.00	
5	5	14	4.67	
6	5	15	5.00	
7	5	16	5.33	←第九期預測值
8	6			

(b) $t = 9$ 之預測值為 5.33

$t = 12$ 之預測值為 5.33

例 8　根據上例，求四期移動平均。

解:

(1)	(2)	(3)	(4)	(5)	
		四期	四期	(4)之二期	
t	y	移動和	移動平均值	移動平均	
1	2				
2	3				
		12	3		
3	3			3.375	
		15	3.75		
4	4			4	
		17	4.25		
5	5			4.5	
		19	4.75		
6	5			5	←第九期預測值
		21	5.25		
7	5				
8	6				

　　移動平均法可將資料數據中之不規則變動與循環變動平滑掉 (Smooth Out)，將例 8 之資料之 y 值連線與四期移動線比較下，可看出移動線平均線較原來連線為平滑。

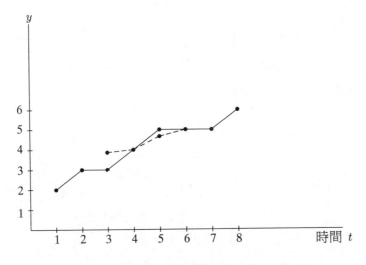

（虛線部分為四期移動平均值之平滑連線）

2.加權移動平均法

加權移動平均法是對移動平均之各期資料賦予不同權數，故加權移動平均與簡單移動平均之關係恰如加權平均數與簡單平均數之關係。設 $y_{t-1}, y_{t-2}, y_{t-3}, \cdots, y_{t-n}$ 為一組時間數列，$w_1, w_2, \cdots, w_n$ 為對應之權數，則定義 n 期加權移動平均數為：

$$f_t = \frac{w_1 y_{t-1} + w_2 y_{t-2} + \cdots + w_n y_{t-n}}{w_1 + w_2 + \cdots + w_n}$$

式中　f_t：第 t 期之預測值（或勻修值）

　　　y_{t-i}：第 i 時期之實際值

　　　w_i：第 i 時期之權數，　$w_1 + w_2 + \cdots + w_n = 1$

例 9　根據例7之資料，利用 $w_1 = 0.1, w_2 = 0.3, w_3 = 0.6$，求(a)三期加權移動平均下之各期勻修值，(b)第九期之預測值。

解：(a)

t	y	w_i	y_i	w_i	y_i	w_i	y_i	w_i	y_i	w_i	y_i	w_i	y_i
1	2	0.1	0.2										
2	3	0.3	0.9	0.1	0.3								
3	3	0.6	1.8	0.3	0.9	0.1	0.3						
4	4		2.9	0.6	2.4	0.3	1.2	0.1	0.4				
5	5				3.6	0.6	3.0	0.3	1.5	0.1	0.5		
6	5						4.5	0.6	3.0	0.3	1.5	0.1	0.5
7	5								4.9	0.6	3.0	0.3	1.5
8	6										5.0	0.6	3.6

第九期之預測值→ 5.6

(b)由(a)得第九期之預測值為 5.6

季節變動法

季節指數 (Seasonal Index, 簡記SI) 是衡量季節變動的一個重要指標, 它有多種計算法, 在此介紹簡單平均數法:

$$SI = \frac{每季之平均數}{總平均數} \times 100$$

如果研究的資料是屬季節性, 則 SI 之總和應為 4, 如果是月別資料則 SI 之總和應為 12。 (如果 SI 之總和不為上述數字時, 應予調整俾使 SI 之總和為 4 或 12)

將歷史數據用對應之季節指數平減後所得之迴歸方程式即為去除季節因子後之趨勢方程式。

例 10 給定下列季節資料

年度	Q_1	Q_2	Q_3	Q_4	小計
1994	7	3	3	4	17
1995	9	3	5	6	23

(a)求季節指數 SI，並說明它的意義。

(b)求去除季節因子後之趨勢方程式。

(c)求 1996 年第一季與第二季之預測值。

解: (a)

年度	Q_1	Q_2	Q_3	Q_4		
1994	7	3	3	4		17
1995	9	3	5	6		23
小計	16	6	8	10	小計	40
季平均	8	3	4	5	總平均 $= \dfrac{40}{4 \times 2} = 5$	
SI	1.6	0.6	0.8	1.0	小計	4.0

　　Q_1 之 SI 為 1.6，表示第一季之預測值為該年趨勢值之 1.6 倍，Q_3 之 SI 為 0.8，表示第三季之預測值為該年趨勢值之 0.8 倍，其餘以此類推。

(b)

		(1)	(2)	(3)	(4) $= \dfrac{(2)}{(3)}$	(5)	(6)
		x	y	SI	y'	xy'	x^2
1994	Q_1	1	7	1.6	4.38	4.38	1
	Q_2	2	3	0.6	5.0	10	4
	Q_3	3	3	0.8	3.75	11.25	9
	Q_4	4	4	1.0	4.0	16	16
1995	Q_1	5	9	1.6	5.63	28.15	25
	Q_2	6	3	0.6	5	30	36
	Q_3	7	5	0.8	6.25	43.75	49
	Q_4	8	6	1.0	6	48	64
					40.01	191.53	204

$$\hat{b} = \frac{n\Sigma xy' - \Sigma x \Sigma y'}{n\Sigma x^2 - (\Sigma x)^2} = \frac{8 \times 191.53 - 36 \times 40.01}{8 \times 204 - (36)^2} = 0.2735$$

$$\hat{a} = \bar{y}' - \hat{b}\bar{x} = \frac{40.01}{8} - 0.2735 \times \frac{36}{8} = 3.7705$$

即 $\hat{y} = 0.2735x + 3.7705$

(c) $y_{1996,Q_1} = 0.2735 \times 9 + 3.7705 = 6.232$

$y_{1996,Q_2} = 0.2735 \times 10 + 3.7705 = 6.5055$

3.7 時間數列分析（續）──指數平滑法

指數平滑法在本質上是一種加權移動平均法，它是對離預測期愈近之歷史數據賦予較大的權數，離預測期愈遠之歷史數據之權數則呈幾何級數遞減。

單次指數平滑法

單次指數平滑法(Single Exponential Smooth Method) 只適用歷史數據沒有趨勢走向（即長期向下或向上移動）之情況，其定義式如下：

$$F_t = F_{t-1} + \alpha(A_{t-1} - F_{t-1})$$

其中　　$\alpha =$ 平滑常數 (Smoothing Constant)，　$1 > \alpha > 0$

　　　　$A_{t-1} =$ 第 $t-1$ 期之實際值

　　　　$F_{t-1} =$ 第 $t-1$ 期之預測值

　　　　$F_t =$ 第 t 期之預測值

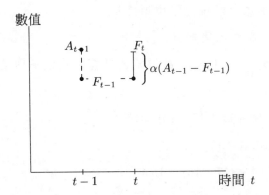

單次指數平滑法之第 t 期預測值＝第 $t-1$ 期預測值 $+\alpha$（第 $t-1$ 期實際值 $-$ 第 $t-1$ 期預測值）。當無**初始值**(Initial Value) 時，我們可用前 $\dfrac{2}{\alpha}-1$ 期（若 $\dfrac{2}{\alpha}$ 含小數時可採近似整數）之平均值作為初始值，若 α 很小，我們亦可主觀地選取前若干期之平均值作為初始值。指數平滑法也可表達成新的預測值 ＝舊的預測值 $+\alpha$ 倍的誤差，因此指數平滑法在想法上是很直接的。

例 11　若 1995 年預測某商品之銷售量為 150,000 個單位，結果在 1996 年年初結算得實際銷售量為 160,000 個單位，試用指數平滑法預測該商品在 1996 年之銷售量。假定 $\alpha = 0.25$。

解：　　$F_{1996}=F_{1995} + \alpha(A_{1995} - F_{1995})$

　　　　　$=150,000 + 0.25(160,000 - 150,000)$

　　　　　$=152,500$

例 12　
年度	1	2	3	4	5	6
需求量	16	15	17	16	17	15

$\alpha = 0.4$,

(a)試求一初始值。

(b)求第 6 年之勻修值（即預測值）。

(c)求第 7, 8 年之預測值。

解: (a)$n = \dfrac{2}{\alpha} - 1 = \dfrac{2}{0.4} - 1 = 4$，故取前四期需求量之平均值做為第五期之預測值。

即 $F_5 = \dfrac{1}{4}(16 + 15 + 17 + 16) = 16$

(b) $F_6 = F_5 + \alpha(A_5 - F_5)$

$\qquad = 16 + 0.4 \times (17 - 16) = 16.40$

(c) $F_7 = F_6 + \alpha(A_6 - F_6)$

$\qquad = 16.4 + 0.4 \times (15 - 16.4) = 15.84$

$F_8 = F_7 = 15.84$

指數平滑模式中 α 之選取是十分重要的，例如當 α 很大時（即 α 趨近 1 時），則會對越接近目前之數據賦予更大之權數，反之，若 α 很小時（即 α 趨近 0 時），則會對愈過去之數據賦予較大之權數。在需求量穩定時可取較大的 α 值，反之則取較小之 α 值。

★趨勢調整之預測值

歷史數據有趨勢現象時，若用單次指數平滑法會產生嚴重偏誤，即在有長期向上趨勢時，若用單次指數平滑法會使得預測值偏低，反之，若有長期向下之趨勢時預測值便會偏高，因此有趨勢現象之歷史數據應採**趨勢調整之指數平滑法** (Trend-Adjusted Exponential Smooth Method, 又稱為Forecast Including Trend, 簡記FIT):

$$FIT_t = F_t + T_t$$

$$T_t = T_{t-1} + \beta(F_t - F_{t-1})$$

上式　F_t: 第 t 期之簡單平滑勻修值， F_{t-1} 為前期之平滑趨

勢

T_t: 第 t 期之平滑趨勢 (Smoothed Trend for Period t),

$T_1 = 0$

β: 趨勢平滑常數, 又稱二次平滑常數

趨勢調整之指數平滑法看似複雜, 其實它是很簡單的, 因為 FIT 是以二次平滑常數 β, 對一次平滑結果再重新平滑一次而已。

例 13 $\dfrac{時期}{銷售量} \begin{array}{|cccc} 1 & 2 & 3 & 4 \\ 100 & 120 & 130 & 150 \end{array}$ 顯然有趨勢存在, 若在第一期之預測值為 80。試以一次平滑常數 $\alpha = 0.2$, 二次平滑常數 $\beta = 0.3$ 來求第二至四期之匀修值。

解: 1.第二期

$$F_2 = F_1 + \alpha(A_1 - F_1) = 80 + 0.2(100 - 80) = 84$$

$$T_2 = T_1 + \beta(F_2 - F_1) = 0 + 0.3(84 - 80) = 1.2$$

$$\therefore FIT_2 = F_2 + T_2 = 84 + 1.2 = 85.2$$

2.第三期

$$F_3 = F_2 + \alpha(A_2 - F_2) = 84 + 0.2(120 - 84) = 91.2$$

$$T_3 = T_2 + \beta(F_3 - F_2) = 1.2 + 0.3(91.2 - 84) = 3.4$$

$$\therefore FIT_3 = F_3 + T_3 = 91.2 + 3.4 = 94.6$$

3.第四期

$$F_4 = F_3 + \alpha(A_3 - F_3) = 91.2 + 0.2(130 - 91.2) = 99$$

$$T_4 = T_3 + \beta(F_4 - F_3) = 3.4 + 0.3(99 - 91.2) = 5.7$$

$$\therefore FIT_4 = F_4 + T_4 = 99 + 5.7 = 104.7$$

3.8   預測誤差之控制

因為企業在預測過程中均面臨著太多不確定之因素，因此只要有預測難免都會伴有程度不等之預測誤差。本節將討論如何評估預測誤差，以及如何藉由**追蹤信號** (Tracking Signal，簡記TS) 來控制預測品質。

預測誤差之評估

在 POM 中最常被用做預測誤差之評估準則有: (1)**平均絕對誤差** (Mean Absolute Deviation，簡記MAD) 及(2)**平均平方誤差** (Mean Squared Error，簡記MSE)兩種。一般而言，若比較二個不同之預測方法時，我們總是選用預測誤差為最小的方法。

若 e 為預測誤差，$e = $ 實際值 − 預測值，則

(1) $MAD = \dfrac{\Sigma|\text{實際值} - \text{預測值}|}{n} = \dfrac{\Sigma|e|}{n}$

(2) $MSE = \dfrac{\Sigma(\text{實際值} - \text{預測值})^2}{n-1} = \dfrac{\Sigma e^2}{n-1}$ ❺

例 14   利用A,B兩種方法對某產品之銷售量進行預測，經過 5 期之預測量與實際量之比對結果如下，依 MSE 準則評估，問那一種方法較好？

	實際值	A預測值	B預測值
1	10	11	9
2	12	12	13
3	16	13	15
4	15	14	17
5	17	15	19

---

❺ 有一些生產／作業管理之作者如白健二，定義 $MSE = \dfrac{1}{n}\Sigma$ (實際值 − 預測值)^2。

解:

	實際值	A預測值	e_1	e_1^2	B預測值	e_2	e_2^2
1	10	11	-1	1	9	1	1
2	12	12	0	0	13	-1	1
3	16	13	3	9	15	1	1
4	15	14	1	1	17	-2	4
5	17	15	2	4	19	-2	4
				15			11

A 方法之 $MSE = \dfrac{15}{4} = 3.75$

B 方法之 $MSE = \dfrac{11}{4} = 2.75$

$\because$ B 方法之 MSE 較小 $\therefore$ B 方法較佳。

　　　讀者可驗證: 因二者之 MAD 均為1.35, 故用 MAD 準則無從比較何者較佳。

　　MAD 與 MSE 在評估預測方法時可能會有兩個不同的結果, 一般而言, 比較不同預測方法之誤差時, 理論上 MSE 比 MAD 來得好, 但在預測監控方面, POM 學者習以 MAD 來建構控制圖上下限。

　　事實上, 若預測誤差 e_i 服從平均數為 0 之常態分配 (或近似於鐘形分配) 時, $\sqrt{MSE} = \sqrt{\dfrac{\pi}{2}} MAD \cong 1.25 MAD$, 因此在此情況下不論用 MAD 或 MSE 準則判斷預測方法之優劣應有一致的結果, 若預測誤差不是服從對稱分配則我們便無法保證二種準則所得到之結果是一致的。此外, 我們也可用 MAD, MSE 準則來決定指數平滑法之平滑常數 α。

預測控制

　　預測之品質可藉由追踪信號 (TS)來加以控制。若我們將預測線、實際值共繪在一張有上下控制線之**控制圖** (Control Chart) 中, 預測者當能

目視到預測偏離之事實從而追查偏離的原因並採取必要的矯正行動。

定義: $TS_i = \dfrac{\sum\limits_{k=1}^{i} e_k}{MAD_i} = \dfrac{\text{至第 } i \text{ 期止之累積誤差}}{\text{至第 } i \text{ 期止之 } MAD}$

由上式顯然可知: 若 $TS_i > 0$ 則預測值有低估之傾向, 預測者須考慮調高預測值; 若 $TS_i < 0$ 則預測值有高估之傾向, 預測者須考慮調低預測值。若預測值與實際值均相同時, $TS = 0$, 在實務上這是一個相當不可能的情形, 因此預測者往往要對 TS 之範圍預先加以界定, 預測精確度要求較高時, TS 之範圍要窄些, 以便時時修正, 反之則可寬鬆些。但一般而言, TS 在 $[-4,4]$ 以外, 便顯示預測方法之可靠度較差, 應加以修正了。

例 15 下表是根據某種預測方法所得之預測值與實際值之對照結果:

期別	1	2	3	4	5
實際值	14	13	15	15	17
預測值	15	15	16	16	17

求(a)各期之TS, (b)利用(a)判斷第四、五期之預測可靠度。

解:

期別	實際值	預測值	e	Σe	$\Sigma|e|$	MAD_i	TS_i
1	14	15	-1	-1	1	1	-1
2	13	15	-2	-3	3	1.50	-2
3	15	16	-1	-4	4	1.33	-3.01
4	15	16	-1	-5	5	1.25	-4.00
5	17	17	0	-5	5	1.00	-5.00

因四、五二期之 TS_i 在 $[-4,4]$ 之範圍外，故此二期之預測可靠性不高。

控制圖

控制圖是一個以時間為橫軸，誤差為縱軸，誤差 $= 0$ 為中線，取適當之等長寬度為上下限，然後將誤差描點形成一時間數列圖。控制圖之上下限可取 $\pm3, \pm4, \pm2\sqrt{MSE}, \pm2\sqrt{MAD}, \pm3\sqrt{MSE}$，或 $\pm3\sqrt{MAD}$ 等等。落在上、下限以外之點稱為特異點必須特別加以檢視。

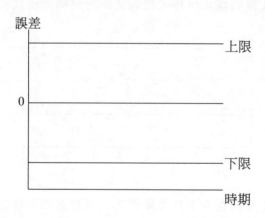

例 16　（承例 15）以 $\pm2\sqrt{MSE}$ 為上下限繪出控制圖。

解：

$$MSE = \frac{\Sigma e^2}{n-1} = \frac{1}{4}[(-1)^2 + (-2)^2 + (-1)^2 + (-1)^2 + (0)^2] = 1.75$$

$\therefore$ 上限為 $2\sqrt{MSE} = 2\sqrt{1.75} = 2.65$，下限為 $-2\sqrt{MSE} = -2.65$，將誤差 e_i 描點即得。

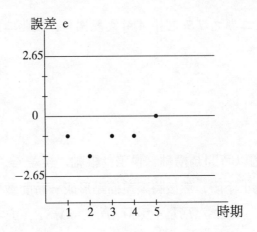

例 17 以下為某預測模式所得之控制圖，請說明此模式之預測可靠性。

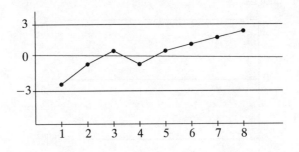

解: 雖然各誤差點均在上下限之範圍內，但自第四期起誤差均呈上升之
趨勢，因此宜對此模式再行檢核（如模式形態、參數等等）。

作業三

一、選擇題

（請選擇一個最適當的答案，有關數值計算的題目以最接近的答案為準）

1. （ ）依據過去五年的銷售額統計，第一季銷售額的平均值為280，第二、三、四季的平均值分別為 380, 320, 220，以簡單平均法算出第一季的季節指數為何？

(A) 0.233　(B) 0.28　(C) 4.286　(D) 0.70

2. （ ）在上題中，若次一年（第六年）的銷售額預計為 1,500，則該年第三季的預測銷售額為何？

(A) 350　(B) 400　(C) 420　(D) 480

3. （ ）在指數平滑法中假設平滑指數為 0.4，若第 t 期的預測值為 22，則第 t 期的實際需求量為何？

(A) 20.8　(B) 21.2　(C) 23.33　(D)以上皆非

4. （ ）若上期與本期的預測需求量分別為 x_{t-1} 及 x_t，而實際銷售量分別為 y_{t-1} 及 y_t，根據經驗，指數平滑常數為 a，則依據指數平滑法預測下期的需求量應該是多少？

(A) $(1-a)y_t + ay_{t-1}$　(B) $ay_t + (1-a)y_{t-1}$

(C) $x_t + a(y_t - x_t)$　(D) $y_t + a(x_t - x_{t-1})$

5. （ ）影響時間數列之因素，可歸納為四類，除長期趨勢、循環變動、季節變動外，另一為：

(A)產能變動　(B)人口變動　(C)市場變動　(D)偶然變動

6. （ ）在指數平滑法中，將 α 由 0.2 改為 0.5 會使得：

(A)預測值與最近之實際值更相關　(B)沒影響

(C)預測值與實際值更不相關　(D)方程式將不適用

7. (　) 下列何種預測方法較適合用來預測新產品之需求？

(A)指數平滑法　(B)銷售員意見調查表

(C)時間數列分析　(D)類似產品歷史資料推論

8. (　) 依下表之預測值與實際值，請計算其平均絕對差 (MAD)

預測值	500	400	700	750	800
實際值	550	500	600	650	700

(A) 80　(B) 85　(C) 90　(D) 95

9. (　) 以下何者不是預測共有之特性？

(A)實際值與預測值間總會存在著一些誤差

(B)對一群體對象的預測一般會較針對個別對象的預測來得準確

(C)總是存在過去歷史資料來供預測做基準

(D)預測準確度總會隨著預測期間的增加而降低

10. (　) 下列何組移動平均法得到之預測值會對每日需求之變動反應最為敏感？

(A)期間為 5 天之移動平均法　(B)期間為 10 天之移動平均法

(C)期間為 30 天之移動平均法　(D)期間為 5 週之移動平均法

11. (　) 利用最小平方法來建立預測模式為：

(A)線性迴歸分析　(B)加權移動平均法

(C)指數平滑法　(D)移動平均法

12. (　) 下列何者為因果關係預測方法：

(A)德飛法　(B)時間數列分析　(C)迴歸分析　(D)指數平滑法

13. (　) 考慮下表提供之 6 期需求資料，請以指數平滑法及假設平滑常數為 0.4，計算其平均絕對誤差。

期數	需求量
1	60
2	50
3	80
4	100
5	40
6	80

(A) 24.83　(B) 60.25　(C) 45.62　(D) 10.3

14. (　) 某公司過去七年銷售機器的臺數如下表所示。若使用簡單的指數平滑法，平滑係數 α 為 0.6，80 年度的預測值為 270 臺，則 87 年度的預測銷售量為：

年度	80	81	82	83	84	85	86
銷售量（臺）	280	250	300	310	290	350	370

(A) 344 臺　(B) 353 臺　(C) 367 臺　(D) 390 臺

15. (　) 平滑係數 α 若等於 1 時，則簡單的指數平滑法會變成：

(A)最小平方法　(B)簡單移動平均法　(C)簡單平均法　(D)純真法

16. (　) 以下何者不是預測共有之特性？

(A)實際值與預測值間總是會存在著一些誤差

(B)對一群體對象的預測一般會較針對個別對象的預測來得準確

(C)總是存在過去歷史資料來供預測做基準

(D)預測準確度總會隨著預測期間的增加而降低

17. (　) 德爾菲預測方法，最有可能適用在下列那一種情況？

(A)短期的銷貨預測　(B)短期的生產排程

(C)存貨管理　(D)預測新技術之影響

18. (　) 下面那一項不是一個判斷式預測方法？

(A)專家意見　(B)市場調查　(C)德爾菲　(D)指數平滑法

19.（　）下面有關估計預測方法準確性的方法中，那一項不是適當的選擇？

(A) MAD　(B)追蹤信號　(C) MSE　(D)移動平均

20.（　）時間數列組成元素為：

⑴趨勢

⑵循環

⑶季節

⑷隨機錯誤

(A)僅⑴、⑵與⑶　(B)僅⑴、⑶與⑷

(C)僅⑴與⑵　(D)⑴、⑵、⑶、⑷皆是

21.（　）以指數平滑法當做預測方法時，假如平滑常數為 0.2，目前的實際需求 200 單位，目前的預測值為175 單位，則下一期的預測值為多少單位？

(A) 195　(B) 190　(C) 180　(D) 160

22.（　）平滑係數α 若等於1 時，則簡單的指數平滑法會變成：

(A)最小平方法　(B)簡單移動平均法　(C)簡單平均法　(D)純真法

二、問答題

1.承第一章老王牛肉麵店的問題，假如老王想在你們學校附近開一家牛肉麵店，請你為他做 SWOT 分析。

2.下列是有關迴歸分析的題組：

⑴迴歸方程式之母數可用那些方法估計？

⑵迴歸分析中有關殘差 ε 之假設為何？

⑶可用那個統計量評估樣本點對所求迴歸方程式之散佈程度？

第四章　產品與服務設計

4.1　產品服務設計的必要性

產品或服務設計之良窳直接關乎其品質、成本、顧客滿意程度等，而這些都是企業在市場競爭優勢之指標。因此產品或服務設計之重要性可從以下幾個角度體認之：

1.從品質角度觀之

品管圈 (QCC) 內有句名言是「品質不是檢驗出來的；品質是製造出來的，品質是設計出來的」，其原因在於，若產品設計有瑕疵時，在爾後的工序以至成品所累積的問題可能會嚴重地影響到產品或服務應有的機能與品質。

2.從製造角度觀之

產品設計階段時必需考慮到**可製造性 (Manufactability)**，亦即 **易於生產 (Easy to Produce)**，否則便無法量產。一個無法商品化之研究成果對企業而言並無實質意義，過去荷蘭人發明了錄放影機；美國人發明了影印機等都是因為無法商品化生產而無法上市，反之，日本人在取得上述產品之研發成果後，因能開發出量產技術而搶先上市，以致一直在市場上居於領先地位。如何設計一個易於生產之產品呢? **簡化 (Simplicity)**、**規格化 (Specification)**與**標準化 (Standardization)** 合稱 3S 將是重要的思維方向。

3.從消費者滿意度觀之

產品在消費者買到後是否仍能在給定的環境條件與使用生命下發揮其預定功能，這是產品**可靠度 (Reliability)** 問題，必須在產品設計階段即予考量。

4.從市場競爭的角度觀之

在市場競爭激烈的今日，企業推出一項新產品時，其競爭對手將藉**反向工程 (Reverse Engineering)** 等技術而馬上跟進甚至超越，因此企業開發出一種新產品時，必須立即研發足以取代該新產品的產品，否則新產品之**利基 (Niche)** 即將消失。

- 荷蘭 Philip 公司在 1972 年推出第一部卡式錄影機(VCR)，在爾後的三年內它一直領先其日本競爭對手，但是因為 Philip 沒有再繼續發展第二代的 VCR，在日本廠商至少推出三代的機種後，Philip 由 VCR 之創新領先地位而退出市場。

5.從政府法規觀之

政府會頒佈一些新的法規或措施以維護消費者乃至公眾之安全與利益，若廠商之產品無法符合新的法規、措施勢必無法上市。例如：

- 食品添加劑之限制：如食用色素、亞硝酸等之添加劑在種類與數量上之限制，廠商必須在原料或製程中進行研發，近來有許多廠商採用放射線處理技術來取代化學防腐劑以進行保鮮。

- 環保要求：許多研究顯示2000 年以後能源問題將再度浮現，在臺灣貢寮核四電廠之興建即為未來能源問題未雨綢繆，在國外，業者正積極加速研發省能源產品，也開發一些能源替代方案，這包括**超導體 (Super Conductivity)**，太陽能電池以及**雷射核融合 (Laser Fusion)** 技術，據了解其中雷射核融合比目前之核能發電更無污染之虞。

4.2 研究發展

在今日高度競爭之市場環境下，產品或服務設計對企業至為重要，因此一些國際級之大企業無不孜孜矻矻於**研究發展** (Research andDevelopment，簡記R&D)，例如在 1993 年，德國西門子 (Siemenz) 之研發經費共美金 5,322 百萬元，佔該公司之同年之營業額之 10.0%，同年 Philip 之研發支出為 2,079 百萬美元，佔該公司同年之營業額的 6.8%，IBM 則為美金 5,083 百萬元佔該公司同年之營業額的 7.9%。要注意的是： Peter F. Drucker 認為，投入鉅額投資並不必然意味著 R&D 之必然成功，投資額小也並不意味 R&D 績效一定差，有些企業如美國默克 (Mearck)、英國葛蘭素 (Glaxo) 等藥廠在 R&D 支出並不像前述那些企業那麼龐大，卻也成功地推出一些新產品。

R&D 分類

傳統上 R&D 可概分成以下三類:

1.**基礎研究** (Basic Research 或 Fundamental Research)

基礎研究旨在提升科學知識，探索、修正自然規律等，它不以達到某種商業目的為目標。基礎研究多在大學或大型研究機構裡為之。

2.**應用研究** (Applied Research)

應用研究是將基礎研究所得到的研究成果應用在一些特定之商業目標上，如新產品的開發、新製程的改進、新材料的取得等等創造出發展研究之基礎，因此它是一種工業化的研究。

3.**發展研究** (Development Research)

利用應用研究之結果來對新產品之開發、新製程之改進以及新材料

之取得進行研究，它是以生產作為研究之焦點，因此它是一種商業化的研究。

Peter F. Drucker 認為傳統將 R&D 分成基礎研究、應用研究與發展研究等三類，不但沒有實質意義甚至是一項障礙，因此他主張 R&D 是結合改善、**管理演進** (Managed Evolution) 和創新之一種三合一的工作：

(1)改善：將使用者或位居企業第一線之生產者、銷售人員等之意見反饋給企業之工程師、設計者以求取產品、製程或服務上之改善，並應以成本、品質、顧客滿意度等可量化之項目作為改善這一項永無止境之活動的目標，以免使改善這一項永無止境之活動流於空洞。

(2)管理演進：Peter F. Drucker 有「每一個成功的新產品都是走向下一個成功新產品的階梯」這麼一個座右銘，他的意思是說每一種新產品、製程或服務一旦達到不賺不賠起便已過時，因此要防止被對手打敗的惟一方法是讓自己的產品、製程或服務過時，DuPont 在六十年前發明尼龍時即已著手發明足以與尼龍在市場競爭的合成纖維，其目的在迫使潛在的競爭者對尼龍或其近似代替品之開發會無利可圖。結果 DuPont 迄今仍是世界上最大合成纖維製造商，同時其尼龍在市場上迄今仍在獲利中。

(3)創新：創新是有系統地應用社會、經濟、人口以及技術上之改變所帶來的契機。

廠商之 R&D 活動

許多大型企業都設有獨立的 R&D 部門，以進行 R&D 活動，主要是支援其核心製造生產。例如美國 AT&T 創設貝爾實驗室 (Bell Lab.) 之目的在於開發電話通訊方面之技術以回饋母公司生產之用。

企業 R&D 活動是企業開發新產品之知識與技術的泉源，隨著企業規

模、科技介入之程度而有極大的差異，小型加工、裝配工業也許老板或工頭即可進行 R&D，大的企業如西門子、日立等便需有一獨立之 R&D 部門。

　　R&D 是企業整體活動之一環，因此企業在擬訂 R&D 策略時除必須考量到企業經營策略外，尚須慮及企業之現行技術能力、產品市場、企業資源（如人力素質、財力）及開拓市場能力……等等。**產品生命週期** (Product Life Cycle，簡記 PLC) 較短的商品，例如電腦，公司可能考慮採用**老二 (Me-too)** 產品政策，而採取模倣成功競爭者產品，在此情況下 R&D 部門可能要利用反向工程探究製造之**要訣 (Know-how)** 從而研究出如何仿製甚至改善它。

R&D 之管理

　　有了 R&D 之策略後便可依企業之財力、人力、承担風險能力等因素之考慮下決定 R&D 之進行方式，例如：是獨力還是與其他企業或學術單位共同進行，是透過購買專利權或製造藍圖以引進新技術還是經由委託開發方式取得新技術，不論何種方式，合宜的管理都是很重要的。因為 R&D 是一種高度開創性的工作，同時 R&D 工作者之特殊的人格特質，使得 R&D 管理變得更具有彈性及個性化。假設組織以生產部門、物料部門、會計部門等之**例行管理**(Routine Management) 方式來管理R&D 部門，將阻礙 R&D 人員之創意甚至打擊士氣。

　　一般而言，從事 R&D 人員常具有以下人格特質：

(1)R&D 人員對專業領域及其相關知識之汲取較為殷切，同時對目標之達成極為執著，他們在研發作業過程中除專業知識外也常依賴「專業直覺」。

(2)R&D 人員因擁有專業性知識，使得他們比較有強烈之作業自主性以及自我認同之傾向。有時這種傾向使得 R&D 人員對外界之

批評或質疑往往會變得敏感，同時他們多認為管理是一種束縛會妨礙 R&D 活動，甚而對組織之威權也較不願屈從。

⑶R&D 人員之流動性通常較高，研究環境、研究設備、經費等可能都是造成他們離職時考量之因素。

因此 R&D 在管理理念上宜把持以下幾個原則，以激發 R&D 人員的創造潛力與工作熱情：

⑴提供 R&D 人員學習成長之環境：例如國內外相關期刊之訂購、派送人員赴國內外學術研究機構進行研究、參與國際性之學術研討會等，以使他們之學識得以不斷更新並活躍他們的創造力。

⑵創造良好的研究環境：包括實驗設備、器材等硬體設備之充實，以及設備維修、器材採購、行政等相關之支援性，此外在預算編製上應考量到技術、市場及同業之比較，以免見絀。

⑶適宜之人事管理：在人事管理之設計上應以激發創造性與研究活力為主軸，因此專案管理與層級扁平化都是可行之組織架構，R&D 部門之高階主管 (CEO) 之人選極為重要，因為他必須營造出一個充滿活力之工作環境，以激發出 R&D 部門之績效或成果。此外，R&D 高階主管 (CEO) 必須及早備妥因應 R&D 人員養成之相關對策。

⑷適當之考核 R&D 人員除必須適才適所外，在考核上尚須注意到專業知識、邏輯思維、想像力、創造力是否充足與正確外，有些 R&D 部門是以 R&D 人員之研究成果（如在國內外期刊發表論文或專利申請作為評估點數）或是預期市場價值或節支成本等客觀經濟數據作為評估之依據。

⑸研發主題宜與企業經營脈動相契合：亦即 R&D 之投資宜與行銷、生產部門經常保有互動關係，以免造成 R&D 成果與企業經營活動脫節。

　　我們在第一章即已強調，德日兩國在製程上之 R&D 成就了他們在市場競爭上之優勢，當然，產品之 R&D 亦不可輕忽，因此 R&D 部門可考慮引進一些關鍵性技術，例如：

(1)**品質機能展開** (Quality Function Deployment，簡記QFD) 將顧客需求、同業間之競爭資訊納入設計過程中，以使新產品上市後即具競爭力。

(2)**田口品質工程**（或**田口方法**）(Taguchi Method)：利用田口方法以減少開發產品之實驗次數，並臻入產品**穩健性** (Robust) 之境地。

(3)**反向工程**：利用反向工程以縮短開發時間，同時創造出優於同業之產品。

智慧財產權與專利

　　智慧財產權與專利權是 R&D 管理極為重要的一環。 R&D 部門中通常有一個小組負責蒐集同業間產品、專利資料，同時企業之高階主管(CEO) 應約束R&D 或製造部門在做產品設計規劃時不得引用來路不明之技術，同時亦需查明專利資料，以免因觸犯有關法律，反而造成企業更大的損失。

　　R&D 成果經技術、創新、商業化等層面評估，便可考慮申請專利權，一旦取得專利權後， R&D 之行政部門應對專利權加以維護，包括同業控訴糾紛，以及我方專利權受到侵害時之法律訴訟，同時一些 R&D 成果也可以有償方式讓予其他企業，或者與其他企業交換研究成果。

4.3 新產品發展之步驟

新產品

企業在面臨消費者多變的消費偏好，競爭廠牌所施予之競爭壓力，以及新產品極易被對手經由反向工程而為對手所仿製甚至超越，此之種種造成產品之生命週期 (PLC) 大為縮短，同時也迫使企業之 R&D 部門必須時時研發新產品適時問市，以維持企業經營的活力與市場競爭力。

企業之新產品大致係以下列形態出現：

1.原創產品 (Original Product)

即不論在材料、功能、設計等方面與現有之任何產品相較下有相當程度之原創性。

2.將舊有產品加以改良

這可從提升原有產品之品質，增進原產品之性能或改變原產品之外觀等著手。

3.替換新產品

在原有產品之基礎上，應用新的材料、元件而開發出的另一種產品。

4.新品牌

這是指企業為打入已存在的產品市場所推出之產品。

一般而言新產品之發展大致有以下幾個方向：

(1)多功能化：擴大原產品之功能以及使用範圍，例如電子辭典書原本是供學子學習英文之輔助工具，現在也增加了娛樂、數學物理公式及計算等功能。

(2)合成化：將功能相關之單一產品合併在同一產品內。

(3)簡化: 簡化產品結構或減少產品之零組件，如此不僅便於生產，同時也可有提升產品品質（尤其可靠度）、易於裝置、維修以及降低成本等好處。

(4)微型化: 即將原產品之體積變小或重量變輕，朝向「短小輕薄」之特性，以便於使用者攜帶、操作。

新產品發展之過程

新產品之發展大致有以下之階段:

1.構想產生階段

新產品在設計之初必有若干趨動力促使企業產生這方面的構想，這些趨動力之來源可能是多方面，例如:

(1)消費者: 消費者之建議、抱怨等都會促成企業產生新產品的構想，分析消費者之需求與客訴往往可發掘新的構想。

(2)企業內部: 據研究指出，大部份新產品構想來自企業內部，包括:
- R&D 部門研發之成果。
- 品管圈 (QCC) 或小組之提案。
- 銷售人員與消費者訪談中所得之資料。
- 產品設計工程師透過價值工程／分析 (VE/VA) 之結果。

(3)競爭者: 企業往往可由競爭者之產品處獲得許多寶貴資訊，因此許多企業都會購買競爭者產品，透過反向工程來了解如何改善自己產品以迎向競爭者之挑戰。其中最有名的例子便是美國福特之金牛星 (Taurus) 即是利用五十餘競爭對手之車種，透過反向工程進行改進，例如 Audi 之油門踏板，豐田之 Supra 之燃料標準，BMW 之 528E 之輪胎及千斤頂貯藏系統等等。

(4)供應商與經銷商: 供應商可提供新產品發展所需材料、觀念等，經銷商則因接近市場可對消費者問題及新產品之可行性提供諮詢。

(5)法律或法規上之規定：例如某種食品添加劑（色素、防腐劑……）等有致癌因子，則必須另覓替代品，甚至原來之製程也必須隨之改變。

2.構想篩選階段

企業不可能把在構想產生階段，萌生之方案，都逐一進行設計，因此必須對這些設計方案進行篩選，構想篩選可從工程與管理上加以考量：

(1)工程方面：

- 構想上是否違反工程原理？例如：化工之製程若違反了熱力學原理將會被淘汰。
- 對現有之工程技術而言，此構想是否可行？這些技術是否可透過商業途徑而獲致？若勉強可行則此構想是否需太多的技術性外插延伸而有製造上之風險？
- 此一構想方案與另一構想方案相較下是否為低劣？或者是比低劣的構想方案更為低劣？這可從易於生產性、製造成本等著手。
- 此一構想方案在製造或使用時是否有危險性？

(2)管理方面：

- 此構想是否與企業目標和策略相契合？
- 企業是否有此一構想方案實現後所需具備之行銷技術和經驗？配銷通路又為何？
- 此一構想方案除技術外尚需那些資源配合？尤其是財務、人力。
- 此一構想方案之價格與其功能相較下是否對消費者有吸引力？

3.設計階段

一旦選定某一構想方案即開始步入設計階段，在設計階段中，設計工程師必須完成以下之藍圖與分析，以作為生產部門製造之依據：

(1)工程藍圖（包括總圖 (General Draw)、細部藍圖等）、工程說明書之製作，有時甚至需要一模型以做為補強說明。

⑵零組件分析：產品都有許多的零組件支持著，藉著這些零組件之運作或交互作用以達到產品之機能，因此產品設計時必須進行零組件分析，包括零組件之性能、使用生命、製造成本以及來源（如自製或外購，自製需指出加工方法，外購則需列明廠商等）。

⑶材料分析：有了零組件分析後設計工程師緊接著是將主要零組件之現行以及潛在可用的材料一併進行分析，分析之重點大致有以下幾個方向：材料之理化性質（如導電性、震度、彈性、硬度……）、加工方法、加工容易度、價格以及材料來源等等。

⑷機能分析：產品機能分析包括產品成本、可靠度、效率和複雜度等等，產品設計工程師在做產品機能分析時常用**方塊圖**(Block Diagram) 方式表達。在分析時需注意到機能設計時必須合乎物理、化學或工程學理。

⑸功能需求分析：產品功能分析包括產品之主要功能與附屬功能之界定，即**系統之範圍** (System Boundary)，其目的要確定的是設計上必須有那些功能。這要從設計之源頭——設計問題之定義著手。功能分析有兩種方式：一是**黑箱法** ("Black Box" Model)，一是**透明箱法**("Transparent Box" Model)。黑箱法是針對設計或產品之基本目的是什麼，以及要投入與產出的又是什麼？黑箱裡包含將投入轉化成產出之所有功能。以黑箱法做功能分析時，需將產品之全面功能之定義儘量求其寬廣，否則只能對產品設計作小幅度之改變，而無法獲得一個**澈底之再思考** (Radical Rethinking)。「黑箱」裡將投入轉化成產出是一項很複雜的工作，因為黑箱裡有許多「**子功能**」 (Sub-function)，每個子功能之投入可能是另一個子功能之產出，因此需要有**輔助性子功能**(Auxiliary sub-function) 進行串接以使得子功能間能得以**相容** (Compatibility)，設計部門有需要以客觀與更系統化的功能分析技術，將「**黑箱**」 (Black Box) 所

得之結果轉化為「**透明箱**」(Transparent Box)。在透明箱法裡，設計人員將所有黑箱裡的子功能與彼此間之相互關係予以透明化。（請參閱圖 4–1a 與圖 4–1b）

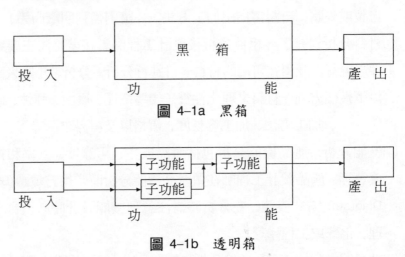

圖 4–1a　黑箱

圖 4–1b　透明箱

(6)法規分析: 在做產品或服務設計時必須符合法律規定，例如營建業者必須恪遵建築法，食品業者必須遵守衛生署對食品添加劑之規定，同時亦須注意到專利權、著作所有權之規定。此外尚須考慮產品品質是否須通過產品檢驗標準，如我國中央標準局之中國國家標準 CNS，日本之 JIS，美國之 UL 等等。

(7)造形分析: 產品設計時除須滿足技術、操作、市場、法規等要求外，最後還必須有一個足以吸引消費者之外觀設計，通常產品設計師在外觀設計時多會參考過去產品造形之演變，以及現有產品資料，像消費者之偏好、各公司之型錄、說明書、廣告、期刊都是重要之資料來源，設計師對美學之涵養與經驗對產品設計亦有極大影響。色彩是造形設計中很重要之一環，不同之年齡、性別、教育程度、民族對不同色彩有特殊之偏好，但這常會隨著流行而有所改變。色彩偏好可由問卷調查得知。隨著計算機科技之進步，

電腦輔助設計 (Computer Aid Design，簡記CAD) 對設計師而言不啻為一大利器，他們可從電腦裡將過去設計資料叫出，稍事修改後，即可模擬出設計之結果。

產品生命週期

一個新產品自問世以迄自市場消失所經歷的時間稱為這個產品之產品生命週期 (PLC)，有的產品像某些文具、剪刀等之 PLC 很長，有的像時裝、電腦軟體等之 PLC 卻很短，**技術變化率** (Rate of Technological Change)、產品之基本需求等等，都是影響 PLC 之重要因素。

圖 4-2 是一個產品典型之 PLC，在這個圖裡面，我們可看出一個產品自創意發生、製造規劃、上市以迄完全退出市場，大致可分成五個時期：

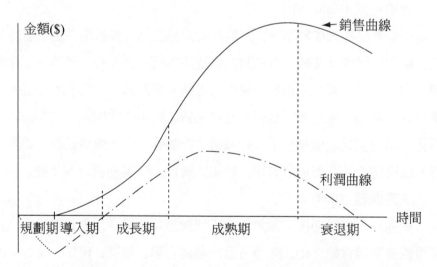

圖 4-2　產品生命週期之銷售與利潤之關係

1.產品規劃期 (Product Planning)

在產品規劃期裡，產品創意已轉化成設計，因為產品尚未上市，

故銷售量為 0，利潤自然為負。在這階段裡，往往需借助於**同步工程** (Concurrent Engineering)，統合設計、製造、行銷、品質等部門之資源群集規劃，並擬訂生產製程。

2.導入期 (Introduction)

新產品初上市時，因為產品不完全為消費者熟悉，所以銷售成長緩慢，同時又因為導入產品之費用諸如廣告費、早期產品缺陷成本等，使得這時期幾無利潤可言。產品在導入期裡，對設計之變更與銷售量之改變，均需要有快速與有效之因應措施。

3.成長期 (Growth)

當產品到達成長期後，產品漸漸為市場接受，銷售利潤出現黑字。生產者在成長期內除對產品做進一步改善外，並需降低價格及配合密集之促銷活動以使消費者對產品有所認知進而激發他們購買之意願。

4.成熟期 (Maturity)

一旦產品進入成熟期後，因為此時產品已為大多數潛在消費者所接受，雖然銷售成長趨緩，但利潤在此時期內已達到最高。競爭對手亦將藉反向工程等技術介入市場，使得市場競爭趨向激烈，為了應付這些外來之競爭壓力，生產部門應就產品之品質、特色、式樣進行改善，同時行銷部門可能採取價格競爭（如減價、折讓等）或非價格競爭（如廣告等）以維持產品之市場佔有率，致使此階段之市場利潤逐漸下跌。

5.衰退期 (Decline)

產品步入衰退期後不論銷售額或利潤都急遽減少，在此階段中，企業可能會緊縮行銷支出，同時考量市場佔有率、銷售、利潤、成本等因素而採取以下策略：

- **維持現狀 (Maintain)**：維持現有品牌以使競爭對手退出市場，結果或因競爭對手退出後而可獲得相當利潤，或採取品牌重新定位而回到 PLC 之成長階段。

- **竭澤而漁** (Harvest)：全面降低產品之成本，希望能暫時提高銷售額以賺取短期利潤。
- **壯士斷腕** (Drop)：將產品或自生產線中剔除掉，或賣給其他公司銷售或清算使其自市場消失。

一般而言，產業在 PLC 各階段中之成功關鍵因素常有不同，例如：

- 高科技製造業：在導入與成長階段中以科技和創新最為重要，及至成熟期則系統能力與服務能力反趨重要；
- 消費性產品業：在導入與成長階段中以行銷與配銷能力最為重要，及至成熟及衰退期則營業與製造能力反趨重要。

由產業之銷售金額與利潤之變動可了解產品 PLC 所處之階段，但是有時因為景氣波動、突發事件等因素使得產品處在 PLC 之那一個階段不易判斷，因此必須佐以決策者之經驗以及其他相關資訊方克其功。企業一旦知悉產品所處 PLC 階段，便可採取相應措施。

4.4　電腦輔助設計

過去在進行高度複雜性之工程設計時，設計者需將其設計構思繪製許多藍圖以便計算分析，不僅工作繁瑣而且輒有疏漏或謬誤之處，一旦有疏漏或謬誤時，便需重行繪圖、分析，耗用人力、物力、時間至鉅。在面臨產品生命週期縮短，消費者需求朝少量多樣化之趨勢以及新產品之開發期必須緊縮之經營環境下，企業界遂有以電腦來做產品設計之迫切需求。**電腦輔助設計**(Computer Aided Design，簡記CAD) 於焉誕生。簡單地說，CAD 是透過電腦來對產品進行設計、模擬、系統分析或求取最適化之一種工程方法。

交談式電腦繪圖(Interactive Computer Graphic，簡記ICG) 系統是 CAD 之靈魂，它是由硬體、軟體與設計者三者所組成：

⑴硬體：電腦、週邊設備（尤其是繪圖機）、圖形顯示器等。

⑵軟體：繪圖套裝軟體、工程計算應用套裝軟體。設計者將圖像資料輸入電腦中，透過放大、縮小、平移、旋轉等功能將 ICG 中之影像（這些影像是由點、線、圓、曲線等基本幾何圖形所構成）編輯成所要之設計圖形。

⑶設計者：設計者是 ICG 系統之最重要部份。

CAD 之功能

CAD 之功能有以下四種：

1.幾何建模 (Geometric Modelling)

它可在電腦終端機之螢幕上繪製實體結構形狀之幾何模型，它可分成2D（平面）、3D（立體模型）、$2\frac{1}{2}$D（立體截面），其中 3D 是目前最先進的**實體模型** (Solid Modelling)。這些幾何模型可轉換成數學模型而儲存於資料庫，以便未來設計時可立即呼出複製、修改。

2.工程分析 (Engineering Analysis)

CAD 除了可計算上述幾何模型之體積、重心、零件慣性矩外尚可透過**有限元素法** (Finite Element Method) 來計算應力、撓力等以進行結構分析。它可反覆修改設計並分析結構行為，此與傳統之反覆製作**原型** (Prototype) 以進行工程分析相較下，不難看出 CAD 在提升設計生產力與品質上均有重大貢獻。

3.運動學 (Kinematics)

機械之機構設計與分析常是複雜的工作，以汽車引擎蓋之連桿組為例，它在設計時需考慮到連桿組之運動路徑是否會與其他零件有碰撞或衝突之處，因為這種考慮不易由方程式來獲得解答，因此傳統上有用**紙板模型** (Pin-and-Card Board) 來模擬分析，顯然這是一個繁瑣的工作，但 CAD 可設立幾個方案以供設計者評估抉擇。

4.自動繪圖 (Automated Drafting)

CAD 之最大功能之一應是自動繪圖，與傳統人工繪圖比較下，　CAD 之自動繪圖能提昇工程圖之精確性與繪圖速度。

CAD 利益

企業用 CAD 的利益有：

1.增加設計者之生產力

設計者應用 CAD 進行工程設計時，可將工程分析、模擬等委交電腦處理，以便設計者得以專心於實際設計問題，從而增加設計者之生產力。

2.提升設計品質

設計者利用 CAD 進行設計時，可因系統分析而寬廣了設計者思考之深度與層面，同時也因電腦之應用而提升了工程計算之精確度，因而提升了設計之品質。

3.改善設計文件報告

CAD 所輸出之圖形較人工所繪製之圖形為佳，自不待言，　CAD 除有相當高之正確性外，更大的好處是使工程圖規格化、標準化，在此作業環境下自然改善了設計文件報告之內涵與品質。

4.建立製造資料庫

產品之結構形狀之幾何模型可轉換成數學模型而儲存在資料庫，俾便需要時能隨時擷取應用。

4.5　可靠度與產品設計

產品可靠度水準在其設計階段即大致底定，因此產品在設計階段即應注意到有關可靠度之設計方案及其成本效益評估。本節先對可靠度做

一簡介，然後討論如何將可靠度觀念與技術應用到產品設計上。

★可靠度之定義

一個系統、產品或零件之可靠度是指其能在一定之環境條件與一定之時間範圍內能執行其功能之機率，因此可靠度恒介於 0 與 1 之間。同時系統、產品或零件亦有**失效** (Failure) 之可能，這裡所稱之失效包括了⑴應有功能之喪失，⑵應有功能之**劣化** (Degrade)。二者之差別在於前者根本無法執行它的功能，後者雖然執行它的功能但其績效不合或偏離其應有的預期標準。可靠度之評估必須在正常之作業環境條件下為之，這些環境條件包括設定時指定之溫度、濕度、工作負荷、操作方式、保養計畫等。

產品（尤其是電子產品）之失效率常是時間的函數，若繪成曲線，其形狀有如浴盆，因此稱為**浴盆曲線** (Bath-tub Curve)，究其原因是產品在早期因或多或少有一些潛在瑕疵，造成很高失效率，過了一段時期後這些缺陷逐一除去後失效率便降低，嗣後因長期使用造成產品之**自然耗損** (Wear and Tear)，使得失效率再次大幅上升。

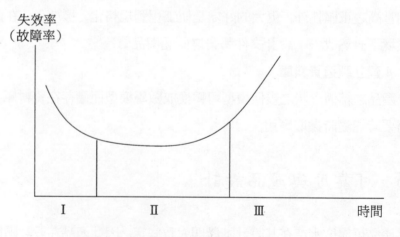

★可靠度函數

設 T 表時間的正值隨機變數，$f(t)$ 為 T 之機率密度函數，$F(t)$ 為 T 之**分配函數** (Distribution Function)，則有以下諸定義：

1.故障機率

產品在 t 時前失效之機率為 $P(T \leq t) = F(t)$。

2.可靠度函數 (Reliability Function，簡記R(t))

$$R(t) = 1 - F(t) = P(T > t)$$

3.期望壽命 (Expected Life)

依機率學期望值定義知，期望壽命 $E(T)$ 為

$$E(T) = \int_0^\infty tf(t)dt$$

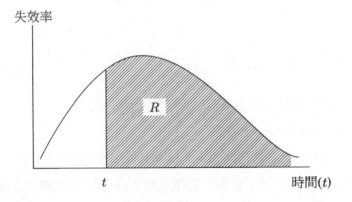

期望壽命又稱為**平均故障發生時間**(Mean Time To Failure，簡記MTTF)或**平均故障間隔時間** (Mean Time Between Failure，簡記MTBF)，下列命題即叙明可靠度與 $MTBF$ 間之關係：

命題: $E(T)(\text{或 } MTBF, MTTF) = \int_0^\infty R(t)dt$[1]

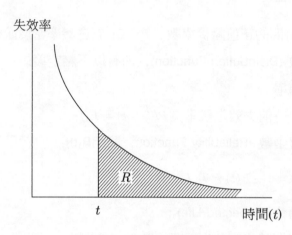

指數分配 (Exponential Distribution) 常被用作描述電子零件壽命分佈情況, 其機率密度函數為

$$f(t) = \begin{cases} \lambda e^{-\lambda t}, t > 0 \\ 0 \qquad ,\text{其他} \end{cases}$$

若產品使用壽命 T 服從上述之機率密度函數, 則有:

1.$E(T) = MTBF = MTTF = \dfrac{1}{\lambda}$

2.由指數分配之**健忘性** (Lack of Memory) 即 $P(T > x + y | T > x) = P(T > y) = e^{-\lambda y}$, 它表示若產品用了 x 小時未故障則它用到 $x + y$ 小時仍未失效之機率與它從剛開始用一直到 y 小時為止都未故障

---

[1] 關於此命題, 我們可證明如下:

∵ T 為正值隨機變數

∴ $E(T) = \int_0^\infty tf(t)dt = \int_0^\infty [1 - F(t)]dt, MTBF$

$= \int_0^\infty P(T \geq t)dt = \int_0^\infty [\int_t^\infty f(x)dx]dt = \int_0^\infty [1 - F(t)]dt = \int_0^\infty R(t)dt$

之機率相同, 它們都是 $e^{-\lambda y}$。

因為指數分配是由期望值 $\dfrac{1}{\lambda}$ 所**確定 (Specify)**, 因此在計算產品可靠度時應先做實驗以確定 λ 值（即 $MTTF$、$MTBF$、$E(X)$）。

例 1　某電子儀器之失效率為 $\lambda = 0.05$ 次／小時, 且其壽命服從指數分配, 求(a)操作後 20 小時內發生失效之機率, (b)操作 20 小時之可靠度, (c)若操作 20 小時內未失效, 但在 30 小時內失效之機率, (d)電子儀器之 $MTBF$。

解:　(a) $F(20) = P(T \leq 20) = 1 - e^{-0.05 \times 20} = 1 - e^{-1}$

(b) $R(20) = 1 - F(20) = 1 - (1 - e^{-1}) = e^{-1}$

(c) $P(T \leq 30 | T \geq 20) = 1 - P(T \geq 30 | T \geq 20) = 1 - P(T \geq 10)$（利用指數分配之健忘性）$= 1 - e^{-0.05 \times 10} = 1 - e^{-0.5}$

(d) $MTBF = \dfrac{1}{\lambda} = \dfrac{1}{0.05} = 20$ 小時／次（即平均每隔 20 小時故障一次）。

由統計學理論可知這種健忘性是指數分配獨有之特性, 換言之, 指數分配有健忘性, 而滿足健忘性之機率分配必為指數分配。在可靠度理論, 指數分配之母數 λ 為失效率, 其單位是次／小時, 它的意義是平均 1 小時之故障次數, 而 $\dfrac{1}{\lambda}$ 的單位是小時／次, 它的意義是平均每次故障間隔小時數, 即 $MTBF$。

可靠度之靜態分析

在可靠度靜態分析中, 我們將整個系統劃分成若干個方塊, 在分析時只考慮各方塊成功或失敗之機率, 至於方塊內部之結構則不予考慮, 為便於分析計, 假設各方塊運作成功之機率均為獨立。在此我們所用的符號是:

(1) E_i = 第 i 個方塊未發生失效之事件。

(2) $R_i = P(E_i)$, 為第 i 個方塊未發生失效之機率。

(3) R_s = 整個系統之可靠度。

在可靠度之靜態分析裡, 我們可分**串聯系統** (Serial System), **並聯系統** (Parallel System)及**混合系統** (Mixed System) 三種來討論:

1.串聯系統

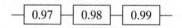

$$R_s = P(E_1 \cap E_2 \cap \cdots \cap E_n)$$

$$= P(E_1)P(E_2) \cdots P(E_n) = R_1 R_2 \cdots R_n$$

例 2　求下列系統之可靠度。括弧內數字為各該方塊之可靠度。

$$-\boxed{0.97}-\boxed{0.98}-\boxed{0.99}-$$

解:　$R_s = 0.97 \times 0.98 \times 0.99 = 0.9411$

由例 2 可知串聯系統之元件愈多, 系統可靠度愈小。

2.並聯系統

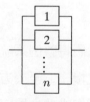

$$R_s = P(E_1 \cup E_2 \cup \cdots \cup E_n)$$

$$= 1 - P(\bar{E}_1 \cap \bar{E}_2 \cup \cdots \cap \bar{E}_n) = 1 - P(\bar{E}_1)P(\bar{E}_2)\cdots P(\bar{E}_n)$$

$$= 1 - (1 - P(E_1))(1 - P(E_2))\cdots(1 - P(E_n))$$

$$= 1 - (1 - R_1)(1 - R_2)\cdots(1 - R_n)$$

例 3 求下列系統之可靠度。

解: $R_s = 1 - (1 - 0.97)(1 - 0.98)(1 - 0.99) \doteqdot 1.00$

3.混合系統

混合系統之可靠度在求法上並無定則可循，但可將系統分解成幾個子系統，求出各子系統之可靠度後再計算整個系統之可靠度。

例 4 求下列系統之可靠度。

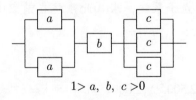

$$1 > a, \ b, \ c > 0$$

解: 我們可將整個系統分成 3 個子系統如下圖：

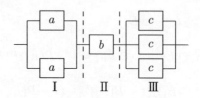

子系統 I 為並聯系統

$$\therefore R_I = 1 - (1-a)(1-a)$$

$$= 1 - (1-a)^2$$

子系統 II 之 $R_{II} = b$

子系統 III 亦為並聯系統

$$\therefore R_{III} = 1 - (1-c)(1-c)(1-c) = 1 - (1-c)^3$$

整個系統相當於將子系統 I，II，III 串聯

$$\therefore R_s = R_I \cdot R_{II} \cdot R_{III} = [1 - (1-a)^2]b[1 - (1-c)^3]$$

★命題: 若有 n 個零件所組成之串聯系統，每個零件之使用壽命均獨立服從指數分配，且 $MTBF$ 分別為 $\dfrac{1}{\lambda_1}$，$\dfrac{1}{\lambda_2}$，$\cdots$，$\dfrac{1}{\lambda_n}$，則系統在 t 時之 $MTBF = \dfrac{1}{\sum\limits_{i=1}^{n} \dfrac{1}{\lambda_i}} = \dfrac{1}{\sum\limits_{i=1}^{n} \dfrac{1}{MTBF_i}}$ ❷

例 5　一串聯系統包括 10 個使用壽命均為服從 $MTBF$ 為 2,500 小時之指數分配之獨立子系統，求(a)此系統在前 2,000 小時可靠度 R_s，(b)此串聯系統之 $MTBF$。

解:

(a)$\because MTBF_i = 2,500, R_i(2,000) = e^{-\left(\frac{2,000}{2,500}\right)} = e^{-0.8}$

---

❷　$R_s = R_1 \cdot R_2 \cdots R_n = e^{-\lambda_1 t} \cdot e^{-\lambda_2 t} \cdots e^{-\lambda_n t} = e^{-(\lambda_1 + \lambda_2 + \cdots + \lambda_n)t}$ $\therefore$系統之

$MTBF = \dfrac{1}{\lambda_1 + \lambda_2 + \cdots + \lambda_n} = \dfrac{1}{\dfrac{1}{MTBF_1} + \dfrac{1}{MTBF_2} + \cdots + \dfrac{1}{MTBF_n}}$

$$R_s = \prod_{i=1}^{10} R_i = (e^{-0.8})^{10} = e^{-8} \doteqdot 0.0003$$

(b) $MTBF = 1/\sum\limits_{i=1}^{10} \dfrac{1}{MTBF_i} = 1/10(\dfrac{1}{2,500}) = 250$（小時）

★例 6 若一並聯系統包括 2 個組件，其可靠度分別為服從 $MTBF$ 是 $\dfrac{1}{\lambda_1}$，$\dfrac{1}{\lambda_2}$ 之指數分配，求整個系統之 $MTBF$。

解：

$$R_s = 1 - (1 - e^{-\lambda_1 t})(1 - e^{-\lambda_2 t}) = e^{-\lambda_1 t} + e^{-\lambda_2 t} - e^{-(\lambda_1 + \lambda_2)t}$$

$$\therefore MTBF_s = \int_0^\infty R_s dt = \int_0^\infty e^{-\lambda_1 t} + e^{-\lambda_2 t} - e^{-(\lambda_1 + \lambda_2)t} dt = \dfrac{1}{\lambda_1} + \dfrac{1}{\lambda_2} - \dfrac{1}{\lambda_1 + \lambda_2}$$

以上是產品可靠度之一些入門觀念，讀者可參考 K. C. Kapur 與 L. R. Lamberson 之著作*Reliability in Engineering Design*, 1967，那本書對可靠度之理論與應用相當精彩的探討。

可靠度之提升

如何提升產品之可靠度呢？一般而言可從以下數端著手：

(1)維持適切之**安全係數** (Safety Factor)：在產品設計時將安全係數訂得太低，例如只訂在勉予接受之水準時，極易造成產品失效，反之，若將安全係數訂得太高，則往往會造成技術與成本上之困難甚至不可行。因此安全係數必須在成本、技術間取得平衡。

(2)簡化設計：減少產品中有互相影響之元件個數，往往可以達到增加系統可靠度之目的。這在串聯系統中尤為明顯，因為串聯系統中每多一個元件，系統可靠度便要遞減。

(3)**複件** (Redundancy)：我們將產品中有故障傾向之元件加以複製以

提升產品可靠度，這種複製之元件稱為複件。在做複件設計時，原件與複件發生故障之機率必需是獨立的，否則一個失效將波及到另一個元件，這樣便失去設計複件之原意了，實務上可將原件與複件安排在兩個不同之佈置空間，或不同之操作方式（如一個是用手動的，一個是自動的）便是這個道理。

(4)工程設計之改進：工程設計之改進自然可提升產品之可靠度，這些工程作為包括：

a.透過改善組件之品質以增加組件之可靠度，這對提升整個產品之可靠度大有助益。

b.改進系統之設計：即希冀經由改變組件關係（如原本是串聯之兩個組件經設計變為並聯排列），以增加系統之可靠度。

(5)其他：

a.透過產品說明會或**使用手冊** (User's Manual)以提升使用者對產品使用上之認知。

b.加強定期維修以降低失敗率。

c.改進生產或裝配之方式。

4.6 近代新產品開發技術

許多世界級製造公司 (WCM) 如IBM， GE， AT&T，豐田，三菱等為了因應日益激烈的全球性競爭，莫不採用一些新產品開發技術以加快新產品設計開發之步調，其目的不僅在縮短新產品設計開發時間以便快速導入市場以取得競爭優勢，同時與傳統之設計開發所耗用之成本相較下，新的方法的確可為企業大幅節省研究發展費用。本節將介紹兩種最重要的新產品開發技術。

模組化設計

　　模組化設計 (Modular Design) 是一種利用標準化零組件以組合方式來設計新產品的方法。研究者可就產品特性選擇一些模組與其他零組件結合，透過實驗、模擬或最適化等方法以遴選出最佳的設計。

　　模組化設計是產品設計自動化之基礎，利用模組化設計使我們更容易進行電腦輔助設計 (CAD)，如同其他設計方法，它有一些優點也有一些缺點：

　1.**優點**

　⑴便於檢查缺點：模組化產品在檢驗上可視為一個整體系統來加以測試，而不必檢查模組內之零件，因此與非模組化設計相較，需要檢查部份較少，故便於檢查缺點。

　⑵便於維修：模組化設計之產品發生故障時，只需將壞的模組整個換裝，故便於維修。

　⑶便於製造及裝配：模組化在本質上是標準化的另一種形式，因此它保有標準化設計之優點。

　⑷便於採購及存貨控制：因為模組化產品之零件數比非模組化產品來得少，同時組織內可能會有不同產品共用相同模組之情形，所以在採購與存貨控制上都較為方便。

　2.**缺點**

　⑴模組化設計之產品之模組數一定較個別零件之總數來得少，因此產品變化之式樣也較少。

　⑵模組內一個零件故障時整個模組即告作廢，使得維修成本較高。

穩健設計[3]

穩健設計 (Robust Design) 也是近代產品設計主流之一。同樣的一種設備，甲廠牌可在 20°C～35°C，濕度 30%～50%間運作，乙廠牌可在 18°C～38°C，濕度 25%～55%下運作，因為乙廠牌設備可在較寬廣之範圍下運作，因此我們稱乙廠牌設備在設計上具有穩健性。日本產品尤其電子業稱強國際市場，穩健設計應是厥功甚偉。

穩健設計是應用統計方法尤其是實驗設計中之直交表來規劃實驗，以期能有系統、有效率地使產品在設計時能兼顧產品性能、品質與成本之最適化，其具體目標在於：

(1)使產品性能對原材料之變異較不敏感：以是之故，在許多場合下，即便是在採用較差等級之原材料下，產品仍具有相當之容忍性。

(2)使設計對製程變異較不敏感：因此可降低因再製或報廢所衍生之成本。

(3)使設計對使用環境變異較不敏感：可提升產品可靠度以及降低操作成本，從而提升消費者之滿意度。

(4)提昇產品生產力：使設計變為更具結構化之開發過程，以大幅提升產品設計之生產力。

總之，穩健設計之最基本之原理，在於它不是經由去除產品變異原因（因為去除變異原因之成本通常很高或技術上很困難），而是將變異原因造成影響之極小化來提升產品品質。日本工程師田口玄一 (G. Taguchi) 發展出來之**訊號／雜音比** (Signal-Noise Ratio; S/N 比) 與直交表是穩健設計之最主要工具，因此穩健設計也稱為**田口方法**(Taguchi Method) 或

---

[3] 有志穩健設計之讀者可參考： Phadke, M. S.: *Quality Engineering Using Robust Design*, Prentice Hall, Englewood Cliffs, N. J., 1989.

品質工程 (Quality Engineering)。田口設計只需少數之因子實驗❹ 來決定可控因子之最佳水準，從而可得到一甚佳之產品設計，雖然有許多人批評田口方法效率不佳，方法有待商榷，其解亦非最適，但田口方法由日本流傳歐美各國而漸趨流行則是事實。

4.7 價值工程在產品設計上之應用

價值工程之意義

價值工程 (Value Engineering，簡記VE) 是產品設計時另一個常被應用到的觀念與技巧。 VE 是Lawrence D. Miles 在二次大戰任職美國西屋公司採購員時，體認出採購之目的在取得材料的功能而非材料的本身。這種觀念不僅大量應用在採購（這點將在第十三章中再作討論），在產品設計上亦扮演重要角色。

VE 是對研究對象的功能與**產品生命成本 (Product Life Cost)** 進行研究，希冀透過系統分析與不斷創新，以降低產品生命成本提升產品價值的一種技術與哲學。具體言之 VE 考慮的有以下要素：

(1)功能: 所謂產品的功能是指一個產品所應具備之屬性。例如，鋼筆的屬性即書寫。

(2)產品生命成本: 所謂產品的產品生命成本是指一個產品自研發設計，製造，消費者使用過程中以迄產品報廢為止，所發生的所有

---

❹ 田口方法中之產品品質特性有許多因子 (Factors)（穩健設計者有時稱因子為參數 (Parameter)），這些因子中有許多值，這些值穩健設計者稱為水準 (Level)，這些因子中，有些因子之水準改變時不會連帶改變製造成本，稱為可控因子 (Controllable Factors)，否則為不可控因子，不可控因子也稱為公差因子 (Tolerant Factors)，穩健設計判斷那些因子為可控因子是很關鍵的。

成本，諸如：維修、更換零件、能源成本等等。

價值工程之原則

企業應用 VE 在產品設計，其目的不僅要維持產品之基本功能同時也要以經濟方式來進行產製，為達到此目標，企業在實施 VE 時必須把握以下三個原則：

(1)標準化原則：產品採用標準化零組件是降低成本、提升生產力的一個可考慮方式。

(2)消除不必要功能原則：在應用 VE 時，需全面檢討產品中是否有不必要之功能，或者是否能將幾種功能予以合併到一個較強的功能裡。

(3)替代原則：為達到同樣功能，應試行幾種不同之零組件或製造方法以降低成本。

根據以上原則，企業大致可採取以下之簡單步驟以進行產品設計：

(1)對產品之正確描述：在應用 VE 於產品設計時，對產品之正確描述是很重要的第一步，描述的內容包括產品之尺寸、形狀、零組件、以及產品之其他**屬性** (Attribute)。

(2)對產品之功能進行描述。

(3)計算產品之成本。

(4)評估產品之每一用途、特性、零組件以及功能是否能抵得過它的成本。

(5)評估是否存在有其他的原料或零組件具有相同的功能但它的成本較低。

(6)評估是否存在有其他的原料或零組件，有相同的可靠度但成本却較低。

(7)在成本最小化之準則下找尋能使成本與功能有最佳組合的零組件。

4.8　品質機能展開

　　新產品在開發階段時，一個部門之研發成果傳至下一部門時，常有「接觸不良」的現象，例如行銷部門將消費者需求的訊息傳給設計部門時，却苦於不諳工程製造術語，同樣地製造、設計部門則忙於處理複雜的技術問題而無暇了解顧客的需求，以致於生產部門製造出來的產品與市場需求間有一段差距。1972 年日本三菱所屬之神戶造船廠便開創了一種開發新產品的方法，稱為**品質機能展開** (Quality Function Deployment，簡記QFD)，嗣後豐田加以發揚光大，如今已成為新產品的開發重要工具。

　　QFD 是將消費者之需求轉換成代用特性後，決定產品之設計品質，將此與各機能零件的品質，乃至於各零件之品質或工程要素間之關連予以有系統的展開。現在 QFD 已是日本開展 TQC 之最重要之利器，因為藉由 QFD 之實施，企業可獲致以下的成果：

- ·使產品品質與市場需求相接近，而便於設計品質之設定，也便於根據客訴原因採取修正行動從而可提昇顧客滿意度。
- ·大幅降低新產品開發時間及成本。
- ·降低初期之品質事故，便於從事產品品質之競爭分析，從而擴大市場佔有率。

　　QFD 將產品生命週期之設計、生產製造、銷售、使用之不同階段下所面臨的基本要素與重要特性併同考慮，因此 QFD 必須結合組織內之行銷、生產、製造等跨部門的力量，希冀透過團隊合作以及高階主管 (CEO) 之支持下，能有效地將消費者之需求融入產品中。

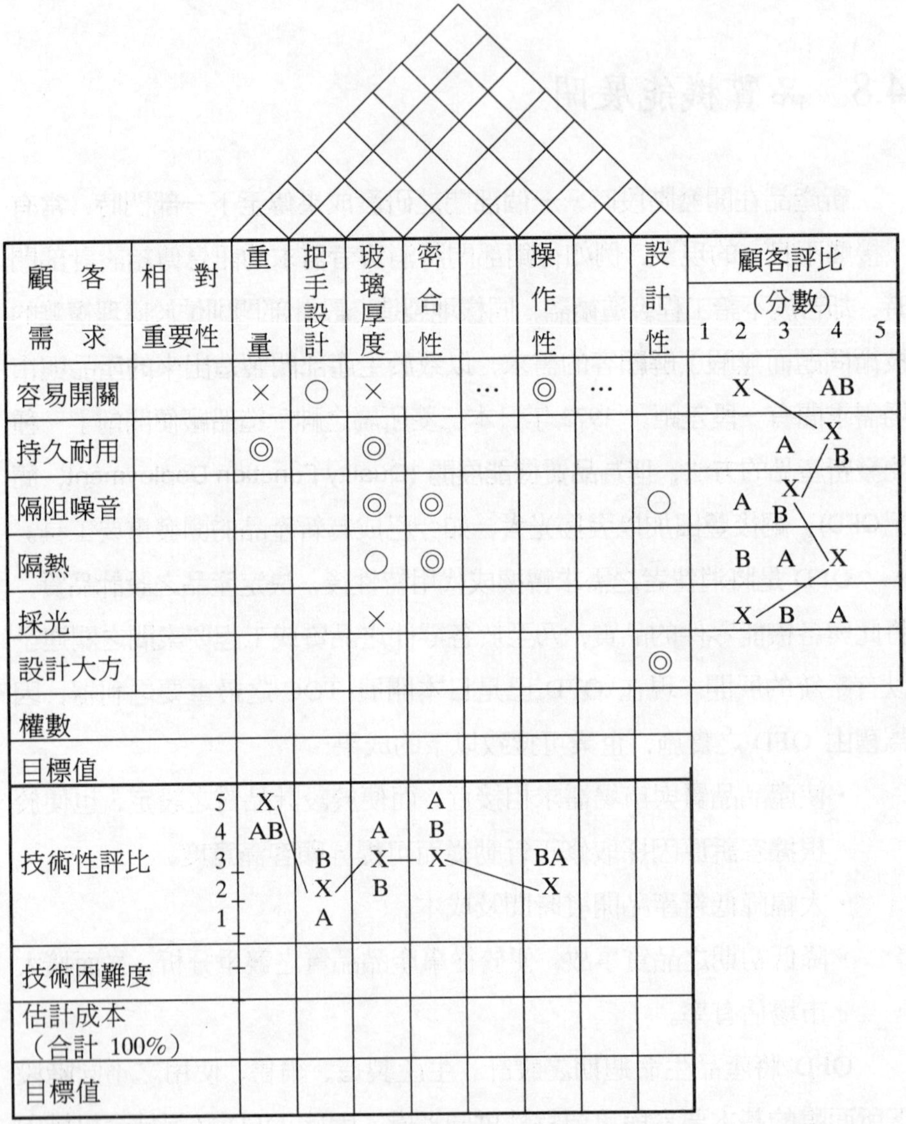

顧 客 需 求	相 對 重要性	重 量	把手設計	玻璃厚度	密合性		操作性		設計性	顧客評比 （分數） 1　2　3　4　5
容易開關		×	○	×		…	◎	…		X 　　　　 AB
持久耐用		◎		◎						A 　　 X 　　　 B
隔阻噪音				◎	◎				○	A 　 X 　　 B
隔熱				○	◎					B 　 A 　 X
採光				×						X 　 B 　 A
設計大方									◎	
權數										
目標值										
技術性評比		5 X 4 AB 3 2 X 1 A		A X B	A B X		BA X			
技術困難度										
估計成本 （合計 100%）										
目標值										

符號

(一)關聯程度

　　◎強烈之正關係　○中度之正關係　×中度之負關係　＊強烈之負關係

(二)評比:

　　X: 本公司　A: A公司　B: B公司

圖 4-3　一個鋁門窗之 QFD

品質屋

QFD 之有關資訊都在一個稱為**品質屋** (House of Quality) 之屋狀矩陣裡，其結構大致可分以下幾個部份：

1.顧客需求

屋狀矩陣左側之顧客需求亦稱為**顧客屬性** (Customer's Attributes)，它表示顧客對產品所希望抱有之特性，這種特性往往可藉由行銷研究等方式擷取相關資訊。一旦得悉顧客需求後，即應將它們轉換為產品生產之技術術語，以利設計產製。

2.工程特性 (Engineering Characteristics)

工程特性位於圖中上方屋狀處，它包括了產品之**物理性質** (Physical Properties)、**化學性質** (Chemical Properties) 或**作業性質** (Operation Properties)，每一個工程特性對一個或多個顧客需求會有所影響。品質屋之屋頂即三角形部份則顯示不同之工程特性間的相關程度。

品質矩陣表中之關聯程度：一般可用行銷研究中所常用之**語意差別法** (Semantic Differential Method) 主觀地評判。

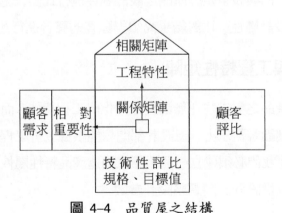

圖 4-4　品質屋之結構

設計師一旦有了顧客需求資訊後，即需決定出產品之物理、化學或作業性質，從而產生了產品之工程特性，有了工程特性後產品屬性也就自然而然地確定了。例如，一個設計師決定用某種**金屬覆面**(Metal Casing)，所得之一些特性諸如重量、鋼板之硬度、厚度、以及產品之**曲面** (Texture)，便可決定了產品是否為手提式的、產品之耐用度以及它的外觀。

QFD 之理念是顧客的聲音是決定產品屬性中最優先被考慮的要素。一個沒有市場價值的產品，即使設計多好也是枉然的。

3.相對重要性

因為每個產品設計屬性對消費者而言未必是同等重要的，因此設計部門必須了解各個產品設計屬性對消費者購買意願之相對重要性，行銷部門可提供這方面相當多的資訊與分析技術，綜合分析結果可獲得各產品設計屬性之**權重** (Weight)，所有權重之和為 1。

評估競爭廠商產品之屬性

因為顧客對產品不是專家，因此往往只能就產品之外觀、簡單之示範說明，產品說明書乃至口碑，以對不同廠牌產品進行比較。因此設計部門必須將自己與競爭廠牌產品之設計屬性進行比對，尤其是相對權數較高的產品設計屬性，比對結果尚須與顧客的聲音進行比較。

產品屬性與工程特性矩陣

顧客對產品之需求往往無法直接轉化成工程特性，而工程特性也無法相對反映到顧客需求上，但設計部門只能根據認可工程特性之參數進行設計，因此我們必須建立一個矩陣來描述產品特性屬性與工程特性之相關程度，以供設計部門調整設計參數。

確定工程特性間之交互影響

許多工程特性間或多或少有一些交互影響，例如，車子馬力大可能會使車重增加，耗油量也增加，因此設計部門必須了解到工程特性間之交互影響是正的還是負的，以作為設計之參考，最後之設計可能會使這些影響之程度降低。

設定工程特性之目標值

設計部門在品質屋之下層有時還加附工程特性之目標值，其目的不僅可做為滿足顧客需求之工程特性為數也可做參改進產品競爭力之重要依據。

作業四

一、選擇題

（請選擇一個最適當的答案，有關數值計算的題目以最接近的答案為準）

1. （　）產品設計時，組合各零組件以達到簡單化、標準化之目的稱為：

   (A)平準化　(B)產業化　(C)序列化　(D)模組化

2. （　）某個設備係由三個元件串聯而成，此三個元件之可靠度分別為0.95, 0.90, 0.85，則此設備能順利運轉之可靠度約為：

   (A) 0.90　(B) 0.85　(C) 0.75　(D) 0.70

3. （　）某電路系統由三個元件並聯而成，此三個元件之可靠度分別為0.95, 0.90, 0.85 則此電路系統使用之可靠度約為：

   (A) 0.9000　(B) 0.9900　(C) 0.9990　(D) 0.9999

4. （　）在典型產品生命週期中，一般在那一期企業的銷售量為最高？

   (A)導入期　(B)成長期　(C)衰退期　(D)飽和期

5. （　）下列何者不是模組化設計之優點？

   (A)有利於自動化設計與生產

   (B)容易發現和改進缺失

   (C)可降低製造與裝配成本

   (D)適用於特殊設計規格的產品

6. （　）品質機能展開應用於產品設計時，其主要的功能為：

   (A)產品標準化

   (B)減少設計研發費用

   (C)提供有效的預測方法

(D)將顧客的意見融入產品的設計開發過程中

7. (　) 一般而言，下列何者不屬於標準化的優勢？

　　(A)易於達到模組化的產品設計

　　(B)產品間零組件的互通性增加

　　(C)易於提供以顧客為導向的產品設計

　　(D)增加產品維修的簡易性。

8. (　) 下列那一種產品的開發技術可將消費者需求納入產品設計中？

　　(A) QDF　(B) CAD　(C) CIM　(D) CNC

9. (　) 下列何者不是田口方法的 3 個階段設計？

　　(A)系統設計　(B)參數設計　(C)防呆設計　(D)公差設計

10. (　) 品質屋 (House of Quality) 之上層三角形部份是：

　　(A)消費者需求　(B)工程特性　(C)技術評比　(D)產品之目標值

11. (　) 在左圖，若元件 A, B, C 之可靠度分別為 α, β, γ, $1 \geq \alpha$, $\beta, \gamma \geq 0$, 則該系統之可靠度為：

　　(A) $(\alpha + \beta)\gamma$　(B) $[1-(1-\alpha)(1-\beta)]\gamma$　(C) $\alpha\beta + (1-\gamma)$　(D) $\alpha\beta(1-\gamma)$

12. (　) 下列那一種是數值控制 (NC) 常用之語言？

　　(A) APT　(B) QBASIC　(C) FORTRAN77　(D) PASCAL

13. (　) 某控制系統使用三臺並聯的電腦來作業，每臺電腦的失誤率為 0.1，則該控制系統之可靠度為：

　　(A) 0.999　(B) 0.9　(C) 0.729　(D) 0.99

14. (　) 某產品由六個零件所組成如下圖一所示，零件2 和零件 4 分別為零件 3 和零件5 的備用零件，若每一零件的信賴度均為 0.9，則整個產品的信賴度為：

(A) 0.5314　(B) 0.6561　(C) 0.7939　(D) 0.8100

15.（　）若某種零件的壽命服從指數分配 $f(t) = \lambda e^{-\lambda t}, \quad t \geq 0$，則該零件的故障率或危險率為：

(A) $e^{-\lambda t}$　(B) λ　(C) λ^2　(D) $1/\lambda$

二、問答題

1.請繪製品質屋之簡圖，說明圖上有關部門之名稱，又那些部門可能需要行銷部門之資訊或支援。

2.請簡答下列問題：

(1) L.Thurow 對 R&D 之看法（第一章）

(2) P.F.Drucker 對 R&D 之看法

(3)是否 R&D 投資越多，R&D 之成效愈大？

3.解釋何謂產品生命週期，它可分那些階段？製造業與消費性服務業在各階段之特徵及成功關鍵因素。

4.新產品多以那些形態出現？新產品發展大致有那些方向（趨勢）？

5.請簡答下列有關CAD 之問題：

(1) CAD 之核心系統

(2) CAD 之功能

(3) CAD 之利益

(4)模組化設計在 CAD 中功能

6.如何增加產品之可靠度？

7.簡述模組化設計之意義及其優、缺點。

8.簡述何謂穩健設計？它的基本原理是什麼？它的具體目標又為何？

9.何謂價值工程 (VE)？它的基本原理是什麼？

第五章　產能規劃

5.1　產能決策

產能決策之重要性

　　生產者在規劃建廠之初即面臨了二個問題：一個是這座工廠的規模要多大，亦即它的**產能** (Capacity) 要多大，這是本章研究之重心，另一個便是在何處建廠，將在第六章討論。

　　什麼是產能？產能是指一個工廠（或某特定之生產設備）在給定之操作條件下所能產生之最大**產出率** (Rate of Output)，因此產能規劃大致可分兩個層面：長程之產能規劃主要是新設施與設備之投資，因為涉及之金額很大，故通常需由高階主管 (CEO) 參與及批准；短程之產能規劃則以**勞動力** (Work-force)、存貨、加班費預算等為主，屬作業部門之例行規劃。產能決策是生產系統設計諸有關決策之基礎，因此其重要性至少有以下幾點：

　　1.工廠產能一旦決定後，將對工廠之生產要素（包括勞動力、廠房建築、生產設備等）的投入量以及企業產品未來之市場佔有率等等均有潛在之影響。

　　2.產能大小直接關乎建廠之相關成本，試想，一個年產 5,000 輛汽車的工廠之規模一定較年產 500,000 輛汽車工廠來得小，兩者之建廠成本亦不可道里計。化工業中有所謂的**成本產能方程式** (Cost-Capacity

Equation)，利用這個方程式可估算出同類工廠在不同產能下之建廠成本：

$$C_2 = C_1 (\frac{Q_2}{Q_1})^x$$

在此：

C_1：產能為 Q_1 之建廠成本

C_2：產能為 Q_2 之建廠成本

x：**指數** (Component)，它可從《化學工程師手冊》*(Chemical Engineers' Handbook)* 或化工期刊查得

例 1　根據《化學工程師手冊》，在 1961 年做一個 300 加侖之碳鋼槽之成本約為$240，在 300 至 1,400 加侖間之碳鋼槽，均可用指數 $x = 0.66$ 之成本產能方程式估計之，問(a)當年 900 加侖之碳鋼槽之建造成本為何? (b)次年 (1962年)900 加侖之碳鋼槽之建造成本又為何? 假定 1961 年之物價指數為 124，1962 年為 130。

解：(a) $c_2 = \$240 (\frac{900}{300})^{0.66} = \$496$

(b) $c_2' = \$496 \times \frac{130}{124} = \$520$

3.產能大小關乎生產之單位成本：經濟學告訴我們工廠之平均成本曲線大致呈 U 字型，這通常的解釋是：當產出水準很小時，每單位產出所分攤之設備成本很多，因此單位成本很高，但隨著產出量增加，每單位分攤之設備成本便逐漸減少，等過了最低點後，會因設備過度使用造成損壞、生產不具彈性等因素而使得單位成本遞增。圖 5-1 A，B，C 三點分別表小、中、大型工廠之最適產出率。經濟學之**經濟規模** (Economics of Scale) 告訴我們，產能越大、生產之單位成本也就越經濟，但它也會使得產能過剩產生大量存貨而造成財務資源上之浪費。

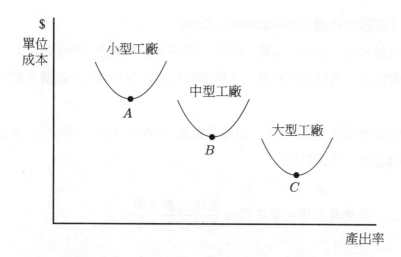

圖 5-1　工廠產出率與單位成本之關係。

4.一般而言，產能規劃是一種長期規劃，因此產能決策一旦決定後便很難甚至無法修正。

5.若產能規劃失當，可能會導致企業失去其應有之競爭能力。例如產能大於市場需求，企業會因存貨而積壓資金，產能小於市場需求，將使企業失去其應有之市場佔有率。

在研究產能前，我們允宜將前置時間的觀念有所了解。

前置時間

製造業為處理某種產品所需之全部作業時間稱為**前置時間** (Lead Time，簡記LT)，它可概括地包含：

1.**整備時間** (Set Up Time)

包括安排工作場所、換置刀具、治具或夾具以及調整裝置機器設備等等所需之時間。

2.**操作時間** (Operation Time)

這是產品加工處理或裝配組合所需之時間。

3.非操作時間 (Non-operation Time)

這是搬運、貯存、擷取、檢驗、等待等非生產性活動所需之時間。

習慣上,物料在沒有進入生產排程前之貯存時間並不能算是前置時間。

由前置時間 (LT) 便可求出整個**批次** (Batch) 所需生產時間,從而得到某機器平均生產時間:

$$某機器平均生產時間 = \frac{批次生產時間}{某機器生產量}$$

某機器之平均生產時間之**次元** (Dimension) 為時間／單位(如分鐘／個,小時／公噸),其意義為某機器生產一單位產品所需之時間,平均生產時間倒數即為某機器之平均生產率。平均生產率之次元為單位／時間,故其意義為某機器之每一單位時間內之生產量。若我們再考慮到產品不良率 q 時,則生產之數量必須為 $\dfrac{Q}{1-q}$ 個單位,否則其合格之數量不能滿足原批次生產量 Q。

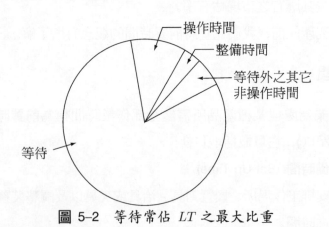

圖 5-2 等待常佔 *LT* 之最大比重

前置時間之數學表示即為:

$$LT = 整備時間 + 操作時間 + 非操作時間$$

例 2 茲收到一份零件訂單, 批量大小為 120。若製程需經 4 部機器依
　　　序操作, 每部機器之整備時間、操作時間與非操作時間如下表:

機器	整備時間（小時）	操作時間（分）	非操作時間（小時）
A	2	0.8	2
B	3	1.2	2
C	3	1.2	3
D	4	1.8	3

　　　(a)計算 LT, (b)計算每部機器之生產率, (c)整條生產線之生產率。

解: (a)

機器	整備時間	操作時間	非操作時間
A	2	0.8	2
B	3	1.2	2
C	3	1.2	3
D	4	1.8	3
小計	12(hr)	5.0(min)	10(hr)

$$\therefore LT = 12\text{hr} + 5.0\,\text{min}／個 \times 120個 + 10\text{hr} = 32\text{hr}$$

(b)機器 A 之平均製造時間 $= \dfrac{2\text{hr} + 0.8\,\text{min}／個 \times 120個 + 2\text{hr}}{120個}$

$$= 0.05小時／個$$

$$\therefore A 之生產率 = \frac{1}{0.05} = 20\ 個／小時$$

同法可得 B, C, D 之生產率分別為16.2 個／小時, 14.3 個／小時
及 11.3 個／小時。

(c)在此生產線上 D 之生產率最小, 是整條生產線之瓶頸 (Bottleneck),
故整條生產線之生產率為 11.3 個／小時。

5.2 產能的定義與衡量

產能的定義

產能是指一個工廠（或某特定之生產設備）在一定時間內於給定之操作條件下所能產生合格之產品或服務的最大產出率，它通常又可分成三種類別：

1.**設計產能** (Design Capacity)

在理想狀態下，一個工廠或特定之生產設備所能產生之最大產出率，此最大產出率稱為設計產能。設計產能又稱為**基本產能**(Basic Capacity)。

2.**有效產能** (Effective Capacity)

有效產能是指在製程安排、生產設備之維護保養、**產品組合** (Product Mix)、品質因素等考量下，工廠或特定之生產設備所能達到之最大產出率。

3.**實際產能** (Actual Capacity)

工廠或特定之生產設備在實際運作下所能達到之產能。因為在實際運作中每每因為設備故障、停工待料、罷工、停電停水、不良品等因素使得實際產能比有效產能小。

例3　某公司有5 部機器專門生產某種零件，每天以 3 班輪做方式趕工。扣除機器維修、操作員遲到或休息，每部機器之平均運轉時間為 6 小時，每小時平均生產 15 個單位，求此公司之每月產能為何？（1 月以 30 日計）

解：　每月產能（本例之產能顯然是有效產能）即每月產出量

$$= 5 \times (15 \text{單位}／\text{小時} \times 6 \text{小時}／\text{班} \times 3 \text{班}／\text{日} \times 30 \text{日}／\text{月})$$

$$= 40,500 \text{ 單位}／\text{月}。$$

要注意的是: 在上例之 5 部機器是一起生產同樣的零件, 如果製程必須經由 5 部機器依序加工才能製成, 則產能為 8,100 單位／月。

有兩種指標可評估工廠或生產設備之使用情況:

$$效率\ (\text{Efficiency}) = \frac{實際產出}{有效產能} \times 100\%$$

$$利用率\ (\text{Utilization}) = \frac{實際產出}{設計產能} \times 100\%$$

例4 若一產品是由 A, B, C, D, E 5 個作業中心依序加工而成,

$$\text{—}\underset{A}{\boxed{30}}\text{—}\underset{B}{\boxed{28}}\rightarrow\underset{C}{\boxed{32}}\text{—}\underset{D}{\boxed{29}}\text{—}\underset{E}{\boxed{33}}\rightarrow$$ 框內之數字為各中心之每日有效產能, 求整個製造系統之(a)有效產能(b)效率(c)利用率。在(b), (c)假定實際產出為 25 單位／日, 且各作業中心之設計產能均為 35 單位／日。

解: (a)產品之整個製造系統由 5 個子系統串聯而成, 因此整個製造系統之有效產能為 5 個子系統之有效產能的最小值即 28 單位／日

(b)整個製造系統之效率 $= \dfrac{整個製造系統之實際產出}{整個製造系統有效產能} = \dfrac{25}{28} = 89\%$

(c)整個製造系統之利用率 $= \dfrac{整個製造系統實際產出}{整個製造系統設計產能} = \dfrac{25}{35} = 71\%$

在例 4 中作業中心 B 之有效產能最小, 因而作業中心 B 是整個生產系統的瓶頸之所在。

影響有效產能的因素

因為有效產能是指在製程安排、生產設備之維護保養、產品組合、產品品質等考量下，工廠或特定生產設備所能達到之最大產出率，由此可推論出影響有效產能的因素計有：

⑴廠房設備之位置與佈置：

· 廠房位置將影響到勞工來源、零組件原料之供應、水電供應等等。

· 廠房之設計與結構，例如柱樑、隔間、樓梯與進出口之位置在在限制了機器設備之佈置以及物料之搬運，此外，廠房之高度也會影響到物料之堆積。地面之負荷能力也對機器設備在量的安置上造成相當程度之侷限。

· 廠房之通風、照明、溫度、噪音、濕度、塵埃等工作環境之良窳直接影響到員工之工作情緒，從而影響到生產力。

⑵產品／服務因素：

產品或服務之本身也會影響到產能，茲列舉如下：

· 產品或服務之易製性程度。

· 產品或服務之設計的 3S 化程度，即簡單化，規格化及標準化程度愈高，愈能降低整備時間從而有助於提升有效產能。

· 產品品質規格允差越窄，越容易造成不良率之增加從而降低有效產能。

⑶製程因素：

· 製程中設備維護保養之程度與品質管理之水準。

· 機器設備之整備時間。

· 生產系統之良窳。

⑷作業員因素：作業員之教育訓練、員工士氣與激勵、獎薪制度以

及員工到勤情形等等，均會對生產力發生負面影響，降低了產能水準。

(5)生產因素：

- 存貨。
- 採購之材料與零組件。
- 產品品質水準（不良率高低）。

(6)法規：

- 政府法規（包括勞基法、工業安全法規、環保法規等）。
- 工會團體契約。

(7)供應商：

- 供應商之供貨能力。
- 供應商之供料品質。

產能的衡量

　　企業只生產一種產品或少數之同質性很大的商品，則其**產能衡量** (Measures of Capacity) 是很直接的，但若產品種類多且同質性不大時，產能便不易衡量。同時，沒有一個單一之產能衡量公式能適用於所有情況，一般而言，產能衡量大抵有二個方向：一是以產出為產能衡量之對象，另一是以投入為產能衡量的對象。但在衡量產能時應把握以下原則：

1.以產出作為產能衡量

　　產品專注 (Product-focused) 之企業常選擇以產出作為產能衡量，當一個企業只做某種產品時，如日產公司田納西廠只生產一種型式之汽車，則用產出做為產能衡量便很適宜，但顧客化產品或產品組合很複雜時，以產出做為產能衡量便不適合。

2.以投入作為產能衡量

　　製程專注 (Process-focused) 之企業常以投入作為產能衡量，尤其當產品組合很複雜時，如中油煉油廠，它生產汽油、燃料油、潤滑油脂、

石化上游產品等，便不可能用產出作為產能衡量，因此，必須將市場需求轉化成投入為主體之產能衡量，如此才能在等值之基礎上，將市場需求與產能進行比較。

生產業別	產能衡量方式
汽車公司	汽車輛數
中油煉油廠	每日煉製原油桶數
電力公司	每年發電千瓦數
航空公司	每月**可用之人哩數** (Available Seat-Miles，簡記ASM)
影印服務	影印機臺數
醫院	每日可處理之病人數或病床數

5.3 產能規劃之評估模式

本節我們將介紹一些產能決策之基本分析模式。在進行產能決策時必須估計出未來之**產能需求**(Capacity Requirement)，POM 經理在計算出估計之產能需求與實際產能之差距後，便要擬訂許多方案，這些方案必須具有可行性（包括技術、財務、人力等）同時亦可有一不做之方案，最後依據一些評估準則來決定最佳方案。

分析模式

有一些數量方法可供產能決策之參考，包括決策樹法、損益平衡分析、經濟評估等等，在此我們將逐一介紹如後：

1.決策樹

未來需求是不確定，且企業要對產能進行**逐次決策** (Sequential Decision) 時，**決策樹** (Decision Tree) 便是一個很有用的方法。我們在第二章中對決策樹已有說明，在此我們舉一個例子說明它在產能規劃上之應用：

例 5　本公司行銷部門預測 1998 年間市場景氣、持平、蕭條之機率分

別為 0.25, 0.5 及 0.25。現有產能為每年生產 10,000 單位。為了

因應與日俱烈之市場競爭及保持現有之市場佔有率, 生產部門考

慮了擴充產能計畫:

方案 I :　1998 年增加產能1,000 個單位

方案 II :　1998 年增加產能500 個單位

方案 III: 維持現有產能

據估計在市場景氣、持平、蕭條之情況下, 三種方案之淨利分別

如下:

	市場景氣	市場持平	市場蕭條
方案 I	450,000	250,000	−50,000
方案 II	300,000	250,000	−20,000
方案 III	200,000	180,000	20,000

問應採取那一種方案?

解: 我們可用決策理論之 EMV 準則來解這個問題:

	市場景氣 0.25	市場持平 0.5	市場蕭條 0.25
方案 I	450,000	250,000	−50,000
方案 II	300,000	250,000	−20,000
方案 III	200,000	180,000	20,000

方案 I 之 $EMV = 450,000 \times 0.25 + 250,000 \times 0.5 + (-50,000) \times 0.25$

$= 225,000$

方案 II 之 $EMV = 300,000 \times 0.25 + 250,000 \times 0.5 + (-20,000) \times 0.25$

$$=195,000$$

方案Ⅲ之$EMV = 200,000 \times 0.25 + 180,000 \times 0.5 + (20,000) \times 0.25$

$$= 145,000$$

因方案Ⅰ之 EMV 最大故採用方案Ⅰ，即在 1998 年增加產能 1,000 個單位。其決策樹繪如下圖：

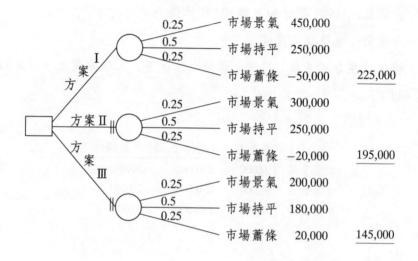

2.損益平衡分析

損益平衡分析 (Break-even Analysis) 在利潤分析、製程成本比較分析等極具功能，因為簡明易解，因此它是 POM 最常用之決策分析工具之一。應用損益平衡分析前必須建構兩個函數：一是總收益函數 $R(Q)$，$R(Q) = PQ$，P 為產品單價，Q 為產品數量；一是總成本函數，它包含二個成份：**固定成本** (Fixed Cost) 這是不論是否生產均要支付之成本，如廠房租金、保險費、員工薪津、一般管理費用、廠房設備折舊等。另一個是**變動成本** (Variable Cost)，這是因為生產活動所衍生之成本，如物料費、間接人工成本等。根據成本習性，成本除上開二種成本外還有介於兩者之間的**半變動成本** (Semivariable Cost)，我們可利用產量及對

應之總成本資料透過最小平方法而得到單位變動成本與固定成本之估計值。有志者可參考管理會計之類的書籍，在此不贅述。

損益平衡分析假設在**攸關範圍** (Relevant Region) 內能將總成本劃分成固定成本與變動成本兩部份，且價格 (P)，單位變動成本 (V) 與固定成本 (F) 均為固定的，這表示即便它們有所變動時均可忽略不計。

總收益曲線與總成本曲線之交點稱為**損益平衡點** (Break Even Point，簡記BEP)，BEP 之總成本恰等於總收益，這表示企業不盈不虧。

命題： 在總收益曲線與總成本曲線都為直線時，損益平衡點下之數量 $Q_{BEP} = \dfrac{F}{P-V}$，$P-V$ 稱為邊際貢獻。❶

例 6 若某公司生產某種零件，據分析，單位變動成本為\$4，固定成本為\$400,000，售價為\$12，求(a)損益平衡點下之產量為何？(b)若產能為 60,000 個則對(a)所求之損益平衡點有無影響？(c)若產能為 45,000 個時又若何？(d)若生產部門擬增加一生產線，使工廠產能變為 80,000 個，但固定成本因而增加至\$500,000，變動成本可減半，在價格仍為每個\$12 時，是否值得增加此生產線？

解： (a)$Q_{BEP} = \dfrac{F}{P-V} = \dfrac{400,000}{12-4} = 50,000$（個）

(b)$\because Q_{BEP} = 50,000 < 60,000$（產能）　$\therefore$ BEP 不受影響。

(c)$\because Q_{BEP} = 50,000 > 45,000$（產能）　$\therefore$損益平衡點不存在。讀者可驗證的是在此產能下，工廠是處於虧損狀態。

(d)$Q_{BEP} = \dfrac{F}{P-V} = \dfrac{500,000}{12-2} = 50,000 < 80,000$

或新增生產線後之利潤為 $\$12 \times 80,000 - (500,000 + 2 \times 80,000) =$

---

❶ 總收益為 PQ，總成本為總變動成本 $VQ +$ 固定成本 F

$PQ = VQ + F$ $\therefore Q_{BEP} = \dfrac{F}{P-V}$

300,000 > 0，故值得開發此一新的生產線。

★例 7　會計部門提供 #2502 號零件之單價為 $10，單位變動成本為 $6，總固定成本為 $100,000，假定該零件之市場需求量是一隨機變數，它服從平均期望值為 24,000 個，標準差為 1,000 個之常態分配，即 n (24,000，$1,000^2$)，問 (a) 該零件需賣多少才能達損益平衡？(b) 該產品產量超過損益平衡點時能獲利之機率？

解:　(a)$Q_{BEP} = \dfrac{F}{P-V} = \dfrac{100,000}{10-6} = 25,000$

(b)$P(Q > 25,000) = P(\dfrac{Q-24,000}{1,000} > \dfrac{25,000-24,000}{1,000}) = P(Z > 1)$
$$= 0.159$$

3.經濟評估

金錢時值

　　像設備購置、生產線佈置、廠址規劃等之投資方案一經定案後往往會使用一段很長的時期，因此在做這類規劃時不能不考量到**金錢時值** (Time Value of Money) 的因素。所謂金錢時值是說拿今天的一塊錢存在銀行，過了一段時期後其所累積之金額便會增加。這個增加的金額便是利息。一般計息的方式有二:

　　(1)單利:　$F = P(1 + ni)$

　　(2)複利:　$F = P(1 + i)^n$

上二式之 P 為**現值** (Present Value，簡記 PV)，現值又稱為初值或本金，F 為**終值** (Final Value，簡記 FV)，亦即本利和。n 為計息期數，i 為利率。不論是理論或實務上，多以複利作為經濟評估之基礎。

投資報酬率

　　企業在做重大投資方案時需對投資方案之**報酬率** (Rate of Return,

簡記ROR) 進行預估。報酬率定義為 $ROR = \dfrac{利潤}{投資額} \times 100\%$。投資者都希望投資能帶給他合理的利潤，而此合理報酬率必須大於某種特定報酬率，這個特定報酬率通常是指銀行利率，我們稱這種合理之報酬率為**最低希望報酬率** (Minimum Attractive Rate of Return，簡記MARR)。因此我們只將那些投資報酬率大於 MARR 且資金可行的方案列入比較分析之列。

現金流量圖

投資評估常可藉繪**現金流量圖** (Cash Flow Diagram) 而使問題易於理解。現金流量圖是一個示意圖，它是由(1)時間軸，(2)二個箭線所組成。箭線之箭頭向上者是正的現金流量，它表示在那一時點上有一筆現金收入；箭頭向下者是負的現金流量，它表示在那一時點上有一筆現金支出。箭線長短大致表現出現金流量之相對大小（現金流量圖只是個示意圖，只要表現彼此之關係即可，而不必在意箭線長度與流量大小是否成比例，至於大小相同之現金流量則以等長之箭線表示）。

例 8　「在 3 年底需存多少錢，方能在第 5 年底領$400，第 6 至 8 年底每年領$500」（年利率 $i = 6\%$），試將上述問題以現金流量圖表示。

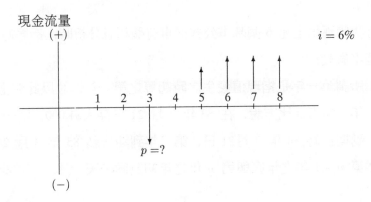

計息公式

在工程經濟，利息公式都是用下列規格化符號來表示：

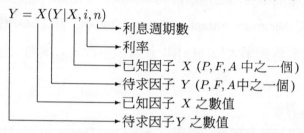

$$Y = X(Y|X, i, n)$$

利息週期數
利率
已知因子 X (P, F, A 中之一個)
待求因子 Y (P, F, A 中之一個)
已知因子 X 之數值
待求因子 Y 之數值

在研究利息公式前，我們先介紹**年金** (Annunity，簡記A)，它是每年（期）以定額方式存入或領取之金錢。

基本利息公式有 6 種，它們的符號及意義如下：

$(P|F; i,n)$：在年利率為 i 及利息週期為 n 之條件下，給定終值 F 求現值 P。

$(F|P; i,n)$：在年利率為 i 及利息週期為 n 之條件下，給定初值 P 求終值 F。

$(P|A; i,n)$：在年利率為 i 及利息週期為 n 之條件下，給定年金 A 求現值 P。

此外尚有 $(A|P; i,n)$、$(F|A; i,n)$ 及 $(A|F; i,n)$，讀者應可自行解釋之。

當我們應用上述 6 個基本公式從事有關利息分析時，都需遵守以下四個基本假設：

(1)所謂第一年是指現值發生之時起算之第一年，並以此類推到第 n 年之情形。比方說，在 83 年 3 月 21 日存入$1,000，則一年後之到期日為 84 年 3 月21 日，第二年到期日為 85 年 3 月 21 日。

(2)第 $n-1$ 年之年底與第 n 年之年初為同一天。

(3)現值 P 在每年年初時發生。

(4)終值 F 與年金 A 均在每年年底發生。

方案選擇

在 POM 投資分析經常需考慮到時間的時值，同時在分析時考慮的項目有① **主成本** (Principal Cost，以P 表之)，它是資產的購置成本，包括資產的購價、運費、裝機費、試俥費等，②**每年操作成本**(Annual Operating Cost，簡記AOC)，它是與操作有關的成本，包括工資、物料、維修、保險、賦稅、水電費、辦公室租金……等，③**殘值** (Salvage)，這是資產報廢時之市場價值，也就是該項資產在市場出售所能得到之價錢，④使用年限，⑤利率 (或 MARR)，在此介紹兩種評估方案之方法: 現值法與等值年金成本法。

(1)現值法: 比較不同方案之未來支出或收入之現值以進行方案抉擇的方法稱為**現值法** (Present Worth，簡記PW)。用 PW 法評估二個或二個以上設備投資方案時，必須在使用年限相等之基礎上進行比較，若二個設備之使用壽命不相等時，則取它們之最小公倍數 (LCM) 做為比較基礎。例如甲、乙二部機器之使用壽命分別為 4 年與 6 年，他們的 $LCM = 12$ 年，故以 12 年做為比較基礎，在 12 年中，甲、乙二部機器分別購買了 3 次及 2 次。

例 9　在 $i = 8\%$ 下，某工廠欲添置 A，B 二種工作機器，有關成本數據如下，在 PW 法準則下應選擇何型機器？ ❷

---

❷　工程經濟學之書籍均附有不同之利率水準下六個計息公式之計算表，讀者可自行練習查表。本書因限於篇幅，故只將有關計息公式結果附在問題後以使讀者直接取用。

		A 型	B 型
主成本	P	$4,500	$5,000
每年操作成本	AOC	750	650
殘　值	SV	400	350
使用年限	Yr	6	6

給定: (P|A, 8%, 6) = 4.6229;　(P|F, 8%, 6) = 0.6302

解: 殘值是可在市場售出之價值，在現金流量圖上為現金流入。

A 型之 PW

$$PW_A = -4,500 - 750(P|A, 8\%, 6) + 400(P|F, 8\%, 6)$$

$$= -4,500 - 750 \times 4.6229 + 400 \times 0.6302 = -\$7,715$$

B 型之 PW

$$PW_B = -5,000 - 650(P|A, 8\%, 6) + 350(P|F, 8\%, 6)$$

$$= -5,000 - 650 \times 4.6229 + 350 \times 0.6302 = -\$7,784$$

$\because PW_A > PW_B$ $\therefore$ 在 PW 準則下，選 A 型機器。

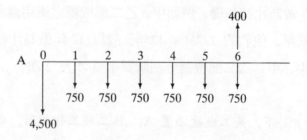

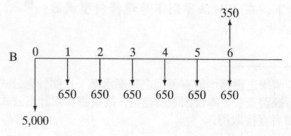

讀者應注意的是: 上例之分析是純粹站在成本面的觀點, 如果有營業收入資料, 則其結果很可能會有所改觀。在實務上, 有時每年操作成本 (AOC) 不易估計, 這時如果能由經驗判斷出甲之 AOC 比乙之 AOC 多$100, 則此時可令甲之 AOC 為 y, 乙為 $y-100$, 再按上例解法即可做出結論。

(2)等值年金成本法: **等值年金成本法** (Equivalent Uniform Annual Cost, 簡記EUAC), 也是一種常用投資方案之評估方法, 其原理是將所有之支出、收入均轉化成等值年金, 這使得每一年度終了時發生之金額都是相等的, 因此即便是使用壽命不相等的二個投資方案進行比較時, 只需計算每一個方案在其使用年限之 EUAC 即可, 這是 EUAC 比 PW 法方便之處。

例 10 有兩種機器之評估資料如下:

	型 A	型 B
主成本 P	$70,000	$80,000
年操作成本 AOC	10,000	12,000
殘值 SV	8,000	20,000
使用年限 n	3	6

在 $i=8\%$ 之條件下以 EUAC 法分析, 應採用何種機器?

給定 $(A|P, 8\%, 3) = 0.3880$, $(A|F, 8\%, 3) = 0.3080$

$(A|P, 8\%, 6) = 0.2163$, $(A|F, 8\%, 6) = 0.1363$

解: 型 A 之 $EUAC$

$$EUAC = \$70,000(A|P, 8\%, 3) + 10,000 - 8,000(A|F, 8\%, 3)$$

$$= \$70,000 \times 0.3880 + 10,000 - 8,000 \times 0.3080 = 34,696$$

型 B 之 *EUAC*

$$EUAC = \$80,000(A|P,8\%,6) + 12,000 - 20,000(A|F,8\%,6)$$

$$= 80,000 \times 0.2163 + 12,000 - 20,000 \times 0.1363$$

$$= \$26,578$$

∵型 B 機器之 *EUAC* 較小, 故應選此型機器。

本例若用 PW 法, 結論仍然相同, 事實上, 不論用 PW 或 EUAC 法, 其結果應為相同。

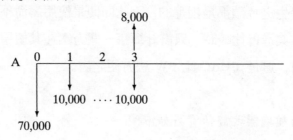

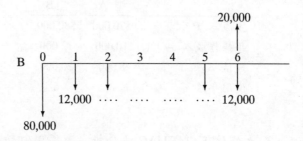

計算產能差距

當我們估計出產能需求後, 便可將此估計數與我們現有之產能做一比較, 其差數便是產能差距。在計算產能差距時, 上一節介紹的產能衡量之正確與否便很重要, 因為不同之產能衡量方式可能會有不同之結果。

例 11　假定我們生產 3 種零件，有關資料如下：

項目	零件 1	零件 2	零件 3
每年預測之需求量	4,000	5,000	8,000
每單位加工處理時間（小時／個）	0.2	0.2	0.2
平均批量大小	250	500	400
整備時間（小時）	4	3	1

若本公司每年之工作日數為 250 日，每天工作 8 小時，且估計每部機器之使用率需為 80%，依此結果，我們需備妥幾部機器才足以因應此 3 種零件之生產？

解：　㈠計算三種零件生產全年所需之工時：

零件 1：

加工處理時間：0.2 小時 /個 $\times 4,000$ 個 $= 800$ 小時 ………①

整備時間：全年批數 $= 4,000$ 個 /250 個 /批 $= 16$ 批

　　　　∴全年整備時間 $= 4$ 小時 /批 $\times 16$ 批 $= 64$ 小時 ②

因此生產零件 1 全年所需之工時為

$$800 \text{ 小時} + 64 \text{ 小時} = 864 \text{ 小時}$$

零件 2：

加工處理時間：0.2 小時 /個 $\times 5,000$ 個 $= 1,000$ 小時

整備時間：全年批數 $= 5,000$ 個 /500 個 /批 $= 10$ 批

　　　　∴全年整備時間 $= 3$ 小時 /批 $\times 10$ 批 $= 30$ 小時

因此生產零件 2 全年所需之工時為

$$1,000 \text{ 小時} + 30 \text{ 小時} = 1,030 \text{ 小時}$$

零件 3：

同法可驗證生產零件 3 全年所需之工時為 1,620 小時，故生產零件 1，2，3 之總工時為

864 小時 + 1,030 小時 + 1,620 小時 = 3,514 小時

(二)一部機器全年可工作之小時數:

8 小時 / 日 × 250 日 × 80% = 1,600 小時

(三)計算所需機器數:

$$\frac{3,514 \text{ 小時}}{1,600 \text{ 小時 / 部}} \doteqdot 3 \text{ 部機器}$$

假定在例 12 中, 我們原本只有 2 部機器, 則產能差距為 3−2 = 1, 即還需添購 1 部機器。

$$\bullet \boxed{\text{附 錄}} \bullet$$

這六個計息公式都有表可查，但我們也可經由數學運算而得以化簡，從而我們可用計算機來直接求算:

(一) $F = P(F|P,i,n)$ 與 $P = F(P|F,i,n)$:

$\because F = P(1+i)^n$ $\therefore$ 給定 i,n 下，已知現值 P 便可求出 F，當然已知 F 值亦可求出 P 值。

(二) $P = A(P|A,i,n)$ 與 $A = P(A|P,i,n)$:

$$\because P = A(1+i)^{-1} + A(1+i)^{-2} + \cdots + A(1+i)^{-n}$$

$$= A[\frac{1}{1+i} + \frac{1}{(1+i)^2} + \cdots + \frac{1}{(1+i)^n}]$$

$$= A[\frac{1 - (\frac{1}{1+i})^n}{1 - \frac{1}{1+i}}]\frac{1}{1+i} = A(\frac{(1+i)^n - 1}{i(1+i)^n})$$

$P = A(\frac{(1+i)^n - 1}{i(1+i)^n})$ 這個結果指出了 $P = A(P|A,i,n)$ 與 $A = P(A|P,i,n)$ 之利用計算機求法。

$P = A(P|A,i,n)$ 之圖解

(三) $F = A(F|A,i,n)$ 與 $A = F(A|F,i,n)$:

$$\because F = A + A(1+i) + A(1+i)^2 + \cdots + A(1+i)^{n-1}$$

$$= A[\frac{(1+i)^n - 1}{(1+i) - 1}] = A(\frac{(1+i)^n - 1}{i})$$

$$F = A(\frac{(1+i)^n - 1}{i})$$

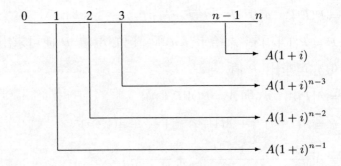

作業五

一、選擇題

（請選擇一個最適當的答案，有關數值計算的題目以最接近的答案為準）

1.（ ）預測短期內市場需求量增加時，在生產管理決策上，以下何者
   為非？
   (A)擴廠計畫　(B)尋找協力廠商
   (C)訓練員工，提高工作效率　(D)屯積存貨

2.（ ）已知某單位之生產資料如下：
   設計產能 ＝ 每天 40 單位
   有效產能 ＝ 每天 20 單位
   實際產出 ＝ 每天 10 單位
   則，效用應為多少？
   (A) 1/4　(B) 1/3　(C) 1/2　(D) 3/4

3.（ ）（承第 2 題），求利用率：
   (A) $\dfrac{1}{4}$　(B) $\dfrac{1}{3}$　(C) $\dfrac{1}{2}$　(D) $\dfrac{3}{4}$

4.（ ）設一產品須經 A, B, C 三個作業中心逐一加
   工（如右圖），框內數字為各作業中心之每日
   產能，則工廠生產此產品之產能為：

   A B C
   a b c

   (A) $\dfrac{a+b+c}{3}$　(B) $\min\{a,\ b,\ c\}$　(C) $\max\{a,\ b,\ c\}$　(D) $\sqrt{a^2+b^2+c^2}$

設一製造系統由 A, B, C, D 4 個作業中心組成：

A B C D
20 18 21 19

框內數字為各作業中心之每天有效產能，若當初之設計產能均為每天 25

個單位，實際產能為每天 15 個單位，試回答 5～8 題。

5. (　) 該製造系統之瓶頸為：

　　(A) A　(B) B　(C) C　(D) D

6. (　) 該製造系統之使用率為

　　(A) 0.6　(B) 0.75　(C) 0.8　(D) 0.9

7. (　) 該製造系統之效率為：

　　(A) 0.76　(B) 0.83　(C) 0.89　(D) 0.93

8. (　) 若在 1995 年生產一個 60,000 加侖之燃油槽須成本$180,000,000，根據專家評估，這類燃油槽可適用指數 $x = 0.5$ 之成本產能方程式估計，則在 1996 年生產 240,000 加侖之同型燃油槽之成本為（假定 1995 年、1996 年之物價指數分別為 100、105）

　　(A)$360,000,000　(B)$37,800,000　(C)$390,600,000　(D)$40,800,000

9. (　) 某公司銷售單一產品，每件售價 180 元，總固定成本每月為 200 萬元，每件單位變動成本 100 元，公司希望本月能有 150 萬元的利潤，則本月銷售目標應為：

　　(A) 758 萬元　(B) 778 萬元　(C) 788 萬元　(D) 798 萬元

10. (　) 某工廠上個月生產10 萬件，總成本800 萬元。本月份生產 15 萬件，總成本1,000 萬元，假設每件變動成本不變，其總固定成本應為：

　　(A) 250 萬元　(B) 300 萬元　(C) 350 萬元　(D) 400 萬元

11. (　) 下列那一項不是屬於產能需求計畫的內涵之一？

　　(A)設施規劃　(B)設備規劃　(C)人力規劃　(D)物料需求計畫

二、問答題

1.工程部擬由 A，B 二種品牌之機器擇一購入使用，有關成本資料如下：

	A 牌	B 牌
主成本 P	$15,000	$12,000
年操作成本 AOC	1,750	2,000
殘　值 SV	600	750
使用年限 n	3	6

在 $i = 8\%$ 之條件下，試用 EUAC 法，PW 法分析應採用何種機器？

你在解題時作了那些假設？

給定： $(A|P, 8\%, 3) = 0.3880$

$(A|P, 8\%, 6) = 0.2163$

$(A|F, 8\%, 3) = 0.3080$

$(A|F, 8\%, 6) = 0.1363$

2.若我們得到 A，B，C 三個公司對某一特定零件之長期合約，假定合約量分別為 4,800，4,800 及 6,000。若該零件每單位時間為 1 小時，平均製造批量大小為 600 個／批，整備時間均為 2 小時／批，若本公司全年工作日數為 300 天，每天每部機器工作 6 小時，且每部機器之使用率為 75%，問需幾部機器才能因應此三個訂單？

第六章　廠址規劃

6.1　廠址選擇的重要性

廠址規劃在生產系統設計中始終佔有最重要的角色，因為廠址選定後，當初規劃上之任何問題都會影響到日後生產成本甚至生產作業之進行（如勞工短缺、原料供應困難等）。廠址選擇是帶有相當成份的取捨性，易言之，若設廠在甲地可能有交通運輸、能源供應、技術易得之便，但在環保、法律、稅賦等方面也許較為不利，反之若在乙地設廠可能又有不同之利弊得失。因為廠址決策每每因為考慮的因素甚多且彼此多互有影響，加以未來經營環境又具有極大之不確定性而使得廠址決策具有高度之複雜性，爰此，廠商在做廠址規劃時莫不審慎為之。對一些跨國性企業而言，廠址規劃尤其重要，關於這點，我們將在下節中說明。

6.2　廠址選擇的步驟

企業在選擇廠址時，通常先考慮設址在國內還是國外，然後是哪個區域，最後是哪個地點，由此看來企業之廠址選擇通常是透過一連串階層性的決策過程，在每一個決策過程中都會針對下列步驟反覆地審慎思考：

⑴建立評估方案的準則。

⑵確認廠址選擇的因素。

⑶枚舉廠址選擇的方案。

⑷就各種方案中加以評比以選出適當的廠址。

6.3 影響廠址選擇的因素

全球化之廠址選擇

如同前述，企業在選擇廠址時通常先是決定在國內或在國外設廠，隨著企業國際化的風潮下，即便在臺灣也有愈來愈多的企業也跟著像 Philips、 Ford 等一些世界級企業之腳步走向**全球化** (Globalization) 的經營。

我們可以用兩種角度來思考全球化的意義：一是從行銷的角度來看，全球化意味著經營者必須從全球的觀點來考慮市場，亦即市場並不侷限於國內或某個區域；一是從生產的角度來看，全球化意味著資本自由化之障礙逐漸被打破，外國企業可透過各種方式（如：在臺設廠、與國內廠商策略聯盟等）在我國進行生產，同樣地，以前在國內製造生產的產品，如今也可以在其他國家進行產銷。《2020年的世界》 (*The World in 2020*) 的作者 Danish McRae 指出在全球化之潮流下，國際性的分工生產將取代國際貿易成為企業打入外國市場的一種新的方式。在高度競爭之市場環境下，靠近市場、工資便宜之地區往往成為企業之最愛。

造成全球化經營之原因可大致歸納成以下數端：

⑴交通與通訊技術之改善：因為交通與通訊技術之大幅改善，縮短了國與國間之距離，通訊技術從傳真機、**電子郵件** (E-mail) 乃至目前極為風行之**網際網路** (Internet) 在在催促了企業全球化的腳步。

⑵貿易障礙之藩籬逐漸被打破：實現單一市場的全球經濟體其先決

條件在於各國間一定要達到相當程度的自由貿易，因此像關稅等之貿易壁壘必須逐漸打破。二次大戰後逐漸形成之一些區域性貿易體系如：**北美自由貿易協定** (North American Free Trade Agreement，簡記NAFTA)、**歐洲共同體** (European Community，簡記EC)等，有些**區域主義** (Regionalism) 者認為這種區域內彼此互相貿易可能是邁向全球單一體系之一種過渡方式，也是較為適宜的一種方式。

(3)開放的金融系統：在開放的金融系統下資本市場亦將全球化，再加上高度競爭之市場環境，此之種種將促使企業必須具有全球觀，除此之外跨國性之投資也隨著金融市場之開放而更將便利，同時生產要素成本較低之地區將是企業者優先考慮設廠生產之所在。

企業在全球化的經營過程中經常衍生下列問題，很值得我們注意：

(1)一些外債累累、通貨膨脹、失業率很高的國家往往伴隨著社會治安敗壞、政局不穩以及幣值不穩的現象，匯率變動時對投資者造成很大之損失；有些國家貪污橫行，使得營運成本大增而且無法預估，同時企業從這些國家所得到的商機往往不是經由正當途徑（例如競標）而是賄賂而來的。有些國家對外商設下許多管制與限制的措施，比如必須與該國之廠商合資（甚至規定外資比例之上限）、必須僱用該國籍的員工、限制廠商之獲利以及管制外匯等等。

(2)在工資低廉國家設廠，雖然一時擁有成本競爭的優勢，但是也無形培養出一些潛在的對手，對於原投資國造成威脅。以我國而言，過去有許多臺商在大陸設廠、分支機構，對提昇大陸企業之製造與管理之觀念與技術具有相當之影響，但也對臺灣本土之同業造成相當大的威脅。

傳統廠址選擇因素

1.原材料取得因素

原材料取得之主要考量在於原材料之運送成本以及確保原材料之品質與來源兩個維度上。大抵而言，以節省原材料之運送成本為主之工業，多將廠址設於原材料之產地或進口地附近，例如：

- 我國原油是由高雄和沙崙進口，煉油廠也設在港口附近。
- 中鋼公司將廠區設在毗鄰於進口煉鋼原料之碼頭旁。
- 我國糖廠設在臺中以南之甘蔗產區。

2.地理因素

建廠時需考慮的地理因素，例如：

- 地形與地質：未來廠址所在地之地質條件必須考慮到工廠載重負荷與地形之平整的程度，否則建廠時會使整地工程費用劇增甚至造成施工上的困難。
- 氣候：廠址所在地之溫度、溼度、風向等因素必須考慮，因為氣候對製造、存貨、產品品質乃至員工健康與工作效率都有所影響。在國外設廠時還需要考慮到是否有酷暑或嚴冬的季節以及澇旱災之情況。
- 基礎建設：有一些基礎建設是廠址規劃時不可不預知的，例如：
  a.能源：電力或瓦斯供應是否充分、穩定，價格是否適宜。
  b.水源與排水系統是否良好。
  c.廢水、廢氣、廢物之處理設備與處理規模、成本是否適宜，以及居民面對這些問題的態度與政府的公權力伸張之程度。
  d.交通運輸是否便捷。

3.人力資源

建廠之人力資源方面要考慮的因素計有：

- 勞動力是否能充分供應。
- 勞動力之技術水準。
- 勞動力之工資水準。
- 當地勞工運動情況。
- 當地勞工工作態度。

4.工業區

某個產業成功往往會帶動其他關聯產業的整體發展，而形成一個由中心廠商、供應商、客戶乃至競爭對手所連結起來的**產業群聚** (Industrial Cluster)，這種產業群聚通常是集中在某個特定的地理區域，而產生了所謂的產業關聯效果。有許多產業的世界級企業集中在一兩個國家甚至在一個國家之某個區域裡就是這個道理。臺灣的工業園區就是產業群聚的例子。

臺灣工業園區內因有許多相關行業設立，生產時在運輸、調度上頗收近便之利，又有相當完善周全之週邊服務設施，故也往往成為廠商以及外商考慮設廠之所在。以臺南科學工業園區為例，園區規劃時即包括多項相關之服務設施，諸如：政府機構（公庫）、公用事業（中華電信、郵局、油氣等）及一般服務業（倉儲、銀行、醫療保健、報關運輸、廢棄物處理、餐飲百貨業、律師、會計師等）。尤其是臺南科學工業園區距離國立成功大學很近，這對其發展高科技工業極有幫助，類似的情形也發生在新竹工業園區，新竹工業園區緊鄰國立清華大學、國立交通大學、工業研究院，這些學術研究單位對園區內一些高科技廠商在研究發展、製程改善都能就近提供支援。因而科學工業園區也往往成為高科技廠商之最優先考慮之設廠所在。

我國近年來廠商紛紛赴外投資設廠，政府為恐造成產業之空洞化，而有根留臺灣的呼籲。策略大師 Michael E. Porter 認為企業所在地的地

理位置仍是成功競爭的要素。日本產品品質之所以卓越，主要原因之一在於它面臨了最挑剔的日本消費者。全球表現傑出的企業並不在於它懂得在便宜的地方設廠，而是在它懂得不斷創新與升級，這些都需要靠無法轉移的地區特色，像特殊的知識與技能，關聯的技術，而這些特殊之知識、技術都能藉由有形或無形之管道進行溝通、交流。

5.其他

建廠時除了上述因素外還要注意到：

⑴稅率：稅率往往是廠商在設廠前的一個考慮重點。在國外設廠時尤其應該考慮到稅率的問題。以美國為例，在陽光帶的一些州如德州、加州，因為稅率較東北的州為低，因此很多廠商選擇在陽光帶各州設廠。

⑵法律：設廠所在地之有關法律規定必須深入了解，在國外設廠時尤然，這包括我國對臺商在國外設廠（尤其是大陸地區）之投資限制，以及投資國對外商之所作之投資限制，諸如：是否有鼓勵外商投資、外資比率是否有所限制、盈餘處理之規定、僱用外籍員工之比率是否有限制、對生產產品在環保、製程、規格（例如某些化工產品不能含有某些添加物、品質必須符合當地國之國家標準等等）法規之規範如何，執行情形如何，在設廠規劃前必須研究透澈。

資訊科技在廠址規劃之應用

地理環境與企業活動有相當重要之互動關係，除了建廠前之廠址規劃需要地理地質資料；行銷部門對銷售點之設置，便需要人口數、年齡層分布、職業別分布、所得分布等**人口統計 (Demography)** 及人文地理資訊；此外如中油之輸油管線布設設施之設置等等，亦仰賴良好之地理資訊。

　　在資訊科技 (IT) 與**全球衛星定位系統** (Globat Position System，簡記GPS)之長足進步下，國外一些資訊業者便發展出所謂的**地理資訊系統** (Geometric Information System，簡記GIS)。 GIS 將地理元素資料包括描述物件之地理位置、形狀、物件間相對關係的空間資料以及記載地理元素特性的屬性資料，透過電腦製圖遙測技術以及電腦資料庫管理系統等資料軟體對上述地理資訊加以整合，以供擷取、儲存、編輯、處理、分析、決策及展示地理環境相關資訊。國內一些企業如中國石油公司也於民國 84 年引入這種軟體，以進行探勘應用之研究；配合全球衛星定位系統測量油氣管線以製作電子管線地圖。此外政府也可應用它做國土規劃、運輸規劃、城鄉規劃、交通運輸規劃等。

　　就目前實務上之經驗， GIS 至少具有以下幾種之功能：

(1)空間分析功能： GIS 因為建立在**拓樸** (Topology) 的位相關係上（亦即它不僅可以明確定義出物件間之空間位置也可以顯示出物件間的相對關係）使得它具有強大的空間分析功能，這是 GIS 最具特色的功能。

(2)空間資料處理：例如影像資料之建立、地理座標轉換、面積計算、週邊長度計算等等。

(3)空間資料分析：例如分析影像資料等等。

(4)網路分析：例如分析空間距離、流量模擬、路徑最適化等等。

(5)數值地形分析：例如繪製等高線，計算坡度、坡向、製作剖面圖、集水區體積計算等等。

　　隨著資訊科技 (IT) 之持續地快速發展以及傳輸速度之大幅提昇，GIS 之資訊經由網際網路與其他資料庫相結合下，將可產生更多功能（包括廠址規劃、設施規劃等）當屬可期。

6.4 廠址選擇方案之評估

廠址選擇方案之評估通常是很複雜的，它考量之層面除了技術、經濟等因素外，還涉及社會、法律等，因此，在評估時對定性與定量方法必需兼顧。在本節中，我們將介紹幾種可能常用之評估工具，包括(1)損益平衡分析，(2)因素評分法，(3)重力中心法，(4)經濟評估法等四種，茲分述如下：

損益平衡分析法

損益平衡分析在廠址選擇方案之評估上，必須先確定各可行方案之固定成本與變動成本，然後在攸關範圍內選擇一總成本最小者作為廠址。這與前章用損益平衡分析產能問題之作法無異。事實上利用損益平衡分析法在分析上都大抵相似。

例 1　(a)有三個建廠方案 I、II、III，它們之產能與成本關係如下圖所示，問決策者應如何選擇方案？(b)若下圖之三個線性圖形表示不同建廠方案下產能與利潤之關係，問決策者又應如何選擇方案？

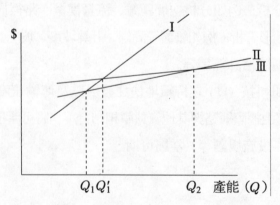

解:

(a)在 $0 \leq Q \leq Q_1$ 時方案 I 之成本最小，故選方案 I，在 $Q_2 \geq Q \geq Q_1$ 時方案 II 成本最小，故選方案 II，同理在 $Q \geq Q_2$ 時應選方案 III。

(b)在 $0 \leq Q \leq Q_1'$ 時方案 III 之利潤最大，故選方案 III，$Q \geq Q_1'$ 時方案 I 利潤最大，故選方案 I。

例 2　假定要建廠生產某新產品，現 POM 經理面臨了二個建廠廠址以及二個製程 A, B，要從中選一廠址及製程之決策，有關成本資料如下:

臺　中

製程	固定成本	單位變動成本
A	1,000,000	15
B	2,000,000	7

新　竹

製程	固定成本	單位變動成本
A	1,500,000	12

問應在何處設廠以及採用何種製程? 假設該產品之市場需求為 50,000 個。

解: 臺中廠採製程 A 之總成本為 $C_1 = 1,000,000 + 15x$

臺中廠採製程 B 之總成本為 $C_2 = 2,000,000 + 7x$

新竹廠採製程 A 之總成本為 $C_3 = 1,500,000 + 12x$

∵產能在 50,000 個，純就成本考量下，應在臺中設廠並採製程 A 生產。（讀者得自行繪圖驗證之）

因素評分法

因素評分法 (Factor Rating Method) 是廠址規劃最常用之分析模式之一，它是將所有影響廠址決策之因素一一枚舉，並針對各因素之相對重

要性賦予權數（權數之總和通常為 1），對每一方案之各個因素予以評分後，再乘上對應之權數，加權後之評分和最高的方案即為所求。

例 3　某公司計畫在 A,B,C 三地中擇一設立工廠，評審資料如下：

因　　素	權數	評　分 A	B	C
1.勞力成本	0.1	85	90	95
2.原材料	0.2	80	80	70
3.水電供應	0.1	85	80	65
4.環保要求	0.2	80	80	90
5.建廠成本	0.2	75	70	80
6.運輸成本	0.1	65	50	45
7.賦　　稅	0.1	85	85	90

問(a)依因素評分法，應設置何處？(b)若本題之權數都相同，問廠址選擇會有何改變？

解: (a)

加權評分

因素別	權數	A	B	C	A	B	C
1	0.1	85	90	95	85(0.1) = 8.5	90(0.1) = 9	95(0.1) = 9.5
2	0.2	80	80	70	80(0.2) = 16.0	80(0.2) = 16.0	70(0.2) = 14.0
3	0.1	85	80	65	85(0.1) = 8.5	80(0.1) = 8.0	65(0.1) = 6.5
4	0.2	80	80	90	80(0.2) = 16	80(0.2) = 16	90(0.2) = 18
5	0.2	75	70	80	75(0.2) = 15	70(0.2) = 14	80(0.2) = 16
6	0.1	65	50	45	65(0.1) = 6.5	50(0.1) = 5	45(0.1) = 4.5
7	0.1	85	85	90	85(0.1) = 8.5	85(0.1) = 8.5	90(0.1) = 9.0
		(555)	(535)	(535)	79	76.5	77.5

因 A 地之評分最高，故在 A 地設廠。

(b)各因素之權數相同相當於未加權，因此以 A 地之 555 得分最高，故仍在 A 地設廠。

實務上，決策者在應用因素評分法時，會事先選定一個最低門檻分

數 (Threshold)，低於此分數者即不予考慮，甚至對某些具有關鍵性之因素也會事先定最低分數；只要有一未過關也不予考慮。

重力中心法 (Center of Gravity Method)

重力中心法也稱為**負重距離法** (Load-Distant Method)，它是將含 n 個地點之地圖投射在一直角坐標系，而得 (x_1, y_1)，$(x_2, y_2) \cdots (x_n, y_n)$。又假定載運到上述 n 個地點之數量依序為 $Q_1, Q_2 \cdots Q_n$，則廠址坐標 $(\bar{x}, \bar{y})$ 中之 $\bar{x}$，$\bar{y}$ 滿足：$\bar{x} = \dfrac{\sum\limits_{i=1}^{n} x_i Q_i}{\sum\limits_{i=1}^{n} Q_i}$，$\bar{y} = \dfrac{\sum\limits_{i=1}^{n} y_i Q_i}{\sum\limits_{i=1}^{n} Q_i}$

Q_i：載運到第 i 個地點之數量

x_i：第 i 地點之 x 坐標

y_i：第 i 地點之 y 坐標

例 4　若要在 A, B, C, D 四點外成立一配銷中心，A, B, C, D 四點之需求量與坐標如下圖所示。試以重力中心法決定配銷中心之所在。

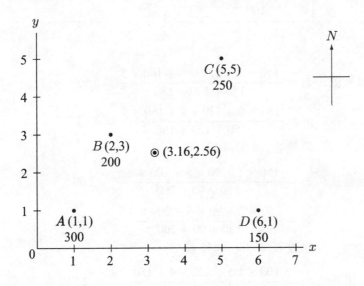

解:
$$\bar{x} = \frac{\Sigma x_i Q_i}{\Sigma Q_i} = \frac{1 \times 300 + 2 \times 200 + 5 \times 250 + 6 \times 150}{300 + 200 + 250 + 150} = 3.16$$

$$\bar{y} = \frac{\Sigma y_i Q_i}{\Sigma Q_i} = \frac{1 \times 300 + 3 \times 200 + 5 \times 250 + 1 \times 150}{300 + 200 + 250 + 150} = 2.56$$

例 5 某公司在東、西、南區各有若干銷售點, 其坐標與銷售量如下頁。若我們想在東、西、南三區各置一分銷站, (a)問應設在何處? 其結果是否為最適? (b)各分銷站之產能為何?

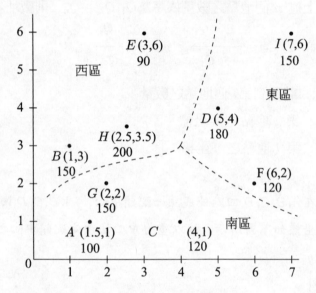

解: (a)東區: $\bar{x}_1 = \dfrac{150 \times 7 + 120 \times 6 + 180 \times 5}{150 + 120 + 180} = 5.93$

$\bar{y}_1 = \dfrac{150 \times 6 + 120 \times 2 + 180 \times 4}{150 + 120 + 180} = 4.13$

即設在 (5.93, 4.13) 處

西區: $\bar{x}_2 = \dfrac{150 \times 1 + 90 \times 3 + 200 \times 2.5}{150 + 90 + 200} = 2.09$

$\bar{y}_2 = \dfrac{150 \times 3 + 90 \times 6 + 200 \times 3.5}{150 + 90 + 200} = 3.84$

即設在 (2.09, 3.84) 處

南區: $\bar{x}_3 = \dfrac{100 \times 1.5 + 120 \times 4 + 150 \times 2}{100 + 120 + 150} = 2.51$

$$\bar{y}_3 = \frac{100 \times 1 + 120 \times 1 + 150 \times 2}{100 + 120 + 150} = 1.41$$

即設在 $(2.51, 1.41)$ 處

(b)東區分銷站之產能為 D,F,G 三點之需求量和即 $180+120+150 = 450$，
同法可求出西區分銷站之產能為 440，南區分銷站之產能為 370。

上述之負重距離是根據我們習知之**歐氏距離**(Euclidean Distance)，即對任意二點 $(x_1, y_1), (x_2, y_2)$ 而言，其歐氏距離 l 定義為 $l = \sqrt{(x_1-x_2)^2+(y_1-y_2)^2}$，這公式除應用在廠址規劃外，也用在輸送帶長度之計算上。另一個常用之距離公式稱為**矩形距離** (Rectilinear Distance)。 (x_1, y_1) 至 (x_2, y_2) 之矩形距離定義為 $l = |x_1 - x_2| + |y_1 - y_2|$，例如 $(-1, 2)$ 至 $(3, -4)$ 之矩形距離為 $l = |x_1 - x_2| + |y_1 - y_2| = |(-1) - 3| + |2 - (-4)| = 4+6 = 10$，讀者可注意到 $(-1, 2)$ 至 $(3, -4)$ 之歐氏距離為 $\sqrt{[(-1) - 3]^2 + [2 - (-4)]^2} = \sqrt{16 + 36} = 7.21$。矩形距離除用在廠址規劃外亦可用在無人搬運車系統 (AR/RS) 之**行徑** (Aisle Travel) 分析。

如同歐氏距離，矩形距離亦可用在重力中心法。現在我們將舉一個例子說明如何用矩形距離來協助廠址規劃。

例 6 有 5 個社區及其人口（千人）如下表：

社區	坐標	人口（千人）
A	(1,4)	200
B	(2,2)	150
C	(3,6)	200
D	(5,1)	150
E	(2,7)	300

若以人口數做為**負重** (Load)，利用矩形距離，在最小負重距離之
準則下，問在 (6,4) 或 (7,3) 何地建倉儲中心為佳？

解：

			(6,4)		(7,3)	
		人口	距離		距離	
社區	(x, y)	(l)	(d)	ld	(d)	ld
A	(1,4)	200	5	1,000	7	1,400
B	(2,2)	150	6	900	6	900
C	(3,6)	200	5	1,000	7	1,400
D	(5,1)	150	4	600	4	600
E	(2,7)	300	7	2,100	9	2,700
				小計5,600		小計7,000

因 (6,4) 對應之負重距離總和最小，因此以設在 (6,4) 處為佳。

在應用重力中心法時，所得之 $(\bar{x}, \bar{y})$，充其量為一很好的起始點，而
非最適點，必要時還要經過試誤後才可得一較佳解。關於這點，我們可
試想，如果計算出之 $(\bar{x}, \bar{y})$ 落在泥淖區或住宅區時，便必須在鄰近 $(\bar{x}, \bar{y})$
之區域另覓適宜地點設廠。

經濟評估法

經濟評估法主要是應用工程經濟之觀念與技術以協助進行廠址規劃。
我們在此以一個例子說明之：

★例7 若我們要併購一間工廠，經實地查勘後有甲、乙二廠可納入評選，有關估算成本如下，在 $i(MARR) = 8\%$ 之條件下，何廠之經營成本較低？

	甲廠	乙廠
初始成本	$500,000	$450,000
殘　　值	50,000	10,000
經濟壽命	25年	22年
每年折舊	18,000	20,000
每年操作成本	28,000	30,000

給定 $(A|P, 8\%, 25) = 0.0963$, $(A|F, 8\%, 25) = 0.0130$, $(A|P, 8\%, 22) = 0.1006$, $(A|F, 8\%, 22) = 0.0173$

解：

甲廠之 $EUAC$

$= 500,000(A|P, 8\%, 25) + (28,000 - 18,000) - 50,000(A|F, 8\%, 25)$

$= 500,000 \times 0.0963 + 10,000 - 50,000 \times 0.0130 = 57,500$

給定 $(AIP, 8\%, 25) = 0.0963$, $(AIF, 870, 25) = 0.0130$

$(AIP, 8\%, 22) = 0.1006$, $(AIF, 8\%, 22) = 0.0173$

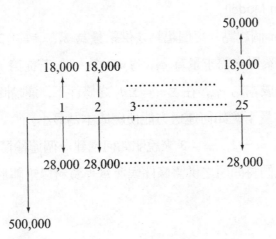

乙廠之 $EUAC$

$=450,000(A|P, 8\%, 22) + (30,000 - 20,000) - 10,000(A|F, 8\%, 22)$

$=450,000 \times 0.1006 + 10,000 - 10,000 \times 0.0173 = 54.097$

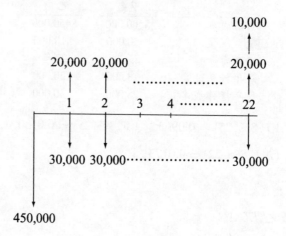

乙廠之 $EUAC$ 較低，因此以經濟評估之觀點以乙廠為宜。

運輸模式

在多個廠房廠址規劃時，我們可應用線性規劃 (LP) 中之**運輸模式** (Transportation Model)：

假定有 m 個起點，每個起點之供給量為 s_i, $i = 1, 2 \cdots m$, 且有 n 個終點，每個終點之需求量為 d_j, $j = 1, 2 \cdots n$。若從第 i 個起點至第 j 個終點之運輸成本為 c_{ij}, 在 $\sum_i s_i = \sum_j d_j$ 之條件下，運輸問題要解的是：在給定總需求量下應如何運送方能使總成本為最小？

我們現以 $m = 2$, $n = 3$ 來說明如何構建一個運輸模式。

首先，我們將問題之供需條件與運量等資料以矩陣形態表示：

		終　點			
		1	2	3	供給量
起	1	x_{11}	x_{12}	x_{13}	s_1
點	2	x_{21}	x_{22}	x_{23}	s_2
需求量		d_1	d_2	d_3	

模式：

$$\min. \; c_{11}x_{11}+c_{12}x_{12}+c_{13}x_{13}+c_{21}x_{21}+c_{22}x_{22}+c_{23}x_{23}$$

$$\begin{array}{llll}
s.t. & x_{11}+ \quad x_{12}+ \quad x_{13} & = s_1 & \left.\right\} 供給面 \\
& \qquad\qquad x_{21}+ \quad x_{22}+ \quad x_{23}= s_2 & & \\
& x_{11} \qquad\qquad + \quad x_{21} & = d_1 & \\
& \qquad x_{12} \qquad\qquad + \quad x_{22} & = d_2 & \left.\right\} 需求面 \\
& \qquad x_{13} \qquad\qquad + \quad x_{23}= d_3 & &
\end{array}$$

$$x_{ij} \geq 0, d_i \geq 0, s_j \geq 0, i = 1, 2, j = 1, 2, 3。$$

運輸問題係一特殊之線性規劃 (LP) 問題，運輸問題因形態特殊，它恆有解，至於其最適解之求法可看一般作業研究教材，且可有現成之 LP 軟體 (如LINDO) 可供解題應用，故在此不予贅述。

作業六

一、選擇題

（請選擇一個最適當的答案，有關數值計算的題目以最接近的答案為準）

1.（　）在下列廠址選擇方法中，可以避免過度強調財務數據之影響，並能將計質和計量因素一起考慮的廠址替代案評估方法為：

(A)因素評估法　(B)損益兩平分析法　(C)運輸模式　(D)重心法

2.（　）某工廠有甲、乙兩個可能的建廠地點，該工廠的成品將分別運送至 A, B, C 三個銷售地點，各地點的座標及運送次數如下表所示，若以空運方式運輸（兩地點間距離以最短直線距離考慮），則

	可能的建廠地點		銷售地點		
	甲	乙	A	B	C
座　標	(4,0)	(7,3)	(0,3)	(4,3)	(7,4)
運輸次數			4	2	1

(A)若建廠於甲地點，則總運輸距離為26

(B)若建廠於乙地點，則總運輸距離為 31

(C)地點甲與銷售地點 A 之距離為 7

(D)若以總運輸距離為評估基準，則建廠於甲地點較佳

3.（　）續第 2 題，若以陸運方式運輸，兩地點間距離是以水平方向與垂直方向的移動距離之總合考慮，則：

(A)若以總運輸距離為評估基準，則建廠於甲地點較佳

(B)若建廠於乙地點，則總運輸距離為 36

(C)若建廠於甲地點，則總運輸距離為 41

(D)地點甲與銷售地點 A 之距離為 5

4. (　) 續第 2 題，若不考慮甲、乙兩個可能的建廠地點，而以重力中心法案決定廠址。廠址座標為（以最接近的答案為準）：

(A) (4.0, 3.0)　(B) (3.5, 3.5)　(C) (4.0, 3.5)　(D) (2.1, 3.1)

5. (　) 下列何者不是影響製造業廠址決策的主要因素？

(A)市場位置　(B)勞力供應　(C)法令規章　(D)顧客的滿意度

6. (　) 若我們在甲市設廠，雖然運輸方便且離市場上較近，但是設廠成本高，勞動成本、環保要求亦甚高，若在乙市設廠，雖然設廠成本低，勞動成本、環保要求也低但運輸成本較高且遠離市場，因此我們在設廠決策上面臨了：

(A)取捨決策　(B)最適化分析　(C)預測問題　(D)風險分析

7. (　) 若 (x,y) 與 $(1,3)$ 間之歐氏距離為 12.3，則其矩形距離可能是：

(A) 13.5　(B) 13.0　(C) 12.5　(D) 12.0

8. (　) 下圖是三個有關產能與建廠成本之方案 I，II，III 之總成本曲線，若決策者最後決定採用方案 II，則其產能 x 應是：

(A) $x \le q_o$　(B) $q_o \le x \le q_1$　(C) $q_1 \le x \le q_2$　(D) $x \ge q_2$

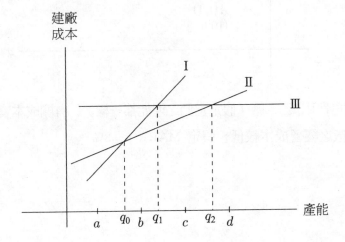

9.（　）續第 8 題，若產能為 d 時，應採那一個方案？

　　　(A) I　(B) II　(C) III　(D)不一定

10.（　）下列那一個與全球化經營較無直接關聯？

　　　(A)交通、通訊技術改善　(B)國際貿易之藩離

　　　(C)開放之金融市場　(D)東西冷戰結束

二、問答題

1.設在 A, B, C 三地外成立一配銷中心， A, B, C 三地之需求量與座標
如下圖所示，(a)依重力中心法，配銷中心應設於何處？(b)若行銷部門
認為(a)之解的位置取得土地不易而想在 (3,1), (3,3) 兩點之一建配銷中
心。以需求量為負重；在最小負重距離之準則下應選擇何處（假定用
矩形距離）？

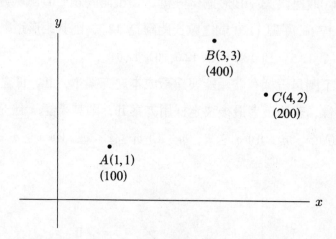

2.若擬併購甲、乙二廠（假定它們之產能都一樣），有關成本資料如下，
問何廠之經營成本較低？假定 MARR $i = 8\%$

項　　目	甲　廠	乙　廠
購廠成本	$100,000	$120,000
殘　　值	10,000	12,000
使用年限	3	6
年操作成本	20,000	16,000
每年折舊	15,000	13,500

給定： $(A|P, 8\%, 3) = 0.3880$

$(A|P, 8\%, 6) = 0.2163$

$(A|F, 8\%, 3) = 0.3080$

$(A|F, 8\%, 6) = 0.1363$

第七章　佈置規劃

7.1　佈置決策之必要性

佈置規劃之目標

　　設施佈置 (Facility Layout) 是對企業之製造、服務場所的實體設施所做的安排，佈置規劃就是針對設施佈置進行規劃，以達到下列目標：

(1)儘量縮短作業區域內的物料搬運距離及搬運次數，以使作業區域內之運輸成本為最低。

(2)將作業區域內的空間作最有效的運用。

(3)為設施未來重行佈置時預留空間。

(4)塑造一個安全、舒適、有效率的工作環境。

佈置規劃之重要性

　　佈置規劃是生產系統設計之一部份，因此其重要性至少有以下數端：

(1)設施佈置往往需挹注大量資金。

(2)佈置決策一旦發現重大錯誤便很難改正。

(3)佈置決策付諸實施後便會對生產成本及生產效率產生重大之影響。

(4)不良之設施佈置可能會影響到作業人員之工作情緒，甚至會造成工作上之抗拒。

設施重新佈置之時機

企業不僅在新的製造、服務場所需做佈置規劃，即便是現行之場所在面臨以下之情況時亦常有佈置重新設計之考量：

1.現行設施佈置之生產效率低落

例如物料搬運次數過於頻仍、物料搬運成本偏高，或因設施佈置失當造成生產上的某些瓶頸，都會導致企業考慮改變現行之設施佈置以提升生產效率。

2.新產品或服務之導入或設計變更時

新產品、服務引入造成製造技術或生產流程等大幅度改變、產出量或產品組合大幅變更時，自然須對設施作重行佈置。

3.生產作業組織變動時

當生產、服務部門增設或裁撤造成作業場所、設備等必須隨之增減時，設施佈置必須重行考慮殆無疑義。

4.環境或其他法規之變更時

環保等因素如必須加裝除污設備或防止噪音設備或如通風、照明狀況不良或不符合工安規定時，可能會迫使管理者對原有之設施佈置加以調整。

7.2 佈置之基本形態

設施佈置之形態大致可分為**產品佈置** (Product Layout)、**製程佈置** (Process Layout)、**定點佈置** (Fixed-position Layout) 等三種基本形態；通常反覆性之加工製造業者採用產品佈置；間歇性之加工製造業者採用製程佈置；而專案之加工製造業者採用定點佈置。服務業之設施佈置分類上不若製造業那麼明顯，因此本章主要是針對製造業之佈置規則進行研

究。讀者宜注意的是大多數加工製造業者之設施佈置是採產品佈置、製程佈置、定點佈置三種基本形態之混合體，我們統稱為**混合佈置** (Hybrid Layout)，茲將三種基本形態說明如下：

1.產品佈置

這是將機具、設備按服務或產品之工序排列而成的佈置方式。產品佈置主要是用在大量標準化的產品或服務之生產作業上。它的特色是將整個產品之工作流程分割成一系列之**工作站**(Work Center 或Work Station)，每個工作站都有其標準化之加工作業，並配備著專業化之勞工以及專用之機具設備。每種產品之工序都是相同的，且物料搬運之路線大抵是固定的，因而形成了生產線，也就是**裝配線** (Assembly Line)，這種裝配線極便於物料搬運之途程與排程之規劃。

因為採產品佈置之加工製造業者須對專用之機具設備作巨額投資，因此業者往往會對勞工以及機具設備作充分使用以提昇產出率，俾便儘速將巨額投資予以回收，結果往往會造成大量存貨；又因為每個工作站之作業有前後製程的關係，一旦中間某個工作站之設備發生故障時，便

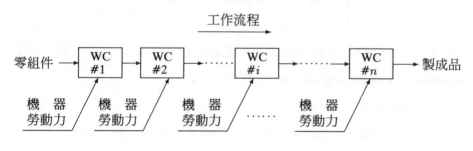

圖 7-1　產品佈置圖

會使得整個裝配線停擺，因此必須進行預防保養 PM，並預先備妥備用零組件以便故障發生後之修復作業。圖 7-1 是製造業之產品佈置的例子。

2.製程佈置

　　這是將功能相近之機具、設備集中在一起，而形成一個製造中心，這種佈置方式適合批次生產（即小量多樣）生產方式，服務業之醫院、銀行等也常採用此種佈置方式。製程佈置是按機具類別而不是工序來安排設備，因此，與產品佈置相較下，不僅在產品加工上具有較大的彈性外，同時也可以避免因機具故障而停工待修。製程佈置通常採用通用型的機具，因此機具設備之採購與維護修理成本也常較產品佈置為低；物料搬運之效率遠不及產品佈置，因此單位運輸成本亦較高；同時製程佈置亦常有產品間不同之加工需求造成途程與製程規劃上之複雜，以及設備使用率偏低之現象。圖 7–2 是製造業採製程佈置的例子。

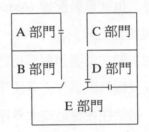

圖 7–2　製造業之製程佈置

　　近來美國製造業者有將較大型的製程佈置內設有**小單元製造佈置** (Cellular Manufacturing Layout) 之趨勢。

3.定點佈置

　　有些像建築、航太工業或造船工業等大型產品項目，因產品在施工中很難移動，需將工程標的物及主要配件固定在施工場所，作業人員、生產機具設備則配合產品施工之進行，因此定點佈置下必須保持機具設備、人員及物料流暢，同時也要使產品在施工期間移動量最少。

　　混合佈置是經常見到的一種佈置形態，例如一個工廠可能按製程之不同而分成幾個部門，但是產品加工或物料流通路徑卻是產品佈置之形

式。混合佈置可能含有前述設施佈置三種基本形態之一種或數種中所具有的部份特徵，讀者在工廠實地參觀時應觀察出它的那一部份是屬於那一種形式的設施佈置？若是混合佈置，則它又具有前述設施佈置三種基本形態之那些特徵？它的優缺點又是什麼？

有一些製造或生產管理系統如及時系統 (JIT)、群組技術 (GT) 以及彈性製造系統 (FMS) 等都有因應之設施佈置，我們將在後面之章節中討論。

製造業設施佈置的新趨勢

在以往大規模生產時代，美國工廠在設施佈置上是以工人或機器設備使用率之極大化為設計原則，在追求品質、成本、交期、彈性之製造目標下，美國工廠在佈置規劃上亦轉以產品品質與生產彈性為考量的焦點，換言之，能快速地改換產品線並能調整生產率是未來工廠佈置思考之主軸，因此，未來工廠設施佈置的趨勢有：

⑴U 型裝配線。及時系統 (JIT) 的製造業者之裝配線多呈 U 字型，我們將在第十三章中有較詳細的討論。

⑵鄰近工作站之隔間或其他分割物將儘量減少，以使得彼此間有較開敞的視野，同時也便於作業人員之溝通與支援合作。

⑶自動化搬運系統之應用，例如無人導引車 (AGV)、工業機器人 (IR)、自動貯存與擷取系統 (AS/RS) 等等之引入。

⑷整個佈置之存貨儲存空間將愈來愈小。

⑸工廠佈置將朝向小而緊緻化的設計。

7.3 裝配線平衡簡介

產品佈置將產品製造過程細分成一連串的作業單元，然後再由這一連串之作業單元組成若干個工作站。如果每個作業單元工作完成所需時間不等，作業任務時間需時較少的工作站便會發生因**閒置** (Idle)而降低了生產效率之現象。因此，如何將作業單元合併成若干工作站，使得每個工作站完成任務所需時間大致相同，這就是**裝配線平衡** (Line Balancing)問題。

裝配線平衡是生產管理中一個古典問題，其進一步之理論與分析技術將在第十四章做詳細介紹，本節只就一些基本觀念作一介紹。

若經完好配置使得各工作站所需完成的任務時間都完全相同時，我們稱裝配線已達**完全平衡** (Perfect Balance)，若未能完全平衡則各工作站完成任務時間便存在長短不一的現象，用時較多的工作站便發生了作業上之瓶頸，而用時較少的工作站便有**閒置時間** (Idle Time，簡記IT)發生。裝配線上每生產一單位產品所需的時間稱為**週期時間** (Cycle Time，簡記CT)。我們將在下面的例子中對裝配線平衡之一些基本觀念，諸如作業瓶頸，先行作業關係圖、工作站數及裝配效率等作一說明。

例 1 若某產品之裝配線共含 A， B， C， C 四個作業單元，其先行作業關係圖 (Precedence Relationship Diagram) 如下：

開始 ── A 0.8 分 ── B 0.7 分 ── C 1.1 分 ── D 1.0 分 ──

則由上圖，問

⑴裝配線上之瓶頸作業是那一個？

⑵若每天工作 8 小時，一天生產 120 個，問週期時間 (CT) 為何？

解: ⑴因 C 有最長之作業時間，故 C 為瓶頸作業。

⑵CT 為每生產一單位產品之平均時間，$\therefore$ CT $= \dfrac{480 \text{ 分}}{120 \text{ 個}} = 4$ 分／個。

例 2　若本公司每天之工作時間為 480 分鐘，要生產繼電器 32 個單位。在生產過程中要經過 7 道作業，其順序關係如下表所示。試求(a) CT，(b)最少工作站數，(c)畫出先行作業關係圖並分組，(d)求各站之閒置時間，(e)評估裝配線之裝配效率 $Eff = \dfrac{\Sigma \text{作業時間}}{n(CT)}$，其中 n 為工作站的站數。

作業	工時 (分)	先行作業
A	6	–
B	8	A
C	8	B
D	7	B
E	11	CDF
F	3	A
G	7	E
	50	

解: (a) CT $= \dfrac{\text{每日工作時間}}{\text{每日產量}} = \dfrac{480 \text{ 分}}{32 \text{ 單位}} = 15$ 分／單位

(b)最少工作站數 $= \dfrac{\Sigma \text{作業時間}}{CT} = \dfrac{50}{15} = 3.33$ 或 4 個工作站

(c)

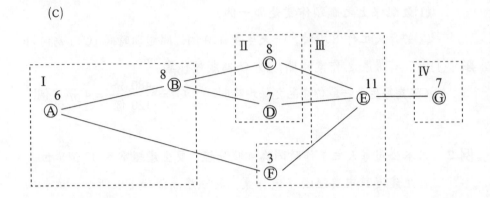

(d)各站閒置時間：工作站 I 之閒置時間為 $CT-$(A作業時間$+$B作業時間)$= 15 - (6 + 8) = 1$（分），同法可得工作站 II、III、IV 之閒置時間分別為 $0, 1$ 及 8 分。

(e)裝配效率 $Eff_\mathrm{B} = \dfrac{\Sigma 作業時間}{n(CT)} = \dfrac{50}{4 \times 15} = 83\%$

7.4　群組技術

　　我們在上節已了解到製程佈置在加工上較具彈性但生產效率較差，而產品佈置卻恰恰相反。因此製造商不免會想把製程佈置改變為產品佈置以兼得製程佈置與產品佈置的好處，因而發展出一些新的製造技術，諸如：**小單元製造** (Cellular Manufacturing)、**群組技術** (Group Technology，簡記 GT) 以及 7.6 節要討論的**彈性製造系統** (Flexible Manufacturing System，簡記FMS)。

小單元製造

　　在製造實務上，經常會發現到有一類的零件在設計上有相似之幾何

形狀或尺寸大小，或在製造加工上有類似之製程，因而各自形成所謂之**零件族** (Parts Family)。小單元製造是將零件族透過一個由多種機器形成之**小單元** (Cell) 來進行加工的。小單元製造有一些製造上的利益，諸如：生產週期較短、機器設置時間較短、在製品 (WIP) 盤點的工作較少等等。

群組技術

在 1940 年代末期蘇聯 Mitrofanov 與 Sokolovskii 已提出群組技術 (GT) 的構想。 GT 在本質上也是一種小單元製造，在實施中，首先將每一個零件予以**編碼** (Coding)，以目前最著名之德國 Achen 大學之 H. Opitz 發明之 Opitz 編碼為例，它是根據零件之形狀、設計屬性、製造屬性及生產作業之形態與製造程序計算而得，然後將各零件之編碼貯存在零件資料庫。

工程師在設計零件時，可根據零件之編碼自零件資料庫之**設計擷取系統** (Design Retrieval System) 查詢出系統裡是否有現成之設計圖，若有，自然可直接取用，否則也可取出相近者稍加修正即可。它對工程師在設計新零件時實屬方便，因此 GT 不僅可提昇工程師在零件設計之生產力，更可促進零件設計標準化。

因為零件族內之零件大抵具有相似之幾何形狀，因此 GT 夾具多屬通用型再配合其他特殊配件以夾持零件族內之所有零件；零件族之製程特性相似，因此機器群組內機器設置不需做重大之改變，在此情況下可節省製造者之機器 **設置時間** (Set-Up Time)，同時也可找出使設置時間最小之加工工序。

GT 佈置

GT 設施佈置方面，機器可按工作單元型式佈置，每個工作單元均專精於某個零件族之製造生產，也可進一步佈置成**生產流程線** (Production

Flow Line) 型式以便不同**機器群組** (Machine Group) 間可利用輸送帶運送零件。

　　我們以一個例子說明製程佈置之工廠與 GT 佈置之工廠在作業流程之不同處。圖 7-3(a)是一製程佈置之工廠，在圖 7-3(b)，我們是將圖 7-3(a)之佈置改為所謂之機器群組或工作單元。這是實施 GT 工廠之典型佈置方式。在實施 GT 之工廠，所有之搬運均在工作單元內進行著，因此搬運之距離較傳統之製程佈置為少，這可由圖 7-3(a)與圖 7-3(b)之比較即可看出。

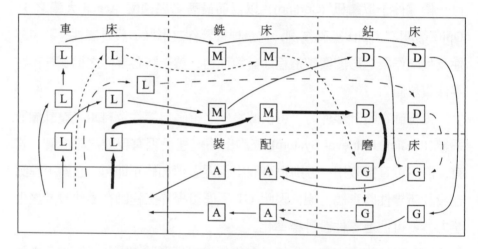

圖 7-3(a)　製程佈置之工廠作業流程

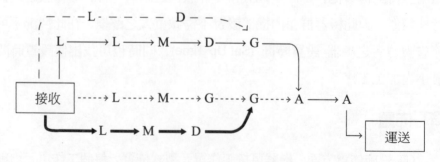

圖 7-3(b)　將圖 7-3(a)之製程佈置改為工作單位佈置

GT 之利益

由以上之討論不難得知， GT 不僅能提昇產品設計之生產力與標準化、製造之生產力與效率，便於工具之安排與設置外，它還具有以下的利益：

1.便於生產排程與存貨控制

實施 GT 之工廠，因為操作都在工作單元內進行著，因此派工令往往直接發到工作單元內，大大簡化了生產排程之工作。同時因為 GT 工廠之機器設置時間縮短以及物料搬運更具效率，使得生產前置時間 (LT) 與存貨水準均得以降低，這對企業競爭力有相當大的助益。

2.員工滿意

因為在工作單元內作業人員對特定工件能從頭做到尾，因此作業人員能直接地體認出他們之成就感，有助於提昇工作滿意度，此外， GT 佈置之作業環境下對品質不佳之工作單元亦能追蹤到，從而可督促作業人員之責任感，此之種種均可達到提升士氣與促進組織和諧之效果。

3.節省機具之設置時間

因為零件族內之零件大抵具有相似之幾何形狀，因此 GT 夾具通常為通用型再配合其他特殊配件以夾持零件族內之所有零件。零件族之製程特性相似，因此機器群組內之機器設置方面毋需做重大之改變。在此情況下，可節省機器設置時間，同時製造者也可藉調整零件加工程序而找出一套能使設置時間最小之加工工序。

4.降低物料搬運成本

實施 GT 之工廠，因為所有操作間之搬運均在工作單元內進行著，因此搬運之距離較傳統之製程佈置為少，且工廠內部之物流系統更具效率，從而可降低物料搬運成本。

5.降低製程規劃之時間與成本

工廠**製程規劃** (Process Planning) 是對工件之加工擬訂之操作程序、所需之機器設備、切削條件及標準工時等。往昔這項極耗用人力、時間之例行性工作，常因製造工程師或工業工程師之主觀判斷而使得規劃結果因人而異。 GT 之製程標準化，使得製程規劃時不僅能進行客觀之計量分析，同時可利用電腦系統以達到資訊共享之目的，此將大幅減少溝通上之隔閡與障礙以及大幅降低製程規劃所需之時間及成本。

7.5 佈置規劃之分析模式

PQ 圖

在進行設施佈置規劃前，通常先要蒐集有關資料，包括**產品** (Product; P)，**數量** (Quantity; Q)，**途程** (Routing; R)，**支援服務** (Supporting Ser-

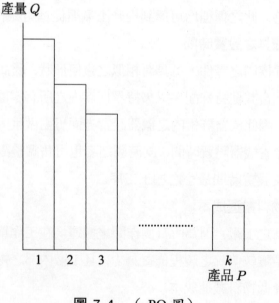

圖 7–4 　(PQ 圖)

vices; S), **輸送時間** (Timing/Transport; T) 即所謂之 PQRST 分析, 個別之產品或產品族就可用所消之**PQ圖** (Product-Quantity Chart), 這是一種類似 Pareto 圖之柱狀圖。一般而言, 這種 PQ 圖對設施配置分析模式提供了相當有用之訊息。

　　本節簡介之設施規劃之分析模式, 如**最小距離負荷法**(Minimum Distance-Loading Method)、R. Muther 之**靠近程度評比** (Closeness Ratings) 等,不僅可用在製造業之工廠佈置, 亦可應用到服務業, 如醫院、學校佈置規劃及一些準製造業如速食餐廳、零售商之倉庫、修理廠之設施佈置規劃上。

最小距離負荷法

　　最小距離負荷法是計算每個方案之負荷與對應之行進路線距離乘積之和, 其值愈小者自然愈佳, 若需再考慮到運輸成本, 只要將單位運輸成本與距離、負荷三者之乘積和進行比較, 總和最小方案為最優。

例3　某公司生產 A, B, C, D, E 五種零件, 須經 6 個工場加工。表 I 是這五種零件需經之工場及每種零件的每日生產量。現在要在廠房內對此 6 個工場進行佈置規劃, 計有二個方案, 表 II 顯示在不同方案下各工場間的距離（單位: 呎）, (a)在純就距離負荷最小之準則下, 那個方案最佳? (b)若 A, B, C, D, E 每呎之搬運成本分別為 $0.02, $0.03, $0.02, $0.06 及 $0.05, 則最佳方案為何?

表 I

零件	加工流程	每日產量
A	1 → 3 → 4	6,000
B	1 → 2 → 4 → 6	7,000
C	3 → 4 → 6	2,500
D	2 → 4	1,000
E	1 → 2 → 3	5,000

表 II 工場距離

路　線	方案 I	方案 II
1 → 2	3	4
1 → 3	2	5
2 → 4	3	3
3 → 4	4	2
4 → 6	5	3
5 → 6	6	4

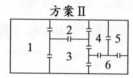

方案 I

1	3	5
2	4	6

方案 II

解: (a)

	l		方案 I d_1	ld_1	方案 II d_2	ld_2
A	6,000	1 → 3 → 4	2 + 4 = 6	36,000	5 + 2 = 7	42,000
B	7,000	1 → 2 → 4 → 6	3 + 3 + 5 = 11	77,000	4 + 3 + 3 = 10	70,000
C	2,500	3 → 4 → 6	4 + 5 = 9	22,500	2 + 3 = 5	12,500
D	1,000	2 → 4	3	3,000	3	3,000
E	5,000	1 → 2 → 4	3 + 3 = 6	30,000	4 + 3 = 7	35,000
				168,500		162,500

因為方案 II 之距離負荷和為 162,500 個呎較方案 I 為小，故以方案 II 為佳。

(b)

	l	ld_1	成本	ld_2	成本
A	$0.02	36,000	720	42,000	840
B	0.03	77,000	2,310	70,000	2,100
C	0.02	22,500	450	12,500	250
D	0.06	3,000	180	3,000	180
E	0.05	30,000	1,500	35,000	1,750
			$5,160		$5,120

因為方案 II 之每日搬運成本最小，故仍以方案 II 為優。

靠近程度評比

靠近程度評比是 Richard Muther 與 John D. Wheeler 在1962 年提出的一種有關設施規劃分析之啟發性模式。前面談過的距離負荷最小準則只考慮到部門間物料搬運之距離負荷最小或運輸成本為最小的單一目標上，但在實務上考慮的方向可能會更寬廣些，實務上，醫院就是一個例子，急救中心、外科、放射線科（X 光科）經常緊鄰在一起，便於診治便是原因之一。兩個部門經常會因有共用之設備或是因為作業流程、顧客流動、便於協調連繫等因素而希望彼此相鄰。

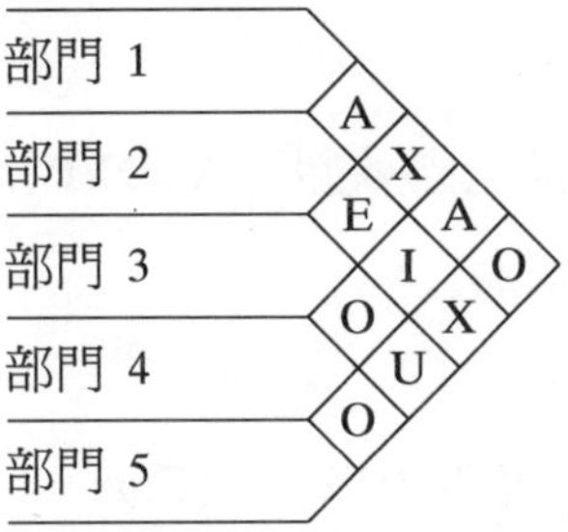

靠近程度之英文代號

A: 絕對重要 (Absolutely Necessary)

E: 非常重要 (Very Important)

I: 重要(Important)

O: 一般重要 (Ordinary Importance)

U: 不重要 (Unimportant)

X: 不期望要 (Undesirable)

圖 7-5 部門間關聯分析圖

靠近程度評比法在應用時，是將評為 A 者儘量鄰接，其次為 E，I…，至於評為 X 者應予以隔絕。兩個部門被評為 A或 X 者稱為關鍵部門，應優先指派。

例 4 根據圖 7-5 所示之各部門靠近程度，我們將5 個部門指派到 5 個隔間，若採關鍵性部門優先指派下，應如何安插這 5 個部門？

解: 關鍵性部門是指:

被評為 A	被評為 X
1 — 2	1 — 3
1 — 4	2 — 5

∴一個可行之佈置法是:

3	2	
5	1	4

電腦在設施佈置上之應用

美國在 1960 年代末期相繼至少發展出三套著名之套裝軟體: ALDEP、CORELAP 及 CRAFT, 對設施佈置規劃上很有幫助。

1. ALDEP

ALDEP (Automated Layout Design Program) 與 CORELAP (Computerized Relationship Layout Planning) 這兩種套裝軟體都是以 R. Muther 之靠近程度評估法作為邏輯架構。

ALDEP 是以隨機方式先選取一個地點或是一個部門, 然後依靠近程度評估法指派其他部門到選定好的附近地點直到所有部門都被指派完畢為止, 由此便可得到一個佈置方案之靠近程度評比, 經由模擬便可得到數個佈置方案, 比較它們的靠近程度評比, 其中最大者所對應之佈置方案即為所求。

ALDEP 是一個模擬軟體, 因此透過 ALDEP 所得到之佈置方案, 只能說它是一個很好的佈置而不宜遽稱為最適佈置。

2. CORELAP

CORELAP 與 ALDEP 之最大的差異是： ALDEP 是隨機的而 CORE-LAP 則否。CORELAP 是先將一個靠近程度評比為 A 者全部配置後再配置評比為 E，一直到評比為 X 配置完畢為止。

3. CRAFT(Computerized Relative Allocation of Facilities Techniques)

CRAFT 也是一個設施佈置之套裝軟體。CRAFT 可能是最流行之 **以電腦為工具之改善程序** (Computer-based Improvement Procedure)， CRAFT 之基本架構是計算部門間物料移動之總成本以作為不同佈置方案遴選之依據：

部門間移動之總成本＝單位距離成本×部門間距離×移動次數

然後調整部門間之相關位置，計算部門間移動之總成本，經過數次運算直到總成本無法再小為止。CRAFT 之最初可行佈置將會影響到最終佈置之結果，不同之最初解可能會導致不同之最終佈置。因此在應用 CRAFT 時，如何找出最初佈置端賴作業人員之經驗和判斷。CRAFT「跑」出之最後結果未必是最適的，尤其 CRAFT 跑出來的結果，它的部門是以正方形為主，因此有一些部門之區域可能畸零的，所以往往仍需依賴作業人員之經驗判斷來做調整。

★7.6　彈性製造系統

一個具有**彈性** (Flexibility) 的製造系統必須兼具**多樣性** (Versatility) 以及適應性兩個要點，多樣性是指我們可利用它生產很多不同的零件，而適應性則是指我們可由此系統能很快地調整生產線去生產不同型式的零件。在現代化的生產技術領域中彈性始終是一個很重要的觀念，不論是傳統之製造業之四大目標 QCDF——品質、成本、交期、彈性，還是

Wickham Skinner 在 1978 年提出的製造業績效之評鑑指標——品質、成本、彈性、**可依性** (Dependability)，都認為彈性始終是企業取得競爭力中不可或缺的一項要素，因此美國製造業普遍存在一個看法：製造業者除必須專注品質與生產力外，還需要有彈性製造能力以作為因應快速變化與高度競爭之市場環境之利器。

七〇年代初期，美國 Kearney & Trecker 公司發展出來第一套**彈性製造系統** (Flexible Manufacturing System，簡記FMS)，這嶄新的系統具有工具夾持能力和電腦控制，所以可以連續地重組以便製造更多形狀變化的零組件，這或許是它被稱之為彈性製造系統的原因。 Kearney & Trecker 公司這套嶄新的系統為 Allis Chalmers 公司產製 9 種鑄鐵製的牽引機驅動齒輪箱外殼，年產量約 23,600 個，實施下來生產成本降低約 50%，工件流動時間約減少 66%。一般而言，FMS 適合 100 至15,000 零件中小量批次生產之自動化生產系統。如今 FMS 多用在汽車、柴油機、工具機以及國防兵器之生產上，英、德合作產製之**颱風戰鬥機** (Tornado)，美國的 AMX 型戰車等都透過 FMS 進行產製。有人說由一個國家擁有之 FMS 之數量與績效可看出該國之生產技術戰略以及自動化生產之程度。

FMS 組成要素

FMS 是由工作母機、自動化搬運系統、電腦控制系統及作業人員所組成。現在我們針對 FMS 之四個主要構件說明如次：

1.工作母機

FMS 之加工系統主要是由數臺數值控制之工作母機（NC 工作母機）、**切削中心**（Machining Center，簡記MC，切削中心，又稱為綜合加工機，包括**銑床**(Milling Machine)、**搪床** (Boring Machine)等 ）、**換頭機** (Head Changer) 以及**車削中心** (Turning Center，簡記TC) 等組成。加工對象、零組件精度上之要求、批量大小、產量變動之幅度等因素會影

響到工作母機之機具組成。

2.自動化搬運系統

在 FMS 內，各工作站間之零組件、半製品 (WIP) 之主要輸送工具包括輸送帶（如滾筒式輸送帶），無人導引車 (AGV)，工業機器人 (IR)。

3.電腦控制系統

FMS 內個別之工作母機是由 CNC 來控制，整體之工作母機則由**分布數值控制** (Distributed Numerical Control，簡記DNC)來控制。數值控制之工作母機在**高科技製造技術 (AMT)** 中屬中樞地位，我們在此將作一簡介：

⑴直接數值控制：因為早期之 NC 機器是每一部工作母機都要裝有一套控制器，在微電子技術尚未成熟且電腦尚未普及的年代裡，裝置 NC 機器之成本是很昂貴的，同時早期的 MC 之數值控制指令是打孔在紙帶上，很容易被撕裂同時控制指令不易修正或調整，後來雖發展出打孔在塑膠帶上，但不易修正或調整控制指令之缺點依然無法克服。隨著微電子技術之進步，1960 年代發展出**直接數值控制**(Direct Numerical Control)。這是將操作MC 之電腦程式貯存在**主電腦 (Host Computer)**，透過一個資料傳輸介面連接數個 NC 機器，若有必要時，可透過資料傳輸介面將主電腦內貯存之程式載入個別之 NC 機器。直接數值控制雖克服了紙帶與塑膠帶易被撕裂、控制程式不易修正或調整的問題，但它除受限於主電腦能力外，資料傳輸介面受損或主機當機時所有 MC 都將無法作業，因此一直到 CNC 出現後直接數值控制才發揮其應有之功效。

⑵CNC：因為**微電子學**(Microelectronics) 與**可程式邏輯控制器 (Pro-grammable Logical Controller**，簡記PLC) 之日新月異促成了 CNC 發展，在 CNC 裡，每一部 MC 都有一套PLC 或微電腦，這些 MC

所載入之程式可能都是相同的，但是彼此間可獨立運作。近年來
區域網路 (Local Area Network，簡記LAN) 可用作整合管理介面，
但是在資料傳輸介面受損或主機當機時仍無法啟動，這導致分布
數值控制的發展。

(3)DNC： DNC 是將主電腦當作直接數值控制使用，而其他的微電
腦控制器是搭配在個別的 NC 機器上，如此主電腦當機時，微電
腦控制器可當成備用記憶體而繼續操作。一般所稱之 DNC 也因
而有專指分布數值控制的趨勢。

4.作業人員

FMS 是一個高度自動化的生產系統，其所需要的勞動力遠比一般傳
統之製造系統為少，但是作業人員在 FMS 系統仍佔有重要的地位，因
為以下這些 FMS 中重要之作業必須由作業人員操作，諸如：

- 電腦控制程式之研究發展 (R&D)。
- 零件加工程式之修正。
- 資料輸入。
- 上料和下料系統。
- 刀具之更換和設定。
- 設備之維修與保養。

彈性製造單元 (FMC)

從製造技術觀點，製造系統總在生產率與彈性中進行取捨，要生產
率高便要犧牲彈性，反之亦然。輸送帶與CNC 工作母機是兩個極端的例
子。輸送帶有極高之生產率但彈性極低， CNC 卻恰好相反， FMS 即希
望在生產率與彈性間取得平衡。但因為 FMS 含有許多自動化之關鍵設備
與技術，所需之固定資本投資極鉅，遠非一般中小企業所能負擔，同時
有些企業因為製造產品之種類數量尚小或企業規模不大，所需自動化機
器數量很少，因此有些人將擁有四部（含）以上機器的族群稱為 FMS，

以下則稱為 FMC。不論 FMS 或 FMC 都是根據群組技術 (GT) 來進行零件族之加工製造, 兩者之差異在於自動化機器種類或數量上的多少。

FMS 之利益

在實施 FMS 後, 企業可獲致以下諸優點:

- 在同一零件族生產具彈性。
- 零件可不規則進料。
- 減少前置時間 (LT)。
- 減少在製品 (WIP) 之存貨水準。
- 提高機器之使用率。
- 提高勞動生產力。
- 降低人工成本。

FMS 之未來發展

FMS 在實施過程中, 一般作業人員能對於工件之尺寸、形狀與加工位置、作業邏輯等項普遍都有研判或作適當之調整之能力, 但自動化機器在這方面之能力仍顯相當不足, 尤以裝配程序上最為嚴重。因此如何應用人工智慧 (Artificial Intelligence, 簡記AI) 以使機器人能學習人類之視覺之判斷力以及語言處理能力已成為近來熱門之研究課題。

作業七

一、選擇題

（請選擇一個最適當的答案，有關數值計算的題目以最接近的答案為準）

1. （　）生產線或裝配線平衡技術較適用於下列那一種佈置型態？
   (A)產品佈置　(B)製程佈置　(C)固定位置佈置　(D)製造單元佈置

2. （　）在佈置時可利用相關表來評定每個活動（或部門）與其他活動
   （或部門）的接近度重要性。若甲部門和乙部門的接近度被評
   為 X，代表這兩個部門:
   (A)絕對要接近　(B)接近度重要　(C)接近度不重要　(D)不要接近

3. （　）某裝配線由四個工作站組成，四個工作站的循環作業時間分別
   為 1、3、2、4。若裝配作業必須依工作站的順序進行，則該裝配
   線的循環作業時間為
   (A) 1　(B) 2.5　(C) 4　(D) 6

4. （　）某種產品在一裝配線上生產，各工作要素的先行關係及工作時
   間如表 7 所示。已知每天期望生產該種產品 24 件，扣除寬放
   時間後每天實際工作 432 分鐘。試問至少需要多少工作站？

工作要素	緊接先行工作要素	工作時間（分）
a	—	13
b	a	4
c	b	10
d	—	10
e	d	6
f	e	11
g	e	5
h	e,f,g	6
i	h	7

(A) 3　(B) 4　(C) 5　(D) 6

5. (　) 設 C 代表週期時間 N 代表理論上所需最少的工作站數，T 代
表所有作業或工作要素的作業時間總和。下列何者為生產線或
裝配線完全平衡（即平衡效率 100%）的必要條件？

(A) T/C = 正整數　(B) T<N × C　(C) T>N × C　(D) N = T × C

6. (　) 下列那一個不是自動化搬運必須具有之設備？

(A) AGV　(B) CNC　(C) IR　(D) AS/RS

7. (　) 下列那一個除了可供自動化搬運外，亦可用做汽車製造業噴漆、
點焊？

(A) AGV　(B) CNC　(C) IR　(D) AS/RS

8. (　) 下列何者為改善型佈置規劃電腦軟體程式？

(A) ALDEP　(B) CORELAP　(C) PLANET　(D) CRAFT

9. (　) 下列何種佈置方式是將同種機器集中在同一區域？

(A)產品佈置　(B)程序佈置　(C)固定位置佈置　(D)群組佈置

10. (　) 下列何者是對程序佈置的正確描述？

(A)將相同功能的機器集中放置

(B)屬於連續性生產方式

(C)最適用於少種類、大批量生產

(D)加工件固定於一個定點加工完成

11. (　) 將機具、設備按產品的製造過程順序排列的方法是屬於：

(A)固定位置式佈置　(B)產品式佈置

(C)程序式佈置　(D)彈性製造系統

12. (　) 產品產量圖可用於：

(A)選擇佈置方式

(B)決定生產效率

(C)決定瓶頸之工作站

(D)決定安全庫存量

二、問答題

1.請列舉你認為理想的製造業佈置應具有那些條件？（提示：可參考製造業之設施佈置之新趨勢為何？）

2.解釋名詞

　(1) GT　(2) FMS　(3) FMC　(4)製程規劃

3.每天工作時間為8小時，要生產某種零件15個，假定要經過8個加工程序。

作 業	工 時（分）	先行作業
A	7	—
B	11	A
C	11	B
D	9	B
E	17	A
F	3	E
G	9	C,D,F
H	6	G

　試求(1) CT　(2)最少工作站數　(3)各站之閒置時間　(4)裝配線之效率。

4.若某公司生產 A，B，C 三種零件，須經 5 個工場加工，表 A 是四種零件須經之工場及每種零件之每日生產量，現要對此 5 個工場進行佈置規劃，計有 I、II 兩個方案，如下圖。表 B 顯示各不同方案之各工廠距離（單位：公尺）(1)使就距離負荷最小之準則下，那個方案最佳？(2)若各零件每吋之搬運成本分別為 $0.2，$0.3，$0.2，$0.3，$0.5，則那一個是最佳方案？

方案 I　　　方案 II

零　件	加工流程	每日產量
A	$1 \to 2$	3,000
B	$1 \to 3 \to 4$	2,000
C	$3 \to 4 \to 5$	4,000

表 A

路線	方案 I	方案 II
$1 \to 2$	30	25
$1 \to 3$	25	20
$3 \to 4$	15	25
$4 \to 5$	10	15

表 B　工場距離

第八章　工作系統的設計

8.1　工作系統設計的意義

工作系統設計包括工作設計、工作衡量、標準時間的建立以及獎工制度等，它是 POM 中最古老的課題之一。生產者需透過管理程序——規劃、組織、用人、領導、控制以實現生產系統的各種功能與活動從而達成組織賦予的目標，其間勞動者扮演著極其重要的角色，即便是在電腦、自動化技術高度進步的今日，勞動者在生產系統之重要性不僅仍絲毫未減，反而益形重要。

Taylor 與 Gilbreth 夫婦

談到工作設計、工作衡量、標準時間建立、獎工制度，我們不能不介紹這方面研究的先趨者，一位是有「科學管理之父」及「工業工程之父」之稱的 Frederick W. Taylor (1856～1915)，另一位是 Frank B. Gilbreth (1868～1924)及他的夫人Dr. Lillian M. Gilbreth(1878～1972)。

1. F. W. Taylor

人類對**工作研究(Work Study)** 至少可追溯到 1760 年法人M. Perronet 訂定六號別針每小時應製造 494 支之生產標準，1830 年英人 Charles Babbage 亦訂有類似之生產標準，直到 Taylor 才將科學的方法應用到工作研究上。

Taylor 年輕時曾在鋼鐵廠任職，服務期間曾不斷地強調所謂之「**一天**

合理的工作量」 (A Fair Day Work)，並教導工人最適當的工作方法，大幅改善了工人怠惰、管理不善以及工人與管理人員間之不和諧等問題，他同時訂定工作之標準時間，凡能在標準時間內完成者，便以獎金激勵。這在十九世紀末葉，美國工廠生產效率普遍低沈，勞資關係對立緊張之際，Taylor 的做法自然吸引資方之興趣，而他的想法也為今日科學管理奠定了基礎。

Taylor 科學管理原則

Taylor 在 1919 年發表了著名的**科學管理原則** (Principles of Scientific Management)，揭櫫了**工廠管理**(Shop Management) 之四大原則：

(1)用科學方法以取代舊式**經驗法則方法** (Rule-of-thumb Method) 來對人們工作之每一個要素進行探究。

(2)以科學的方法來對工人進行遴選、訓練與培訓，而不是任由員工挑選工作以及自我訓練的老方式。

(3)工人與管理階層間應真誠的合作，以保證工作均能符合科學程序。

(4)工人與管理階層應做最適合他們做的工作，彼此分工且分擔之份量大致相等，而不是將大部份的工作與責任交由工人承擔。

雖然近年來有些學者如《超越卓越》的作者 Peters 與 Waterman 認為 Taylor 之科學管理已有些不符時代潮流，但是 Taylor 之科學管理原則迄今仍深深地影響到美國製造業，其思想亦深深地植入美國經理人之腦海中則是不爭的事實。

2. Gilbreth 夫婦

Frank B. Gilbreth 與 F. W. Taylor 是同一年代之人物。 F. B. Gilbreth 發現當時的建築工人不常用同樣的砌磚動作，而激發他研究出最佳之砌磚方法，經過一連串的實驗，結果工人每一砌磚動作數為原來的 $\frac{1}{4}$，每小時砌磚數增加了 3 倍，首開了**動作研究**(Motion Study) 之研究。 1912 年F. B. Gilbreth 與他的夫人 Lillian Gilbreth 在**美國機械工程師學會** (American

Society of Mechanical Engineer, 簡記ASME) 發表**細微動作研究** (Micro-Motion Study)。細微動作研究是利用一種微動計時器(Microchronometer)，研究者可以將它裝設在攝影器上以分析工人之動作，從而精確地測定工作所需之時間，這是**時間研究**(Time Study) 之最早研究。

Gilbreth 夫婦將手部動作分解成 17 個基本動作，稱這 17 個動作為**動素** (Therblig)，動素之英文拼法恰好是他的姓逆寫（除了 T 與 h 對調）。這些概念亦應用到醫學界，Gilbreth 夫婦曾在一家醫院觀察外科手術之進行，他們發現外科醫師一邊做手術一邊要到器械盤找所需之器械，使得整個手術過程中找器械的時間居然與花在病患身上的時間差不多，因而他們建議由外科醫師報出所需之器械，由護士便以適當的方式將器械放到醫師手中，這造成了外科手術流程之重大改變，影響迄今。

8.2　工作設計

組織內的工作，有的屬例行性，這類工作大抵已經標準化，作業人員必須遵循給定之作業程序一步一步地完成，在作業上較缺乏自由度，有的工作如研究發展、產品設計等則恰恰相反；有的工作可由作業員單獨地完成，有的卻需群體合作。因此，我們了解到，工作因其任務組合而異，因而產生了許多不同的工作設計，希望透過這些設計以提升員工之生產力與滿足感。

工作設計 (Job Design) 規範了工作之內容與專業化程度，以及作業人員為執行該項工作，所應具有之技能與訓練。一個好的工作設計可促進工作者之工作滿意度，從而改善生產系統之生產力、效率以及產品或服務之品質。我們可從 5W1H 之方式來考慮工作設計:

1.何事(What)

要執行的任務範圍，亦即它的工作細目是什麼? 在此，任務必須是

表 8-1 動素符號表

類　　別	動素名稱	文字符號	形象符號
第一類	1.裝配 Assemble	A	
	2.拆卸 Disassemble	DA	
	3.握取 Grasp	G	
	4.對準 Position	P	
	5.伸手 Reach	RE	
	6.放手 Release	RL	
	7.移動 Move	M	
	8.應用 Use	U	
第二類	9.檢驗 Inspect	I	
	10.計劃 Plan	PN	
	11.預對 Preposition	PP	
	12 尋找 Search	SH	
	13.選擇 Select	ST	
第三類	14.故延 Avoidable Delay	HD	
	15.持住 Hold	H	
	16.休息 Rest	RT	
	17.延遲 Unavoidable Delay	UD	

定義明確 (Well-defined)。

2.何人(Who)

執行這項任務的資格,是什麼?包括作業者所須具備的學歷、經歷、技能、訓練以及證照等。在此,工作設計者還需考量到該項職務作業者

之生理與心理之特徵。

3.何時 (When)

要執行任務之工作流程時間有多長？作業人員每天工作時間有多少？

4.何處 (Where)

在何處執行這項任務？在此要考慮的是：工作場所之位置與作業環境是否合乎工作進行之要求。

5.為何 (Why)

工作之重要性以及為何要執行這項任務？

6.如何 (How)

執行這項任務的方法，包括作業所需具備的工具、設備等等。

為了順遂工作設計，一般而言都必須考量到以下之原則：

(1)工作設計上必須與組織目標一致。

(2)工作設計須由有專業訓練者如工業工程師或是有該項工作實務經驗者來做。

(3)工作設計者在設計過程中必須與員工充分溝通以取得共識。

(4)工作設計之過程與結果須建立檔案，以為日後有問題時之改進參考。

8.3　工作設計之行為面

自從《國富論》作者 Adam Smith 提出透過分工以提升工作效率之學說後，人們認為為了追求更高的效率，分工是分得越細越好，到了廿世紀初葉，Henri Fayol，這位世人尊稱為「現代管理理論之父」之法國管理大師亦將分工列為其十四項管理原則之一，使得工作設計幾乎為工作專業化之同義語，但工作專業化之結果是：工作重複性高使得工人對工作產生厭煩、壓力，沒有成就感而影響到生產力。

1973 年美國政府刊物《工作在美國》 (*Work in America*)，闡明了員工不滿的原因是來自工作的本身，包括:

(1)因為在Taylor 及以後之工業工程師之影響下，工作被專業化、細分化。

(2)工作自主性漸失。

七〇年代以降，美國因為教育程度提高，個人自我期許隨之提升，使得人們由已往關注實得報酬轉而重視工作之內涵，工作態度和價值改變的結果促使許多公司以**工作擴大化** (Job Enlargement)，**工作豐富化**(Job Enrichment)，**工作輪調** (Job Rotation)……等方式來激勵員工士氣。

工作擴大化

因為近代工業之專業化和簡單化使得人們在工作上輒有挫折、厭倦、冷漠、士氣低沈等現象，「工作擴大化」遂應運而生。工作擴大化是在作業人員現有之技術與責任水準下，擴大作業人員之工作範圍與內涵。它是將屬於同一等級責任工作納入工作職位中或增加現有工作之職權，因此本質上它是**水平工作負荷**(Horizontal Job Loading)。

工作擴大化固然可以降低員工因專門化和重複性單調工作所產生之厭惡感，同時員工對工作也保有某種程度之自主權，但工作效率有時較專門化為低，同時資深員工對此種制度較易產生抗拒等等，這是實施工作擴大化之企業應需注意的。

工作豐富化

工作豐富化是德州儀器之 M. S. Myers 與 AT&T 之 Robert N. Ford 研究的成果，二因子理論創始者 Herzberg 亦對工作豐富化極力推崇。在工作豐富化之架構下，人人都是自己工作的管理者，換言之，每一作業者都可以規劃自己的工作，同時也可以根據完工的期限來調整自己工作

之速度，根據指定之產品水準來自行檢查產品品質。因此本質上它是**垂直工作負荷 (Vertical Job Loading)**。工作豐富化在實施時，也有員工抗拒甚至實施初期會有部分員工不知所措之情事發生。

工作輪調

工作輪調是以定期方式將員工在不同職位上調動，在工作輪調之過程中，員工可獲得更多的技能，創造了更多的工作彈性，因此可提升員工工作興趣同時企業亦得以培育更多的人才，但若執行失當，往往會使輪調者還沒進入狀況又被調到其他部門，以致浪費許多時間在交接、學習上，而喪失工作輪調之本意。

社會科技系統

員工在面對新科技引入時，往往會因為下列的原因而萌生一股抗拒的心理：

(1)機械化或自動化之科技或設備之引入，員工可能會因過去的工作經驗不足以因應未來的作業環境，而心生恐懼，甚至危機感。

(2)機械化或自動化之科技或設備之引入，可能會使工作變得單調，造成員工無法從工作中覓得樂趣以及工作滿足感。

新科技之引進是企業贏取競爭之重要途徑之一，而且也是未來企業經營之必然趨勢，因此在科技引入與員工抗拒心態間如何取得平衡，實為企業極為重要之課題。早在五〇年代便有學者從事這方面之研究，其中一個有名的例子是：在第一次世界大戰前，英國煤礦工人多是以小組形態作業，因而形成了獨立而團結的小組織，自從科技和設備引入後，改變了這些工作小組之組成，造成產量銳減，一直到管理階層讓小組在工作規劃包括工作配置上有相當大的自主權並輔以分紅制度後，產量才開始增加。類似的例子比比皆是。企業在引入新科技時將建立一個所謂之**社**

會科技系統 (Sociotechnical System)，這個系統的焦點在於設計與建立一個同時滿足技術環境與社會觀點的一個工作系統，以融合生產系統下技術與作業人員之交互活動。顯然社會科技系統會被企業文化、價值觀所影響。

社會科技系統與所謂的「自動工作小組」、「日本式的工作小組」或者是美國的**「員工參與」** (Employee Involvment，簡記EI) 類似，他們的內涵大致不脫以下幾個範疇：

· **工作多樣化** (Task Varity) 及**技術多樣化** (Skill Varity)

因為工作變化太少或技術多樣化程度太少會使作業人員對其工作感到單調與倦怠，但是工作或技術過於多樣化亦會使得作業人員對工作產生挫折感，因此如何在兩者之間取得一個平衡點，實是一個饒富興味的問題。

· **反饋** (Feedback)

作業人員有權對其工作之作業量與作業品質設定適當水準，一旦達到目標水準時，將可獲得肯定或獎勵，但未達到應有水準時便可能受到其應得之懲處。

· **工作認同感** (Task Identity)

每個作業的工作內容都應為定義明確而有意義，並能清晰地有別於其它作業，以促使作業人員對其工作產生認同進而激發其責任感。

· **工作自主性** (Task Autonomy)

作業人員對其工作有相當程度的自主控制權，包括對工作進度之調整、作業品質之自行檢查等。

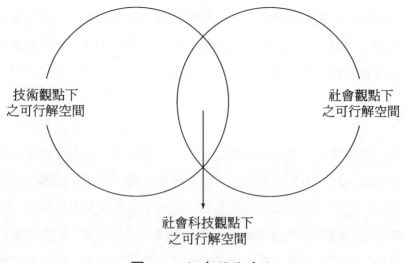

技術觀點下
之可行解空間

社會觀點下
之可行解空間

社會科技觀點下
之可行解空間

圖 8-1 社會科技系統

8.4 工作環境

工作環境包括工作場所之**溫度 (Temperature)**、**濕度 (Humidity)**、**通風 (Ventilation)**、**照明 (Illumination)**、噪音、色彩等都會對作業人員之工作績效、作業品質、意外事件、工安衛生等產生相當程度之影響，茲分述如下：

溫度與濕度

氣溫對人們工作生產力有一定程度的影響；若氣溫偏高，易使人們倦怠、打瞌睡；若氣溫太低，則人們易分散注意力。雖然每個工作人員因為性別、體質、年齡等之不同，而對冷熱之感受有所差異，但通常人們在高濕度時對溫度之敏感度較低濕度為高，因此溫度調整水準往往取決於當時濕度而定，例如在炎炎夏天裡，雨天比晴天更需要冷氣。

一般而言，濕度在 30%～50% 之範圍內對人體最為舒適，至於溫度

方面，在辦公室或勞動力較少之工作室溫以 18°C～22°C，中等勞動力之工作以 16°C～21°C為宜，至於高勞動力之工作則以 18°C～25°C為最佳。此外在設施佈置時應注意到冷、暖氣之通風口不要直接正對人。

通風

在工作環境中，有二個空氣污染源，一個是人，人因呼吸作用會排出二氧化碳，其排出量與勞動強度成正相關，另一個是製造過程產生之化學毒氣、粉塵、纖維質、蒸汽等等，這些都會危害到勞工健康，長期在這種工作環境下往往會得職業災害，也降低工作效率，因此通風問題極為重要，許多大工廠以空調設備或大風扇來進行通風，同時也加裝設備以阻絕這些物質擴散。

空氣

保持工作場所空氣的流通之重要性乃眾所周知，因為空氣流通不良，不僅會影響作業人員精神與作業情緒，同時也會影響到作業場所污染空氣之排放容易造成職業病，一般而言，室內空氣流通速度以 0.3～0.4 米／秒為宜，如果室內溫度、溼度都高時，室內空氣流通速度以提高到 1 米／秒為宜。

照明

因為作業環境之照明條件、作業性質與工作標的物之顏色特徵等都會影響到作業人員之作業績效，不同工作形態照明系統須針對工作形態、作業方式與內涵作必要之設計，大凡工作愈精細者對照明品質之需求愈高。在工作場所設計照明系統時應考慮到下列幾個因素：

- 工作場所必須有適當的亮度，並且以自然採光為原則，採光不足時，需以人工照明予以補強。

・光源、照明高度及分佈方面應注意到光線應分佈均勻，明暗比應
　適當。

・燈盞裝置應採用玻璃燈罩及日光燈為原則，燈泡須完全包覆於玻
　璃罩中。

・避免光源或作業區域有眩光現象。

・避免有黑角暗道、閃光反射的現象。

因此在工作環境之照明系統設計時，除照明成本（照明燈具之購置維護、電費）外，更須考慮到避免因為照明系統設計不當所造成之工安事故及生產效率滑失。

噪音

　　噪音 (Noise) 通常稱之為**不要的聲音** (Unwanted Sound)，噪音可能來自機器設備之震動，這種震動可能是因為機器設備之螺絲鬆動或潤滑不良、機器設備的某個元件之過度磨損或故障，或來自人為因素，這些噪音都會妨礙人們身心健康影響到生產效率。或 30~40 分貝時作業人員精神不易專注，容易導致錯誤或意外事故，長期處在高噪音（65 分貝以上）下工作會造成作業人員聽力、中樞神經系統甚至新陳代謝上的傷害。防止噪音可從下列著手：

　⑴從噪音源著手：若噪音是因為震動所致，可從機械設備之重新設
　　計、維護保養、潤滑或加底墊著手。

　⑵從噪音傳播路徑著手：當無法有效地控制噪音源時可用隔音板、
　　隔音間等方式將噪音侷限在某個區域或是減少其強度。

　⑶從接受者著手：在噪音強度大的工作場所（如引擎間）工作時，
　　作業人員可用耳塞以削弱噪音。

顏色

色彩的應用在工作設計也扮演一個重要的角色: 心理學告訴我們色彩會影響到人們的情緒與感覺, 因此工作場所會因作業之特質而採適當的色彩, 例如: 綠色會給人們寧靜且心境穩定的感覺, 因此醫院常採用綠色, 但色彩會因文化、風俗習慣等影響而予人們心境上有不同之感受。此外色彩亦廣被用作區分物件或工作區域的安全或危險性之標幟, 例如: 紅色用作防火設備、警告標誌、熱管等等; 紫色用作輻射危險; 橙色用作設備之危險部份或安全啟動開關; 又如黃色因其能見度高, 故巨型設備、堆高機等多以黃色來漆識。

8.5 方法分析

工作研究

工作研究就技術而言, 大致架構如下:

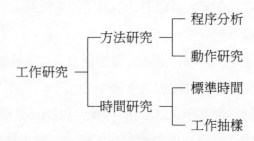

本節先就工作研究之基本技巧及方法研究兩部份進行概括說明。

工作研究之四巧

工作研究是用科學的方法來對現有之工作進行改善, 以提昇工作

效率之一門科學。如何達此目標？一般都是以現有工作方法為基礎，透過**剔除**(Elimination，簡記E)、**合併** (Combination，簡記C)、**重組** (Re-arrangement，簡記R) 及**簡化** (Simplification，簡記S)，合稱 ECRS 技術（有人稱之為四巧）來進行改善：

1.剔除

對任何一項工作，首先要問：為什麼要這項工作？是不是能沒有這項工作？或者是說，如果把這項工作拉掉會有何影響？

2.合併

如果這項工作不能剔除，那麼這項工作是不是能和別項工作合併？

3.重組

對合併後的新工作之工序加以排列。

4.簡化

工作之內容步驟能簡化的應儘量簡化。

因此工業工程師或方法工程師在進行工作研究時，必須時時應用工作研究四巧來進行方法研究及時間研究。

程序分析

方法分析可從程序分析或動作分析著手，前者是以整個程序作**宏觀** (Macro View) 的探討，而後者則以個別動作作**微觀** (Micro View) 剖析。本子節以程序分析為主體。

美國機械工程師學會 (ASME) 規定程序分析所使用的符號有下列5種：

名　稱	作　業	搬　運	檢　驗	等　待	儲　存
圖　示	○	⇨	□	▢	▽

若有兩個作業同時發生，則可將兩個符號合併，例如 ○ 表示作業

與檢驗同時進行。

　　程序分析是透過各種圖表來對我們有興趣的研究課題進行分析，本書囿於篇幅只介紹其中之操作程序圖與流程程序圖兩種，讀者大概知道這類圖之大約結構即已足矣。有志者可自行參閱**時間動作研究** (Time and Motion study) 之類的專業書籍。

操作程序圖

　　操作程序圖 (Operational Process Chart) 是涵蓋產品在製造過程中，所有之作業、檢驗、作業時間及進料之有序記錄的一種圖示。

　　操作程序圖包括四個基本圖形：

　　1.作業： "○"

　　2.檢驗： "□"

　　3.作業流程：水平線

　　4.物料流動：垂直線

　　操作程序圖之水平線與垂直線應避免相交，若不得不相交時則以圖 8-2 表示。圖 8-3 即是一個假想的操作程序圖。

　　透過操作程序圖，工作研究者可進行 ECRS 分析：

　　E：剔除不必要之操作或工序

　　C：合併現有之操作或工序

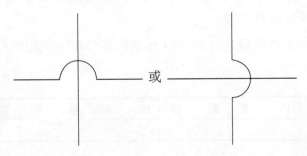

圖 8-2　操作程序圖之水平線與鉛直線應避免相交

R: 改變原有之操作順序

S: 簡化必要之操作或工序

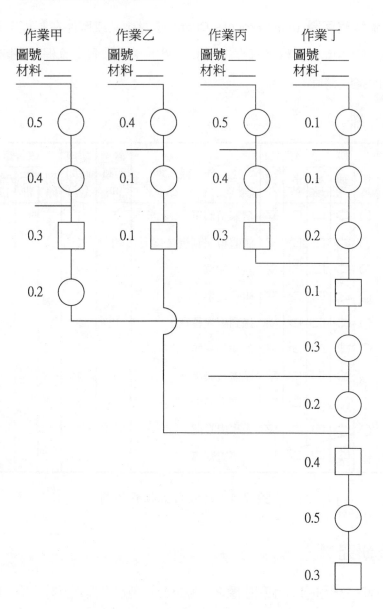

圖 8-3　一個假想的操作程序圖

流程程序圖

流程程序圖 (Flow Process Chart) 是對產品或零件在製程中展示作業員之動作或原材料之流程之圖形。圖 8–4 是請假之流程程序圖。

工作內容：請假
填寫人：
日　　期：
部　　門：

步驟	動作					工　作　說　明	運送距離 (m)	使用時間 (分)	改善重點			
	作業	運送	檢驗	等待	儲存				剔除	合併	重排	簡化
1	○	⇨	□	▷	▽	填寫請假單	5	1				
2	○	⇨	□	▷	▽	請假單送到組長桌上	2	1				
3	○	⇨	□	▷	▽	組長初核		2				
4	○	⇨	□	▷	▽	組長簽字		1				
5	○	⇨	□	▷	▽	送到副處長桌上	12	2				
6	○	⇨	□	▷	▽	副處長初核		1				
7	○	⇨	□	▷	▽	副處長簽字		1				
8	○	⇨	□	▷	▽	送到人事處	46	5				
9	○	⇨	□	▷	▽	人事處登記		1				
10	○	⇨	□	▷	▽	人事處歸檔		1				

圖 8–4　請假之流程程序圖

動作研究

程序分析主要是用程序圖之記錄來分析製造過程是否有浪費之情事；動作研究則針對人體動作細微處進行研究以去除不必要的動作，確認動

作之最佳順序, 因而可獲致以下之結果:

(1)簡化操作方法, 訂定標準操作方法。

(2)發現閒置時間, 刪除不必要之動作, 進而**預定動作時間標準** (Pre-determined Time Standard, 簡記PTS)。

動作經濟原則

Gilbreth 透過動作研究還建立了作業動作原則, 經不斷地修正補充最後到 Ralph M. Barnes 歸納成著名的**動作經濟原則**(Principles of Motion Economy), 計分人體、工作場所以及工具與設備三個部份, 共二十二條。動作經濟原則之目的在降低作業人員的疲勞、縮短作業人員的單位工作時間以提昇勞動生產力。茲摘要動作經濟原則如下以供參考:

1.人體

(1)動作時雙手應同時開始或同時結束。

(2)除休息外, 雙手不應同時閒置。

(3)雙臂之動作應同時作對稱、反向之運作。

(4)依動作經濟原則, 手的動作可分為五等, 由低而高依序為1.手指、2.手指、手腕3.手指、手腕、前臂4.手指、手腕、前臂、後臂5.手指、手腕、前臂、後臂、肩。顯然動作等級愈低者動作幅度愈小, 所耗之時間體力也愈小。因此工作時, 手的動作在等級上應儘量求其低。

(5)應儘可能地使用**動能** (Momentum) 工作; 若必須靠作業人員肌力時, 則必須將動能使用減到最少。

(6)雙手儘可能作平滑連續的**曲線動作** (Zigzag Motion), 避免突然改變方向之**直線運動** (Straight-line Motion)。

(7)**彈道式移動** (Ballistic Movement) 比受限制的 (固定的) 或被控制的移動為快、容易及精確。

⑻因**節奏 (Rhythm)** 有助於作業之順暢與**自發 (Automatic Perform-ance)**，因此工作之安排儘量合乎和諧與自然節奏。

2.工作場所

⑴工具與物料必須放置在固定場所。

⑵工具與物料必須放置在接近使用的地點。

⑶應利用物料本身之重量，將物料墮至作業人員手邊。

⑷應儘可能應用墮送方式。

⑸工具與物料必須按作業順序排列。

⑹作業空間應有適當之照明、溫度與通風。

⑺工作場所之椅子與作業檯面應保持適當高度，以使作業人員坐立皆感適宜。

⑻工作椅之式樣與高度應可使作業人員保持良好姿勢。

3.工具與設備

⑴以夾具、鑽模或足踏設備以減輕手的工作負荷。

⑵儘可能將兩個及其以上之工具併行作業。

⑶工具與物料必須預放在工作場所。

⑷應按手指之固有的本能，將工作分配交由手指負荷。

⑸手柄在設計上應儘可能增加與手接觸之面積。

⑹機器上槓桿、十字桿、手輪位置，應儘可能裝置在作業人員極少變動且能獲致機器之最大機械利益之位置。

8.6 工作衡量

工作衡量 (Work Measurement) 也稱為**時間研究 (Time Study)**，主要是利用**碼錶 (Stop Watch)**、**工作抽樣 (Work Sampling)**等科學方法，來衡量一個有經驗的、合格的或受過訓練的工人在一定的作業環境下，用標

準的作業方法完成一個工件所需之時間，用這種方法所得之時間稱為**標準時間**(Standard Time，簡記ST)。

透過工作衡量所得之標準時間，我們可達成以下的目標：

- 可用標準時間估計出產品或服務完工所需之勞動力水準。
- 由各種工作方法或製程之標準時間可找出最好之工作方法或製程，以作為工作改善之參考。
- 可用標準時間計算標準成本，從而決定銷售價格，同時亦可作預算控制。
- 可用標準時間擬訂獎薪計畫、員工效率考核等。
- 標準時間可供整體規劃擬訂時之參考。

工作衡量最常用的方法計有：**碼錶時間研究**(Stop Watch Time Study)、工作抽樣以及預定時間標準法(PTS)，茲分述如下：

碼錶時間研究

碼錶時間研究是 F. W. Taylor 在 19 世紀提出的一種以碼錶為工具之工作衡量方法，它是以碼錶計測一個有經驗的、合格的或受過訓練的工人，在一定的作業環境下，用標準的作業方法很熟練地完成一特定工作所需的工作時間做為標準時間，並以此時間做為組織內從事相同工作的工人之時間標準，這種方法特別適用於具有重複性的工作。因碼錶時間在研究時只需紙筆和碼錶，實施簡便，故迄今仍為業界所用。

工作抽樣

如果想要了解一個工廠之生產效率，我們固然可以派出觀測員統計整個工廠之所有生產設備或操作人員在生產期間內之作業時間與非作業時間，這在一個小型之工廠或許還可勉強應用，但在一個稍大型的工廠便不易、甚至不可能實施，因為這樣做不僅耗用之人力、財力極為龐大，

甚至會造成作業人員工作上之困擾甚至打擊士氣，同時也不容易抓到問題之關鍵，遂有應用統計方法進行生產效率研究的想法。

1934 年左右英國 L. H. C. Tippett 首創以統計方法應用到調查織布機之工作效率，嗣後歷經許多統計學者、工業工程師等跨學域之研究，1956 年美國學者 R. M. Barnes 在其著作中定名為工作抽樣，這個名稱一直通用迄今。因為工作抽樣在實施上甚為簡便，又有統計推論作為理論基礎，且不易為員工抗拒，如今已成為調查員工生產力，把握製程瓶頸以及工作改善之利器。

工作抽樣在實施前必須向員工宣示工作抽樣之計畫（包括實施之目的、對象、抽樣方法、實施方式等）以獲取被測試員工之諒解與支持。工作抽樣在實施前須確定的是：抽樣結果之**信賴水準** (Confidence Level)，調查精確度或相對誤差，以及標準差。有了這些資料後，我們便可據此決定**樣本個數** (Sample Size)。

工作抽樣所得之結果可進一步用做績效衡量、時間標準之設定、機器作業或閒置之比率評估等。

樣本個數之決定

時間研究中抽樣過程是很重要的，因此在做時間研究時須先確定樣本個數，亦即設定時間之**週期數** (Number of Cycles)。利用統計學決定樣本個數之公式，便可決定設定時間之週期數：

$$n = (\frac{zs}{e})^2$$

其中　n：所需觀察之樣本個數

　　　e：期望相對誤差量，以數值來表示

　　　z：信賴係數

$$\bar{x}:\ 樣本平均數,\quad \bar{x} = \frac{1}{n}\Sigma x_i$$

x_i 為觀察之樣本點

$s:\ 樣本標準差$

$$s = \sqrt{\frac{\Sigma(x-\bar{x})^2}{n-1}} = \sqrt{\frac{1}{n-1}[\Sigma x^2 - \frac{(\Sigma x)^2}{n}]}$$

在計算樣本標準差 s 時，要注意的是分母部份我們取 $n-1$ 而非 n，主要是因為樣本變異數 $s^2 = \frac{1}{n-1}\Sigma(x-\bar{x})^2$ 為母體變異數之**不偏推定量** (Unbiased Estimator) 所致，這點在高等統計學中均有詳述。

在時間研究裡，通常是先主觀地決定信賴水準，然後由常態分配表查出對應之 z 值，茲將常用之信賴水準下之 z 值表列於後：

信賴水準	0.9	0.95	0.954	0.98	0.99
z值	1.65	1.95	2.0	2.33	2.58

例 1　某方法工程師欲知道完成某項工作所需之時間，經量測結果得知 $\bar{x} = 12$ 分，標準差 $s = 3$ 分，求(a)在95.4% 之信賴水準下應有多少個觀測值，方能使最大誤差不超過 0.5 分，(b)若最大誤差不超過樣本平均數之 10%，則觀測個數又為何？

解: (a) 95.4% 信賴水準對應之 z 值為 2,　$e = 0.5$

$$\therefore\ n = (\frac{zs}{e})^2 = (\frac{2 \times 3}{0.5})^2 = 144$$

(b) $e = 10\% \cdot \bar{x} = 0.1 \cdot 12 = 1.2$

$$n = (\frac{zs}{e})^2 = (\frac{2 \times 3}{1.2})^2 = 25$$

當我們對觀察對象涉及到百分比（即比率）時，我們可利用機率中

之二項分配之性質導出樣本大小 n 為

$$n = (\frac{z}{e})^2 p(1-p) \text{❶}$$

n，e，z 之意義同前一公式，p 為比率。

若 n 為觀測次數，其中 d 為特異值，且在「操作」狀態次數為 r，則在「操作」狀態所佔之比率 p 為 $p = \frac{r-d}{n-d}$，且「非操作」狀態之比率佔 $1-p = \frac{n-r}{n-d}$。

例 2　某方法工程師想調查完成某工作之標準時間，假設此工程師在某日觀察到 80 次發現有 64 次在操作，若在信賴水準 95.4% 且誤差不超過 ± 5% 下，問他應觀測多少次？

解：　$n = (\frac{z}{e})^2 p(1-p) = (\frac{2}{0.05})^2 (\frac{64}{80})(1 - \frac{64}{80}) = 205$

∴ 應觀察 205 次，時間研究之三個重要時間參數（所以他仍需再觀察 205 − 80 = 125 次）

時間研究之三個重要時間參數

時間研究之樣本個數是由樣本標準差、信賴係數以及精確度所決定。一旦樣本個數決定後，我們便需計算出**觀察時間** (Observed Time，簡記 OT)，**正常時間** (Normal Time，簡記 NT) 以及**標準時間** (Standard Time，簡記 ST) 這三個時間參數：

1.**觀察時間** (OT)

OT 為所有觀察者完工時間之平均數：

---

❶　$e = zs = z\sqrt{\dfrac{p(1-p)}{n}}$　∴　$n = (\dfrac{z}{e})^2 p(1-p)$

$$OT = \frac{1}{n}\Sigma x_i \ (或 \bar{x}_i)$$

其中 x_i 為第 i 次觀察之時間數

2.正常時間 (NT)

因被觀察者之工作速度可能較正常工人快也可能較慢，因此被觀察者之觀察時間 (OT) 須藉**績效因素**[2] (Performance Factor，簡記PF) 來調整，調整後的時間稱為正常時間 (NT)，因此 NT 定義為：

$$NT = ST \cdot PF$$

若一工作可分成若干個作業元時，則整個工作之 NT 為：

$$NT = \Sigma(\bar{x}_i \cdot PF_i)$$

其中　$\bar{x}_i$：第 i 個作業元之平均完成時間

PF_i：第 i 個作業元之績效因素

正常時間 (NT) 是指一個標準工人在沒有「**寬放**」(Allowance) 之考慮下執行工作之所需時間。在時間研究裡，寬放時間之評估是很重要的。寬放時間會因不同行業，甚至同一公司但不同工作而有所差異，一般而言，寬放約略可分以下四種：

⑴**私事寬放** (Personal Allowance)：這是工人在作業時為生理或舒適所需之時間，如上廁所、擦汗、喝水。

⑵**疲勞寬放** (Fatigue Allowance)：像勞動強度、工作環境、肌肉疲勞、心理疲勞等均會造成工人作業之疲倦，因而需要休息。

⑶**操作寬放** (Operation Allowance)：因操作程序或其他操作特性（如

---

[2] 　績效因素亦稱為評比因素。

當機、搬運、機具調整……等）而發生不可避免之閒置。❸

(4)**偶發寬放** (Irregular Occurrences Allowance)：偶發寬放時間大致可分成現場偶發寬放時間，包括工作前現場或機具設備之清潔、上油、更換刀具、調整機具作業參數等，以及管理寬放時間，包括工作報告單之領取與填寫、停機待料、水電供應不足而停機等等。

3.標準時間

標準時間 (ST) 是正常時間 (NT) 加上寬放時間，若 AF 為**寬放因子** (Allowance Factor，簡記 AF)，則標準時間 ST 有兩種計算方式：

(1) $ST = N(1 + AF)$ 或

(2) $ST = \dfrac{NT}{1 - AF}$

公式(1)是由標準時間 ST 之定義直接導出的，而公式(2)是因 $ST = NT + AF \cdot ST$，亦即寬放時間應用在整個工作時段內可用公式(2)，事實上兩者之差異是很小的❹，有些作者偏好公式(1)，有些則偏好公式(2)。本書則以公式(1)來計算 ST。

下例將說明標準時間 (ST) 之計算。

例 3　某方法工程師進行碼錶時間研究，得 100 個觀測資料，計算出 $\bar{x} = 10$ 分，$s = 3$ 分，規定該工作之績效因數（即評比因數）為 $PF = 90\%$，寬放因數 $AF = 10\%$，求(a)觀察時間 OT，(b)正常時間 NT，(c)標準時間 ST。

---

❸ 有許多書將操作寬放與偶發寬放統稱為不可避免的延遲寬放 (Unavoidable Delay Allowance)，這不是工人之意志所能控制的。

❹ 依微積分 $\dfrac{1}{1 - x} \approx 1 + x + x^2 + ...$，故 x 很小時 $\dfrac{1}{1 - x} \approx 1 + x$，公式(2)所得之 ST 較大。

解: (a)$OT = 10$（分）

(b)$NT = OT \times PF = 10 \times 0.9 = 9$（分）

(c)$ST = NT(1 + AF) = 9(1 + 0.1) = 9.9$（分）

例 4　某工作可分三個動作 A，B 及 C，各經 4 次觀察測得動作時間如下表，若 A，B，C 之 *PF* 分別為100%，120% 及80%，假定 *AF* 均為 20%，求該工作之標準時間。

動作	1	2	3	4	PF
A	10	12	8	6	100%
B	12	11	10	7	120%
C	9	10	11	10	80%

解:

動作 A 之 $NT = \bar{x} \cdot PF = \dfrac{10 + 12 + 8 + 6}{4} \cdot 1 = 9$

動作 B 之 $NT = \bar{x} \cdot PF = \dfrac{12 + 11 + 10 + 7}{4} \cdot 1.2 = 12$

動作 C 之 $NT = \bar{x} \cdot PF = \dfrac{9 + 10 + 11 + 10}{4} \cdot 0.8 = 8$

∴整個工作之 $NT = 9 + 12 + 8 = 29$

因此整個工作之 $ST = NT(1 + AF) = 29(1 + 0.2) = 34.80$（分）。

例 5　（承例 2）若方法工程師在連續 4 天內進行觀察 300 次，其中作業有270 次，假定每天工作 8 小時，在績效因數*PF* 0.9，寬放因數 *AF* =0.05，試求(a)操作比率及閒置比率(b)若產 4 天產出 500 個零件求正常時間 *NT* 及 *CS* 標準時間 *ST*。

解: (a)操作比率 $\dfrac{270}{300} = 0.9$，閒置比率 $= 1 - 0.9 = 0.1$

(b)四天共工作 2,400 分鐘

$$NT = [2,400 \times (1 + PF) \times 超作比率]/產出量$$

$$= \frac{2,400 \times (1 + 0.9) \times 0.9}{500} = 4,104（分）/500件 = 8.2分/件$$

(c)$ST = NT(1+AF)=8.2(1+0.05)=8.61分　/件。$

預定時間標準(PTS)

預定時間標準 (PTS) 是 1948 年由美國**方法工程學會** (Methods Engineering Council) 之 H. B. Maynard 等方法工程師發表之「**方法時間測定法**」(Methods Time Measurement, 簡記MTM)，1956 年密西根大學在美國學界、工業界及軍方之支持下，成立了**國際 MTM 協會** (International MTM Association)，以從事 MTM 之研究與推廣。MTM 因而成為PTS 最常用的方法。在利用 MTM 時，分析者需將工作分解成**伸手** (Reach；R)，**搬運** (Move；M)，**身體動作** (Body Motion)，**旋轉** (Turn；T)，**加壓** (Apply Pressure；AP)，**搖轉** (Cranking；C)，**抓取** (Grasp；G)，**放手** (Release；R 或 RL)，**對準** (Position；P)，**拆卸** (Disengage；D)，**視線轉移** (Eye Travel；ET)，合併動作等十二種**基本單元** (Elements)，參考 MTM 表可求出基本單元之作業時間。基本單元之工作時間是以TMU (Time Measurement Unit，簡記TMU) 為計算單位。一個 TMU 為 0.0006 分鐘，最後將工作之各基本單元之 TMU 加總即為該項工作之 PTS。

MTM 分析者通常要有參加 MTM 技師之訓練，以勝任評估 PTS 之技術。

一般而言， PTS 除比碼錶時間研究更準確外，尚有以下的優點：

・大多數的工人都在控制下工作故較具可靠性。

・因 MTM 表中已有績效因素，使用者不需另行不需估算績效因素。

・ PTS 實施中不會影響到正常作業之進行。

‧不須等待作業完工便可建立 PTS。

但 PTS 亦受一些批評，例如：

‧有些工作之基本單元過於專門或特殊致無法在 MTM 表中找到有
關資料。

‧不同的分析師對同樣的工作會因不同之觀察方式或對單元活動內
涵了解程度之不同而有不同的結果。

8.7 學習曲線

如果一個人重複地做一件工作次數愈多時，那麼他（她）做那件工
作之效率（如完成該工作所需之時間或成本等）亦會有所提升，這是人
們共有的一個經驗，如果工作是屬例行性且作業時間不長的，在前幾次
反覆工作中即可顯現出提升效率之效果，但如果工作之複雜性較高且作
業需時長的，則可能要在一段較長之時間後這種效果才會出現，這種效
果即為**學習效果**(Learning Effect)。「熟能生巧」應是學習效果貼切的說
法。

早在 1936 年 T. P. Wright 研究指出飛機製造裝配之直接人工成本會
因裝配架數增多而呈遞減之現象，亦即飛機生產架數累增一倍時，對應
之直接人工成本約減 20%，若將反覆次數與單位成本（這裡的成本可能
是時間……）所成配對之軌跡即為**「學習曲線」** (Learning Curve)。

學習曲線之原因與限制

一般而言，造成學習效果之原因可歸納成以下幾點：

‧生產方法、工具與工作設計之改良。

‧員工激勵措施。

‧生產排程之改善。

・產品改良（如朝易製造性方向設計）。

・生產管理制度（如品管圈 (QCC)）。

美國加州柏克萊大學行銷學教授 David A. Aaker 則將企業經驗曲線形成原因分成學習效果、科技進步、產品改善及企業經濟規模所致。

學習曲線在應用上大致以用在高長成、附加價值高、連續製程之工業及資本密集的產業，如半導體工業、煉鋼業等，至於一些製程已成熟之產業或外購材料佔總成本很大則學習效果並不顯著。

學習曲線之計算

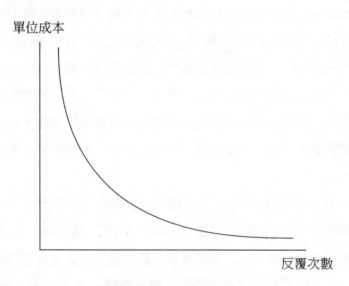

單位成本

反覆次數

圖 8-4　學習曲線

下列命題是計算學習效果之最重要的公式:

命題:

$$Y_n = Y_1 \cdot n^x$$

在此　Y_1: 第一個單位所需生產之成本

Y_n：第 n 個單位所需生產之成本

x：$\dfrac{\log L}{\log 2}$，其中 L 為**學習係數** (Learning Factor)，log 是以 10為底之自然對數

例 6 若接單生產 B–652 型零件 8 部，依過去類似零件之製造經驗，知其製造時數大致可用 80% 學習曲線來描述，據估計第一個生產約需 10 個人工小時，問(a)第 8 部完工約需多少個人工小時? (b) 8 部全部完工需多少人工小時? (c)又生產第6部至第 8 部所需之時間，(d)求生產第 6 部至第 8 部之平均時間。

解： (a) $\qquad Y_8 = Y_1(n)^x = 10(8)^x$

$\qquad x = \dfrac{\log 0.8}{\log 2} = -0.322$

$\qquad \therefore Y_8 \doteq 10(8)^{-0.322} = 5.12$ 人工小時

或由查表：學習係數 80% 下 $n = 8$ 對應之單位時間係數為 0.512 $\therefore$第 8 部零件完成需耗用 $10 \times 0.512 = 5.12$ 人工小時

(b)由查表：總時間係數為 5.346，8 部零件完成共需耗用 $10 \times 5.346 = 53.46$ 人工小時

(c)第 6 部至第 8 部間所需之生產時間為 8 部全部完工所需時間 $-$ 前 5 部全部完工所需之時間 $= 10 \times 5.346 - 10 \times 3.738 = 16.08$（小時）

(d)第 6、7、8 部之平均生產時間為 $\dfrac{1}{3}$（第 6 部至第 8 部間所需之生產時間）$= \dfrac{1}{3}(16.08) = 5.36$ 小時

我們亦可求出 Y_6，Y_7，Y_8，然後求出它們的平均數

$\qquad Y_6 = 10(6)^{-0.322} = 5.62$

$\qquad Y_7 = 10(7)^{-0.322} = 5.34$

$$Y_8 = 10(8)^{-0.322} = 5.12$$

$$\therefore \frac{1}{3}(Y_6 + Y_7 + Y_8) = \frac{1}{3}(5.62 + 5.34 + 5.12) = 5.36 \text{ 小時。}$$

在實務上，學習曲線之兩個重要參數 Y_1 與 L 有時需透過估計之方式而得知：

1. Y_1 之估計

學習曲線之應用時， Y_1 之決定是非常重要的，但有時在做第一個單位甚至前二、三個單位時，因為一些不可預期或不可抗拒之原因（例如在做第一個單位時有不預期之停工待料、設施故障……），造成耗用之時間或成本偏高，若在爾後之某個時期起較為正常時，便可用該期之資料來反求 Y_1 之替代值。

例 7　（承上例）若生產工程師發現前三個時間採用之生產方式有待修正，而決定以生產第四個單位完工所需之 4 個人工小時來估計，求第 8 個零件生產完成所需之時間為多少？

解：　在 80%學習曲線下 $n = 4$ 對應之學習係數為 0.640， $\therefore$ 第一個零件之替代的完工所需時間 t 為

$$0.64t = 4 \quad \therefore t = 6.25 \text{ 人工小時}$$

$$\therefore Y_8 = \hat{Y}_1(n)^x = 6.25 \times 0.512 = 3.2 \text{ 人工小時。}$$

2.學習係數 (L) 之估計

若企業生產活動有學習現象，則其產出量增加一倍時，其單位時間呈固定比率遞減，亦即 $\frac{Y_2 n}{Y n} \approx$ 常數，例如：生產第二個單位與第一個單位所需工時（成本……）比，生產第四個單位與第二個單位所需工時（成本……）比，若這些比值趨近某個常數，這個常數便可做為學習係數。

例 8 若組織欲引進某種生產訓練方式以提升作業員之作業速度, 經 6 次實作後, 完成時間之紀錄如下:

序號	完工時間
1	45
2	39
3	36
4	34
5	32
6	31

(a)試估算近似之學習係數。

(b)若方法工程師希望這套生產訓練方式能使作業員在第 8 次作業時只需 28 分鐘便可完工, 問這套方式能否達成其目標。

解: (a) $\dfrac{\text{#2之完工時間}}{\text{#1之完工時間}} = \dfrac{39}{45} \doteqdot 0.867$, $\dfrac{\text{#4之完工時間}}{\text{#2之完工時間}} = \dfrac{34}{39} \doteqdot 0.872$,

$\dfrac{\text{#6之完工時間}}{\text{#3之完工時間}} = \dfrac{31}{36} \doteqdot 0.861$ ∴我們估計學習係數為 0.87

(b) $x = \dfrac{\log 0.87}{\log 0.2} = -0.201$ ∴ $Y_8 = 45(8)^{-0.201} \doteqdot 29.6$ (分) > 28 分

即這套訓練方式未能達成方法工程師所訂之目標。

8.8 激勵理論與報酬

激勵理論

　　激勵是根據工作者的需要, 提供可能之報酬或獎勵以趨使工作者從事某項工作。同樣一件事情之報償, 對某些人具有激勵作用, 但對另一

些人則否，因而平添了其複雜性。因為激勵是一項既複雜又重要的工作，因此激勵理論之研究向為學術上或實務上所關注。

需求層級理論

心理學家 A. Maslow 之**需求層級理論** (Hierachy Needs Theory) 是最有名之激勵理論之一。 A. Maslow 之理論是基於：

(1)只有未滿足之需求才是人們行為之**激勵因子** (Motivator)，一旦需求被滿足後，該項需求便不再是激勵因子。

(2)需求是有層級性，亦即人們只有在較低層級需求上獲得滿足後，才會追求較高層級的需求。

在上述假設下， A. Maslow 揭櫫了人們對需求之五個層次：

1.生理需求

這是 A. Maslow 五大需求之最低層級：它是人們為延續生命，所需具備之最基本需求，包括飲食、衣著、住屋等。

2.安全需求

生理需求獲得滿足後，人們便會追求避免身體受到危害與防止工作權、財產被剝奪之需求。

3.社會需求

安全需求被滿足後，人們便追求社會之關懷、友誼等之需求。

4.被尊重需求

社會需求被滿足後，人們便趨向於為自己或他人所尊重，這種需求在內涵上包括權力、地位、自信、知識等。

5.自我實現之需求 (Self-fulfillment Needs)

人們希望充分發揮其最大潛力以達到自我滿足、發展與創造，這是 A. Maslow 需求層級中之最高者。

在應用 A. Maslow 之需求層級理論時應注意到：

- 需求層級間可能有部份重疊，人們往往不易對各種需求層級作一截然劃分。
- 每個人停留之需求層級不一（即：可能有些人終其一生均停留在生理需求層級）。
- 有些人之需求層級之順序可能有所不同。
- 對任意兩個人，即使有相同之行為並不意味著他們有相同之需求。

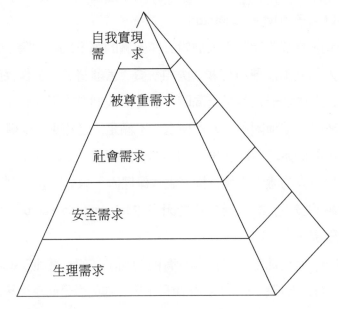

圖 8–5　A. Maslow 需求之層級性（金字塔）

Maslow 之需求層級理論給我們的啟示是：每個人都有他的需求，因此管理者必須了解工作者之需求中有那些是有待滿足，進而提供滿足這些需求之途徑，以期工作者順利達成組織賦予他們的任務。

兩因子理論

Frederick Herzberg 修正了 A. Maslow 之層級需求理論後，便提出了**兩因子理論** (Two-factor Theory of Motivation)。 Herzberg 在兩因子理論中

做了以下之假設:

(1)引起人們工作「**滿足因素**」(Satisfier) 與「**不滿足因素**」(Dissatisfier)是兩個截然不同之因素。

(2)工作滿足之反面是沒有工作滿足,而不是工作不滿足。

(3)工作不滿足之反面是沒有工作不滿足,而不是工作滿足。

在這個假設下他提出了:

1.保健因子 (Hygiene Factor)

Herzberg 稱那些能防止人們對工作不滿的因子為保健因子,保健因子通常與人們之工作環境有關,例如薪資、管理督導、工作保障、勞動條件等等,這些因子在質量均高時,便會使人們有「不致有不滿足」之感覺,若缺少了這種因子,人們便有「不滿足」之感覺。保健因子已獲得相當程度的滿足時,即便再增加(如增加薪資、更好的工作環境等)也不會產生多大的激勵作用,換言之,保健因子只能防止人們因不滿而產生負激勵的發生,故又稱為**維持因子** (Maintenance Factor)。

2.激勵因子

Herzberg 發現凡是與工作本身有關的因子(如:賞識、進步、成長的可能性、責任及成就等等)都能使員工對工作的滿足而產生正面效果,從而促進產量的增加,因此這類的因子稱之為**激勵因子** (Motivator) 或滿足因子。

基本上 Herzberg 之兩因子理論與 Maslow 需求理論在架構上是有相通之處, Maslow 較低階的需求層次中之生理需求、安全需求、社會需求與部份的被尊重需求便相當於 Herzberg 之保健因子,而其餘較高階層次的需求便相當於 Herzberg 之激勵因子。 Herzberg 之兩因子理論也受到一些人的批評,例如:

* Herzberg 當時是以會計人員、工程人員作為研究的對象,並不足以代表整體工作人員。

- Herzberg 之保健因子，如工資或工作保障等，往往卻是藍領工人的激勵因子，甚至某一因素在甲部門看來是保健因子，可是在乙部門卻是激勵因子。

不論 Herzberg 之兩因子理論或 Maslow 之需求層級理論都嫌過於簡化。

X 理論與 Y 理論

談到激勵之人性因素考量上，我們不得不談 Douglas McGregor 的 X 理論與 Y 理論；X 理論相當於我國荀子之性惡說，而 Y 理論則相當於孟子之性善說，因此這是兩個截然不同的觀點。X 理論為大多數美國企業所採管理模式之思想基礎，X 理論是植基於下列的假設：

(1)一般員工都有不喜歡工作、抗拒變化的本性，因此他們都會儘可能地逃避工作；爰此，管理者必須透過管理程序來對員工加以控制、督導、激勵與懲罰，以免員工對組織交付的任務採取消極被動或抗拒的態度。

(2)一般員工都沒有大志，不肯負責任，自我意識重，不在乎組織的需求，因此必須透過管理程序來對員工加以控制、督導、激勵與懲罰，以使員工的作為符合組織的要求。

Douglas McGregor 認為這種胡蘿蔔與棒子之理論或許對驢子有效但對人類可未必適用，因此嗣後他又提出了 Y 理論。Y 理論的假設是：

(1)一般員工在本性上並不會對組織採被動或抗拒的態度。

(2)員工與生都具有上進心、責任感以及發展潛力等的本能，不一定非要透過管理程序來對員工加以控制、督導、激勵與懲罰才能達到組織的目標，因此管理者必須去了解員工的這些特質並設法使員工發揮他們的這些特質。

(3)員工對於目標承諾的程度與該目標實現後所能獲致的報償成正比。

(4)管理的基本任務是安排好組織的狀況與運作方式。

3.獎薪

如何針對企業經營環境來建立一個合理而有激勵作用的獎薪制度一直為傳統工作系統設計者所關心。經驗告訴我們如果企業支付的獎薪偏低，將很難吸引或留住優秀的人才在組織內工作，反之將會增加用人成本而使得企業利潤降低或影響到產品的市場競爭力。因為獎薪制度一旦確定後便很難做實質的改變，因此獎薪制度在設計時莫不慎重。

企業界常用的獎薪制度在架構上包括薪資與獎工兩種。茲分述如下：

1.薪資

薪資政策之擬定與執行一般是由人事部門負責。企業會綜合經濟及社會因素、地域之物價水準、有關勞動力之供需狀況、同一或相關產業之工資給付水準及調整方式等因素來訂定一套薪資政策，每一個職位透過工作分析包括該項職位之工作內涵、該職位之責任以及完成該項職位所需之學歷、訓練、證照、工作經驗等，同時參酌工會意見、政府之最低工資標準、同一或相關產業之工資水準等等，決定各項職位之工資率。企業界常用的薪資制度大致可分**按時計酬制**(Time-based System)與**按件計酬制** (Output-based System) 兩種：

(1)按時計酬制：顧名思義按時計酬制是依員工在給付時間（如一日、一週、半月、一月等等）內所作時間數計薪的一種支薪方式，員工薪給多少與員工作業之品質與數量無關。按時計酬制雖然計算簡單但無激勵性，辦公室人員多採用此制。

(2)按件計酬制：按件計酬制是按每日直接產出計薪的一種支薪方式。企業實施按件計酬制時可能會有也可能沒有底薪，雖然按件計酬制對員工之生產量具有激勵作用，但是易使作業人員流於盲目增產而忽略了品質之缺點，同時人事部門亦不易訂定工資給付之標

準。

2.獎工制度

獎工制度 (Incentive System) 是對工作績效提昇所做的一種激勵手段，它可分個人獎工制度與集體獎工制度兩種。良好的獎工制度應該具有容易瞭解、便於計算等優點。

(1)個人獎工制度：個人獎工制度有許多形式，**直接計件制 (Straight Piece)** 是其中之一種，在這種制度下通常都定有底薪以保障工人基本薪資，企業也會訂有工作標準，工作量超出這個標準便可獲致一筆額外的報酬以茲獎勵。

(2)集體獎工制度：集體獎工制度主要可分**利潤共享 (Profit Sharing)** 與 **利得共享 (Gain Sharing)** 兩種形式，前者是在公司有利潤時將利潤中撥出一定百分比給員工作為獎金（如國內企業之年終獎金），而後者通常是根據產出之可控制成本降低之程度來計算獎金。一般而言，利得共享比較複雜因而有許多不同之獎金計畫，在美國最有名的便是所謂的Scanlon **計畫 (Scanlon Plan)**。

Scanlon 計畫是在 1930 年 Joseph Scanlon 為挽救公司免於破產所發展出來的獎工制度，它設有一個生產委員會以鼓勵員工提出改善建議來提昇生產力、降低成本、改善品質，另外還有一個由主管階層與工人代表所組成的一個**檢核委員會 (Screening Committee)**，除檢討生產問題及改善建議外還定期檢討獎金。

品質大師 Deming 基本上也認肯 Y 理論，但因為美國企業過於重視競爭，現行績效導向之獎勵制度對員工產生了一種破壞效應而使得他們產生恐懼、自衛以及外在的動機。因此一個企業可能有下列兩個目標：

(1)建立獎勵制度以表彰績效卓越、創新與特殊關懷與投入之個人或部門。

(2)創造並維持積極愉悅的工作環境以吸引培養並留住自動自發有才

能的人。

這兩個目標可能並不相容，換言之，獎勵制度會導致員工間的競爭與衝突，這勢必造成員工士氣低落，剝奪員工的工作樂趣，因而第二個目標亦就緣木求魚了。因此如何營造一個能留住員工心又能增加競爭力的工作環境實為當下企業主刻不容緩的課題。目前我們所處的是一個快速變遷的時代，不僅企業之競爭環境在變；個人尤其是不同世代間之價值觀、人生觀亦在改變中，這些都會影響到人們之工作態度與意願，在這交錯複雜之環境下，如何做好員工激勵是一個極為重要之研究方向。

作業八

一、選擇題

（請選擇一個最適當的答案，有關數值計算的題目以最接近的答案為準）

1. （ ）強調「一天合理的工作量」的是：

(A) F. Taylor (B) Gilbreth 夫婦 (C) A. Maslow (D) F. Hertzberg

2. （ ）下列那一個不是 F. Taylor 之貢獻？

(A)科學管理原則

(B)按件計酬制度

(C)工作研究之科學化

(D)動作研究

3. （ ）1973 年《工作在美國》 (*Work in America*)一書認為下列那些是美國員工不滿的原因？

(1)專業化 (2)待遇偏低 (3)裁員 (4)工作自主性漸失

(A)(1), (3) (B)(1), (4) (C)(2), (3) (D)(2), (4)

4. （ ）若方法工程師進行一項研究以了解完成 A125 號零件所需之時間，根據 10 個樣本值測得 $\bar{x} = 15$， $s = 4$，問在98% 信賴水準下，應再有幾個觀測值方能使得最大誤差不超過平均數之 10%？

(A) 26 (B) 27 (C) 28 (D) 29

5. （ ）下列關於觀察時間OT、正常時間 NT，標準時間 ST 之敘述何者為真？

(A) OT>NT>ST

(B) OT>ST>NT

(C) ST＞OT＞NT

(D)以上皆非

6. (　) 停電斷水是屬於下列何種不可避免的遲延寬放？

(A)作業寬放　(B)管理寬放　(C)機械干擾　(D)平衡寬放

7. (　) 某個經理在部屬面前動輒官腔十足以掩飾其自卑心理，其實他是為了滿足 Maslow 之:

(A)安全需求　(B)生理需求　(C)自我實現需求　(D)社會需求

8. (　) 一個對美工設計很有天份的學生，很努力地將其精力大部份放在系報與壁報比賽上，那麼他是為了滿足 Maslow 之:

(A)安全需求　(B)生理需求　(C)被尊重需求　(D)自我實現需求

9. (　) 某作業的評比係數為 1.10，寬放率為 20%，經 10 次測時，其作業時間（單位為分鐘）分別為: 2.41, 2.39, 2.37, 2.40, 2.36, 2.42, 2.39, 2.40, 2.40, 2.38，則其標準時間為:

(A)小於 2.5

(B)介於 2.5 與 3.0 之間

(C)介於 3.0 與 3.5 之間

(D)介於 3.5 與 4.0 之間

10. (　) 下列那一項技術最不適合用來設定裝配作業的標準時間？

(A)馬錶測時法

(B)標準資料法

(C)預定動作時間法

(D)工作抽查法

11. (　) 試行觀測某一操作單元 10 次，結果觀測時間依次為 50, 45, 52, 42, 47, 55, 54, 49, 44, 48 秒如欲使平均觀測值達到 95% 信賴水準（查標準常態分配表得 $z = 1.96$）和 ±5% 的期望精確度，則需再補多少次觀測？

(A) 0　(B) 2　(C) 5　(D) 10

12. (　) 續第 11 題。若再補 m 次觀測之後，則總觀測次數變成 $n = 10 + m$。經計算結果，n 次觀測平均時間為 48 秒。已知被觀測者的評比係數為 0.9，每工作天上班 8 小時，其中總寬放時間為80 分鐘，該操作單元的標準時間為多少秒?

　　(A) 38.46　(B) 43.20　(C) 48.38　(D) 51.48

13. (　) 在繪製學習曲線時，令 Tn 代表生產第 n 件的工時，若將其對數化，即縱座標為 $\log Tn$，橫座標為 $\log n$，則對數化後變成:

　　(A)斜率為正值，截距為 $\log T_1$ 的直線

　　(B)仍為曲線

　　(C)斜率為負值，截距為 $\log T_1$ 的直線

　　(D)斜率為負值的折線

14. (　) 臺北公司生產某種產品有學習現象存在。已知生產第一件需要 15 小時，學習率為 80%，公司按時計酬，工資率為每小時300 元，公司計畫以總人工成本的 3 倍報價。若某顧客訂該種產品 5 件，公司可以每件平均多少元對顧客報價:

　　(A) 8,948　(B) 9,872　(C) 10,091　(D) 12,035

15., 16.假設寬放時間應用在整個工作時段內。

15. (　) 某方法工程師進行碼錶時間研究，得30 個觀測資料，算出 $\bar{x} = 40$ 分，$s = 6$分，評比因素PF $= 90\%$，結果算出 ST $= 32$ 分，則寬放因素 AF 等於:

　　(A) $\dfrac{1}{9}$　(B) $\dfrac{1}{8}$　(C) $\dfrac{1}{6}$　(D) $\dfrac{1}{10}$

16. (　) 設某項工作可分 A，B，C 三個動作，各經 3 次觀查測得動作時間如下表:

動作	1	2	3
A	10	12	8
B	12	11	10
C	9	10	11

若 A, B, C 之 PF 分別為 120%, 100%, 90%, AF 均為20%。

則該項工作之標準時間 ST 為:

(A) 40　(B) 38　(C) 36　(D) 35

17.（　）若已知一工作能用學習曲線來完全擬合 (fit)，已知做第一件工作需時 125 分鐘，第二件工作需時 100 分鐘，則下列敘述何者為真？

(A)完成第三件工作需時約 88 分鐘

(B)完成前三件工作總共約需時 313 分鐘

(C)前面三件工作平均每件完成時間約為 104 分鐘

(D)以上皆真

18.（　）下列 4 條學習曲線之學習係數為 90%, 80%, 70%, 60%，則:

(A) a 為 90% 學習曲線

(B) b 為 90% 學習曲線

(C) c 為 90% 學習曲線

(D) d 為 90% 學習曲線

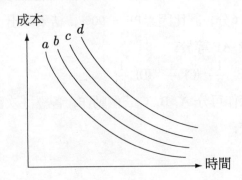

19.（　　）某方法工程師想用學習曲線來預測某項新工作之工時，經觀察
樣本資料後，發現前 3 次工作因作業生疏、停工修機等因素直
到第 4 次完工時間才屬正常，並決定以第 4 次工作時間 16 小
時來估計第 1 次工作之替代完工時間，如此可預測第 8 個工作
完成時間為（假定學習係數為80%）：
(A) 10 小時　(B) 13 小時　(C) 15 小時　(D) 18 小時

二、問答題

1. 試指出 F. Taylor 之貢獻四項，並請參閱《追求卓越》那本書對 Taylor
之批評。

2. 請用流程程序圖說明大掃除中「掃地的動作」（拿掃把→掃地→放到
垃圾筒）

3. 用你的話以最簡單的方式說明：
(1) X 理論　(2) Y 理論　(3)工作擴大化　(4)工作豐富化　(5)社會科技
系統

4. 如果你是公司之人力資源部經理，你應如何激勵公司員工？

5. 何謂標準時間？它有何重要性？

6. 何謂寬放？如何用它計算標準時間？

7. 何謂預定時間標準 (PTS)？它有何優點？

8. 何謂學習效果？為什麼會有學習效果？試列舉三種學習曲線之應用例
子。

9. 解釋 Maslow 之層級需求理論。

10. 簡要說明利潤共享與利得共享之區別。

第九章 整體生產規劃與控制

9.1 整體規劃

製造業生產規劃之階層性

公司經理部門不論是生產部門、行銷部門、財務部門都必須在**公司策略規劃** (Corporate Strategy Planning) 下進行許許多多的規劃以推動自身業務。

什麼是策略規劃呢？依照 George Steiner 之定義，策略規劃是企業為規劃資源的取得與使用之有關的政策與策略以達到企業主要目標的過程。策略規劃建構在企業的基本社會經濟目的、高階主管的價值觀與經營哲學，以及企業對其所處內外環境之強處與弱處上，通常包括以下幾個要項：

- 產品線計畫。
- 產品品質水準。
- 產品定價策略。
- 產品市場競爭策略，如：市場滲透策略等。

企業之生產部門必須在公司策略規劃下，規劃不同層次的製造活動，我們按**規劃期間** (Planning Horizon) 長短可分**長程規劃** (Long-range Planning)、**中程規劃** (Medium-range Planning) 及**短程規劃** (Short-range Planning) 三種，它們所規劃的內容、作業層級也都不一樣。

1.長程規劃

長程規劃的規劃期間通常是一年以上，每年多會進行檢討修訂。長程規劃在本質上是公司策略規劃下的產物，包括：

- 廠址規劃。
- 佈置規劃。
- 產能規劃。
- 工作系統規劃。
- 產品規劃。

2.中程規劃

中程規劃的規劃期間通常是一年以下兩個月以上，經辦的經理部門每個月多會對其進行檢討修訂，包括：

- 僱用。
- 產出。
- 存貨。
- 轉包。
- 缺貨訂單。

3.短程規劃

短程規劃的規劃期間通常是兩個月以下，包括：

- 機器負荷。
- 工作指定。
- 工序。
- **缺貨訂貨** (Backorder)

由上面的架構中不難看出製造業的生產規劃具有**階層性** (Hierarchical)，亦即長程規劃的結果將會圍限中、短程規劃之擬訂，而中程規劃的結果則會影響到短程規劃之訂定，因此在實務上往往表現出以下的特色：

⑴組織中階級愈高者愈趨向於處理長程規劃，階級愈低者愈趨向於處理短程規劃。

⑵組織中之高階管理者利用整體資訊來處理高層次的決策，而現場工作者則用更詳細而具體的資訊，以從事較低層次的現場作業決策。

整體規劃的意義

整體規劃 (Aggregate Planning) 顧名思義是以**宏觀的方式** (Macro Approach) 對企業之產品或服務之整體為對象所作之中程產能規劃，換言之，整體規劃的對象是整個生產線而不是個別產品，這是整體規劃最重要的特色。由整體規劃可分解出之**主生產排程** (Master Production Schedule，簡記 MPS)，這才是以個別產品別所做的短程生產規劃，我們將在 9.3 節介紹 MPS。企業為什麼要進行整體規劃呢？除非一個企業只生產一種產品，它可不須做整體規劃外，否則在產能規劃時，應考慮到企業所有產品或服務整體的產能，如此才能判斷工廠之產能規劃是否符合公司之策略目標。如果公司對每個產品都做一個極為詳盡的規劃，勢必耗用大量的時間與人力去維護更新每個計劃的資料，這樣可能極不經濟；另從系統的角度來看，企業整體產能優化遠比某幾個產品之產能達到優化來得有意義，我們在第二章中已一再強調這個重要觀念。

整體規劃的目標

企業之產能與市場需求間必定存在著某種程度的落差，因此整體規劃的目的即在透過經濟的手段去發展一套生產計畫，以使得規劃期間之產能能與預期需求大致相等，亦即達到產銷平衡的境地；同時生產部門亦能根據預期需求來調整其生產水準、存貨水準、勞動力水準等等，以使得生產成本為最小。具體而言，企業之整體規劃應能達到以下之數種

目標:

- 生產成本為最小。

- 存貨最小。

- 顧客服務最週全。

- 工廠與設備之使用率為最大。

- 生產率改變程度為最小。

- 勞動力水準變化為最小。

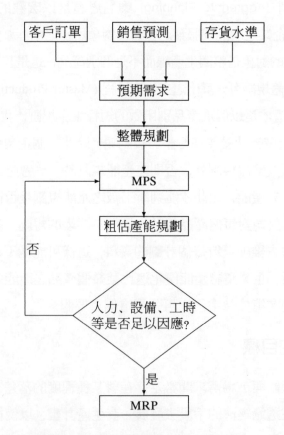

圖 9-1　整體規劃之基本架構

整體規劃的投入

　　生產部門擬定整體規劃時，通常需邀集行銷、財務、採購、工程等部門共同進行研擬、規劃，否則不僅無法打贏企業之「整體戰」，也喪失了整體規劃之原意。圖 9–2 為整體規劃時各會辦部門需提供以下之資訊：

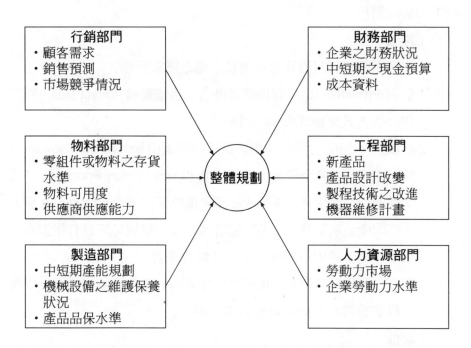

圖 9–2　整體規劃與組織其他部門之關係

9.2 整體規劃之策略

整體規劃之決策變數

整體規劃下企業可使用的決策變數極為廣泛，我們可從需求與產能兩方面加以剖析：

1.需求

我們可用促銷、訂價等方式調整市場之需求形態：

(1)**促銷**(Promotion)：企業得透過廣告、**直接郵購** (Direct Mail，簡記 DM) 等方式來達成促銷之目的。

(2)**訂價**(Pricing)：企業除常用之**折扣與折讓**(Discount and Allowance)外，亦得在尖峰時段實施**差別訂價** (Discriminatory Pricing) 以紓緩尖峰時段之需求量，產品或服務之**價格彈性** (Price Elasticity) 愈大（亦即產品或服務之價格對顧客需求量或購買頻率具有相當高之敏感性時）差別訂價的效果也就越加顯著。

(3)其它：包括缺貨訂貨、創造新的需求等。近年來觀光果園、學校之推廣教育均為創造新的需求之例子。

2.**產能**

我們亦可從調整產能的方式來改變企業之市場供給面：

(1)我們可用：**僱用／解僱**(Hire/Fire Workers)、**加班／閒置時間** (Overtime/Slacktime)或**兼職工人** (Part-time Workers)，等方式來調整勞動力。

(2)外包：當產品或服務之需求突然大增時，外包是一個很可行的方法，但企業在實施外包的時候，應考慮到以下幾個問題：

①專業考量: 外包出去的工作之專業性如何?

②品質考量: 外包出去的工作之品質要求水準為何? 承包商水準
又如何?

③成本: **內製還是外包**(Make or Buy) 之成本效益比較, 損益平
點分析是可用之分析工具之一。我們將在 12.3 節作詳盡之討
論。

(5)存貨: 當市場需求發生變動時, 若以調整存貨水準來吸收變動, 可
不必調整生產速率, 因而不必修改生產計畫表, 也不必考慮加班
或僱工等問題。但存貨多了會積壓資金卻是一項很重要之考量。

整體規劃之四個策略

企業可藉由勞動力水準、工作時數、存貨以及**未撥量**(Backlogs) 之
調整或組合以進行整體規劃, 因此企業之整體規劃在策略上大致可歸納
成下列幾種:

1.追逐策略 (Chase Strategy)

需求增加（例如訂單增加時）時, 企業可以增加僱用員工, 需求減
少（例如訂單減少時）時, 企業可以減少僱用員工, 這種以增減員工的
方式來解決需求波動的策略稱為追逐策略。

2.平穩策略 (Level Strategy)

在一定的勞動力水準及生產率下, 藉由存貨水準的調整、未撥訂單
或銷貨損失等方式來解決缺貨或超額需求之策略稱為平穩策略。

3.彈性策略

透過彈性的排程或加班以增加勞動小時數, 裨使產出水準能符合訂
單的需求, 這種策略稱為彈性策略。

4.外包策略

將一部份業務委外生產, 以增加企業產能, 這種策略即是外包策略。

我們將在第十二章中針對外包作進一步之討論。

企業在因應需求變動時，只採用上述其中一種策略，我們稱這個企業是採用**單純策略**(Pure Strategy)，否則便為**混合策略**(Mixed Strategy)。實務上，企業多採混合策略來因應需求變動。

整體規劃的成本

既然企業是藉由勞動力水準、工作小時數、存貨以及未撥量之調整或組合來進行整體規劃，因而整體規劃的成本可分成以下幾種：

1.生產成本

包括生產產品所發生的固定成本與變動成本，也包括直接與間接的勞工成本以及正常班與加班的費用。

2.存貨成本

包括訂購成本、儲存成本等等，我們將在第十章對存貨有關之成本及其最適化的問題進行探討。

3.人事成本

包括員工薪資、聘僱、訓練及解僱費用。

4.未撥訂單成本(Backlogging Cost)

包括跟催成本、商譽損失、未撥訂單所造成的銷售損失等等。

例1　本公司將於明年一月起將#2031零件由外購改為內製，經綜合行銷部門，生產部門，採購部門及人事部門提供相關數據，並彙整如下：

月份	需求預測	工作日數
1	2,000	25
2	1,600	20
3	1,800	25

成本	
原料	$30／單位
存貨持有成本	$1／單位
缺貨成本	$3／單位
轉包成本	$40／單位
聘用與訓練成本	$45／人
解僱成本	$80／人
正常時間工資	$5／小時
加班時間工資	$3／小時

假設：(1)一月份之期初存貨 400 個單位

　　　(2)安全存貨係數 $\alpha = 0.1$（即安全存貨量為該月需求量之 10%）

　　　(3)現有作業人數為 38 人

　　　(4)每生產一單位零件需 4 小時

根據上述資料

(a)試決定一至三月份之整體規劃（即各月之生產量多少？），

(b)若公司採追逐策略（即只用增聘或解僱方式來調整產能）則所需耗用之總成本是多少？

(c)若公司採存貨調整策略，則總成本又是多少？

(d)比較(b), (c)之結果，公司應採那一種策略為宜？

解： (a)整體規劃

月	(1) 期初存貨	(2) 需求預測	(3)=(2)×0.1 安全存量	(4)=(2)+(3)−(1) 生產量
1	400	2,000	200	1,800
2	200	1,600	160	1,560
3	160	1,800	180	1,820

(b)追逐策略

(1)月	(2)生產量	(3)= (2)×4 生產所 需時數	(4)每月工 作天數	(5) =(4)×8 每人每月之 正常工作時間	(6) =(3)÷(5) 所　　需 作業人員數
1	1,800	7,200	25	200	36
2	1,560	6,240	20	160	39
3	1,820	7,280	25	200	37

(7) 增聘人數	(8) =(7)×45 聘用成本	(9) 解僱人數	(10) =(9)×80 解僱成本	(11) =(3)×5 正常時間工資
0	0	2	160	36,000
3	135	0	0	31,200
0	0	2	160	36,400
小計	135		320	103,600
	(12)		(13)	(14)

因此, 本公司若採追逐策略, 則需總成本為

$(12) + (13) + (14) = \$104,055$。

(c)存貨調整策略

(1)月份	(2)每月工 作天數	(3) = (2) × 8 × 38 可用之 工作時數	(4)= (3) ÷4 實際產量	(5) 需求 預測	(6) 期初 存貨
1	25	7,600	1,900	2,000	400
2	20	6,080	1,520	1,600	300
3	25	7,600	1,900	1,800	220

(7) =(4)+(6)-(5) 期末 存貨	(8) 缺貨 數	(9) =(8)×3 缺貨 成本	(10) 安全 存量	(11) =(7)-(10) 超額 存貨	(12) =(11)×1 存貨 成本	(13) =(3)×5 正常時 間工資	(17) =(14)+(15)+(16) 總成 本
300	0	0	200	100	100	38,000	
220	0	0	160	60	60	30,400	
320	0	0	180	140	140	38,000	
	小計	0			300	106,400	106,700
		(14)			(15)	(16)	

因此,若採取調整存貨之策略,則需總成本$106,700

(d)調整存貨策略所用之總成本較小,故用調整存貨策略。

9.3 整體規劃之分解

主生產排程

在本章一開始我們就指出,整體規劃是對企業之產品或服務為對象所作之宏觀的生產規劃,整體規劃完成後必須轉換成**主排程**(Master Schedule,又譯作日程安排總表),在主排程中將要顯示個別產品(通常是最終產品)產銷之重要資訊,包括個別產品之需求與交貨時間。有了主排程,我們才好進一步規劃出個別產品之實際生產運作——**主生產排程** (Master Production Schedule,簡記MPS)。

在主排程編製中,將有三個資訊要投入:

(1)期初存貨。

(2)主排程規劃期間之每期預測需求量。

(3)訂單:這是我們必需交貨給顧客之數量。

在主排程中，某期之需求量是取某期預測需求量與訂單之較大者。根據下面之直覺而熟悉的公式：

本期預計存貨 ＝ 本期期初存量 － 本期需求

上期期末存貨 ＝ 本期期初存貨

在上面第一式中，因為主排程不考慮到生產量這個因子，因此式中沒有生產量之項次。我們逐期計算各期之預計存貨直到有一期之預計存貨為負的為止，預計存貨為負時便意味著要生產以補充存貨，此時便將步入 MPS 階段。MPS 是企業施行**物料需求規劃** (Material Requirement Planning, 簡記MRP) 之重要輸入資訊。

主排程之最重要資訊有二：一是**需要多少** (How Many)； 一是**何時需要** (When)，茲分述如下：

1.需要多少？

在主排程中之未來需求來自公司市場預測、客戶訂單、來自公司其他部門所下之訂單以及公司存貨政策（如安全存量、季節性存貨等等），不同之行業對這些未來需求又有不同之偏重，例如依存貨方式製造之企業的未來需求可由過去需求預測而得；又如依訂單方式製造之企業之未來需求是由客戶訂單加總而成的；也有許多企業之未來需求是這兩者之混合。

2.何時需要？

主排程在編製時通常要將**排程期間**(Schedule Horizon) 劃分成若干時期或是**時距** (Time Buckets)，這種時距常是以星期為單位，每個時距不需等長，一般而言，主排程之前幾期可用星期為單位，後幾期可用季或月為單位。

在編製主排程時要考慮到前置時間 (LT)，製造業之前置時間包括零

組件或原料等採購之前置時間以及製造上之前置時間，因此在主排程所考慮的前置時間，必需是採購之前置時間與製造上前置時間之和。

粗估產能規劃

　　一旦整製體規劃完成後接著就到達編擬 MPS 之階段，因為工廠之產能有一定之限制，因此剛完成之 MPS 初步之底稿必須滿足倉儲設施、勞動力水準、供應商之供貨能力等產能限制，否則必須變更排程。這就是**粗產能規劃**(Rough-cut Capacity Planning) 之功用，換言之，MPS 之初步底稿必須通過粗產能規劃之考驗才有付諸實踐之可能性。

9.4　整體規劃之方法

　　根據前兩節我們對整體規劃的意義、資訊投入等項之了解，不難推知企業在作整體規劃時大致遵循下列程序：估計出規劃期內每期的需求，同時求出規劃期內每期的正常時間、加班時間及轉包下之產能，然後根據組織對整體規劃所採之策略（如追逐策略等）計算出所採策略下之總成本，總成本最小的規劃方案自然是規劃者之選擇。

　　整體規劃所採用之分析方法有許多種，我們在此作一簡介。

1.圖解法

圖解法大致有累積曲線圖與按期之產出／需求圖兩種（參見例 2）。惟在使用累積曲線圖時，需注意到圖上所顯示的意義。

　　在 0 到 t_1 時，產量 > 累積需求，因此這一段時期之斜線部份表示存量，在 t_1 到 t_2 時，累積需求 > 產量，故這一段時期之斜線部份表示缺貨訂貨，同理 t_2 到 t_3 間有存貨發生，超過 t_3 期後又有缺貨訂貨之情形。

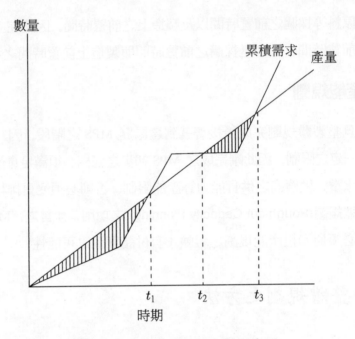

圖 9-3　整體規劃之累積曲線圖

例 2　下表是某公司對明年一至四月份之預測需求量與生產量。

	一月	二月	三月	四月
預測需求量	150	300	400	350
計畫生產量	300	300	300	300

(a)試繪每時期之需求水準以及每日平均需求。

(b)若一月、二月、三月、四月之生產日數分別為 25 日、20 日、24 日及 25 日，試繪各月份之每日需求水準以及平均每日需求。

解: (a)

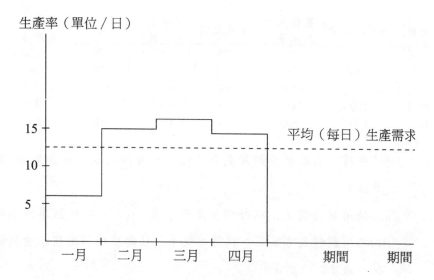

(b)

月份	預測需求	生產日數	每日生產需求
一月	150	25	6
二月	300	20	15
三月	400	24	17
四月	350	25	14
小計	1,200	94	

$$平均生產需求 = \frac{規劃期間預測需求之總和}{規劃期間之生產日數}$$

$$= \frac{1,200}{94} = 13$$

　　例 2 之資料亦可用累積曲線圖來表現存貨水準與預測需求量間之關係。這也是整體規劃常用手法之一。

例 3　下表是某公司未來 5 個月之產銷預測。

月份	預測需求量	累積預測需求量	生產日數	累積生產日數	計畫生產量	累積計畫生產量
一月	115	115	25	25	120	120
二月	130	245	20	45	120	240
三月	120	365	24	69	115	355
四月	120	485	25	94	120	475
五月	100	585	24	118	110	585

(a)試根據上表編製整體規劃表（假定一月份之期初存量為 10 個單位）

(b)若公司有方案 I，以每個生產日生產 $\frac{585}{118} = 4.96$ 個單位而將 (a)之規劃稱為方案 II，試將方案 I、II 與累積預測需求量同放在一表上。

解: (a)

	一月	二月	三月	四月	五月
需求量	115	130	120	120	100
期初存貨	10	15	5	0	0
計畫生產量	120	120	115	120	110
期末存量	⑮	⑤	⓪	⓪	10

(b)為了便於繪圖計，我們可將有關資訊放到下表（小數點下四捨五入）

日　　期	0	25	45	69	94	118
累積需求		115	245	365	485	585
累積產量						
方案 I	10	134	233	352	476	595
方案 II	10	130	250	365	485	585

讀者可自行將累積需求與方案 I、II 之累積產量資料畫在同一圖中。

在上例(a)裡，我們應用到二個常用之觀念：

(1)期末存量 = 期初存量 + 計畫生產量 − 需求量。

(2)第 i 期之期末存貨 = 第 $i+1$ 期之期初存貨。

例 4　某公司為其未來五季之銷售進行預測，結果如下：

時期	1	2	3	4	5	
預測	160	120	220	260	240	1,000

會計部門提供有關之成本數據：

生產量：正常時間每月 200 個單位

正常時間：$3／單位

加班　　：$4／單位

外包　　：$6／單位

存貨　　：$2／單位

接受訂貨：$5／單位

假設：時期 1 之期初存貨為 0，且每一時期之產出率均為 200 單位。

試據上述資料編製整體規劃。

解：

時期	1	2	3	4	5	總計
預測需求量	160	120	220	260	240	1,000
生產						
正常時間	200	200	200	200	200	1,000
加班	–	–	–	–	–	
外包	–	–	–	–	–	
產銷差額	40	80	(20)	(60)	(40)	0
存貨						
期初	0	40	120	100	40	
期末	40	120	100	40	0	
平均存貨	20	80	110	70	20	300
接受訂貨	–	–	–	–	–	
勞動力成本						
正常時間	600	600	600	600	600	3,000
加班	–	–	–	–	–	–
外包	–	–	–	–	–	–
存貨成本	40	160	220	140	40	600
接受訂單	–	–	–	–	–	
總　　計	640	760	820	740	640	3,600

在上例中，有幾個觀念說明如下：

(1)產銷差額：所謂第i期產銷差額是指第i期之生產量減去第i期之預測量，而生產量則包括(1)正常時間；(2)加班時間及(3)外包之生產量的總和。

(2)平均存貨：第i期平均存貨是第i期之期初存貨與該期期末存貨之平均值。

(3)第i期期末存貨等於第i期期初存貨 ＋ 第i期生產量 － 第i期預測量 ＝ 第i期期初存貨 ＋ 第i期之產銷差額；產銷差額中括弧內的數字表示需求量 ＞ 生產量中之差額部份。此部份之數量假定需在下期中補足。

★ 9.5 線性規劃在整體規劃上之應用

E. H. Bowman 應用線性規劃(LP) 中之運輸問題來解決整體規劃中之最適化問題，因為運輸問題之供給量等於需求量，若此條件不能被滿足時，通常須加一個「**啞變數**」(Dummy Variable)，因此在 Bowman 之模式產能中就有一欄為「**未用產能**」(Unused Capacity)，其作用就相當於運輸問題之啞變數。為了易於了解起見，我們假設整體規劃之期數只有 3 期。

步驟 1.

　　1.1 依給定資料填入全部產能行以及需求列之各格中；

　　1.2 然後將全部產能行「拷貝」到未用產能行各格之左下角。

步驟 2.在第一行（即第一期）：儘可能將產量配置到該行中成本最小的格子中，惟其配置的產量數字不得超過該格產能列與需求量之最小數字。

步驟 3.將該列之未用產能減去配置數（若結果為負，則表示配置方案不

可行）。

步驟4.若步驟 3 之結果中需求量有多出來的量時，可將產量儘可能配置
到第一行之第 2 個最小成本之格中，以此重複操作直到第 1 行
之需求量均被滿足。

步驟5.在第二行（即第二期）：重複步驟 2，3，4。

需求期數 產能期數		期別			產能	
		1	2	3	未用產能	全部產能
期初存貨		0	h	$2h$	0	I_o
1	正常時間	r	$r+h$	$r+2h$	0	R_1
	加班	v	$v+h$	$v+2h$	0	V_1
	外包	s	$s+h$	$s+2h$	0	S_1
2	正常時間	$r+b$	r	$r+h$	0	R_2
	加班	$v+b$	v	$v+h$	0	V_2
	外包	$s+b$	s	$s+h$	0	S_2
3	正常時間	$r+2b$	$r+b$	r	0	R_3
	加班	$v+2b$	$v+b$	v	0	V_3
	外包	$s+2b$	$s+b$	s	0	S_3
需求		D_1	D_2	D_3+I_3		總計

在此　r: 正常時間之單位生產成本

v: 加班時間之單位生產成本

s: 外包時間之單位生產成本

b: 每期延期交貨之單位成本

R_i: 第i期之正常產能

V_i: 第i期之加班產能

S_i: 第i期之外包產能

D_i: 第i期之需求量

I_o: 期初產能

例 5

時　　　期	1	2	3
需求	800	600	1,000
產能			
正常時間	450	450	450
加班	130	130	130
外包	150	150	150
期初存貨	320		
成本			
正常時間	$20／單位		
加班時間	$30／單位		
外包成本	$45／單位		
存貨成本	$5／單位／時期		

試: (1)根據上述資料以 LP 法做一整體規劃。

　　(2)計算(1)所得結果之對應成本。

　　(3)問第三期期末存貨是多少?

解: (1)本例是在工作力一定, 不考慮僱用及解僱成本及**不補貨** (Without Backorder) (因此不考慮缺貨成本) 之假設下進行規劃。

　　(2)現在我們可計算各月之有關成本:

一月：　$0 \times 320 + 20 \times 450 + 30 \times 30 = \$9,900$

二月：　$35 \times 20 + 20 \times 450 + 30 \times 130 = \$13,600$

三月：　$35 \times 130 + 50 \times 40 + 20 \times 450 + 30 \times 130 + 45 \times 150 = \$26,200$

		第一期	第二期	第三期	未用產能	全部產能
期初存貨		0 / 320	5	10	0 / 320　0	320
1	正常時間	20 / 450	25	30	450　0	450
	加班	30 / 30	35 / 20	40	130　80　0	130
	外包	45	50	55	150　100　0	150
2	正常時間		20 / 450	25	450　0	450
	加班		30 / 130	35 / 130	130　0	130
	外包		45 / 40	50	150　100	150
3	正常時間			20 / 450	450　0	450
	加班			30 / 130	130　0	130
	外包			45 / 150	150　0	150
需求		800	600	900 + 100 = 1,000	110	2,510

(3)由上表第三期需求量可看出第三期之期末存貨為 100 個單位。

★ 9.6　線性決策模式

　　線性決策模式 (Linear Decision Model) 是美國卡內基美隆大學 (Carnegie Mellon University) 之 C. Holt、 F. Modigliani、J. Muth 與 H. Simon 在五○年代發展出來的解決整體規劃之數學模式。線性決策模式是利用三個**二次成本函數** (Quadratic Cost Function) 將正常費用、僱用、解僱、加班及存貨之總成本極小化，利用微積分可導出下列兩組線性方程式，這就是線性決策模式名稱的由來。

$$P_t = (aF_t + bF_{t+1} + cF_{t+2} + \cdots + lF_{t+11}) + mW_{t-1} + nI_{t-1} + p$$

$$W_t = (qF_t + \cdots + wF_{t+11}) + xW_{t-1} + yI_{t-1} + z$$

　　在此　$a, b, c \cdots x, y, z$ 為常數

　　　　$P_t =$ 次月 t 之生產水準

　　　　$W_{t-1} =$ 上月之**工作力** (Work Force)

　　　　$I_{t-1} =$ 上月底之存貨水準

　　　　$F_t = t$ 月之預測

例 6　中華製造公司之系統工程師欲用線性決策模式來預測次月之生產水準與工作力水準。根據會計資料，系統部門估計 $a = b = \cdots = l = 0.05$，　$q = \cdots = w = 0.02$，　$m = 0.5$，　$n = 0.1$，　$p = 40$，$x = 0.5$，　$y = 0.4$，及 $z = 15$，上個月之生產水準為 200 個單位，上個月底之存貨水準為 40 個單位，工作力水準為 80 個作業員，未來 12 個月之每月預測需求量均為 250 個單位。試決定次月之生產力水準與工作力水準。

解：

$$P_t = (aF_t + bF_{t+1} + cF_{t+2} + \cdots + lF_{t+11}) + mW_{t-1} + nI_{t-1} + p$$

$$= \underbrace{(0.05 \times 250 + 0.05 \times 250 + \cdots + 0.05 \times 250)}_{12\ \text{個}} + 0.5 \times 80 + 0.1 \times 40 + 40$$

$$= 234$$

$$W_t = (qF_t + rF_{t+1} + \cdots + wF_{t+11}) + xW_{t-1} + yI_{t-1} + z$$

$$= \underbrace{(0.02 \times 250 + 0.02 \times 250 + \cdots + 0.02 \times 250)}_{12\ \text{個}} + 0.5 \times 80 + 0.4 \times 40 + 15$$

$$= 131$$

　　線性決策模式必須在二次成本函數之假設下進行運算，造成它在使用上的侷限性，此外，它在建構過程中必須蒐集相關之成本資料，以建立模式中的參數，其計算結果可能會不可行或不切實際，應是這個模式最大的缺點。

作業九

一、選擇題

（請選擇一個最適當的答案，有關數值計算的題目以最接近的答案為準）

1.（　）對整體規劃的描述，下列何者有誤？
(A)可以用線性規劃的方法求解
(B)可以追求產能供需的平衡
(C)可以用來規劃公司的生產規模
(D)可以精確估計個別產品的生產計畫

2.（　）將整體規劃進一步分解可得：
(A)日程安排總表　(B)產品不良率
(C)製造資源規劃　(D)顧客需求量預測

3.（　）企業執行 (i)物料需求計畫、(ii)整體規劃，及 (iii) 市場需求預測，以上三項活動合理的執行先後順序為
(A) ii→ i→ iii　(B) iii→ i→ ii
(C) ii→ iii→ i　(D) iii→ ii→ i

4.（　）下列何者不屬於調整產能供給的方法：
(A)加班或減班
(B)外包
(C)調整產品的訂價政策
(D)雇用或辭退員工

5.（　）假如某一產品未來4個月的需求量分別為 175、235、270 與 220 單位，其生產方式可分為正常生產、加班生產與外包生產三種

選擇，同時其生產成本與產能資料如下表所示。其持有成本為每月生產成本的 10%，試以運輸方法決定其最小成本的生產計畫中，第 1 個月的生產計畫應為多少？

生產方式	製造成本（每月）	產能（每月）
正常生產	75	200
加班生產	85	50
外包生產	100	100

(A)正常生產 ＝ 150 單位，加班生產 ＝ 50 單位

(B)正常生產 ＝ 100 單位，外包生產 ＝ 75單位

(C)正常生產 ＝ 200 單位

(D)正常生產 ＝ 175 單位

6.（　）續第 5 題，其最小總成本應為多少？

(A) 68,857.5　(B) 90,265.6　(C) 2,586.5　(D) 4,725.8

7.（　）在下列的成本類別中，那些是整體生產計畫所可能需要考量的類別？

(1)缺貨成本(2)存貨庫存成本(3)生產率改變成本(4)運輸成本

(A)僅(1)與(2)　(B)僅(1)、(2)與(3)

(C)僅(1)、(2)與 4　(D)(1)、(2)、(3)、(4)皆是

8.（　）就下列與生產相關的功能，其導出之先後順序為何？

(1)物料需求計畫

(2)整體生產計畫

(3)市場需求估計

(4)主生產排程

(A)(1)-(2)-(3)-(4)　(B)(2)-(3)-(1)-(4)

(C)(3)-(1)-(2)-(4)　(D)(3)-(2)-(4)-(1)

9. (　) 針對解決浮動需求的整體生產計之策略而言，那一項是最合適的答案？

(1)改變生產率

(2)存貨平滑化

(3)需求轉移

(4)改變工作人力

(A)僅(1)　(B)僅(3)與(4)　(C)僅(2)、(3)與(4)　(D)(1)、(2)、(3)、(4)皆是

10. (　) 下列有關整體規劃的敘述何者不正確？

(A)整體規劃是一個短期規劃

(B)整體規劃之對象是個產品線

(C)整體規劃完成後必須轉換成主排程

(D)主排程完成後，便須規劃 MPS

11. (　) Backordering 表示：

(A)提前發出訂單

(B)延後發出訂單

(C)提前交貨

(D)缺貨訂貨

12. (　) 整體規劃藉由存貨水準來調整缺貨或超額需求之策略稱為

(A)追逐策略　(B)平穩策略　(C)彈性策略　(D)外包策略

二、問答題

1.(a)根據下列資料做整體規模之 LP 模型

時　　期	1	2	3
需求	700	900	800
產能			
正常時間	320	300	320
加班	150	180	150
外包	150	180	180
成本			

　　　　　　正常時間：$10／單位

　　　　　　加班時間：$12／單位

　　　　　　外包時間：$11／單位

　　　　　　期初存貨： 10 單位

　　　　　　存貨成本：$2／單位／時期

(b)求(a)所得結果之成本。

(c)第三期之存貨多少？

2.參改例1, 若需求預測改變, 即

月份	需求預測
1	1,500
2	1,200
3	1,800

　　且期初存貨為 100 個單位, 現有人數仍為 38 人, 但在 2 月份, 3 月份各有 2, 3 人退休, 試重做例 1 之(b)～(d)。

3.本公司明年前 3 個月之產銷預測為

月份	需求量	生產日數	生產量 方案 I	方案 II
1	100	25	90	每日生產量
2	150	20	140	為 6 個單位
3	200	25	190	

若今年 12 月底之存貨為 20 個單位。

試繪出兩個方案整體規劃之累積曲線圖，並指出何時為缺貨。

第十章 存貨管理

10.1 存貨管理的意義及範圍

存貨的形式

存貨是指貯存為日後使用或銷售之物品，就形式而言，它可分為**原材料** (Raw Material)、**在製品** (WIP)、**成品** (Finished Goods) 及消耗品、工具等。一個企業不論它是製造業或服務業，存貨都佔企業資產相當大的比率，因此存貨管理備受業界與學界的重視。 1915 年 F.W. Harris 建立了**經濟訂購批量** (Economic Order Quantity，簡記EOQ) 模式後，歷經許多研究，使得存貨理論這個 POM 古老課題已成為研究成果極為豐碩之專業領域，但近年來這個古典的理論已受到一些不同思維角度下所產生之全新的觀念，如及時系統 (JIT)、物料需求規劃 (MRP) 強烈的挑戰而漸褪光環。

相依需求與獨立需求

存貨項目可因彼此間之需求量是否有影響而分成**相依需求** (Dependent Demand) 與**獨立需求** (Independent Demand) 兩種：若一個存貨項目與其他存貨項目之需求無關者稱為獨立需求，否則即為相依需求。在相依需求下存貨項目之需求關係往往可用**產品結構樹**(Product Strncture Tree, 簡記PST) 表達出來，下章之物料需求規劃 (MRP) 就是處理相依存貨訂

購與排程之利器，下面我們將舉個例子說明相依需求。

例 1　下圖是產品 P 之產品結構樹，在這個樹形圖中，可看出生產一單位之 P 需 2 個單位的 A 與 4 個單位的 B，而每個單位的 A 需 3 個單位的 D 與 2 個單位的 C；每個單位的 B 需 3 個單位的 C 與 5 個單位的 E。現若要生產 200 個單位的 P，需 A，B，C，D，E 各若干個單位？

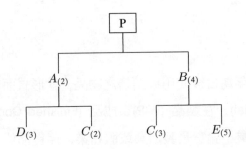

解：　A：　$2 \times$P 之數量 $= 2 \times 200 = 400$

B：　$4 \times$P 之數量 $= 4 \times 200 = 800$

C：　$2 \times$A 之數量 $+ 3 \times$B 之數量 $= 2 \times 400 + 3 \times 800 = 3,200$

D：　$3 \times$A 之數量 $= 3 \times 400 = 1,200$

E：　$5 \times$B 之數量 $= 5 \times 800 = 4,000$

存貨之種類

存貨依其在生產過程中之功能，可有以下幾種分類：

1.安全存貨

為了避免不預期之需求增加、延遲出貨或其他突發因素造成缺貨，

因此必須保有之存貨，這種存貨稱為**安全存貨**(Safety Stock)。

2.季節性存貨

季節性產品或原材料，必須在淡季時備妥存貨以因應旺季時之超額需求，這種存貨稱為**季節性存貨** (Seasonal Inventories)。

3.接續存貨

企業自進料、製造過程乃至出廠配銷之每一環結中均保有若干存貨以維持製程或配銷能獨立與穩定地運作以減輕製程間之依賴性，這種存貨稱為**接續存貨** (Decoupling Inventories)。

4.週期存貨

採**定期訂購** (Periodic Order) 之企業，其一次訂購量往往是滿足訂購週期內生產所需之量（請參考圖 10-2），這種情況下發生之存貨稱為**週期存貨** (Cycle Inventories)。

5.通路存貨

不同地區、部門乃至製程間運輸途中之原材料、半製品 (WIP)、成品，這種形態之存貨稱為**通路存貨** (Transit Inventories)；或者是**管線存貨** (Pipeline Inventories)。

存貨之功能

由存貨之種類不難得知企業之所以持有存貨，其理由不外下列數端：

- 預防缺貨。
- 因應季節性之市場需求。
- 為了接續生產製程，避免生產中綴。
- 為了降低採購成本，企業在預期未來價格有上漲之跡象時，將會大量訂貨以節支成本。中心廠商可以大量採購之方式向供應商爭取優惠折扣之利益（這種大量採購自然造成存貨）。

企業雖然有以上幾種理由去保有存貨，但這些理由也受到了許多人

質疑，尤其是及時系統 (JIT) 之擁護者。茲舉犖犖大者：

　　1.存貨會積壓資金

　　存貨過高會積壓資金殆無疑義，從財務管理的觀點，存貨過高是對企業很不利的：

　　　⑴從償債能力觀之：速動比率 $= \dfrac{流動資產 - 存貨}{流動負債}$，當流動資產、流動負債一定時，存貨愈大，速動比率愈小。速動比率表示每一元流動負債中有多少速動資產（速動資產 = 流動資產 - 存貨）可供立即償債。因此速動比率小表示償債能力也小。

　　　⑵從經營效能觀之：存貨週轉率 $= \dfrac{銷貨淨額}{平均存貨}$，存貨週轉率愈多，獲利愈多，存貨水準高對存貨週轉率是不利的。

　　2.存貨會掩飾生產問題

　　從及時系統(JIT) 之角度來看，存貨乃是七大浪費罪惡之源，因為存貨會掩飾許多生產的問題，我們將在第十三章中作詳盡討論。

10.2　存貨之成本結構

存貨管理之會計系統

　　存貨之會計系統可分二種，一是**定期盤點制**(Periodic Inventory System)與**永續盤點制** (Perpetual Inventory System) 兩種。

　　1.定期盤點制

　　顧名思義，定期盤點制是每週、每月、每季……定期地在架櫃或倉庫針對存貨項目進行盤點，根據盤點結果決定訂購數量。定期盤點制之優點是許多存貨項目都是在同一時點進行補貨，在訂購與裝運上較為經濟，它的缺點是：必須在盤點後，才能決定是否須補貨以及採購之數量，

造成在兩個檢核點間之存貨情況缺乏控制機制，因此，採定期盤點制之企業必須備有超額之存貨以防止在兩個檢核點間缺貨。許多小型企業、超級市場通常採定期盤點制。

2.永續盤點制

永續盤點制也有人稱為**連續盤點制**(Continuous Inventory System)，它是持續地追蹤存貨水準，當存貨項目數量低於我們設定之最低水準時，即行補貨，它的優點是能持續地監控存貨項目數量變化之情形，同時每次採購之數量是固定的，因此可進行經濟訂購批量分析。它有持續檢查存貨數量及每次訂購量固定等優點，但也增加建檔成本。**兩箱制** (Two-bin System) 即是一種最簡單的永續盤點制，它將存貨項目存放在兩個箱子裡，每次取貨都從第一個箱子開始，當第一個箱子取完時，有時會在第一個箱中放一張請購卡（請購卡內有品名、規格、貨源地址、訂貨記錄等資料），俾便通知採購部門辦理訂購補貨事宜，同時啟用第二箱。

隨著資訊科技 (IT) 之進步，許多企業之產品均標識有**統一貨號** (Universal Product Code，簡記UPC)，它是用**條碼** (Bar Code) 形態來表現的，藉由長條之寬度與長條間之距離來記錄製造商與商品的資料，櫃臺之收銀員在消費者購買時用光筆掃描，即可轉換成數字，以形成收據。這種條碼讀取機可為銷售點系統 (POS) 終端機一部份，商品有異動時可自動更新銷售與存貨之記錄。

存貨成本

存貨之成本在結構上可分儲存成本、訂購成本與缺貨成本，茲說明如下：

1.儲存成本 (Holding Cost 或 Carrying Cost)

此種成本是因為持有存貨而衍生之成本，它是由以下幾個項目所組成：

(1)因存貨而發生之**機會成本** (Opportunity Cost)：如存貨積壓資金而產生之財務成本，如利潤損失、利息等。

(2)倉儲空間與儲存之費用：如倉庫租金、自建倉庫之折舊費用、倉儲周邊設備成本等。

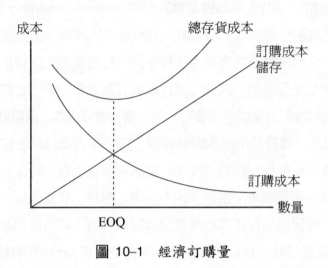

圖 10-1　經濟訂購量

(3)倉儲部門之作業成本。

(4)稅捐與保險費。

(5)商品質變或陳舊過時之損失。

儲存成本有兩種表示方法：一是用每件每年之金額，一是以存貨單價之百分比來做儲存成本之替代值，一般而言此比率介於 10%～40% 之間，例如一存貨單價為$5，儲存為單價之 20%，則儲存成本為$5×20%=$1。

2.訂購成本 (Ordering Cost)

這是因為發出訂單及其相關作業所衍生之成本，包括：

・因訂購而必須支付之作業費用（如招標廣告費，電報費，報關費等等）。

・運輸成本。

‧檢驗費用。

製造業之存貨訂購成本是指變更規格等原因而需對機器設備進行整備所衍生之成本，這種成本和產品批次或生產排程有關，故在製造業之訂購成本亦稱之為**整備成本**或**設置成本** (Set Up Cost)。

3.**缺貨成本** (Shortage Cost 或 Stockout Cost)

因存貨量不足以滿足消費者需求時便會發生缺貨，因缺貨造成之損失稱為缺貨成本，包括:

‧緊急補充存貨所發生之成本。

‧製造業因停工待料所造成之損失。

‧消費者向其他同業購買或採用其他代用品所造成之損失。

例 2 試依下列資料，求一年之訂購成本:

訂購日	$1/1$	$2/1$	$3/1$	$4/1$	$5/1$	$6/1$	$7/1$	$8/1$	$9/1$	$10/1$	$11/1$	$12/1$
訂購量	20		30		25		50				20	20
使用量	15	15	15	15	15	15	15	15	10	10	10	15

假定訂購成本為每次 8 元，儲存成本為每單位 2 元，缺貨成本為每單位 5 元。（假定缺貨必須在次月補足）

解:

訂購日	$1/1$	$2/1$	$3/1$	$4/1$	$5/1$	$6/1$	$7/1$	$8/1$	$9/1$	$10/1$	$11/1$	$12/1$
訂購量	20		30		25		50				20	20
使用量	15	15	15	15	15	15	15	15	10	10	10	15
存貨量	5	-10	5	-10	0	-15	20	5	-5	-15	-5	0

$\therefore$ 每月平均存貨 $= \dfrac{1}{12}[5 + 5 + 20 + 5] = 2.92$

每月平均缺貨 $= \dfrac{1}{12}[10 + 10 + 15 + 5 + 15 + 5] = 4.17$

因此我們可計算每年存貨成本如下:

訂購成本　8 元／次　× 6 次／年　　　　　　　　　　 ＝　48　 元／年
儲存成本　2 元／單位 × 2.92 單位／月× 12 月／年 ＝　70.08 元／年
缺貨成本　5 元／單位 × 4.17 單位／月× 12 月／年 ＝ 250.20 元／年
∴全年存貨成本 ⋯⋯⋯⋯⋯⋯⋯⋯⋯⋯⋯⋯⋯⋯⋯⋯368.28 元／年

10.3　基本訂購模式

在本節我們將介紹兩個最基本之訂購模式: 經濟訂購批量模式 (EOQ)
與**生產存貨模式** (Production Inventory Models) 兩種, 許多古典存貨模式
都是由這兩個模式發展出來的。

EOQ 模式

在 EOQ 模式所討論之存貨系統是建立在下列三個假設:

⑴存貨項目之全年需求量為已知且每單位存貨之全年儲存成本 C_1、
　訂購成本 C_2 亦均可被估計出來。

⑵每天之使用量均為常數, 每次訂購貨品均在**訂購點** (Reorder Point,
　簡記ROP) 上一次全數到達, 當下次訂購到達時本次存貨全數告
　罄。

⑶不考慮缺貨、折扣及倉庫容量等情況。

根據假設⑵, 每一存貨週期之存貨變動情形可用如下圖之直角三角
形來表現。

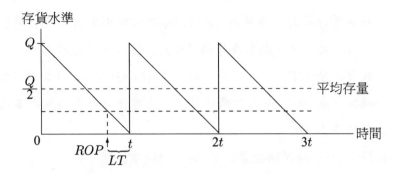

圖 10-2　EOQ 模式

現在我們要求全年存貨成本: 它是儲存成本與訂購成本的和。

設 Q 為每批訂購數量, D 為全年使用量, 則

(1)儲存成本: 上圖之任一直角三角形, 即表示一個存貨週期之存貨
水準變動情形, 在這個週期中平均存貨水準為 $\dfrac{Q \cdot t}{2}/t = \dfrac{Q}{2}$ 為一

常數, 從而全年平均存量為 $\dfrac{Q}{2}$, $\therefore$ 全年之儲存成本為 $C_1 \cdot \dfrac{Q}{2}$。

(2)訂購成本: $\dfrac{D}{Q}$ 為全年訂購次數, $\therefore$ 全年之訂購成本為 $C_2 \dfrac{D}{Q}$。
由(1), (2)得全年之存貨總成本 C 為

$$C = C_1 \frac{Q}{2} + C_2 \frac{D}{Q}$$

利用微分法可求出經濟訂購批量 Q^*: $Q^* = \sqrt{\dfrac{2C_2}{C_1}D}$[❶] 。由 Q^* 可導
出存貨週期為 $\dfrac{Q^*}{D}$, 全年訂購 $\dfrac{D}{Q^*}$ 次。學習 EOQ 模式之精髓在於依題意
建立存貨總成本函數, 有了總成本函數便可利用微分法機械地求得經濟
採購批量 Q^*, 有了這個基本結果, 便可求出我們感興趣的其他資料。

[❶] 令 $\dfrac{d}{dQ}C = \dfrac{d}{dQ}(C_1 \dfrac{Q}{2} + C_2 \dfrac{D}{Q}) = \dfrac{C_1}{2} - \dfrac{C_2 D}{Q^2} = 0$, $\therefore C_1 Q^2 = 2C_2 D$ 得 $Q^* =$
$\sqrt{\dfrac{2C_2}{C_1}D}$, 由 EOQ 模式之架構看來, 採購物品之單價與經濟訂購批量大小
無關。

例 3 若某零件每月需要量為 30 個，每次訂購成本為 5 元，單價每個為 1.3 元，儲存成本為每個 1.0 元，若零件消耗率為一定且不許缺貨之情況下，求(a)經濟訂購批量 (EOQ)，(b)若以(a)所得經濟訂購批量加 20% 作為訂購批量，則此零件每件平均總成本比經濟訂購多多少？

解：(a)設 Q 為經濟採購批量， C 為年總成本，則

$$C = \underbrace{\frac{30 \times 12}{Q} \times 5}_{\text{訂購成本}} + \underbrace{\frac{Q}{2} \times 1}_{\text{儲存成本}}$$

令 $\dfrac{dC}{dQ} = -\dfrac{1,800}{Q^2} + \dfrac{1}{2} = 0$

∴ Q=60

(b)在 EOQ = 60 時之總存貨成本 C = 總訂購成本 + 總儲存成本

$= \dfrac{360}{60} \times 5 + \dfrac{60}{2} \times 1 = 60$

∴每個零件分攤之年存貨總成本 $= \dfrac{\$60}{360} = \$0.167$ (1)

當採購量為 $60 \times (1 + 20\%) = 72$ 個時之總存貨成本C 為

C=總訂購成本 ＋總儲存成本

$= \dfrac{360}{72} \times 5 + \dfrac{72}{2} \times 1 = \$61$

∴當採購量為 72 個時之每個零件分攤之年存貨總成本

$= \dfrac{\$61}{360} = \$0.169$ (2)

由(1), (2)知，當採購量為 72 個時，每個零件分攤之年存貨成本多了 $\$0.169 - 0.167 = \$0.002$

例 4 某公司每季需外購#6301 號零件625 個，其單價為$2，每次訂購成本為$3，每個零件儲存費用為零件單價之 30%，求零件消耗率為常數且不許缺貨之情況下之經濟訂購批量。

解: 依題意，每個零件之儲存費用為 $\$2 \times 30\% = \$0.6$

設 Q 為經濟訂購批量則全年之訂購總成本 C 為

$$C = \frac{625 \times 4}{Q} \times 3 + \frac{Q}{2} \times 0.6$$

$$\frac{d}{dQ}C = -\frac{7,500}{Q^2} + 0.3 = 0 \quad \therefore \quad Q^* = 500$$

訂購點

自發出購貨訂單以迄貨品到達的這一段時間稱為前置時間 (LT)，因此使用率與訂購前置時間便可決定訂購點 (ROP)，即

$$ROP = 使用率 \times 前置時間$$

上面求 ROP 之公式是很直覺的，例如，某物料每天使用3 個單位，自發出訂單至交貨需 6 個工作天，因此在還剩下 $3 \times 6 = 18$ 個單位時便需發出訂單，若在存貨為 15 個單位才發出訂單，那便會有一天缺貨，與無缺貨之假設不合。這是從存貨數量角度來表示 ROP 的，除此之外，我們也可從時間的角度來表示 ROP，因其較複雜從略。

生產存貨模式

生產存貨模式下我們考慮了生產這個因子，但缺貨仍不在模式考慮之列：若某存貨項目之每日使用率為 d，每日生產率為 p，在此顯然 $p > d$（因 $p \le d$ 時根本不可能發生存貨），Q 為整個存貨週期內之生產量。存貨週期內生產了 Q 個單位，即 $\frac{Q}{p} = t$ 時後便不再生產，但在存貨週期內每天以使用率 d 之速率消耗，直到存貨週期內的存貨完全用完後再重行生產。現在我們要決定的是在全年需求量為 D 之條件下，存

貨週期內之最佳生產量。

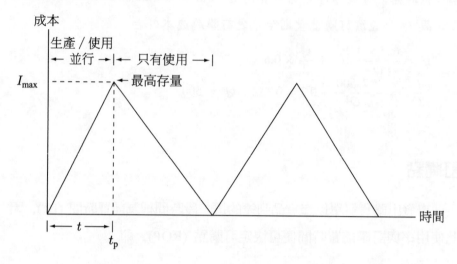

圖 10-3　經濟生產批量模式

令 C = 總設置成本 + 總儲存成本:

(1)總設置成本: C_2 為每次設置成本, 則總設置成本為 $C_2 \dfrac{D}{Q}$

(2)總儲存成本: C_1 為儲存成本。如同 EOQ 模式, 總儲存成本為

$C_1 \cdot$ 平均存量水準 $= C_1 \cdot \dfrac{1}{2} I_{max} = C_1(p-d)t/2 = C_1(p-d)\dfrac{Q}{2p}$, 如此可

得總存貨成本 $C = C_2 \dfrac{D}{Q} + C_1(p-d)\dfrac{Q}{2p}$, 利用微分法: 令 $\dfrac{dC}{dQ} = 0$

即可求出每個存貨週期內最佳生產量 $Q^* = \sqrt{\dfrac{2C_2 D}{C_1}} \sqrt{\dfrac{p}{p-d}}$ ❷

例 5　本公司對某種零件之生產率為 20,000 個／年, 而需求量為 15,000 個
　　　／年, 每批設置成本為 \$4, 儲存年成本為 \$1／個, 若生產率與需
　　　求率均為一定且不可缺貨時, 求最佳生產批量。（假定全年工作

---

❷　$\dfrac{d}{dQ}C = \dfrac{d}{dQ}\left[C_2 \dfrac{D}{Q} + C_1(p-d)\dfrac{Q}{2p} \right] = -\dfrac{C_2 D}{Q^2} + \dfrac{C_1(p-d)}{2p} = 0$

　　$\therefore \dfrac{C_2 D}{Q^2} = \dfrac{C_1(p-d)}{2p}$　解之 $Q^* = \sqrt{\dfrac{2C_2 D}{C_1}} \sqrt{\dfrac{p}{p-d}}$

250 日)

解:

$$Q^* = \sqrt{\frac{2C_2D}{C_1}}\sqrt{\frac{p}{p-d}}$$

$$= \sqrt{\frac{2 \times 4 \times 15,000}{1}}\sqrt{\frac{20,000}{20,000 - 15,000}}$$

$$= 693 \text{ 個。}$$

例 6 假設某公司生產之 A 零件需求量為每月 360 個, 而且此零件之生產率為每天 36 個, 若此公司每月營業 20 天。而且 A 零件之需求均勻分佈於整個月, 假設設置成本為每次 60 元, 儲存成本為每個每月 2 元, 試決定以經濟生產批量進行生產時, 所可能產生之最大存貨量。

解: 我們直接代公式

$$Q^* = \sqrt{\frac{2C_2D}{C_1}}\sqrt{\frac{p}{p-d}}$$

$$= \sqrt{\frac{2 \times 60 \times 360}{2}}\sqrt{\frac{360}{360 - 180}}$$

$$= 208 \text{ 個}$$

生產 208 個單位需 $\dfrac{Q^*}{p} = \dfrac{208}{36}$（天）, 在第 $\dfrac{208}{36}$ 天之存量為 $(36 - 18) \times \dfrac{208}{36} = 104$ 個單位, 此即最大存量。

數量折扣

在前述之 *EOQ* 模式中, 我們假設購料之價格為一常值, 即無折扣。但在實務上供應商常會以數量折扣來刺激廠商做更大量之進貨, 此時廠

商應考慮到數量折扣固然可降低進貨成本, 但卻增加了儲存成本, 甚至還要承受因放置過久而損壞以及過時不合用之風險。

本節之數量折扣模式是假設購料數量超過某一特定數量時, 所有購料均可享有數量折扣。有關之演算法則可歸納如下:

(1)根據題給條件, 選取適當之存貨模式, 計算不同數量折扣區間對應價格 P_i 之EOQ_i值。

(2)判斷(1)之EOQ_i 是否可行: 若EOQ_i 值落在其對應之折扣區間內即屬可行 (Feasible), 否則為不可行 (Nonfeasible)。

(3)計算各EOQ_i 之總成本 TC_i: $TC_i =$ 總訂購成本 + 總儲存成本 + 總購料成本:

　3.1 若 EOQ_i 為可行, 則由 EOQ_i 直接計算 TC_i

　3.2 若 EOQ_i 為不可行, 則由 P_i 對應之折扣數量區間之下限來計算 TC_i

(4)所有 TC_i 中之最小者對應之數量即為所求之 EOQ。

例 7　公司欲採購#6431 號零件 25,000 個, 今供應商之報價如下表, 若訂購成本為$60, 儲存成本為購價之 20%, 試決定 EOQ。

數量	單價
1~1,999	4.0
2,000~2,799	3.2
2,800~	2.4

解: 計算不同價格 P 對應之 EOQ_i:

(1) $P_3 = 2.4$ 時, 儲存成本 $C_1 = 20\% \times 2.4 = 0.48$, 訂購成本 $C_2 = 60$

$\therefore Q_3 = \sqrt{\dfrac{2C_2D}{C_1}} = \sqrt{\dfrac{2 \times 60 \times 25,000}{0.48}} = 2,500$

因為 $Q_3 = 2,500$ 不在其折扣數量區間 ($Q \geq 2,800$) 內, 故為

不可行，計算其所在折扣區間之下限對應之總訂購成本 TC:

TC_3=總訂購成本＋總儲存成本＋總購料成本

$$=C_2\frac{D}{Q_3}+C_1\frac{Q_3}{2}+P_1D$$

$$=60\times\frac{25,000}{2,800}+0.48\times\frac{2,800}{2}+2.4\times25,000=61,208$$

(2) $P_2=3.2$ 時，儲存成本 $C_1=20\%\times3.2=0.64$，訂購成本 $C_2=60$

$$\therefore\ Q_2=\sqrt{\frac{2C_2D}{C_1}}=\sqrt{\frac{2\times60\times25,000}{0.64}}=2,165$$

因為 $Q_2=2,165$ 落在折扣區間 $(2,799\geq Q\geq2,000)$ 內故為可行，其對應之總訂購成本 TC 為

TC_2=總訂購成本＋總儲存成本＋總購料成本

$$=C_2\frac{D}{Q_2}+C_1\frac{Q_2}{2}+P_2D$$

$$=60\times\frac{25,000}{2,165}+0.64\times\frac{25,000}{2}+3.2\times25,000=88,693$$

(3) $P_3=4.0$ 時，儲存成本 $C_1=20\%\times4.0=0.8$，訂購成本 $C_2=60$

$$Q_3=\sqrt{\frac{2C_2D}{C_1}}=\sqrt{\frac{2\times60\times25,000}{0.8}}=1,936$$

因為 $Q_3=1,936$ 落於其對應之折扣區間 $(1,999\geq Q\geq1)$ 內，故為可行，讀者可驗證其對應之總訂購成本 $TC_3=110,775$

$\therefore\ TC_3\geq TC_2\geq TC_1$

$\therefore\ EOQ=2,800$

10.4　機率存貨模式

本章前半部所述之存貨模式均假設產品之需求率、前置時間均為固

定，是典型的決定性模式。本節我們將假設需求率與前置時間中至少有一個服從某種機率分配（最常見的是服從常態分配）。在此我們將導入兩種重要觀念：

1.安全存量 (Safety Stock，簡記 SS)

因需求率或前置時間至少有一個呈隨機波動時，須考慮到缺貨之可能性，因此廠商必須持有安全存量以為緩衝之用。在此，訂購點 (ROP) 為：

$$ROP = 前置時間內之期望需求量 + 安全存量$$

例 8 若煉油廠每日需煉 20 萬桶原油，依進貨紀錄，平均前置時間為 20 天，安全存量為 90 萬桶，求 ROP。

解: $ROP=$前置時間內之期望需求量 + 安全存量

$$=20\ 萬桶/天 \times 20\ 天 + 90\ 萬桶 = 490\ 萬桶$$

即存油量在 490 萬桶時即需添進原油。

2.服務水準 (Service Level)

因為廠商多存有一份安全存貨便需多積壓一些資金，故他必須在安全存量之水準所衍生之成本與缺貨風險間做一取捨，因此有了服務水準之觀念。服務水準之定義是在前置時間內不發生缺貨之機率，亦即

$$服務水準 = 1 - 缺貨風險$$

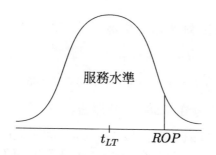

　　我們將以一個簡單的命題說明需求量是服從常態分配時，訂購點 (ROP) 之計算：

命題： 若需要量 X 是一個服從期望值為 $\bar{d}$，變異數為 σ_d^2 之常態隨機變數，為了簡單起見，假設前置時間(LT) 為一給定之正整數，在服務水準 $1-\alpha$ 下，訂購點 (ROP) 為

$$ROP = LT \cdot \bar{d} + z\sqrt{LT}\sigma_d$$

說明：

$$X_i \sim N(\bar{d}, \sigma_d^2)$$

$$\sum_{i=1}^{LT} X_i \sim N(LT \cdot \bar{d}, LT\sigma_d^2)$$

$$P(\frac{ROP - LT \cdot \bar{d}}{\sqrt{LT}\sigma_d} \leq z) = 1 - \alpha$$

$$\therefore ROP = LT \cdot \bar{d} + z\sqrt{LT}\sigma_d$$

上式中之 $z\sqrt{LT}\sigma_d$ 即為安全存量。

例 9 某 IC 板每天需求量服從平均數為600，標準差為 40 之常態分配，前置時間為 4 天，在服務水準為 99% 之條件下，求(a) ROP，(b)安全存量，(c)若 $ROP = 2,560$ 個時對應之服務水準，及(d)缺貨風險。

解: 服務水準為 99% 對應之 z 值為 $z = 2.33$

∴(a) $ROP = LT \cdot \bar{d} + z\sqrt{LT}\sigma_d$

$\qquad = 4 \times 600 + 2.33 \times \sqrt{4} \times 40 = 2,586$ 個

即 IC 板存量在 2,586 個時即需訂貨

(b)安全存量 $= z\sqrt{LT}\sigma_d = 2.33 \times \sqrt{4} \times 40 = 186$ 個

(c) $P(Z \le 2,560) = P(\dfrac{Z - LT \cdot \bar{d}}{\sqrt{LT}\sigma_d} \le \dfrac{2,560 - LT \cdot \bar{d}}{\sqrt{LT}\sigma_d})$

$\qquad = P(Z \le \dfrac{2,560 - 4 \times 600}{2 \times 40}) = P(Z \le 2) = 95.4\%$

(d)缺貨風險 $= 1 - 95.4\% = 4.6\%$

讀者亦可導出: 若前置時間 LT 為一隨機變數而需求量 d 為定值時, $ROP = d\overline{LT} + zd\sigma_{LT}$, 其中 $zd\sigma_{LT}$ 為安全存量。

★例 10　若公司對某種零件之訂購點 ROP 為 70 個單位 (即在存貨水準降到 70 個單位時即行訂貨), 給定每單位存貨之年儲存成本為 $10, 而每單位存貨之缺貨成本為$30, 在訂購期間內之存貨需求的機率分配如下表所示: (假定每年訂購 5 次)

	訂購週期內之需求	機率
	40	0.1
	50	0.1
	60	0.2
$ROP \rightarrow$	70	0.3
	80	0.2
	90	0.1
		1.0

試決定安全存量。

解: 因為 $ROP = 70$, 因此當訂購期間內之需求為 40, 50, 60 時, 便不

可能有缺貨情形, 而需求量為 70, 80, 90 時, 則有缺貨 0, 10, 20 個單位。我們只需考慮安全存量$SS = 0$, 10, 20 三種情況, 比較他們額外增加的存貨成本：

(1)$SS = 0$ 時： $ROP = 70$ 且 $SS = 0$ 之情況下, 僅當訂購期間需求量 D 為 80, 90 時才會發生缺貨：

∴ 年期望缺貨成本 ＝ 缺貨成本 × 缺貨數 × 缺貨機率 × 一年訂購次數（在此缺貨機率即為需求機率）

$$= \$30 \times (80 - 70) \times 0.2 \times 5$$
$$+\$30 \times (90 - 70) \times 0.1 \times 5 = \$600$$

又額外儲存成本 ＝ $\$10 \times 0 = 0$

∴ 當 $SS = 0$ 時之額外增加之存貨成本為 $\$600 + 0 = 600$

(2)$SS = 10$ 時： $ROP = 70$ 且 $SS = 10$ 之情況下, 僅當訂購期間需求量為 90 時才會發生缺貨：

∴ 年期望缺貨成本 ＝ 缺貨成本 × 缺貨數 × 缺貨機率 × 一年訂購次數

$$= \$30 \times (90 - 80) \times 0.1 \times 5$$
$$= \$150$$

又額外儲存成本 $\$10 \times 10 = \$100$

∴ 當 $SS = 10$ 時之額外增加的存貨成本為 $\$150 + 100 = \$250$

(3)$SS = 20$ 時： $ROP = 70$ 且 $SS = 20$ 之情況下, 不可能有缺貨

∴ $SS = 20$ 之額外存貨成本 ＝ $\$10 \times 20 = \$200$

由以上之討論, $SS = 20$ 時額外增加之存貨成本為最小, 因此宜訂安全存量為 20 個單位。

邊際分析

在上例中若我們在訂貨期間內有 10 個可能需求值時，計算上便很驚人，幸好我們有一個很簡單的計算法稱為**邊際分析** (Marginal Analysis)，可大幅減少計算量，邊際分析之構想是，如果期望**邊際利潤** (Marginal profit，簡記 MP) 大過期望**邊際損失** (Marginal Loss，簡記 ML)（成本）時，便屬有利行為，故期望邊際利潤 ≥ 期望邊際損失，即 $E(MP) \geq E(ML)$. ∴ $p(MP) \geq (1\text{-}p)ML$，解之 $p \geq \dfrac{ML}{MP + ML}$。

例 11 假定某產品購入單位成本為\$4，單位售價為\$6，若當天無法售出，不僅未能退回，每單位尚需支付\$3 之處理費，問該產品之訂購量應為多少？

需求量	機率
10	0.1
20	0.4
30	0.3
40	0.2

解：　$MP = 6 - 4 = 2, \quad ML = 3$

∴ $p \geq \dfrac{ML}{ML + MP} = \dfrac{3}{2 + 3} = 0.6$

需求量 d	$P(D = d)$	$P(D \geq d)$	
10	0.1	1.0	≥ 0.6
20	0.4	0.9	≥ 0.6
30	0.3	0.5	≤ 0.6
40	0.2	0.2	≤ 0.6

∴存量以 20 個單位為妥。

單期模式

對一些易腐爛（如海鮮、蔬果等）或經濟壽命很短之商品（如報紙、期刊等），它們若在一期期末未能銷售出去通常便要報廢而無法保留到下一期，因此在存貨理論中特稱這類商品之分析模型為**單期模式** (Single-period Model)。

單期模式是一個隨機模型，在這個模型裡，決策者只側重於**缺貨成本** (Shortage Cost，以 C_s 表之)，C_s 定義為：

$$C_s = 單位收入 - 單位成本$$

以及**超額成本** (Excess Cost，以 C_e 表之)，它表明了商品保留至該期期末之成本；C_e 定義為：

$$C_e = 單位成本 - 單位殘值$$

我們可證明出：在單期模式下服務水準為 $\dfrac{C_s}{C_e + C_s}$，當需求量為隨機變數時，我們可將累積分配值與 $\dfrac{C_s}{C_e + C_s}$ 進行比較以獲得最適訂購量。若 $P(D_i \leq q) > \dfrac{C_s}{C_e + C_s} > P(D_i \leq q - 1)$，則 q 為最適訂購量❸。

例 12 某報攤之報紙需求量服從平均數為 400 份，標準差為 50 份之常態分配，若估計每份報紙缺貨成本為 2 元而超額成本為 3 元，求每天最適訂購量為何？

解： $\dfrac{C_s}{C_e + C_s} = \dfrac{2}{3 + 2} = 0.4$

---

❸ 證明部份可參考高孔廣：《作業研究》第四版，臺北：嘉德，民 74。

由常態分配表（附表一）知 $P(Z \leq -0.25) = 0.4$

$\therefore Z = \dfrac{x - \mu}{\sigma} = \dfrac{x - 400}{50} = -1.25$　　解之 $x \doteqdot 337$ 份。

例 13 假設某一產品每期間之需求量為

需求量（個）	此需求量發生之機率
0	0.3
1	0.1
2	0.3
3	0.3

另外，若此產品之採購成本為 8 元，售價為 10 元，而且當期末未賣完之產品可原價退還，但需另付 1 元之搬運費用，試求此產品之最佳庫存量。

解:

X	P	$P(X \leq x)$	
0	0.3	0.3	≤ 0.67
1	0.1	0.4	≤ 0.67
2	0.3	0.7	≥ 0.67
3	0.3	1.0	≥ 0.67

$C_s = $ 單位收入 $-$ 單位成本 $= 10 - 8 = 2$

$C_e = $ 單位成本 $-$ 單位殘值 $= (8 + 1) - 8 = 1$

$\therefore \dfrac{C_s}{C_e + C_s} = \dfrac{2}{1 + 2} = 0.67$

$\because P(X \leq 1) \leq \dfrac{C_s}{C_e + C_s} = 0.67 \leq P(X \leq 2)$

$\therefore X = 2$ 為最適訂購量。

10.5 ABC 分類

　　存貨系統中常有一種現象，小部份存貨項目佔有相當大比率的存貨成本，然而大部份之存貨項目卻僅佔存貨成本的一小部份，此外尚有一些存貨項目與存貨成本介於上述二類存貨之間，從實務來看，對這三種存貨項目應有不同之管理重點方符實際。這就是 ABC 分類法之基本構想; 具體而言，**ABC 分類法 (ABC Approach)**是將庫存系統之所有項目分劃成 A， B， C 三類，其中 A 類之存貨項目之品種為整個存貨項目之 10%～20%，但存貨成本卻佔總存貨成本之 70%～80%，因此我們必須對此類存貨施以重點管理; B 類之存貨項目之品種為整個項目之 20%～25%，存貨存本佔總存貨成本之 10%～15%，因此我們對 B 類存貨施以

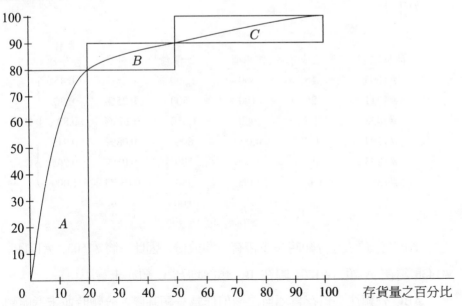

定期或連續盤點，而 C 類之存貨項目品種佔總品種之 60%～65% 但存貨成本卻只佔 5%～10%，對這類商品只需稍許之控制，例如前面提過之兩箱制即可應用在 C 類存貨項目之管理。

我們將舉一些例子說明 ABC 分類法之應用。

例 14 我們如何用 ABC 分類法來進行下列存貨項目之管制？假定存貨項目之單位成本、使用量資料如下：

存貨項目	單位成本	使用量
#1203	0.1	5,000
#1204	0.2	4,000
#1352	0.07	5,000
#1438	1.5	900
#1603	15	300
#1711	25	100

解： 先計算各存貨項目之價值（＝單位成本 ×使用量）後依序遞減排列如下表

存貨項目	單位成本	使用量	存貨價值	百分比	累積百分比	
#1603	15	300	4,500	0.45%	0.45	} A
#1711	25	100	2,500	0.25%	0.70	
#1438	1.5	900	1,350	0.135%	0.835	} B
#1204	0.2	4,000	800	0.08%	0.915	
#1203	0.1	5,000	500	0.05%	0.965	} C
#1352	0.07	5,000	350	0.035%	1.000	
			10,000			

ABC 分類法在分類時多少帶有主觀成份，因此，將#1603，#1711，#1438 劃在 A 類，#1204 劃在 B，類餘均為 C 類亦未嘗不可。

ABC 分類法是以存貨項目之價值作為分類基礎，分類時並未考慮到

存貨項目對生產之緊迫性或利潤貢獻等，因此，即便是被納為 C 類之存貨項目，缺貨時也可能造成嚴重的後果。這是在應用 ABC 分類法時不可不注意的。

作業十

一、選擇題

（請選擇一個最適當的答案，有關數值計算的題目以最接近的答案為準）

1.（　）運送中的物料數量屬於那一種存量？

(A)管線　(B)預測　(C)緩衝　(D)週期

2.（　）下列何者不能視為存貨？

(A)在製品　(B)零件　(C)呆廢料　(D)原料

3.（　）存貨成本中何項成本是隨訂購量增加而增加？

(A)訂購成本　(B)設置成本　(C)持有成本　(D)短缺成本

4.（　）以下何項不屬於儲存成本？

(A)庫存品的利息費用　(B)倉儲保險費

(C)訂購作業的人工費用　(D)倉儲營運管理費用

5.（　）下面那一項不是簡單經濟訂購批量之假定條件？

(A)單一項目之連續性查核系統

(B)單一項目之週期性查核系統

(C)項目的需求是固定一致的

(D)需求的型態是屬於獨立性需求

6.（　）經濟生產批量大小模式僅適用於下列那一類的情況？

(A)生產率小於需求率　(B)生產率等於需求率

(C)生產率大於需求率　(D)無關於生產率與需求率之大小

7.（　）下列何種產品適用於單一週期存貨模式？

(A)消費性電子產品　(B)汽車　(C)建築材料　(D)季節性服飾

8. (　) 對於非瞬時補充之EOQ 模式, 下列何者為非？
　　　(A)存貨使用率為常數　(B)生產速率大於使用率
　　　(C)平均存貨為生產批量之一半　(D)前置時間為常數

9. (　) 安全存貨的需求可藉下列何種作業策略來降低？
　　　(A)增加前置時間　(B)增加採購批量
　　　(C)降低訂購成本　(D)減少前置時間之變動

10. (　)（訂購點）–（安全存貨）＝
　　　(A)前置時間　(B)前置時間內之平均存貨
　　　(C)前置時間內之期望需求量　(D)全年缺貨量

11. (　) 存貨採 ABC 分類時, B 類物料之項目數與存貨金額大約佔總存
　　　貨項目數與存貨金額之:
　　　(A)項目數佔 5%, 金額佔 90%　(B)項目數佔80%, 金額佔 50%
　　　(C)項目數佔 25%, 金額佔20%　(D)項目數佔 70%, 金額佔 5%

12. (　) 複倉法是下列那一種存量管制或訂購方法的特例？
　　　(A)定期訂購法　(B)定量訂購法
　　　(C)最高最低存量管制法　(D)經濟批量訂購法

13. (　) 在基本之經濟生產批量 (EOQ) 模式中, 若年度需求增加一倍,
　　　則其 EOQ 會:
　　　(A)為原先數量之兩倍　(B)較原先數量增加約百分之四十
　　　(C)為原先數量之百分之七十　(D)為原先數量之一半

14. (　) 假設某公司對某產品的需求為每年 24,000 單位, 單位成本為 12
　　　元, 存貨持有成本為每個每年 18% 的單位成本, 訂購成本為
　　　38 元, 試以 EOQ 決定其每年最佳總成本。
　　　(A) 2,010.5　(B) 1,984.9　(C) 1,100.6　(D) 3,200.8

15. (　) 一個報童採購一份報紙的成本為 7 元, 售價為 10 元, 當天未
　　　售完的報紙可退回並獲得 3 元的補償, 此報紙的需求量分配如

下表所示。試問此報童之最佳每日訂購量為:

需求量	機率
21	0.10
22	0.15
23	0.20
24	0.20
25	0.15
26	0.10
27	0.10

(A) 22　(B) 23　(C) 24　(D) 25

16.(　　) 假如數量折扣資料如下表所示。其次，假如每年的需求量是 120 單位，訂購成本是每訂購一次 20 元，每年的存貨持有成本是 25% 的單位成本，試問你將推薦那一個折扣類別？

訂購大小	折扣	單位成本
0 到 49	0%	30 元
50 到 99	5%	28.5 元
100以上	10%	27 元

(A) 0%　(B) 5%　(C) 10%　(D) 15%

17.(　　) 假設某一產品每期間之需求量如下表所示:

需求量（個）	此需求量發生之機率
0	0.3
1	0.1
2	0.3
3	0.3

另外，若此產品之採購成本為 8 元，售價為 10 元。而且，當期未賣完之產品可原價退還，但需另付 1 元之搬運費用，試問

此產品之每期最佳庫存量為何?

(A) 0　(B) 1　(C) 2　(D) 3

18.（　）假設某公司生產之 A 零件需求量為每月 360 個,而且此零件之生產率為每天 36 個,若此公司每月營業 20 天,而且,A 零件之需求均勻分佈於整個月。假設設置成本為每次 60 元,持有成本為每個每月 2 元,試決定以經濟生產批量 (EOQ) 進行生產時所可能產生之最大存貨量。

(A) 104　(B) 156　(C) 200　(D) 260

19.（　）假設某產品每天之需求量為一常態分佈,其平均值為 200,標準差為 5。若訂購此產品之前置時間為 4 天,而且銷售此產品之公司希望維持 1% 之缺貨機率。則其安全存貨應為多少?（常態分佈中位於 z 值左方之曲線下的面積為 99% 時, z 值約為 +2.32）

(A) 823　(B) 23　(C) 846　(D) 46

20.（　）複倉制系統的設計理念與下列何者相似?

(A)定期訂貨系統　(B)定量訂貨系統　(C)自動倉儲系統　(D) ABC 存貨分類

21.（　）下列何種產品適用於單期型存貨模式?

(A)新聞性報紙期刊　(B)石油化學產品
(C)金屬零組件　(D)汽車

22.（　）某物料計算其經濟訂購量為800 個,前置時間為 10 天,每天平均耗用此物料 50 個,安全存量訂為 3 天的耗用量,則其訂購點應為:

(A) 800 個　(B) 650 個　(C) 500 個　(D) 350 個

第十一章 物料需求規劃

11.1 MRP 概念及其要素

傳統之**訂購點法**(Order-Point Method) 在 1960 年代中期以前一直位居企業存貨管理之主流地位。訂購點法是根據訂單或銷售預測，經由不同的假設以決定最適之訂購時點與訂購量，這是我們在上一章研究的重心。從實務之觀點，這種訂購點法之假設亦常與事實有所出入，而顯現出以下之缺點：

(1)訂購點法假設存貨項目之需求量（或使用量）是均勻的，但在實務上，企業對物料不乏有突發性之**大量需求** (Lumpy Demand) 或遞減之現象，需求量發生突發性之巨大變幅時，訂購點法所得之結果勢必與實際需求間存在有很大的差距。

(2)訂購法因與生產計畫脫節，故其結果並不具實際的生產意義，也因為訂購點法未能與生產排程密實地結合在一起，故在本質上只是一個存貨管理之工具。

1965 年 IBM 公司之 Joseph A. Orlicky 首先提出了獨立需求與相依需求的觀念，嗣後他又與 G. W. Plossl 及 O. W. Wight 揭櫫了**物料需求規劃** (Material Requirement Planning, 簡記MRP) 基本架構，因為 MRP 之邏輯架構非常簡單，再加上目前資訊科 (IT) 技之進步與普及，MRP 已廣為美國企業所採用。

MRP 之基本觀念

美國生產與存貨控制學會 (APICS) 將 MRP 作以下之定義:「 MRP 是利用主生產排程(MPS)、**物料單** (Bill of Material, 簡記BOM)、存貨情況以及未交訂單等內部計算之結果,以推知各種相依物料之需求情況,從而提出採購時機及採購數量之有關建議,並對已開出訂單的採購時點與數量進行修正的一種實用技術。」

由上述定義,我們可清晰地體認到, MRP 是根據**最終製品** (End Items) 之 MPS,以決定主排程中所需零組件或原料之種類、數量以及進料時機。對一個實施 MRP 的公司而言,有了MPS 後緊接著便要進行 MRP。因此 MRP 是一種存貨管理方法也是一種排程技術,這種雙重之特性有助於 MRP 之使用者處理生產什麼? 何時生產? 以及何時交貨等問題。

時間柵欄

企業擬訂 MPS 時,雖然在考慮產能限制及前置時間 (LT) 等問題下保持適度的彈性是有必要的,但是在實務上卻是一大問題,因為這涉及最終製品之零組件間的關係(尤其彼此有工序或結構或父子(Parent)的關係)、供應商之即時供應能力以及企業面臨供需變動時所抱持的態度與策略。因此為因應顧客需求而允許某種程度變動之時間長度,即所謂的**時間柵欄** (Time Fences),時間柵欄的觀念對擬訂定一個具有彈性之 MPS 是很重要的。通常在 MPS 中有一段時間,例如 MPS 之前幾週是被「**凍結**」(Frozen),在這段時間內 MPS 充其量只能做一些極小的變動甚至不許有所變動,在某一時期中可「**適度固定**」(Moderately Firm),亦即在這段時間內可允許有較大幅度之變動。由此看來時間柵欄之作用即在對整

個生產系統維持合理進度的一個機制, 我們也可試著想像出, 假如沒有
了時間柵欄這麼一個機制, 生產管理者的桌上勢必充滿著過期的訂單,
以及為此不斷之跟催的工作, 而失去生產系統應有之秩序與合理性。

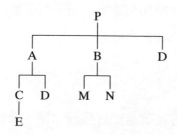

圖 11-1 C,E; A,C; A,D; B,M; B,N 等均有所謂的父子關係

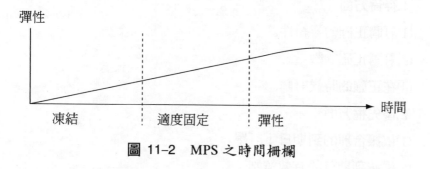

圖 11-2 MPS 之時間柵欄

11.2 MRP 之實施

MRP 之適用條件

MRP 幾乎適用於各種製造業, 但對具有以下特性之產業特別適用:

· 可以將最終產品的需求項目加以合併, 以利經濟採購。

· 最終產品係由許多不同層級零組件併組而成。

· 零組件之前置時間 (LT) 較長。

· 最終製品之週期時間較長。

· 最終製品之價值較為昂貴。

由此不難推知為什麼像汽車業、電子業這類的裝配業者以及零工式的生產廠商紛紛採用 MRP 之原因。

MRP 之功能

企業實施 MRP 旨在改善顧客服務水準、降低存貨以及提高生產效率，為達成上述目標， MRP 大師 J.Orilicky 認為 MRP 之功能可展現在下列三個方面：

1.存貨方面

(1)訂購正確的零組件。

(2)訂購正確的數量。

(3)在正確的時候訂購。

2.優先權方面

(1)依據合理的到期日下訂單。

(2)維持到期日的有效控制。

3.產能方面

(1)正確的、完整的產能負荷計畫。

(2)合理地將時間推展到未來所需的產能負荷。

簡單地說， MRP 之最重要的目標在於控制存貨水準，以決定各產品項目作業的優先順序以及計畫此生產系統的產能負荷，其基本理念為「當物料欠缺時必須催趕，當排程進度超前時，就延緩物料的需求時間」，在生產進度趕不上交貨日期時便需調整生產排程，但在生產進度超越交貨日期時則不需調整生產排程。

MRP 實踐成功的條件

　　MRP 實踐過程中，電腦雖然扮演重要之角色，但是人是決定系統成功與否的關鍵因素，因此我們有必要從人的角度來探討一個成功 MRP 必須具備那些條件：

　　1.計畫的建立

　　在導入 MRP 前，必須將相關部門組成一個專案組織，以擬定未來 MRP 建制後之系統整體目標及作業流程，並據此評估出作業成本及其預期利潤，同時亦須對作業人員施以適當之職前教育。

　　2.高階主管的支持及參與

　　職能性組織之成員對於一種新管理制度之引入都有抗拒的傾向，MRP 之導入亦復如此。 MRP 在導入初期需進行系統分析、程式設計、作業制度化以及資料庫建立等等，這些作業均需耗用大量之人力、物力，若無高階主管的激勵與適當的壓力，可能便將無法順利推展，即便勉強推展也極可能落得陽奉陰違的下場，其品質也就不堪聞問了。

　　3.使用者的教育與訓練

　　MRP 在實踐過程中需要跨部門之協調與合作，以及大量之電腦運作，因此 MRP 系統內的成員不僅要了解什麼是 MRP （包括為何要實施 MRP、實施後對企業之利益、 MRP 之架構等等），還要熟稔 MRP 的實作技能與實務細節，包括：在什麼時間輸入什麼資料、如何進行系統維護、報表資料的解釋與分析以及如何進行績效評估等等。

　　4.適當的電腦支援

　　MRP 在規劃與爾後之實作中都需要大量之電腦運作，因此，應針對企業的需要，擇選適當之電腦硬體設備及套裝軟體。

　　5.正確無誤的資料

在導入 MRP 前必須建立 MPS、BOM 及**存貨紀錄檔** (Inventory Record File，簡記IRF)，這些電腦檔案內之資料都必須正確有效。

MRP 的優點

根據實證報告，企業實施 MRP 之所以能獲致效益，主要取決於電腦的使用以及精確而有效的物料資訊，因此實施 MRP 的企業必須擁有電腦及必要的軟體程式並保有① MPS ② BOM 以及③ IRF 三個基本資料的完整性與有效性，在上述作業條件下，企業實施 MRP 當可享有以下的效益：

- ・降低存貨水準。
- ・改善對顧客服務之品質。
- ・當 MPS 或需求量改變時， MRP 能迅速反應。
- ・提高生產力。
- ・降低設置成本及生產變動成本。
- ・提升生產設備使用率。

11.3　MRP 的輸入、處理及輸出

要了解 MRP 系統之內涵與運作情況，必須從它的輸入、處理（過程）及輸出著手，這是本節研討的重心，讀者應注意的是， MRP 之運作所需之資料庫一般而言均相當龐大，非藉電腦不為功，在此所用之數據已過度簡化，旨在協助讀者了解 MRP 之架構。

MRP 的輸入

如圖 11-2所示， MRP 系統在作業時必須輸入三個基本資料： MPS、

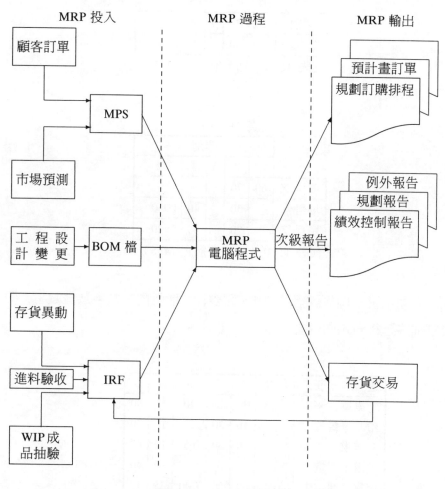

圖 11-3 MRP 架構

BOM 及 IRF，茲分別敘述如下：

1. MPS

MPS 通常都是根據生產部門、行銷部門、**運籌部門** (Logistical Department)、採購部門等單位會商協調之結果所擬訂的生產排程。下面是兩個常見的 MPS 例子：

項目 P 之 MPS

週別	1	2	3	4	5
需求量		100		40	60

（表 11–1(a) 為單項目之 MPS）

表 11–1(b)

	週別				
	1	2	3	4	5
項目 X	60	70			
項目 Y		30		40	50
項目 Z		20			20

（表 11–1(b) 為多項目之 MPS）

下面則是一個更詳盡的 MPS 報表：（括弧內之數字為負數者，假設它准許延後一週內供貨）

週　　別	現在	1	2	3	4	5	
訂單量		30		40		40	
預測零售量		10	30	25	10	20	
毛需求		40	30	65	10	60	
計畫生產量					80	40	← MPS
存貨／淨需求	100	60	30	(35)	35	15	

在本 MPS 報表中可看出在第 4 週要生產 80 個單位，第 5 週生產 40 個單位，這即為該公司之 MPS。

由上例可看出，MPS是一種分期規劃，高階層管理人員可透過 MPS 得知在那一時期最終製品需要生產多少，以便控制顧客服務、存貨水準等。

MPS 為 MRP 之最重要之輸入資料，要有效地實施MRP，MPS 與

MRP 之規劃期間、**規劃週期** (Planning Period) 最好一致，以免日後在資料
修正上徒生困難與複雜。在系統維護方面，除必須定期對 MPS 進行維護
外，當有新進訂單、客戶訂單取消或大量追加、市場需求激烈改變、進料
中斷、機器故障等情形發生時，往往需透過所謂之 "what...if..." (what-if 的
意思是：如果條件為某種情況，將會變成什麼樣之結果) 模擬出 MPS 各
期之產能負荷（包括：機器負荷、人力負荷以及重要物料之需求等）以
對 MPS 機動地加以修正調整。

2. BOM

每一個製成品都有其 BOM，它載明了生產流程中所需之裝配件、
零件原物料之種類、使用量以及這些裝配件、零件原材料彼此間之**父子
關係** (Parent Relationship)，從而看出產品之組成結構與工序關係，因此
BOM 與工程設計、製造、領料、生產計畫、存貨管制、採購、成本會
計、定價、產品服務等企業活動有關，在此情況下建立一套共用的資料
庫，以供相關部門之業務參考或作業依據實屬必要。有人拿食譜來比喻
BOM：在食譜裡規定什麼時候要放什麼料以及用料多少等等，如果不按
照食譜規定下料，煮出來的味道可能便不是我們所期望的。

BOM 為 MRP 存貨項目中之**毛需求** (Gross Requirement)與**淨需求**
(Net Requirement) 的計算上提供了基本素材，因此必須隨時查核 BOM
資料之正確性，在工程設計或產品規格有所變更時尤然。

因為 MRP 需要藉著電腦來進行大規模的數據計算，如果 BOM 以
產品結構樹 (PST) 的形態來表現，將會佔用大量之電腦儲存空間，一旦
工程設計或產品規格有所變更時，在資料庫更新上便會招致相當大的困
難，因此對一個 MRP 之規劃者而言，如何建立一個有效率的 BOM 資
料檔便是一個極為重要的課題。一般而言，一個有效率的 BOM 資料檔
至少應具備以下幾個要素：

・資料庫便於維護與更新。

· 在資料結構上便於電腦處理。

· 不會佔用太多的電腦空間。

· 便於線上即時查詢。

至於如何設計一個有效率之 BOM 資料檔，因涉及較多之專業知識，超過本書之範圍，有志者可參考 MRP 之專業書籍，故予從略。

3. IRF

存貨紀錄檔 (IRF) 是用來儲存各時期存貨項目的存貨資訊之檔案，在這個電腦資料檔案，一般可分成下列部分：

(1)**項目基本資料部** (Item Master Data Segment)：在項目基本資料部裡標明了零組件之基本資料，例如：零組件之名稱、編號、製造部門（或供應商）、前置時間等。

(2)**存貨狀態部** (Inventory Status Segment)：在存貨狀態部裡記錄了每一時期之存貨紀錄，例如：進貨紀錄與變更、訂單紀錄等。

若有必要時還可多加**輔助資料部** (Subsidiary Data Segment)，以供備註或補充說明之用。

存貨紀錄之正確與否直接攸關 MRP 實施之成敗，而其準確性實植基於物料管理部門之例行盤點是否落實，但不可諱言的是即便是有經驗的盤點人員也會有盤點錯誤情況發生，盤點正確但却鍵入或登錄錯誤亦時有所聞，這些都會損及存貨紀錄之品質，造成決策者做出偏差的決策。因此 Orlicky 建議在 MRP 之設計階段時便應規劃各種檢查關卡，包括建立外部障礙以防堵錯誤進入 MRP 系統中。

4. MRP 之處理

我們將用幾個極為簡單的例子來說明 MRP 計算之基本概念：

例 1　設產品 P 之產品結構樹 (PST) 如下頁所示，在 PST 中我們可看出每生產一個單位的 P，需 2 個單位的 A，1 個單位的 A 需 3

個單位的 B (換言之, 生產 1 個單位的 P 需 2 個單位的 A 與
$2 \times 3 = 6$ 個單位的 B), 假設 P, A, B 之前置時間 (LT) 分別
為 1 週、3 週及 2 週。現在收到訂購 P 200 個單位的訂單。

(a)若 P, A, B 之期初存貨為0, 試列出 MRP。

(b)假定目前 P, A, B 之存貨各為 75,120,30 個單位, 重做 MRP。

(c)在(b)之條件下, 又若公司前次產品 P 訂單下, A, B 因延遲
交貨, 各有 100 及 10 個單位可望分別在第6, 1 週交貨, 再重
做 MRP。

(d)假定在(c)中, A 有 150 個單位在第2週送達, 餘條件不變, 則
MRP 如何?

解: (a)因為產品 P 之訂單量為 200 個單位, 因此, 產品 P 之淨需求量
為 200 個單位, 元件 A 之淨需求量為 $200 \times 2 = 400$ 個單位, 元
件 B 之淨需求量為 $200 \times 2 \times 3 = 1200$ 個單位。

　　　其次我們要考慮 P, A, B 之**淨需求** (Net Requirement), 預
計收到**訂購量** (Planned-order Receipts), **計畫訂單發出量** (Planned-
order Releases); 因 P, A, B 之 LT 分別為 1, 3, 2 週, 故
在第 7 週需完成 P 200 個單位, 即 P 在第 7 週之預計收到訂購
量 200 個單位, 又 P 之 LT 為 1 週, 故在第6 週之訂單發出量為
200 個單位, 同時在第 6 週元件 A 之預計收到訂購量 (即要收到
元件 A $200 \times 2 = 400$ 個單位), 因無存貨之考慮, 元件 A 在第 6
週之淨需求為 400 個單位, 元件 A 之 LT 為 3 週, 故元件 A 在
第 3 週之計畫訂單發出量為 400 個單位, 同法可算出元件 B 之

有關資料。茲總結如下表：

週別	1	2	3	4	5	6	7	LT
P 淨需求							200	
預計收到訂購量							200	1
計畫訂單發出量						200		
A 淨需求						400		
預計收到訂購量						400		3
計畫訂單發出量			400					
B 淨需求			1,200					
預計收到訂購量			1,200					2
計畫訂單發出量	1,200							

(b)與(a)相較下，(b)多了存貨之考慮：此時毛需求 − 存貨＝淨需求，其餘做法如(a)

週別	1	2	3	4	5	6	7	LT
P 毛需求							200	
存　貨							75	
淨需求							125	1
預計收到訂購量							125	
計畫訂單發出量						125		
A 毛需求						250		
存　貨						120		
淨需求						130		3
預計收到訂購量						130		
計畫訂單發出量			130					
B 毛需求			390					
存　貨			30					
淨需求			360					2
預計收到訂購量			360					
計畫訂單發出量	360							

(c)

週別	1	2	3	4	5	6	7	LT
P 毛需求							200	
存　貨							75	
預計接受量							0	
淨需求量							125	1
預計收到訂購量							125	
計畫訂單發出量						125		
A 毛需求						250		
存　貨						120		
預計接受量						100		3
淨需求量						30		
預計收到訂購量						30		
計畫訂單發出量			30					
B 毛需求			90					
存　貨			30					
預計接受量			10					2
淨需求量			50					
預計收到訂購量			50					
計畫訂單發出量	50							

(d)A 之毛需求為 180 個單位扣除存量 30 個單位及第一週之預計接受量 150 個單位, 則 A 之淨需求量為 0 個單位, 因此 B 之需求量為 0。

例 2　假定產品 P 的產品結構樹 (PST) 如下圖所示, 若 P, A, C 之前置時間 (LT) 均為 1 週, B, D 之 LT = 2 週, E 之 LT 為 3 週, 現收到一筆產品 P 200 單位之訂單, 試求此相依存貨之 MRP。

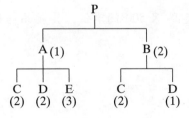

解: 先求出在P之需求 200 個單位下，其餘各項之需求量：

A: $200 \times 1 = 200$ 單位　　　B: $200 \times 2 = 400$ 單位

C: $200 \times 2 = 400$ 單位　　　C: $400 \times 2 = 800$ 單位

D: $200 \times 2 = 400$ 單位　　　D: $400 \times 1 = 400$ 單位

E: $200 \times 3 = 600$ 單位

因此，我們可建立 MRP 如下：

週別	1	2	3	4	5	6	LT
P: 淨需求						200	1
預計收到訂購量						200	
計畫訂單發出量					200		
A: 淨需求					200		1
預計收到訂購量					200		
計畫訂單發出量				200			
B: 毛需求					400		2
預計收到訂購量					400		
計畫訂單發出量			400				
C: 毛需求				400	800		1
預計收到訂購量				400	800		
計畫訂單發出量			400	800			
D: 毛需求				400	400		2
預計收到訂購量				400	400		
計畫訂單發出量		400	400				
E: 毛需求				600			3
預計收到訂購量				600			
計畫訂單發出量	600						

註: 若 A,B 之 LT 均為 1 週時，C 之毛需求可予合併，即為 1,200 單位。
在本例中，若 C 在第 4 週運抵 1,200 單位，將有 800 單位之存貨，因
此分 2 批進貨。

例 3 某公司生產產品 X 500 個單位，其產品結構樹 (PST) 如下：

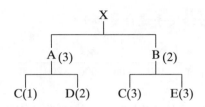

假設，X，A，C，E 之前置時間 (LT) 為 2 週，B 為 1 週，D 為 3 週，且公司在接單時並無 X 及 A，B，C，D，E 之存貨。試據此建立 MRP。

解：由 PST 易知：A 之需求量為 1500，B 為 1,000，C 為 4,500，D 為 3,000，E 為 3,000。

根據各項之需求量及前置時間 (LT)，我們可編製一簡單的毛 MRP 如下：

週別	1	2	3	4	5	6	7	8	LT
X: 毛需求								500	2
預計收到訂購量								500	
計畫訂單發出量						500			
A: 毛需求						1,500			2
預計收到訂購量						1,500			
計畫訂單發出量				1,500					
B: 毛需求						1,000			1
預計收到訂購量						1,000			
計畫訂單發出量					1,000				
C: 毛需求				1,500	3,000				2
預計收到訂購量				1,500	3,000				
計畫訂單發出量		1,500	3,000						
D: 毛需求				3,000					3
預計收到訂購量				3,000					
計畫訂單發出量	3,000								
E: 毛需求					3,000				2
預計收到訂購量					3,000				
計畫訂單發出量			3,000						

例 4 （承例 3）若給定手邊存貨如下：

	X	A	B	C	D	E
存貨	100	200	300	200	500	0

且假設其他條件均與例 3 同，試重做 MRP。

解：

	1	2	3	4	5	6	7	8	LT
X 毛需求								500	
存 貨								100	
淨需求								400	2
預計訂單接收量								400	
預計訂單發出量						400			
A 毛需求						1,200			
存 貨						200			
淨需求						1,000			2
預計訂單接收量						1,000			
預計訂單發出量				1,000					
B 毛需求						800			
存 貨						300			
淨需求						500			1
預計訂單接收量						500			
預計訂單發出量					500				
C 毛需求				1,000	1,500				
存 貨				200	0				
淨需求				800	1,500				2
預計訂單接收量				800	1,500				
預計訂單發出量		800	1,500						
D 毛需求				2,000					
存 貨				500					
淨需求				1,500					3
預計訂單接收量				1,500					
預計訂單發出量	1,500								
E 毛需求					1,500				
存 貨					0				
淨需求					1,500				2
預計訂單接收量					1,500				
預計訂單發出量			1,500						

　　讀者可由上面四個例子看出 MRP 之觀念並不難，但實際計算上多需仰賴電子計算機之強大運算能力。

MRP 之輸出

　　MRP 之輸出報表通常可包括**主要報表** (Primary Report) 與**次要報表** (Secondary Report) 兩種，前者是屬重要的、必備的報表，它主要供做生產控制與存貨之決策依據，而後者主要是供決策者參考用的，因此它是屬於選擇性的，依決策者之需求而定。

　　主要報表包括有：

(1)**存貨狀態資料**(Inventory Status Data)。

(2)**已計畫訂單** (Planned Order)：這是已收到但未列入生產線之訂單。

(3)**訂單執行通知**(Order Release Notices)：這是已下達執行訂單項目之工程命令。

(4)**訂單到期日異動** (Changes in Due Dates)：因某些原因（如重新排程、**工程變動** (Engineering Changes) 而必須將原訂訂單到期日予以更動。

(5)延緩或取消已開出之訂單。

　　次要報表：

(6)**規劃報表** (Planning Reports)：包括預測未來存貨水準及需求等。

(7)**例外報表** (Exception Reports)：當有過期或逾期的訂單、廢料過多、零組件缺貨、MRP 資料庫有誤差等偏差時，可由例外報表處獲得知悉。

(8)**績效報表** (Performance Report)：由計劃之前置時間／成本／使用量與實際之前置時間／成本／使用量差異之比較，根據原訂之績效評估準則來衡量執行績效，反饋給決策者作是否需進行矯正措施之參考依據。

淨變動系統

實施 MRP 之企業通常以每週定期或以不定期方式，將更新後的輸入資料自動運算並輸出報表。實務上，這種短期性的變動通常只侷限於少數幾個項目，如果每次只要稍有變動時便重行印出全套報表，會使管理部門竟日處理這些紙上作業，從而降低管理之效率，遂有一些 MRP 業者提供一種所謂的**淨變動系統** (Net Change System)，使用者只需將有異動之項目的資料輸入淨變動系統，輸出則僅為這些異動項目或例外報表，如此可大幅減少管理者之紙上作業，同時可使管理者能集中心力處理這些異動或例外的情形。此外淨變動系統對廢料損失、存貨計算錯誤、前置時間 (LT) 變更或供應商未及送貨等之判讀與處理上都能有所幫助。

Chase, Aquilano 等學者認為每天執行淨變動系統應可獲致高度滿意之結果，雖然大多數的美國公司仍舊定期印出完整之 MRP 報表而很少用及淨變動系統，而往往造成**系統騷擾** (System Nervousness)，這將使使用 MRP 之效果大打折扣。

★ 11.4　MRP 之批量分析

MRP 中之**批量大小** (Lot Size) 之決定一向為學界與實務界所重視，在這方面已有一些模式可供選擇之參考，除了熟悉之**經濟訂購量** (EOQ) 模式外，還有**定期訂購量** (Periodic Order Quantity，簡記POQ)， **逐批訂購** (Lot-for-Lot，簡記L4L)**零件期數平衡** (Part-period Balance，簡記PPB) 等。 POQ 法與 PPB 在演算中均須用到訂購成本與儲存成本之資料。一般而言訂購週期內之訂購量須一次購足。

定期訂購量

定期訂購量與訂購點法 EOQ 模式相似，我們在第十章已學過之 EOQ 公式為：

$$EOQ = \sqrt{\frac{2C_o D}{C_h}} \text{❶} \text{,}$$

其中 $D = $ 每期平均需求量

$\quad C_o = $ 訂購成本

$\quad C_h = $ 儲存成本

則 POQ 模式之訂購頻率為：

$$訂購頻率 = \frac{EOQ}{D}, \quad D \text{ 為每期平均需求量}$$

POQ 法只能用在最終製品，同時在使用時假定前置時間可忽略不計。

例 5　給定下列資料，依 POQ 模式

時　期	1	2	3	4	5	6	7	8
需求量	30	40	20	60	120	75	10	45

訂購成本 $= \$80/$ 次

儲存成本 $= \$2/$ 單位（每週）

前置時間 $= 0$，期初存貨 $= 0$

---

❶　在 MRP 之 EOQ 模式之 D 為每期平均需求量，而第十章存貨管理之 EOQ 模式之 D 為全年需求量，兩者不同，讀者應特別注意。

解：

$$D = \frac{1}{8}(30 + 40 + ... + 45) = 50$$

$$EOQ = \sqrt{\frac{2C_o \cdot D}{C_h}} = \sqrt{\frac{2 \cdot 80 \cdot 50}{2}} = 63.24$$

∴訂購頻率 $= \dfrac{EOQ}{D} = \dfrac{63.24}{50} = 1.26$，相當於每兩期訂購一次，每次訂購量為本期與下期需求量之和，其訂購存貨情形如下表：

時　期	1	2	3	4	5	6	7	8
毛需求量	30	40	20	60	120	75	10	45
訂　購　量	70		80		195		55	
存　貨	40	0	60	0	75	0	45	0

逐批訂購

逐批訂購是以滿足單一時期之需求量。採逐批訂購法時必須考慮到前置時間 (LT)。

例 6　承上例，若第一期期初時還有存量 40 個單位。同時假定前置時間 $LT = 1$。

解：

時　期	1	2	3	4	5	6	7	8
毛需求量	30	40	20	60	120	75	10	45
存量貨 40	10	0	0	0	0	0	0	0
訂　購　量	30	20	60	120	75	10	45	—

PPB

零件期數平衡 (PPB) 是 1970 年 IBM 發展出來的 MRP 軟體之一部分。

其訂購批量之決定為:

其第一次訂購應滿足:

若 $C_h \Sigma_{i=0}^{k-1}(i+\frac{1}{2})q_i < C_o$

但 $C_h \Sigma_{i=0}^{k}(i+\frac{1}{2})q_i > C_o$

則第一次訂購應購足 1 至 $k-1$ 期之需求量

第二次, 第三次之訂購同法可推理之。

例 7 *假定例 5 之訂購成本為每次$300, 儲存成本為單位$1。*

解:

時 期	1	2	3	4	5	6	7	8
需 求 量	30	40	20	60	120	75	10	45
訂 購 量	90			180		130		
期初存貨	90	20	20	180	120	130	10	45
期末存貨	60	20	0	120	0	55	45	0

第一次訂購:

$2[\frac{1}{2} \times 30] = \$30 < \$300$

$2[\frac{1}{2} \times 30 + \frac{3}{2} \times 40] = \$75 < \$300$

$2[\frac{1}{2} \times 30 + \frac{3}{2} \times 40 + \frac{5}{2} \times 20] = \$250 < \$300$

$2[\frac{1}{2} \times 30 + \frac{3}{2} \times 40 + \frac{5}{2} \times 20 + \frac{7}{2} \times 60] = \$335 > \$300$

∴第一次訂購應購足前三期之量, 即 $30 + 40 + 20 = 90$

第二次訂購:

$$\$1[\frac{1}{2} \times 60] = \$30 < \$300$$

$$\$1[\frac{1}{2} \times 60 + \frac{3}{2} \times 120] = \$210 > \$300$$

$$\$1[\frac{1}{2} \times 60 + \frac{3}{2} \times 120 + \frac{5}{2} \times 75] = \$397.5 > \$300$$

∴第二次訂購應購足第 4、 5 期之量, 即 $60 + 120 = 180$

第三次訂購:

$$\$1[\frac{1}{2} \times 75] = \$75 < \$300$$

$$\$1[\frac{1}{2} \times 75 + \frac{3}{2} \times 10] = \$52.5 < \$300$$

$$\$1[\frac{1}{2} \times 75 + \frac{3}{2} \times 10 + \frac{5}{2} \times 45] = \$165 < \$300$$

∴第三次訂購應購足第 6、 7、 8 期之量, 即 $75 + 10 + 45 = 130$

除了上面介紹之三個 MRP 批量決定模式外, 還有Wagner-Whitin 演算法, 這是以最適法來決定分期需求之訂購批量。最小成本是這個演算法之中心準則, 因其理論、計算超過本書假定之程度故從略。

11.5 製造資源規劃 (MRPⅡ)

幾乎所有製造業的生產、會計、行銷乃至採購部門, 差不多都面臨了要製造什麼產品? 製造多少? 以及在什麼時候製造之類的問題, 而這些問題的共同特徵都是要解決「數量」而不是「錢」的問題, 讓我們看一些製造業常發生的現象:

(1)有許多公司行銷計畫與生產計畫是行銷部門與生產部門分別擬定

的，使得行銷預測與生產計畫有相當出入，其結果不是造成生產
過剩，便是生產不足。

(2)不健全之存貨系統會使物料部門無法精確掌握存貨之數量，會計
部門也因而不易計算產品之成本，行銷部門也就不易決定產品之
價格。

因此製造業者實有需要一個能整合製造、行銷、工程、財務、採購等之
作業系統， O. W. Wight 特稱這個作業系統為**製造資源規劃** (Manufacturing
Resource Planning, 簡記 MRP II)，讀者宜注意的是 MRP 雖為 MRP II
之核心但 MRP II 並無取代 MRP 也絕非 MRP 的改良。

MRP II 是由封閉迴路式 MRP 發展而成的

如同許多管理制度一樣， MRP II 是由許多經驗累積而成的， MRP
先驅學者 O. W. Wight 認為 MRP II 之演進大致是延續採購方法之改進、
優先規劃 (Priority Planning)， **封閉迴路式**MRP (Closed-loop MRP)，最後
再演變到**製造資源規劃** (MRP II)。

1.採購方法之改進

訂購物料的方式約略可分成以訂購點法與 MRP 兩大類，前者是以
Harrison 在 1916 年發展出來的 EOQ 模式為基礎，依前置時間內之使用
量、安全存量、平均需求量等因素之不同假設以及其他不同之條件下，
以數學方法決定訂購點與訂購量，然而古典之訂購點法在實務上面臨了
許多困難與挑戰，包括 EOQ 模式之假設在實務上並不全然存在甚至有
與實務不符之情形，例如即便在保有足夠之存量下，仍然還有因缺乏某
幾種物料而告停工待料之情形。而 MRP 是結合了生產、行銷及存量水
準等因素，因此它在本質上是用實際用量來決定訂購量的，以實務的觀
點， MRP 顯然應較訂購點法為優越。MRP 因為在資料整合、計算及儲
存上極為繁雜，非賴強大之電腦資訊處理功能不為功，因此在電腦日漸

普及後，MRP 方漸漸為企業所接受。

2.優先規劃

1971 年人們漸漸意識到 MPS 是他們實際需要的生產計畫表，若 MPS 安排之計畫生產量超過產能則勢必有一些產量無法達成。為了解決這些問題，必須考慮到優先規劃，使得採購計畫不只要決定採購些什麼？還要決定其優先順序：對於急迫性的物料得以提昇其採購優先順序，而對於非急迫性的物料也可延緩其採購。

3.封閉迴路式 MRP

MRP 系統不僅要規劃優先性，同時還要將各階段執行成果反饋到 MRP 系統內。封閉迴路有雙重意義：一是將產能規劃、工廠控制、運輸規劃與供應商等均納入一個單一系統內；一是不論供應商、工廠或是計畫者等在任一處發生問題時，都可立即反饋而得以即時解決。

MRPⅡ之特點

因此 MRPⅡ是個作業系統，也是個財務系統，詳言之：

(1)MRPⅡ整合公司之製造、行銷、工程、財務、採購等作業系統，並透過一個封閉迴路系統產生公司各部門共用之財務資訊，這使得 MRPⅡ之每一個成員都在相同的遊戲規則並使用相同的財務數據之作業環境下運作，因此更便於組織部門間的溝通與協調。

(2)MRPⅡ系統具有「若……則……」 (If...then... 或what...if...) 之邏輯處理能力，因此它可針對不同之方案或決策結果進行模擬，換言之，MRPⅡ系統是一個**模擬器** (Simulator)，透過這個模擬器能夠解答像若將產品組合改變則對存貨水準之影響程度、對現金流動狀況之影響程度等等，因此它可使管理者具有權變能力。

作業十一

一、選擇題

(請選擇一個最適當的答案，有關數值計算的題目以最接近的答案為準)

1.（　）在一個物料需求計畫 (MRP) 系統中，產品結構的資料是從那
裡獲得？

(A)主生產排程　(B)存貨檔案　(C)銷貨預測　(D)物料單

2.（　）下面那一項不是使用物料需求計畫 (MRP) 的直接利益？

(A)規劃與控制存貨　(B)詳細的產能規劃

(C)品質規劃與控制　(D)工作現場的排程

3.（　）就 MRPⅡ 而言，下列那一項不是其特性之一？

(A)由下往上之規劃　(B)生產計畫

(C)財務規劃　(D)為什麼——假如功能

4.（　）簡單經濟訂購批量(EOQ) 模式決定的基本原理是：

(A)考慮訂購成本與持有成本之平衡　(B)僅考慮單位成本

(C)僅考慮訂購成本　(D)僅考慮持有成本

5.（　）下列那一項不是 MRP 的輸入資料？

(A)主生產排程　(B)銷貨預測　(C)物料單　(D)存貨檔案

6.（　）於物料需求計畫 (MRP) 程序中，完成批量大小決策的步驟所
產生之結果為：

(A) MRP 排程表中淨需求列之內容

(B) MRP 排程表中計畫訂單接收量列之內容

(C) MRP 排程表中毛需求列之內容

(D)例外報告

7.（　）下列何者不是 MRP 的輸入項目？

(A)物料單　(B)存貨記錄資料

(C)主生產排程　(D)計畫訂單開立量

8.（　）在物料需求計畫中，那一種物項是依有關之物料表計算而得？

(A)附屬需求物項　(B)終物項　(C)完成品　(D)服務性零件

9.（　）下列成本中那一組屬於產品之主要成本？

(A)直接原料成本加製造費用　(B)直接人工成本加製造費用

(C)直接原料成本加直接人工成本　(D)總人工成本加製造費用

10.（　）決定物料需求計畫(MRP) 之批量大小，欲確保求得最低總成本時，宜採用：

(A) Wagner-Whitin 法　(B)最低單位成本法

(C)經濟訂購量法　(D)零件期數平衡法

11.（　）下列有幾個是 MRP 之主要報表？

例外報表、存貨狀態資料、已計畫訂單、績效報表、取消訂單、延緩計畫訂單、工程變動單

(A) 3　(B) 4　(C) 5　(D) 6

12.（　）假設某零件未來8 週之淨需求如下表所示，而且訂購成本為每次 30 元，持有成本為每個每週 0.03 元，若採用件期平衡之批量大小決策，則第一次之採購批量應為：

| 週別 | | | | | | | |
1	2	3	4	5	6	7	8
淨需求 460	120	420	210	180	380	220	500

(A) 460　(B) 580　(C) 1,000　(D) 1,210

二、問答題

1.簡答下列問題:

　　(1)對一個實施 MRP 之公司而言， MRP 與 MPS 之先後關係為何?

　　(2) MRP 之投入。

　　(3) BOM 與那些企業活動有關? （亦即 BOM 可向那些部門取得資料）

　　(4) MRPⅡ之優點。

　　(5) MRPⅡ之意義

2.一個好的 BOM 資料檔案應具有那些要素?

3.MPS 在保持適度彈性上是有必要的, 但在實務上可能會面臨那些問題?

4.何謂時間柵欄? 它有何功能?

5.企業在那些場合須對 MPS 進行調整? 請列舉 5 項。

6.若產品P 之產品結構樹如下圖, 若 P, A, C 之前置時間 (LT) 為 1 週,

　　B, D 之前置時間為 2 週, E 為 3 週。

　　(a)現收到一筆產品 P250單位之訂單, 試做有關 MRP。

　　(b)若手邊有 P, A, C 各 100 個存貨, 試重做 MRP。

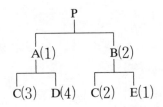

第十二章　物料管理與採購

12.1　物料管理之基本概念

物料

　　凡是製造或服務過程中所需的商品，諸如：主副原料、元件、再製品 (WIP) 等，不論它們是直接或間接投入生產系統的都稱之為**物料** (Material)。1987年美國商業部之調查報告指出：物料費用幾乎佔銷貨收入之 60%，煉油業更高達 90%，而且這種比率有逐年增加的趨勢，因此企業欲有效地全面降低成本，往往需從物料採購著手。因為採購的重要性與專業性，因此企業往往會設立一個採購部門專司採購業務，採購也因而成為公司與供應商間之重要介面。

　　Schonberger 與 Gilbert 之研究指出人工、技術和採購是影響產品品質之三個重要因素，而產品品質問題中有 50% 是因為不良採購所致，因此，物料採購將是決定產品品質之最重要因素。在高度競爭之市場環境下，採購部門必須專業化，除了傳統之採購作業外，還應對供應商之供貨能力、產品品質等具有相當專業之評鑑能力。因此，供應商管理亦成為採購部門之業務重心之一。

　　美國策略管理大師 Michael E. Porter 認為採購業務之競爭力在於(1)經濟規模；(2)有利的採購條件及(3)自製或外購之合理組合以達到成本競爭之優勢，他的想法值得專業採購經理人深思。

物料管理

美國生產與存貨管制學會(American Production and Inventory Control Society，簡記APICS) 對物料管理做了以下之定義:

物料管理是從原材料之採購、內部控制及在製品 (WIP)的規劃和控制、一直到成品的倉儲、運送和分銷，這整個循環下所有有關之管理功能。❶

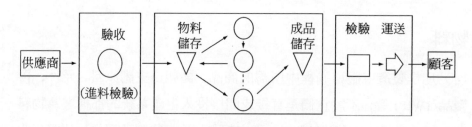

圖 12-1　物料管理之概貌

（本圖顯示物料管理包括了採購、倉儲、搬運及配銷四個範疇。）

本書僅就**工業採購** (Industrial Purchasing)與**儲運** (Logistics) 兩部份做一淺介。

12.2　工業採購淺介

工業採購之任務

採購的基本任務是為配合組織之生產或銷售活動而籌措所需之物料，至於產銷活動以外之物料如文具用品、公關紀念品、員工福利品之採買

---

❶　*APICS Dictionary*, 6th ed., p.18

則多屬總務部門辦理事項，因而不在本章討論之列。如何選擇適當之供應商，如何以優惠的採購條件與價格購入適當之品質、數量之物料，並能在指定之交期內交貨則是採購部門職責所在。茲就適當之品質、價格、數量、交期四部分再詳述如下：

1.適當之品質

在其既有之技術條件下，能生產最符合消費者要求的產品，便是一個合乎品質要求的產品。如果我們把製造部門視為一**內部顧客** (Inner Customer)，則採購部門所採購之物料必須具有(1)滿足使用目的(2)能充分供應及(3)價格廉宜三個條件。

在實務上，製造部門將採購物料之規格詳列於訂購單，交予採購部門，採購部門通常先要會同製造部門擬妥**採購規範** (Purchase Specification)，採購規範可能僅僅要求關鍵零組件之製造**廠家名冊** (Makers List)、**實體樣品** (Sample)或用途／使用說明，也可能要求包括工程藍圖、化學成份、物理特性、材料明細或製造方法等等。採購部門可藉採購規範與供應商議價，亦可據憑要求供應商恪遵，並做為日後交貨驗收之依據。為了避免日後交貨時有任何糾葛發生，採購規範亦常訂有檢驗條款，包括檢驗抽樣方式、檢驗步驟等。

2.適當之價格

採購部門往往因極力壓低供應商之價格，結果造成購料品質水準降低，直接影響到加工製程乃至產品品質，有時還會妨礙到機器設備之使用生命，如果將這些成本一併考慮，便會發現到以最低價格購得之物料往往不是最經濟的。因此採購部門必須在給定之品質水準與交期的條件下以最低價格進行購料。在採購機器設備時，尤其要注意從產品整個生命週期 (PLC) 之觀點來進行經濟評估，價值分析 (VE) 便是一個很重要的分析工具。

在價格上還應考慮到是否有預付款？期中付款之時點為何？履約保

證金佔合約價之百分比，在何種情況下有罰款，此外付款條件亦是採購價格上應考慮的一個因素，供應商為了促使購買者儘速付款，往往會有一個折扣上之優惠待遇。

3.適當之數量

採購量之大小直接與存貨有關，因此最適採購量往往可透過古典存貨理論之經濟訂購量 (EOQ) 模式加以決定。回顧 EOQ 模式中，採購成本包括：

(1)訂購成本。

(2)儲存成本。

若 C_1 為每單位每年之儲存成本，C_2 為每次訂購之訂購成本，D 為採購物料之年需求量，則經濟訂購量 (EOQ) Q^* 為

$$Q^* = \sqrt{\frac{2C_2D}{C_1}}$$

這些都已在第十章中詳述。

在採購罕用物料時往往將這些物料歸類於現購現用物料，採購部門接單時需立即訂立罕用物料之規格、數量等資料以及標準收率俾便辦理採購事宜。

4.適當之時機

組織接到訂單後便要進行物料計畫，以決定何時應添購那些物料，如果採購過早，將因存貨而積壓資金甚至造成物料質變，反之，如果採購趕不上生產進度時，會造成生產線停工待料，影響交期甚至被迫取消訂單，因此對物料適當到貨時機之決定，便是一樁很重要的事情。在決定物料採購時間時，必須考慮到物料採購之前置時間 (LT)。採購之前置時間是指採購作業開始以至交貨入庫為止之整個時間。圖 12–2 是物料採購前置時間之結構圖：

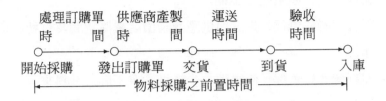

圖 12-2　物料採購前置時間之架構

由上圖我們可看出物料採購的前置時間大致可分為：

(1)處理訂購單時間：在這段時間內，生產部門需將物料規範、數量、置入生產線時間等資料提供採購部門，以便採購部門進行相關作業（如：市場調查、詢價、招標，若某些物料市場缺貨時，可能需重擬物料規範、數量等等）。

(2)供應商產製時間：在估算供應商產製時間時，必須了解到供應商之產能是多少？生產線是否**忙碌 (Busy)**？以往供貨之不良率情形、交貨是否準時等，因此，當採購部門發出訂單後應經常跟催。有些大廠商為了避免物料供應商延遲交貨，通常在採購合約中明訂相關罰則。

(3)運送時間：採購部門應注意到物料是否在生產部門指定之時間內入庫，如果物料是以 FOB (Free on Board) 條件從國外進口時應注意到船期，此外亦需注意國外是否有罷工等情事。

(4)**驗收 (Receving)**：外購物料驗收時，應考慮抽查、檢驗所需的時間，對品質沒把握的批次尚要考慮複驗的時間。

因為採購項目之數量、品質、交期、價格會影響到產能、產品品質、生產力，甚至獲利率，因此採購作業在時間上應力求充裕，以免因決策時間倉促而發生許多困擾，例如：

・因訂貨過於急促，使得供應商無足夠存貨或不及趕工，以致降低

進貨品質，甚至延宕工期。

- 因訂貨過於急促，失去與供應商購價之議減空間及有利之交易條件。

- 因訂貨過於急促，使得同一生產批次有不同之進料來源，進料品質不一有造成加工困難及影響製品品質之虞。

因此，採購部門在產品設計開發階段就應該參與作業。

集中採購與分散採購

企業之採購方式之一種分類是**集中採購** (Centralized Purchasing) 與**分散採購**(Decentralized Purchasing) 兩類，顧名思義所謂的集中採購是將採購作業從規劃請購統由一特定部門辦理，分散採購則是由個別部門或地區辦理採購作業。在實務上，除了小型企業外，許多中、大型企業是同時採用集中採購與分散採購，換言之，企業中有些原料或零組件是用集中採購，有些則是分散採購，絕少單採集中採購或分散採購。

一般而言，集中採購具有以下的一些優點：

- 集中採購因採購數量較為龐大，故較易從供應商處爭取較為有利的交易條件，包括價格、付款條件甚至較長的保固期或更佳的售後服務等等。

- 集中採購可集中人力以從事市場調查、供應商調查等，這些都有利於企業採購制度的建構與提升採購競爭力。

- 集中採購可使得物料單純化、標準化。

- 集中採購可使採購品的採購、交貨、驗收、付款等業務能統籌規劃集中辦理，從而降低採購成本。

集中採購的缺點是：

- 各工廠對集中採購的物料缺乏採購自主權，不易因時、地制宜，同時對緊急採購亦常緩不濟急。

・供應商與工廠相距甚遠時，交期較易延宕從而影響到生產進度。

・採購部門不易掌控各工廠外購物料之存量，因而對適宜之採購時機自然不易拿捏得準。

　　分散採購之優點恰是集中採購之缺點，而分散採購之缺點恰是集中採購之優點，故對分散採購之優缺點不予贅述。就實務而言，多數之中、大型企業之集中採購多由設在總公司之採購部門負責經辦，其採購之物料多屬：

・金額龐大的、重要的或關鍵性的物料或須從國外進口的物料。

・所購之物料涉及複雜之專業技術者。

・屬資本支出之物料。

・其他由總公司採購較工廠採購為有利的物料。

其餘物料則可採分散採購。

工業採購之決策過程

　　工業採購之決策過程大致可分成八個階段，組織有時可能會因其他情況（如例行採購等）而略過其中某些階段。在此逐一說明如次：

1.確認問題

所謂確認問題，簡單地說即是採購之動機，它可能是：

・為了因應新產品或新的服務而需購進之物料及設備。

・過去使用之進料因價格偏高、品質不佳、進貨不穩等原因而必須另覓新的供應商。

直接地反覆採購之情況下通常可將此階段略過。

2.決定產品或服務之規格與數量

　　在確認問題後，採購部門便根據使用部門開出之一般需求說明書來決定採購產品之規格（例如產品之物理、化學性質、成份、幾何形狀等）、品質（如耐久性、可靠度等）與數量等。

3.進行規格分析

採購部門在接到使用部門之規格要求後，可透過價值工程 (VE) 等方法研究是否有其他替代物料以降低成本。關於此點，我們將在 12.5 節討論 VE 在採購上之應用。

4.蒐集供應商資料

採購單位可從相關期刊、工商名錄、有關同業工（公）會、臺灣文筆雜誌社，甚至相關業界業者處蒐集到供應商資料。

5.請供應商報價

一旦找定了符合資格之供應商後即可請他們進行報價。

6.遴選供應商

採購部門收到供應商之報價書後，除審核報價書之內容外，還要進行**供應商分析 (Vendor Analysis)**，針對供應商品或服務之價格、品質、交貨情況、業務配合性、技術與製造能力、售後服務、商譽等項目進行評比，從中擇優然後再就價格或其他項目進行談判。

在美國或我國之政府機構通常透過**公開招標(Open Bid)或議價採購(Negotiated Contract Buying)**兩種方式進行採購，以最低價者得標，這種競標方式在購料是標準化產品時問題較少，但所購物料屬非標準化產品時，能提供超乎標準之規格或品質產品之供應商，便往往會在競標中失利。從產品或服務之生命成本來看，以公開招標方式進行採購對採購而言未必有利。

7.正式訂購

決定供應商後，企業便要發出訂單給供應商或與之正式簽約，在訂單或合約中明訂了所需產品或服務之規格、數量、價格、交貨期限、雙方之責任義務甚至還有保固期限等。在資訊、通訊科技發達之今天，中心工廠可藉由銷售點 (POS) 系統要求供應商適時適量地進貨。

8.績效評估

　　採購單位與使用單位會定期或不定期地對供應商之績效（包括供料品質不良率、交期準確性等）進行評估，以決定與供應商之關係是要維持下去還是終止。

公開招標與議價

　　公開招標與議價是我國公民營機構最常見之採購方式，茲分述如下：

1.公開招標

　　公開招標是以公開之方式（如廣告，近年來公營機構之採購須在《政府採購公報》上網刊登❷）公告其採購條件，以當眾開標、公開比較，通常是以最低價者得標。公開招標之一般作業程序大致如下：

(1)**發標 (Invitation Issuing)**：採購內容及規範、採購方式、付款及交貨條件、資格條件等，這些都在投標須知中予以明訂。同時採購部門除需傳佈採購訊息外，尚須擬訂底價。

(2)**開標 (Opening of Bids)**：包括開標會場之準備、審查資格標、開價格標並製成開標記錄。

(3)**決標(Award)**：包括審核報價單，決標公布與通知。

(4)合約之簽訂。

公開招標有以下之優點：

(1)因手續公開故可在公平競爭之情況下覓得合格之廠商。

(2)只要符合採購規範之投標商中具有最低投標價格者即為得標，故可大幅減少採購成本。

但公開招標也相對有以下之缺點：

(1)因作業繁瑣致無法因應緊急以及特殊商品之採購。

(2)可能有搶標、圍標之情況發生。

(3)忽視廠商過去服務之實績、產品之品質、可靠度，使得以公開招

---

❷　《政府採購公報》自 88,5,27 起實施，其網址為： http://WEB.PGC.TW

標方式購得之物料，在製造上或在整個產品生命成本考量上未必是經濟的。

(4)公開招標不易建立供應商對中心廠商之忠誠度與向心力。

2.議價

除了公開招標外，議價也是一個常見之標購方式，它是由買方與供應商經討價還價而決定價格，它的優點是：

(1)對一些特殊商品之採購而言，議價較為經濟合理。

(2)議價手續較簡便有利於緊急採購。

(3)議價可兼顧到以往供應商之業績可確保交期之穩定性。

議價也有以下之缺點：

(1)若只與一家議價時廠商可能會哄抬價格。

(2)易使廠商與作業人員串通舞弊。

3.其它

除上述兩種外還有比價，其優缺點大抵與議價類似，故不贅述。

12.3 供應商管理

供應商又稱為協力廠商或衛星工廠，一般是指能長期提供零組件、原料等物料予中心廠商之承包商。若供應商在物料供給之數量、品質與交期等有任何一項無法與中心工廠要求配合時，都會造成中心工廠生產上極大的困擾，Michael E. Porter 也認為供應商力量的消長將會左右企業的競爭力❸，供應商之遴選與評鑑亦是採購部門的一項相當重要的業務。如何管理供應商？第一步便是了解供應商，一般而言，中心工廠對

---

❸ Michael E. Porter 在 *Competitive Advantage* 中指出(1)供應商力量，(2)買方的議價力量，(3)新加入者之威脅，(4)替代性產品或勞務的威脅及(5)現有廠商的競爭程度是影響產業競爭的五大因素。

供應商之調查資料大致包含以下幾個維度:

1.一般資料

(1)供應商之組織資料(包括廠商名稱、資本額、負責人、通訊處、往來銀行及帳號等等)。

(2)供應商公司證件資料(如公司執照、工廠登記證、營利事業登記證等)。

2.機器設備、技術能力與產能

(1)主要生產設備之名稱、廠牌、年份、規格、產能。

(2)廠房之工作環境及操作標準。

(3)曾提供本公司那些零組件(或原料),本公司尚有那些零組件(或原料)可由該供應商提供。

(4)以往交貨是否準時。

3.品質管理

(1)品管組織結構。

(2)品管檢驗之設備(名稱、年份、精密度……)。

(3)製程管制標準。

(4)品管檢驗及不良品管制、追查程序。

(5)是否通過 ISO 認證。

(6)以往在中心工廠檢驗之不良率紀錄。

4.組織之財務狀況

(1)供應商每年營業實績(由會計師簽認之財務報表(如資產負債表、損益表等)、國稅局之繳稅證明……)。

(2)是否有被銀行退票記錄。

(3)供應商動態資訊之蒐集。

例 1 是評估供應商之例子:

例1　若某公司剛接到一訂單，因此它欲對某項零件向 A，B 二供應商進行評估，有關資料如下：

評鑑項目	權數	評比 A	評比 B
價格	0.2	13.2	12.4
品質	0.4	0.7	0.6
交期準確性	0.3	0.7	0.8
工程能力	0.1	0.9	0.7

解：

評鑑項目	權數	評比 A 分數	評比 A 加權分數	評比 B 分數	評比 B 加權分數
價格	0.2	0.94	0.19	1.00	0.20 ❹
品質	0.4	0.7	0.28	0.6	0.24
交期準確性	0.3	0.7	0.21	0.8	0.24
工程能力	0.1	0.9	0.09	0.7	0.07
		小計	0.77		0.75

因 A 之加權分數較高，故可考慮以 A 為供應商。

　　讀者在分析時應特別注意的是，各評鑑項目之權數必須在做決策前即已設定，以免預設立場而失去評鑑之意義與本質。

　　大企業之存貨管理系統將以往物料之消耗速率統計及庫存量透過**電子資料交換** (Electronic Data Interchange; 或 Electronic Documents Interchange，簡記 EDI) 系統通知供應商何時應進行補貨，甚至還可經由電子資金轉帳系統達到即時付款的境界。因此，透過 EDI，得以大幅簡化訂購、購貨及送貨所需之文書作業，同時也可降低文書錯誤及其延誤時機之天數，

---

❹　因評比分數介於 0 與 1 之間，所以 A，B 之價格項目之評分應予修正，一種常用的方法是以一較大之價格為分子來被各價格除過，因此 A 之評分為 $\frac{12.4}{13.2} \doteqdot 0.94$，B 之評分為 $\frac{12.4}{12.4} = 1.00$。

由此可看出 EDI 系統不僅可節省買方許多採購行政成本也大幅提升採購效率。因此國外有許多大企業與它們的主要供應商電腦連線，甚至要求供應商必須配合這些大企業之 EDI 系統做為合作之先決條件。

外包管理

外包

中心企業因經濟或技術之考量上，經常需以指定之規格或施工藍圖委託外包商（也稱為協力廠商）來製造、加工或服務，這種作為稱之為外包。在工程界還有一個類似的名詞稱為轉包，它是指中心廠商將部份業務外包給某廠商而某廠商又將之一部份或全部外包給第三個廠商，簡單地說轉包便是雙重外包。

臺塑、臺灣 IBM、中油等大型企業多將一些有生產瓶頸、非核心專業的業務、不具經濟規模或不會影響到核心產品品質之勞務、維修或特殊專業的業務作適度外包，這些業務例如：辦公大樓電梯、冷氣、電腦之維護保養，廠區之綠化工作、伙食料理，警衛，甚至大型資訊系統之建立，特殊技術之研發等等。以中鋼公司為例，外包即佔該公司業務量四分之一。為什麼這些企業要採外包方式？大致可歸納有下列幾項原因：

- 精簡人事降低人事成本。
- 增加人力調度彈性。
- 降低公司之營運生產成本。
- 為了有足夠餘力專注於核心專業領域以強化核心競爭力。

外包亦有一些缺點，這是我們在實施外包管理前應予考慮的：

- 外包容易造成管理失控、品質難以確保之風險。
- 易造成社會上有大企業將其應負之社會責任轉嫁到外包商之疑慮，尤其是高度污染之廢棄物外包時尤然。

- 廠商在不熟悉核心企業之運作要求（如廠區安全規定）下極易釀成工安事故。
- 外包工人流動性偏高，缺乏歸屬感，且通常比核心企業員工之薪資福利為差，更遑論工作保障，常易產生怨懟。

因為外包商提供之產品或服務之品質、成本、交期或作業彈性會影響到中心企業之商譽與競爭力，因此外包管理對製造業或服務業都是很重要的。企業對外包商之管理會因企業的態度而有所不同，例如：有的廠商將外包商獨占培養，外包商只能接受中心企業的訂單；有的廠商將外包商視為分支工廠；有的廠商能與外包商以相互平等生產分工方式；有的廠商重視外包商之自主性等等。但以生產管理者之立場而言，若能將外包商之生產納入中心工廠之生產系統內，平時即對外包廠商進行調查、稽核，不僅要協助外包商在品質、成本與交期上之瓶頸予以突破外，有時還要協助外包商提升生產技術甚至介入他們的經營管理，因此在外包管理上多秉持以下之管理方針：

(1)建立中心企業與外包商間之共存共榮之交易精神與長期而穩定之交易目標。

(2)依照中心企業之經營理念與經濟需求訂定外包計畫，包括外包商之遴選、評鑑與輔導，將外包廠商依其規模、承製能力等條件予以分級，以決定哪些零件要外包以及交由哪些外包商承包，承包之交期、單價及付款條件等。

(3)原則上，外包商力求專業化。

透過一個良好的外包計畫，企業將可獲致以下之利益：

(1)生產：生產部門之整體規劃中之外包計畫避免停工待料之現象。

(2)行銷：行銷部門可根據成本、市場供需與競爭條件之考量，決定是否要外包以及外包程度。

(3)財務：財務部門可根據外包計畫所編列現金預算預作資金調度。

(4)物料：物料部門可藉外包計畫控制外包品之存貨量，間接紓緩資
　　金積壓之現象。

內購外包之分析模式

企業界常用損益平衡分析之方法來分析特定零組件之內購抑為外包，
茲舉一例如下：

例 2　若本公司生產部門對某個關鍵零組件之明年需求量估計如下：

需求量 D	10,000	15,000	20,000	25,000	30,000	單位（個）
機率 P	0.15	0.20	0.30	0.20	0.15	

而會計部門估計該零組件之成本資料為：若由委外代工 (OEM)
生產，每單位成本為 60 元，若內製，便需耗用固定成本 960,000
元／年，變動成本為 30 元／個。

問(a)本公司對該項零組件應採內製抑為外包？

　　(b)在何時以外包較為有利？

解： (a)

需求量 D	機車 P	期望需求量 $E(D)$
10,000	0.15	1,500
15,000	0.20	3,000
20,000	0.30	6,000
25,000	0.20	5,000
30,000	0.15	4,500
		20,000

總成本 $C =$ 固定成本 $F +$ 單位變動成本 $V \times$ 需求量 D

∴(1)內製之期望成本為：

$$E(C) = F + VE(D)$$

$$= 960,000 + 30 \times 20,000 = 1,560,000$$

(2)外包之期望成本為:

$$E(C) = PE(D)$$

$$= 60 \times 20,000 = 1,200,000$$

∴從經濟角度來看, 外包應較為有利。

(b)令內製期望成本等於外包期望成本

$$960,000 + 30x = 60x$$

$$\therefore \ x = 32,000$$

即需求量在 32,000 個以下時以外包較為有利, 在 32,000 個以上時以內製較為有利。在本例仍以外包為有利。

12.4　JIT 之採購

　　JIT 系統之特色是上一製程能適時、適量、適地、適質地將半製品 (WIP) 交予下一製程, 以此觀念應用到採購上, 便是穩定地以少量多次之方式交貨, 就如同「鼓蟲」般, 輕盈地在水面上多次往返地浮游。因此 JIT 之採購多是以生產場所附近之少數 (有時只有一個) 供應商, 透過長期合約方式採少量多次之運送方式, 將零組件逐送至生產線上。 Aull 及 Hyde (1994)之研究, 勾劃出 JIT 採購之五大基本項目:

(1)原材料供應與生產需求同步化。

(2)買方與供應商充分合作。

(3)買方與供應商藉長期合約建立長期而穩定之關係。

(4)買方希望供應商只專注生產一種或少數幾種之產品。

(5)供應商應納入買方生產系統內。

茲就供應商、數量、品質及運送四方面說明 JIT 採購之特性:

1.供應商方面

(1)供應商數量最少化、距離最近化: 買方通常在廠區附近先覓尋一些有潛力之供應商, 並與其建立長期之業務關係, 買方在初期會和供應商協調有關品質、交貨⋯⋯等問題, 並協助供應商克服一些難點。對新進之供應商先給一些小量訂單, 若成效為買方所接受時, 雙方便簽訂長期合約。

(2)單一來源的採購: 一般日本廠商偏好一種物料零件只向一個供應商購買, 而且供應商大部份之物料零件也是提供該廠商, 其目的是在建立供應商之忠誠度, 以期能對企業之要求能有適當之回應。美國企業較傾向於維持兩家以上供應商, 其動機不外是有一家出了問題還有其他供應來源, 同時也可對這些供應商之價格、品質作一比較。

2.數量方面

(1)穩定地以多次少量方式交貨: 能穩定地以多次少量方式交貨是JIT採購供應商最應具備之先決條件, 在此條件下方足以與買方之生產作業作同步。

(2)總括性之長期合約: JIT 採購合約在形式上極為簡化, 只包括價格、工程資料以及根據買方主生產排程 (MPS) 下所需之總數量而已。其到貨日期或由看板或由短期（如一月或一季）之總括性之採購訂單而定的。

(3)正確之交貨數量: 供應商必須按指定採購數量如數交貨, 以配合買方之生產節拍。買方常要求供應商用標準包裝箱, 除了便於清點外, 在零組件保管或辨識上都很方便。

(4)揚棄 EPQ 採購模式而著重產品品質: EPQ 模式對採購量是固定的, 而 JIT 採購則不放過任何能降低批量之大小機會。 R. Schonberger 認為 JIT 採購之 EOQ = 1。

3.品質方面

因為批量中有不良品時會影響到生產節拍, 故 JIT 廠商對進料品質極為重視, 它們的作法是:

(1)規格限制最小化: JIT 廠商尊重供應商生產零組件之專業性, 因此對供應商通常只提出績效規格, 包括一些藍圖和重要尺寸, 充其量再加上一些張力強度、表面處理或成份等等, 如此有利於供應商得以自行改進自己生產問題, 從而能以穩定而少量的方法交貨。

(2)協助供應商達成品質上之要求: 因為 JIT 廠商鼓勵供應商減少生產批量, 在多次少量交貨下使得品質問題能及時浮現, 再加上規格上給予供應商甚大之彈性空間, 使得買方與供應商間得經常討論一些產品問題當然也包括品質問題, 並突破其盲點。

(3)鼓勵供應商以製程管制來代替品質檢驗: 若供應商與買方已有長期之業務關係, 而且買方認為供應商之品質水準已達到免驗收之地步時, 供應商可將供料逕送到生產線, 即便其間有一些小的品質問題, 也可經由雙方協調而解決。

4.運送方面

JIT 供應商必須有自己之儲運設備: 因JIT 採購只通知供應商到貨日期, 對供應商何時出貨則由其自行負責, 因此供應商應有自己的運輸工具以及倉儲設施 (這些儲運設備可能是供應商自行擁有的, 也可能是租賃的)。

JIT 採購之利益

根據 JIT 採購之特性, 我們不難推知 JIT 採購有以下之利益:

1.品質穩定

在單一供應商提供穩定的貨源下，供料品質應較招標方式來得穩定而一致，此點對生產部門之產製加工過程尤其利便。

2.降低外購零組件中斷之風險

供應商有中心廠商之兼具總括性與長期性之合約，故可激發供應商對中心廠商之忠誠度，從而願意採取一些長期性之配合，中心廠商之措施，包括：員工之在職訓練 (JOT)；配合中心廠商之生產規劃，甚至計畫性之設備更新等等。

3.減少採購之成本及相關之文書作業

與傳統訂購點作業方式相較下， JIT 採購之採購成本均有顯著之降低，同時因為 JIT 系統下之中心廠商與供應商之關係是建立在一個長期、穩定之合約上，因此採購之有關文書作業亦大幅減少。

4.降低存貨成本及提升生產力

JIT 採購系統下，供應商適時、適量、適質地提供進料，自然可降低中心廠商之存貨，從而減少存貨因而積壓之資金。

12.5　價值工程在採購上之應用

價值工程（VA 或 VE）是 1947 年美國奇異公司(GE) 之Lawrence D. Miles 任採購員時所領悟之一個降低採購成本之新途徑，日本經營之神松下幸之助亦曾表示經營＝VE，由此可見 VA（或 VE）在日本受重視之程度，至於 VE 在採購上之應用，我們可由 Miles 當時為 GE 採購石綿片的故事說起。

1947 年時值戰後第二年，全世界包括美國對各種物資都告缺乏，即使有，價格亦是相當高昂的。當時 GE 因無法購到足量之石綿片，因此 Miles 想從石綿片之用途加以了解，結果得悉，GE 當時採購石綿片是

油漆間為了防止油漆滴落弄髒了地面, 同時油漆又是易燃物, 所以必須用有防火性之石綿片舖在地面以防火。其間有廠商問及 GE 採購石綿片是做什麼用的, 當採購人對廠商說明後, 廠商便提供一些樣品, 其中有一種特殊加工的不燃性紙, 其強度竟比石綿片為佳, 價錢却比石綿片便宜。採購單位原想立即購買, 惟囿於 GE 當時之消防法規而遲遲無法成行, GE公司副總經理 H. Erlicher 知道後便命令 Miles 進行不燃性紙之安全性實驗, 同時Miles 也在摸索下編寫了第一本 VE, 結果 GE 之消防法規也因而修正, 允許使用這種不燃性紙。

在這個例子中, 我們可體認出 VE 在採購上之應用至少應把持以下之原則:

(1)物料機能的確認, 在此原則下應分析主要與次要機能, 由此可確認各機能適當與否, 以做為比較檢討成本之基礎。有時我們購買物料, 所重視的往往並非物料本身而是它的功能。在此情況下應思考, 有那些東西也有相同的功能, 如此可活躍我們採購之思路。

(2)活用專家知識

(3)機能 (目的) 可能只有一個, 但是完成它的方法 (手段) 卻很多, 在此我們需透過各種手法剔除不必要之機能並尋找開發最有價值之代替品。

(4)常常保有向常識或習慣挑戰的態度。

在透過 VE 分析時, 必須時時檢討購進之機器設備或物料是否有品質過高或機能過多的現象, 若能消除這些現象當能降低採購成本。應用VE 在採購時, 我們必須知道它的功能、成本, 然後據此資料檢討以下問題:

(1)採購品之每一特性、功能是否抵得過其成本?

(2)是否存在具有相同功能, 但成本較低之其他物品?

(3)是否存在有相同可靠度但成本較低之其他物品?

⑷如何找尋一個成本與功能之最佳組合，以期在此組合下最能揮宏
　採購之功能。

12.6　呆廢料管理

企業在物料使用過程中不免因為業務需求之改變或是一些突發事故
而產生一些呆料、廢料，而呆料、廢料之管理是物料管理重要的一環。

一般而言，呆料、廢料在意義與本質上是不同的，企業處理的態度
與方式也是有所差異的。

1.呆料

凡是有下列情形之一者為呆料：

- 確定規範及性能已不適用，或今後不再使用之材料。
- 除備件配件及計畫型工程專用材料外，其餘庫存材料一至三年以
  上未動用者，或三年內耗用量不及該項材料十分之一者。
- 若繼續儲存半年可能變質，且半年內無利用計畫者。
- 設備更新拆下之舊料，兩年內無利用計畫或雖有利用計畫而數量
  超過實際需要之部分。
- 計畫型工程結束後剩餘之材料、工程計畫變更後不用材料或專用
  之材料，平時用途甚少，二年內無利用計畫暨雖有利用計畫或保
  留供維護使用之需，而數量超過實際需要之部分。
- 原設備已報廢，所存備件配件無法利用者。
- 製成品及半成品如因市場變化，無法按成品出售，而改列呆料處理。

2.廢料

凡是有下列情形之一者為廢料：

- 已報廢之固定資產經拆除保留可用部分，其餘沒有利用價值之部
  分。

・已報廢之材料。

如何處理呆、廢料？企業對廢料之處理大約不外拍賣或拋除兩個途徑，至於呆料，則以事前防止重於事後處理為基本原則，企業應從物料採購、製程等方面進行檢討改善研訂防止呆料發生之種種措施，以減少呆料之產生，一旦發生呆料時，應對呆料設立會計科目列帳，以了解呆料之種類、數量、金額，以作為檢討呆料原因之依據，同時亦可徵詢其他部門儘先利用，否則只有按廢料出售一途。

12.7 儲 運

企業的儲運活動

儲運 (Logistics) 是指物料在工場或工作站間移動、供應商之進料運輸以及將產品運送到經銷站或顧客手中等有關之管理活動。我們可以用一個工廠為例來說明工廠的儲運活動:

(1)進場車輛將物料搬運到驗收區。

(2)驗收區之物料搬運到儲存區或倉庫。

(3)儲存區或倉庫之物料搬運到作業區域（如：工作站、維修區、辦公室等）。

(4)工作站之物料搬運到另一個工作站。

(5)製成品從最後裝配站搬運到儲存區或倉庫。

(6)製成品從儲存區或倉庫搬運到包裝區。

(7)包裝好的製成品從包裝區搬運到外運區。

(8)包裝好的製成品從外運區搬運到經銷站或顧客處。

因為物料搬運需跨部門或跨工場，因此在物料搬運前必須做好協調與準備的工作，在搬運中除要遵循物料搬運之**標準作業程序 (Standard**

Operation Procedure，簡記SOP) 外，還要注意到盜竊等問題，如此才能
在指定的時間內將物料如數搬運到達適當地點。

自動倉儲與搬運

　　據估計，一個工件自原料進場以迄加工完成，大約有 95% 是用在
物料搬運、儲存及等待上，因此早在六○年代，歐洲之一些工業國家便
開始著手興建立體倉庫，操作人員透過堆高車將物料貯存於倉庫或從
倉庫取出，有效地利用倉儲空間與節省搬運人力，這便是立體倉庫的濫
觴。但是當時之堆高車都是使用汽油或柴油引擎，因而作業時往往造成
倉庫內嚴重的污染。到了七○年代，電子與資訊科技突飛猛進，大量的
電子控制技術與資訊管理方法應用到立體倉庫，使得倉儲步入**自動倉儲**
(Automated Warehouse)時代。簡單地說，自動倉儲是由中央電腦控制的
物料搬運系統，電腦讀入訂單後便會指派系統內之搬運設備如堆高車、
機器人或**無人搬運車** (Automated Guided Vehicle，簡記AGV，又譯為**無**
人導引車)執行搬運任務，同時它亦可以將存貨紀錄進行統計分析或資
料更新。在 1983 年，我國工研院機械所也推出了自動倉儲，將我國倉
儲科技與管理推入一個新的里程碑。

　　自動儲存與擷取系統（Automated Storage and Retrieval System，簡
記AS/RS）便是自動倉儲之核心。基本上 AS/RS 是由三個主要子系統所
組成：

1.電腦與通訊系統

　　電腦與通訊系統可以查詢物料存放的位置、在庫數量、發布物料運
送指令以及調整存貨記錄或位置等等。

2.自動化的物料搬運及輸送系統

　　透過自動化的物料搬運及輸送系統可以將物料由工作站運送到倉庫，
或是將物料由倉庫運送到工作站。動力的或是電腦控制的輸送帶是常見

的搬運及輸送工具，但是近幾年來 AGV 已位居自動化物料搬運及輸送系統之主流地位。 AGV 在使用上應具有以下的幾個優點：

- 倉儲作業可藉由AGV 之使用達到大量減少人力之目的，在勞力成本日益高昂的時代裡將可大幅降低生產成本。
- AGV 可以處理一些具有危險性物料的搬運工作，也可在危險或工作環境較差的作業場所進行搬運與儲存的工作。
- 透過電腦控制， AGV 與生產或儲運設備搭配使用可使得物料搬運與儲存的工作更具彈性。
- 可保持一個安靜與乾淨的工作環境。

3.倉庫內的儲存與擷取系統

倉庫內的儲存與擷取系統收到電腦的儲存指令時，便會指出物料之儲存位置，然後將物料由原來之存放處運送到倉庫指定的貯存處；同樣地，倉庫內的儲存與擷取系統收到電腦的擷取指令時，便會指出物料在倉庫的儲存位置，然後將物料由倉庫的儲存位置運送到指定的貯存處。

實體配銷

由圖 12-1 知道物料管理之最後階段是將產品自工廠送達顧客手中，一個大型工廠之產品可能要經過發貨中心、地區儲運站、銷售據點，在這個配銷系統裡，策略要點是如何以最低之儲運成本下能充分供應以滿足顧客之需求。必須在倉儲、存貨與運輸成本間進行取捨。

實體配銷 (Physical Distribution) 通常是由行銷部門負責規劃、督導，典型的實體配銷系統在決策上：

1.訂單處理

訂貨部門收到訂單後即通知儲運部門儘快出貨，同時財務部門亦盡快將帳單開出，隨著資訊科技之進步，透過銷售點 (POS) 系統，廠商得以將訂貨配銷與送貨系統整合，我們可以用以生產牛仔褲聞名的 Levi

Strauss 公司為例，該公司之標準存貨管理系統會依據以往的銷售量和存貨之紀錄適時地提醒經銷商何時該下訂單，訂購量又是多少，在電子資金轉帳設施以及電子資料交換 (EDI) 等之配套作業下，大大地簡化訂貨與配銷流程。

2.倉儲

因為產品之生產週期與顧客之消費週期往往有所差距，因此公司須將一部份產品貯存在工廠、**自用倉庫** (Private Warehouse) 或**公有倉庫** (Public Warehouse)內，以資調節。

3.存貨

在歐美有許多企業認為存貨水準之擬定將影響到顧客之滿意度，因為過多的存貨將會積壓大量資金，若存貨不足以因應市場需要因而造成缺貨時，將會貽誤商機、影響到市場佔有率。因此企業必須根據它的存貨政策採取最佳之採購量。

4.運輸

企業通常可透過鐵路、公路、水運、空運、**管線** (Pipeline) 等方式來輸送產品或物料，企業選擇運輸的方式，除了成本上的考量外，還與產品或物料之性質有關，例如：石油、瓦斯或一些化學流質性產品，主要是用管線方式輸送，又如體積小價值高的產品，如電子零件、珠寶，或是易腐壞的高價值貨品，如花卉、海鮮等可能選擇以空運。

實體配銷在決策上不僅要降低配銷成本，這些成本包括有運費、存貨處理費、倉儲費、訂單處理費與顧客服務費等等，同時也希望能透過配銷之改善，來提供顧客更多的服務，以期在成本、交期、彈性上取得競爭優勢。

作業十二

一、選擇題

（請選擇一個最適當的答案，有關數值計算的題目以最接近的答案為準）

1.（　）經濟件期的主要用途是：

  (A)決定採購（或設置）成本

  (B)決定採購（或設置）批量大小

  (C)決定採購（或設置）的前置期

  (D)決定最低運輸成本

2.（　）下列那一種採購與承包商有長久之互動關係？

  (A) JIT　(B)訂購點法　(C) MRP　(D) MRPⅡ

3.（　）下列有關公開招標的敘述何者有誤？

  (A)手續公開

  (B)可降低採購成本

  (C)公開招標之購價在整個產品生命週期而言未必是最經濟的

  (D)可應付緊急採購

4.（　）下列何者不是自動化物料及搬運系統所必須具備的？

  (A) AGV　(B) IR　(C) GT　(D)自動輸送帶

5.（　）下列那一個圖形描繪出 EOQ 模式之最適訂購量 Q^x 之關係？

(A)

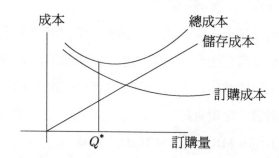

(B)

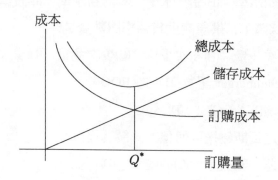

(C)

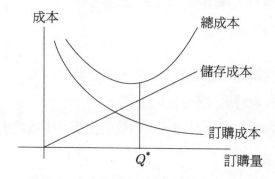

(D) A, B, C 都有可能

6. ( ) 工業採購之前置時間是指:

(A)開始採購至入庫為止　(B)開始採購至到貨為止

(C)開始採購至生產線上線為止　(D)供應商產製時間

7. ( ) 在資訊科技進步之今天, 供應商可藉何種系統與中心廠商保持何時進貨、存貨資訊?

(A) JIT　(B) MRP　(C) MRPⅡ(D) POS

8. ( ) 在一些投標須知中常可看到要求投標商提供 ISO 證書, 這主要是要求投標商之:

(A)產能水準　(B)品管水準　(C)財務水準　(D)設備水準

9. ( ) JIT 採購下, 供應商供貨頻率與數量是:

(A)多次多量　(B)多次少量　(C)少次多量　(D)少次少量

10. ( ) R. Schonberger 認為 JIT 之 EOQ=

(A) 0　(B) 1　(C) 2　(D) ∞

11. ( ) 大量之瓦斯輸送以何種方式最為經濟?

(A)空運　(B)火車　(C)油罐車　(D)管線

12. ( ) 物料管理之最後階段是:

(A)將購料訂單發出　(B)供應商交貨時

(C)將購料入庫驗收　(D)送到顧客手中

二、問答題

1. Porter 認為採購業務之競爭力為何? 試申述之。

2. VE 應用在採購時應注意到那些原則?

3. 自動倉儲系統之核心是什麼? 這個核心由那些子系統所組成? 試簡述之。

4. 什麼是AGV? AGV 在自動化物料搬運及輸送系統上有何優點?

5.實體配銷系統應有效地執行那些決策？

6.何謂 EDI？它對採購作業有何利益？

7.何謂外包？一般企業通常會將那些業務外包？

8.請你參觀一家公司（或工廠），(A)看看它們有那些業務外包？(B)它們
如何遴選外包商？是長期合約還是每年換約？(C)是經由公開招標議價
還是其它管道來遴選外包商？(D)它們如何評鑑外包商？

第十三章　及時生產系統

13.1　豐田式生產管理概論

　　二〇年代 Henry Ford 之 T 型車單樣大量生產乃至通用汽車 (GM) A. P. Sloan 都是憑藉著標準化與同步化之生產方式，透過高性能的專用設備來進行快速生產。這期間的汽車業者大約抱持著生產導向的觀念，認為只要能造得出來就不怕賣不出去。 1973 年全球第一次石油危機後，消費者已趨向少量多樣之購買習性，造成全球汽車業包括美國汽車業者極大之衝擊，日本企業亦多赤字連連，惟獨豐田汽車有相當大之利潤，使得豐田汽車的生產系統受到日本工業界之高度重視。

　　據說豐田汽車公司大野耐一 (Taichii Ohno) 在五〇年代參觀美國超級市場時，看到購買者用推車只裝要買的東西，因此顧客不致有多買商品而發生浪費的情事，超級市場方面只要貨架空了即行補貨。反觀日本，一般叫送常見到的一種情形是原本只要一個便當，但為了情面或其他原因卻往往多叫了一個，這便造成了浪費。兩者相照下，引發了他對當時日本生產管理之反思而醞釀出**豐田生產系統** (Toyota Production System, 簡記TPS)，這也就是生產界熟知的及時(JIT)系統。 JIT的意思是「在適當的時候，適當的地點生產適當品質及適當數量之必要物品的一種生產方式」。

　　JIT 的精髓在於追求零庫存的生產方式，以達到澈底消除浪費的目標。豐田汽車亦以超高品質而躍居全世界最大的汽車公司，連帶地使得

JIT 在少量多樣高度競爭的經營環境下自然格外受到重視, JIT 系統之架構亦成為各國工業界,尤其汽車業爭相引入用以改善企業體質,美國學者 Thomas G. Gunn 認為 JIT 已與 TQC, CIM 合為**世界級製造** (WCM)之三大支柱, JIT 在 POM 中之重要性由此可見一斑。

在歐美有許多企業引進 JIT 後再加以變化而賦以不同的名稱,例如: IBM 稱之為**流型製造** (Continuous Flow Manufacturing),GE 稱之為**目視管理** (Management by Sight),惠普 (Hewlett-Packard) 稱之為**無存貨生產** (Stockless Production),有些日本公司索性稱之為**臨界生產** (Lean Production)。為了因應市場的競爭,各企業在引入JIT 生產系統後仍須注意修正以茲適應,即便是豐田協力廠商乃至豐田各個工廠亦然。

13.2 豐田對浪費的看法

豐田公司乃至一般的日本企業對浪費的解釋與認知與西方企業有相當程度的差異:日本企業認為除了為增加產品**附加價值** (Added Value) 所絕對必需之最少的設備、物料、零組件、空間、時間、工人外,其餘的任何東西都是浪費,這些浪費可歸納成七大類型,茲分述如下:

1.動作的浪費

豐田管理者的眼中凡是能產生附加價值或賺錢的動作稱之為「働」,否則便稱為「動」,像工廠中常見的搬運、堆積、尋找、檢驗等都沒有附加價值,故均為「動」,因而都是浪費,所以必須透過工作合理化等手法將「動」轉換成「働」。

2.製造過多的浪費

一般工廠往往認為儘量生產可將機器設備之使用率推到極點,如此固可減少因機器設備閒置造成產能上之損失,但也造成過量生產因而衍生出大量存貨,但這種浪費經常會被隱藏而不易被察覺,因此它被稱為

「最惡劣的浪費」，爰此，豐田生產管理者特提出「稼働率」與「可動率」兩種觀念：

$$稼働率 = \frac{每天用做生產的時間}{一天 24 小時}$$

$$可動率 = \frac{每天能供使用的時間}{每天需進行產製的時間}$$

換言之，製造過多的浪費主要是因為製造者企圖將機器設備之稼働率用到接近 100%，以使得分攤到每個產品之機器設備折舊費用為最小，但是折舊這類費用是屬於**下沈成本**(Sunking Cost)，對決策並無任何影響，顯然地，將稼働率拉到近乎 100% 以致產量超過市場需求勢必造成大量存貨。但是機器設備之可動率則應力求 100%，因此機器設備之日常**預防保養** (Preventive Maintenance) 是極其重要的，豐田及日本企業在這方面用功甚深。

超額生產會掩蓋人員閒置的事實，如果每一個作業人員只能在指定的時間內生產必要的數量，那麼作業人員的閒置情形便能很容易地被暴露出來，屆時我們可調整人員的工作負荷或工作內容，以消弭人員閒置的現象。

3.存貨過多的浪費

JIT 實行者認為存貨是萬惡之根源，實乃因為存貨會造成以下之問題：

・造成搬運、堆置、尋找等動作之浪費。

・積壓資金。

・造成廠房空間之浪費。

・隱藏一些生產問題：如品質不良、生產設備故障、人員過多、產能不均等等。

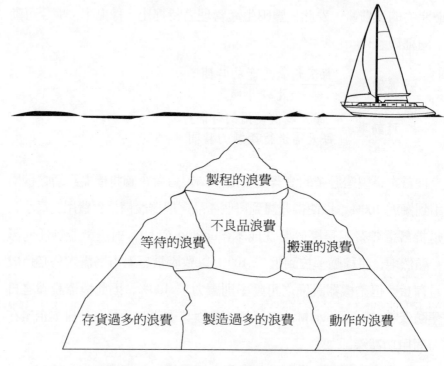

圖 13-1　存貨過多會隱藏一些生產問題

4.搬運的浪費

因傳統**零工工場(Job Shop)** 通常採製程佈置，亦即將加工功能相同的機器設備集中在同一區域，一個製程完畢後，在製品 (WIP) 必須搬運到下一個製程。

為了改善搬運上造成之浪費，豐田發展了另一種佈置的方式，即按產品製程之加工順序，將機器設備作 U 字形佈置，這種佈置至少有以下諸優點：

- **JIT** 是按產品作業流程進行設施佈置，而且零組件是以小批量方式由一個工作站送到另一個工作站，日本人喜歡將工作站緊鄰在一起，幾乎沒有等候情形發生，不僅降低了零組件運送成本，同時也有助於作業人員之溝通與相互支援。

・U 字形佈置之出入口都在一處，當一個單位的工件完成離開出口處，才有一個單位工件的材料到達入口處，作業人員可按照生產節拍操作，除維持了裝配線的平衡外，也使得生產線上待工之工件保持一定之數量，因此不僅將存貨幾乎減到零外，也便於實施源頭品質管理。

・可目視到現場作業人員之工作負荷是否失衡，及早發掘出製程上之潛在或已現之問題，可收防微杜漸或進行改善之效。

・作業人員各有其特定之作業責任區，可激發他們的成就感與工作認同感。

　　讀者應注意的是，這種 U 字形生產線原是豐田公司為要求省人化所作之機器設備佈置，這種佈置必須以多能工制度之建立為前提，關於這點我們將在 13.5 節再詳細討論。

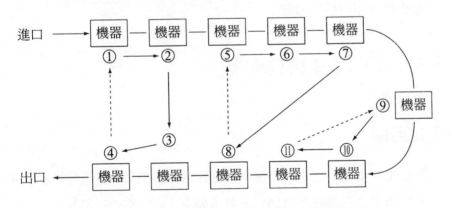

圖 13-2　U 字型佈置，箭頭部份是作業行進路徑。

5.不良品的浪費

　　當製成品有不良品出現時，廠方大致是以重工、作廢或以次級品出售等方式處理，不論何種方式都會造成公司在人力、物力甚至商譽上的損失。

6.等待的浪費

造成等待的原因有很多, 比方說, 停工待料、機器故障等等。

如果某個作業人員的工作是監視機器運轉是否有異常狀態, 豐田認為這種工作在本質上也是另一種形式的等待浪費, 為了消除這種浪費, 廠方可在機器上裝設**警示燈**（Andons, 按此為日文發音的英文字）或自動切斷裝置, 如此可節省一名專司監視機器的作業人員。

7.製程上的浪費

製程或生產方式能改善而未改善, 也會有浪費的情事發生。因此廠方應時時注意製程或生產方式的改善。例如: 將夾具作適度調整或可降低機器設備之設置時間, 甚至可以減少作業人員。有時將製造工序作適當調整, 如兩個作業合併或平行進行, 便可縮短產品生產之週期時間。

為因應未來競爭越趨激烈的市場環境, L.Thurow 認為製造業者應加強製程改善方面之研究發展。

13.3 JIT 之目標與利益

JIT 之目標

降低成本是 JIT 之基本目標, 為達此目標必須有數量管理、品質保證及人性尊重之三個次要目標; 茲分述如下:

JIT 基本目標——降低成本

JIT 之基本目標就是藉著降低成本以創造公司整體之經常性利益。豐田之利潤是以銷售額減去過去、現在乃至未來之一切現金支出, 因此成本包括了製造成本、銷售費用、一般管理費用以及資金費用等。此蘊含了三個值得我們省思之意義:

(1)豐田生產系統之利潤公式為：利潤＝售價－成本，這表示欲獲得利潤惟有降低成本一途，而大幅降低成本也惟有從改變製造技術著手。豐田之利潤公式與西方企業通行之售價＝成本＋利潤，乍看之下兩者的數學式是一樣的，但在意義上是有差別的：在售價＝成本＋利潤之架構中，廠商之價格是根據商品之成本加上適當之利潤來訂定的，假定他的製造成本偏高，那麼高出來的成本必定轉嫁給消費者，這在高度競爭之今日勢必為市場所淘汰。

(2)豐田生產者認為真正的成本可能只有梅核般大小，而一般人卻把成本膨脹到梅子般大小，豐田認為中間膨脹部分即為各種浪費而不應誤認為成本，有浪費當然就必須立即除去。

(3)製造技術之改善是降低成本最主要途徑之一。製造業均具備有二種技術，一是生產技術，這是製造某種商品的技術，也是一般通稱的技術，一是製造技術，這是巧妙運用人員、設備、材料等之技術，這是管理技術，豐田認為任何產業之生產技術差距並不大，但製造技術卻不然，因此企業應時時注意製造技術之改善，才足以大幅降低成本。

JIT 之次要目標

數量管理、品質保證及人性尊重是 JIT 之三個次要目標，惟應注意的是這三個次要目標是彼此互相關聯的，茲分述如下：

1.數量管理

對於產品之種類與數量都能適切地配合每日即每月需求量的波動，平穩化生產即為數量管理之重要利器。關於平穩化生產將在 13.4 節詳細討論。

2.品質保證

各個製程都有向其下一製程如數提供良品之保證，如何保證前一製

程提供後製程之零組件或半製品 (WIP) 均為良品呢？自働化以及一些視覺控制如警示燈、看板、數字顯示板以及標準作業程序 (SOP) 等等即為前述保證提供堅實之基石。這些觀念與技術均在本章陸續介紹。

3.人性尊重

門田安弘認為一生產體系要利用人力資源以降低成本時，對人性的尊重就非常重要。 Henry Ford 之輸送帶生產方式下，若要提高生產效率便要面臨兩個抉擇：要維持相同產量水準便要裁員；要維持相同之勞動力水準便要增加產量，缺乏人性尊嚴便是這種做法長久為人詬病之處。豐田希冀透過改善活動來精簡人力，這些改善活動包括透過品管圈 (QCC) 活動以減少作業中不必要的動作並代之以附加價值高的作業、導入新式或改良後的機器以避免人力資源不經濟地被使用並對材料之消耗力行節約，以上種種在在提昇了作業人員對其工作之認同感與榮譽感，如此不僅使每一個作業人員的潛力和工作效率得以充分發揮，還促進作業人員與現場管理階層之彼此信賴關係。

JIT 系統實施的利益

一般企業在導入 JIT 系統後通常都能保有以下之效益:

- 在製品(WIP)、零組件的存貨水準可顯著的降低。
- 因為花在等候、搬運的時間大為減少，使得作業前置時間得以大幅縮減。
- 因製程間運送**批量大小** (Lot Size)較小，以致零組件一旦有瑕疵時能較早得以發現，故可改善產品品質，減少報廢品，及降低成本。
- 因為存貨水準降低，因此工廠內用作貯存在製品 (WIP)、零組件的存貨空間大為減少，這使得作業人員能便於彼此溝通，對促進作業員工之團隊精神與作業彈性上很有幫助。

- 流程中斷的情事更少發生，可使生產流程更順暢。
- 提高生產力水準與設備使用率。
- 與供應商建立良好關係。
- 有人缺席時多能工能互相協助互相替代。
- 間接勞工如搬運工需要減少。

JIT 系統實施成功的要件

企業欲成功地實施 JIT 系統，應具有以下條件與作為：

- 公司上下一體之決心。
- 仔細研究生產系統中有哪些部份要轉換成 JIT 系統。
- 公司最高管理階層必須有轉換 JIT 系統的決心。
- 透過教育訓練以協助作業人員了解JIT 系統的真諦及其優點，來贏得作業人員對 JIT系統的支持與合作。

實施之策略

- 在維護目前的系統時，先從降低設置時間著手，在認清生產瓶頸、品質低劣這些存在的問題上取得作業人員的協助。
- 從最後的製程開始逐步地向前轉換，在每一轉換後要確認是否成功。
- 最後將供應商轉入系統中，首先要確認有哪些供應商有意採用 JIT 系統。

心理建設

準備克服轉入的障礙，這些可能的障礙包括：

- 未獲得最高管理階層的支持。
- 作業人員的抗拒。

・供應商未能充分配合。

13.4 豐田生產之二大支柱──及時化與自働化

及時化

JIT 是指在必要的時間裡只生產必要數量、適當品質之必要東西,意即在 JIT 下生產的東西必須適時、適質、適量。為了達此目標,豐田建立了以下之制度:

⑴以**平穩化生產** (Level Production)來適應需求量之變化。

⑵以**看板** (Kanban)制度來達成JIT。

平穩化生產

1.平穩化生產之意義

平穩的生產排程 (Level Production Schedule) 是企業實施及時生產系統 (JIT) 的一個重要排程方式,它主要是在一個期間,以一定的生產節拍進行生產,因此生產者在給定的時間內所能生產的數量大致是相等的,在實施平穩的生產排程必須有一些先行條件:

⑴它必須是重複性生產。

⑵它必須是將存貨降到零。

⑶它的作業人員必須是多能工。

⑷生產者與供應商間有極為和諧的合作關係。

⑸在一定之生產期間內,生產系統的產出量是一定。

平穩的生產排程可降低存貨與在製品 (WIP) 水準,從而可降低生產成本。

如何來進行平穩化生產?我們可由一年度中對於每月需求變動提出

月生產計畫，然後根據每三個月之需求預測及每個月之需求預測研擬主
生產排程 (MPS)，以定出工廠各製程之每日平均生產量。當一個部門收
到每月生產排程後，必要時亦必須做一些調整，例如在需求增加時，可
以用提前上班或加班的方式因應。需求減少時，則讓剩餘的作業人員改
作其他的活動，諸如：

(1)調至其他生產線。

(2)設施之維護與修理。

(3)品管圈 (QCC) 會議。

(4)帶薪休假。

在終身僱用制度下，豐田在需求減少時並沒有裁員而是以較人性化
的方式進行調節。在此，我們應注意的是：JIT 生產系統之目標是持續
改善製程，以便用最少的作業人員來應付需求，但是豐田並不認為有必
要用最少的機器設備去應付需求。

2.每日生產派工

每日生產排程是生產平穩化之觀念與實踐的基礎,因此每日生產排程
是極為重要的。順序排程和看板是每日生產派工的兩大重要工具。

因為平穩化生產要使得每一個製程，在一定生產期間內生產之數量
以及種類都要達到平均化。例如在某個生產期間豐田某條生產線裝配汽
車的順序可能是 B 型車 →B 型車 → C 型車 → A 型車……，一輛汽車
進入生產線時剛好上一輛汽車完成裝配。豐田汽車之裝配線是一種混型
生產，要將排程最適化是很困難的，但可透過電腦用啟發式方法求取一
個很好的排程。如果順序安排得宜則各種零件的使用率和取用量均可保
持固定，同時在**看板**(Kanban，日文意指可看得見的記錄）之引導式制
度下，裝配線各零件使用之變異程度必須控制到最小。

3.平穩化生產之配合措施

為了實踐平穩化生產，豐田汽車還採取以下的配合措施：

⑴多功能機器：在市場需求變化很大時，平穩化生產將變得窒礙難行，傳統之專用機器只適於大量生產對多樣少量之生產也極不適合，因此豐田將這些專用機器加裝設備已成為多功能機器，同時也採用彈性製造系統 (FMS) 來支持生產需要。

⑵縮短生產之前置時間 (LT)：不論豐田或其供應商均保持隨時可動工生產之狀態，以縮短生產之前置時間 (LT)。汽車產製之前置時間是由加工時間、製程間的等待時間以及製程間的搬運時間所組成，我們來看看豐田如何將上述時間減到最少：

①加工時間：豐田以節拍生產方式進行生產，各工作站之裝配與搬運時間之總和大致相等，豐田稱這種生產流程為「單一流程的生產及搬運」，為了達此目標，豐田將生產現場之裝配線呈 U 型佈置，並培訓**多能工** (Multifunctional Worker)來配合操作。

②等待時間：在此，我們所稱的等待時間是指各工程等待前一工程部門完成製品的時間，並不包搬運時間。生產線上之所以會有等待時間，揆其原因有二，一是因為有某個製程無法進行平穩化生產，例如前一製程生產速率太慢，造成後一製程停工待料，在此情況下，前一製程作業人員之技能差異可能很大，作業標準化是一重要解決的途徑，二是因為前一製程生產之單位數量太大，此時必須以最小單位之搬運量將製品送到下一製程。

③搬運作業時間：搬運作業大致可依生產流程、工序來進行機器設備佈置，或用快速之搬運工具包括輸送帶，叉式起重車等而得以改善。

看板制度

看板之種類

看板是五〇年代大野耐一從美國超級市場所得到之啟示。在 JIT 下，看板是控制各製程生產量的資訊媒介，它通常是以卡片的形式出現，看板依功能可分兩種，一是**生產看板** (Production Kanban，簡記**P 看板**)，P 看板指出前工程部必須生產之製品種類與數量；一是**領取看板** (Conveyance Kanban，簡記**C 看板**)，C 看板指出後工程部應從前工程部領取製品之種類及數量。外製時，外製看板在本質上可視為 C 看板的一種。

除了生產看板和領取看板外，還有一種**信號看板** (Signal Kanban)。這種看板是針對精密鑄造、鍛造工程作批量生產所為之看板。

看板也稱為告示牌，基本上它必須具有下列兩個機能：

1.作業指示的功能

看板載明了生產活動有關之訊息，包括生產產品數量、產品規格、生產方法、工序、搬運量、搬運的工具、搬運的起訖點等等。

2.目視管理之重要輔助工具

為了達此機能，看板必須與實物一起行動，因為看板上有生產產品數量、搬運量等資訊使得現場無法從事多餘的生產，又因為看板上有工序等資訊使得現場得知作業之優先順序，更重要的是看板使得現場管理變得很簡單。

使用看板之方法

在 JIT 下，後工程部利用看板向前工程部領取製品，而前工程部只生產後工程部所需之數量的製品，因此 JIT 是一個**拉式生產系統** (Pull

Type Production System) 與 MRP 是**推式生產系統** (Push Type Production System) 不同。

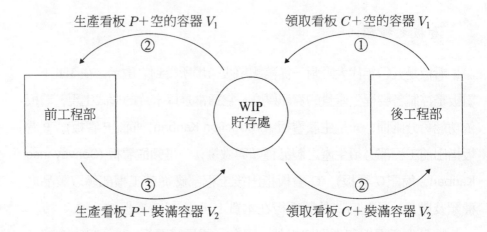

茲說明看板之使用流程如下:

(1)後工程部派員攜帶空的容器與填好之領取看板赴前工程部貯存處提取所需之製品。（這些半製品 (WIP) 在前工程部生產後裝於容器連同生產看板一併放在貯存處）

(2)後工程部人員將前工程部門之容器（容器內裝有前工程部生產之手製品）與後工程部剛帶來之領取看板送回後工程部，並將生產看板放在空的容器內，留在原來之貯存處。

(3)前工程部依後工程部之生產看板加工生產，加工後製品連同生產看板放在貯存處。

由上面之看板取用步驟可看出，看板在**豐田生產現場管理**上顯現出以下的功能:

(1)提供作業指示之相關資訊: 看板上有製品之名稱、數量、生產方法、搬運量，搬運工具、放置處等資料。

(2)可為**目視管理**(Visual Management) 之工具，因為這個功能，使得看板能達到以下之目標:

・各製程避免有多餘的生產。

・了解生產之優先順序。

・便於現場之物料管理。

3.看板使用之原則

豐田生產系統下之看板在作業上必須遵守以下原則:

⑴後工程部只在必要的時候向前工程部領取必要數量之必要之零組件:

①除非有看板否則不得領料。

②看板必須跟隨領料件移動（即看板必須附在領料實體上）。

③領料之數量必須與看板上數量相符。

⑵前工程部應只生產足夠補充後工程部被提取之零組件數, 換言之:

①前工程部製造之零組件不得超過生產看板所示之數量。

②前工程部生產零組件種類不只一種時, 必須依生產看板送達順序依序生產。

⑶前工程部之不良品決不送往後工程部:

①在此之不良包括產品之不良及作業之不良; 因此, 作業標準化為實施看板之先決條件。

②後工程部有不良品時, 應停止生產線, 再將不良品送回前工程部。

⑷看板使用之數量應盡量減少: 因為看板之數字表示某種零組件之最大存量。

⑸使用看板以因應小幅度之需求變化。

看板之理想數

$$N = \frac{DT(1 + X)}{C}$$

$N =$ 容器總數

$D = $ 作業之需求量；這表示工作站之零件使用速率

$T = $ 完成流通之平均時間

$C = $ 標準容器所能放置之零組件數

$X = $ 效率因子，介於 0 與1 之間，$x = 1$ 時表示系統效率最高，
0 表示效率最低。

例 1 在一個實施 JIT 之工廠，若一工作站平均每小時需用某種零件 80
個，每個看板容器能裝 30 個零件，假定看板容器平均每 50 分鐘
由上一製程工作站載滿零件到此工作站，在效率係數 0.2 之條件
下，看板系統需幾個容器？

解 $D = 80, C = 30, T = \dfrac{50}{60} \doteq 0.83$ 小時，$x = 0.2$

$$\therefore N = \frac{80 \times 0.83 \times (1 + 0.2)}{30} = 2.6 \approx 3$$

即約 3 個容器。

13.5 JIT 系統的關鍵因素

總括地說：豐田式生產管理有兩個基本思想，一個是徹底地消除浪
費；一個是重視人性面。因此 JIT 之關鍵因素也就是從這些思想發展出
來的。

1.徹底地消除浪費

(1)焦點工廠 (Focused Factory)。

(2)快速的設置時間 (Quick Set-up)。

(3)小批量生產。

(4)彈性的來源。

(5)拉式生產系統。

(6)視覺管理。

(7)連續改善。

(8)平穩生產。

　2.人性面

(1)終身僱用。

(2)供應商網路。

(3)多能工。

(4)合作敬業的精神。

(5)品管圈。

供應商網路、看板生產控制、平穩生產等問題已在本章或以前的章節中提出討論。我們在本節將針對焦點工廠、快速的設置時間、多能工、省人化、品管圈、**改善** (Kaizen)等進行簡介。

焦點工廠

一般日本企業都偏向於小型的**焦點工廠** (Focused Factory)，焦點工廠原本是美國 Wickham Skinner 教授在 1974 年提出的一項製造策略。簡單地說焦點工廠就是選擇一組具有行銷利基的產品組合而行全力生產的小型工廠，焦點工廠通常是以小單元佈置，因而自然引入小單元製造系統，包括群組技術 (GT)、彈性製造系統 (FMS) 等等，這些我們已在第七章佈置規劃中有詳盡的說明。

快速的整備時間❶

日本企業對如何縮短機具設備之設置時間一向投入極大的關注與

---

❶ 英文 Set-up 之中文譯名有設置、整備二種。

興趣，因而在這方面的成就也遠高於西方同業。以汽車業為例， 1970年，豐田公司之引擎蓋衝壓機的換線整備時間縮短到三分鐘，現在更被壓縮到一分鐘以內，這種作業在西方的汽車廠約需二個小時。豐田汽車顧問新鄉重夫 (Shigeo Shingo) 開創了所謂**單位分鐘換模** (Single-minute Exchange of Die)，這是指換模時間在九分五十九秒內，目前豐田以及許多日本企業稱整備時間在一分鐘以內者為**一觸整備**(One-touch Set-up)。縮短整備時間可以增加生產批量同時可降低製成品與在製品 (WIP) 之存貨水準。豐田汽車如何縮短整備時間？他們首先將整備時間分為**外部整備** (External Set-up) 時間與**內部整備** (Internal Set-up)時間兩種：前者是指機器運轉時仍可進行整備操作，而後者是指機器停止運轉時才可進行整備操作。策略上，豐田儘可能將內部整備改變為外部整備，在整備作業過程最好是一按即成而避免一切調整的程序，並朝向將整備操作完全地免除掉之境地。

多能工

能對任一製程或職務均能勝任的作業人員稱為**多能工**(Multifunctional Worker)。豐田公司的多能工是由工作輪調方式培養出來的；作業人員先從自己工作現場開始，然後全廠逐步熟悉，最後可以每週甚至每天的輪調。工作輪調是一個很尊重人性化的一種人力資源養成方式。日本企業的終身雇用制度、以服務年資決定工人薪給水準以及員工對公司的忠誠度等等都有利於這種多能工制度之推行。相較下，美國的工人幾乎全是單能工（即便他有多種工作技能），這主要是因為美國重視標準化的傳統意識，以及作業人員職務分類過細，尤其即使在同一工廠內不同職務可能會分屬不同的工會（這與日本同一工廠中只有一個工會不同），阻礙作業人員工作輪調之實施再加上在職訓練不足，使得多能工制度在美國製造業裡不易生根。

省人化

為適應市場需求的變動，而能隨時調整現場作業人員的人數，豐田稱之為省人化。如何做到省人化？門田安弘認為要達到省人化應具備之三個要件是適當的設施佈置、多能工與標準作業之長川評估與修正。關於 JIT 或豐田之設施佈置、多能工，我們已敘述過，在此擬就標準作業部分做一說明。

豐田所稱的標準作業除了具備讓所有作業人員能「照表操課」的功能外，它還指用最少的作業人員去進行生產之作業方法，其目的在於去除作業人員許多不必要的動作，以使作業時更具效率，因此，標準作業建立之目的也是減少浪費。**標準作業程序** (Standand Operation Procedure, 簡記SOP) 是作業人員作業時之工作準則，自是規範標準作業之重要工具。因為製程改善是持續的活動，因而 SOP 連帶標準作業亦必須長川評估與修正， SOP 一旦修訂後管理人員將要求所有作業人員恪遵有關作業規定，以達到提昇生產效率，平準化生產以及降低存貨水準之目標。

品管圈

品管圈 (Quality Control Circle，簡記QCC) 日本人稱之為**小團體改善活動** (Small Group Improvement Activities，簡記SGIA)，是由一群自願參予的員工所組成，他們經常定期聚會討論有關生產力、成本、安全以及品質等問題，因此在本質上不脫現場改善之範疇，日本公司相信如果能激勵員工透過 QCC 來改善現場問題，便能增加公司的生產力與利潤。

一般人往往直覺地認為 QCC 能提昇產品的品質，事實上工人和領班只能解決 15%的品管問題，其他絕大部份的產品品質問題有賴工程師或管理者來解決，品管大師 Juran 也認為工人沒有可能對工廠的品質問題

有重大的貢獻，因此 QCC 只能解決現場一些瑣碎的小問題，但是 QCC 卻能對作業人員間之人際關係的改善、士氣的提昇以及改進工作方法方面有重大的貢獻。

視覺管理

視覺控制 (Visual Control)

視覺控制的目的是要使所有生產線上的問題都能浮出檯面，以使作業人員對它們所處的工作環境有所認知。要進行視覺控制的第一步就是要**可看得到 (Visibility)**，要能看得到，首先就要維持一個清潔、有秩序的工作場所，因此 5S 運動之落實與否便是一個關鍵點。要進行視覺控制的第二步就是要讓作業人員有所**認知(Awareness)**，這包括對作業人員或機器設備的工作指令、看板、警示燈等等。

愚巧(Poka-yoke)

任何能避免瑕疵發生的**防呆裝置 (Foolproof Device)** 或機制都稱為愚巧， Poka-yoke 是它的日文發音。鑑於在高性能及高速度生產設備之生產能量下，如果有異常現象時，往往會造成設備或模具之損壞，從而會製造出大量的不良品同時也會危害到作業安全，因此大野耐一認為自動化設備必須帶有「人智」的，亦即在遇有不良品或異常現象時，自動停止裝置便會中斷生產設備之作業，不僅如此，即便是作業人員在認為有不良品或異常現象時亦可按下停止按鈕以中止生產線運作，同時生產線頭上之警示燈也會亮起，附近的監督者便會群集過來以研究解決對策。生產線中止便可使得現場一目了然，因此我們可以說愚巧是目視管理的進一步，在日本式 TQC 中防呆裝置一向扮演很重要的角色。西諺有云：「犯過是人的天性」，為了避免人們在製程作業中犯錯，設計一些方法

以防止這一類的錯誤實有必要。

　　日本人認為品質第一，產量其次，因此任何作業人員在生產線上發生品質上的問題時都有權按下警示燈並停止生產線運作以查驗不良品的出處，製造不良品的作業人員或工作站必須自行重工。至此，品質責任已由品管部門落到生產線上。

持續改善

　　持續改善 (Continuous Improvement，簡記 CI) 是一個本世紀初期根源於美國，於五〇年代傳入日本並在日本發揚光大的一種微幅漸進的改良方式。五〇年代初期，日本工業物資極度缺乏，日本政府因而強力要求用持續改善來協助企業重建工作，因為它不需要重大投資即能達到改善生產與降低成本的目標，因此廣為日本企業接受進而變為日本式之品質管理中最重要也是最具特色之一環節，因此有許多西方學者特拿改善之日文發音 Kaizen 來稱呼 CI。

　　在研究 Kaizen 前我們應把 Kaizen 與創新 (Innovation) 加以了解。基本上， Kaizen 與創新都是企業生存與維持競爭優勢所不可或缺的。根據今井正明 (Masaaki Imai) 的解釋，兩者最大的差異在於創新是經由巨額的技術設備投資，所達成的工作標準重大改良，本質上是結果導向 (Result-oriented)，而 Kaizen 是指工作標準微幅漸進的改良，本質上是過程導向 (Process-oriented)。 Kaizen 的範圍除了工作外也包括個人生活、家庭生活與社交生活。

13.6　JIT 與 MRP 之比較

MRP 與 JIT 之比較

　MRP自 1970 年問世以來，與 JIT 無疑是當下兩個最重要的生產管理系統，MRP 與 JIT 有一些相同之基本目標，包括：

(1)降低存貨水準。

(2)提高生產力降低生產成本。

(3)提高準時交貨之服務水準。

　根據 Jonsson 與 Olbager 曾對 MRP 與JIT 這兩種系統所作之比較研究，發現到如果前置時間較長且產品需求較不穩定的生產組織以採用 MRP 為妥；反之則以 JIT 為宜。大體而言 JIT 最適用於重覆性生產的製造業，而MRP 對任何生產型態的製造業幾乎都適用。此外，兩者在觀念上以及實施上尚有下列顯著差異，例如：

(1)系統目標：MRP 旨在建立一個有效的物料計畫，然後執行這個計畫；JIT 則在強調發現問題以消除浪費。

(2)系統輸入與控制：MRP 之輸入資料包括 MPS、BOM 及IRF 並以派工令、訂購單等文件來維持系統的運作，因此 MRP 必須有強大之電腦以進行資料之整合、計算與儲存，故需在固定資產上作大規模之投資，因而系統運作所需之成本甚高；JIT 則只需 MPS 以及看板、警示燈之類簡單之東西構建的**目視控制系統** (Visual Control System) 便已足夠，固定資產上所作之投資甚小，因而系統運作所需之成本甚低。

(3)對存貨的態度：MRP 視存貨為一項資產，同時視等候為生產過

程中必然之結果; 而 JIT 則視存貨與等候為浪費, 存貨尤為萬惡之首必須徹底除去。

(4)生產系統觀點: MRP 允許一個有高度變化之主排程, 較適用於批量大之生產系統; 而 JIT 則只適宜穩定性高之主排程, 較適用於批量較小之生產系統。

(5)對前置時間之態度: MRP 對前置時間並不重視; 而 JIT 則希望將前置時間降到一個很低的水準。

(6)員工在生產系統之角色: MRP 下工人是系統之一部份, 他們只對特定的工作負責及控制; 而 JIT 下工人之職責為即時地生產一個可用的零件然後傳送到下一個製程, 因此他必須對零件的品質負責。

(7)品質方面: MRP 之採用者通常允許不良率之存在; 而 JIT 之採用者則通常追求零缺點 (ZD) 以免影響到下一製程之作業, 同時須輔導供應商以製程管制來取代傳統之品質檢驗。

(8)供應商方面: MRP 之採用者通常以公開招標方式遴選供應商, 因此不易凝聚供應商對中心工廠之向心力; 而 JIT 之中心工廠通常是以長期合約方式向同一供應商採購同樣之零組件, 如此強化了供應商對中心工廠之忠誠度; 供應商多在中心工廠附近, 故中心工廠可要求供應商經常送貨以降低中心工廠之存貨, 同時 JIT 之中心工廠視供應商為團隊之一份子, 故易與供應商易達成垂直整合。

將 JIT 注入 MRP 系統

基本上, 歐美大多數製造業者是採用 MRP, 在 MRP 與 JIT 各有各的優點下, 使得許多西方學者試圖將 MRP 與 JIT 兩個系統加以整合成所謂的 MRP/JIT 系統, 但因為 MRP 與 JIT 的系統目標不同: MRP 旨

在建立一個有效的物料計畫，而 JIT 則是發現問題以消除浪費為目標，但因為 MRP 非有一個龐大的電腦系統不為功，因此要將 JIT 納入電腦系統中著實不易，Flapper，Miltenburg，Wijngaard 等企圖將JIT 觀念注入 MRP 系統以產生 MRP/JIT 系統，其建議之步驟如下：

1.建立快速的物料搬運系統以發展出一個合乎邏輯的流程生產線

在硬體方面首先廢除儲存室而將存貨分布在工作現場各處，以物料搬運系統連接到工作現場的每一個角落，裨便自動化導引車(AGV) 或物料搬運人員載運。MRP 系統必須有一電腦軟體，可探知存貨擷取位置，同時還需發展出一個合乎邏輯的流程生產線來對刀具、前置時間以及產品品質等進行改善以降低存貨水準。

2.引進拉式的生產系統

在建立快速的物料搬運系統以發展出一個合乎邏輯的流程生產線後，便要建立一個拉式的生產系統，包括傳統JIT 特有的看板、容器等等，根據上一製程帶來的看板決定本製程之生產數量。至此，MRP 僅處於對最終產品下達訂單而非執行排程的地位，亦即 MRP 是向公司外部開立訂單，以使得生產所需的零組件均能即時送達生產線，JIT則為生產系統內部的運作，其作用即在維繫製程間之物料需求。

3.依 JIT 生產方式對工作現場重行佈置

建立拉式的生產系統後，便需對原生產線重行設計，以符合 JIT 之生產作業運作。

作業十三

一、選擇題

（請選擇一個最適當的答案，有關數值計算的題目以最接近的答案為準）

1.（　）豐田生產系統 (JIT) 中，一天（ 480 分鐘）須分別生產 A 產品
　　　 200 單位， B 與 C 產品各分別為 100 單位，則在混合生產中，
　　　 生產線的單位週期時間為何？
　　　 (A) 2 分鐘　(B) 4.8 分鐘　(C) 1.2 分鐘　(D) 1.6 分鐘

2.（　）續第 2 題，混合生產的順序應為那一種最適合？
　　　 (A) ABAC　(B) ABCBC　(C) ABCABC　(D) ABBCC

3.（　）豐田生產方式 (JIT) 最適用於下列那一種作業？
　　　 (A)重複性生產　(B)零工生產　(C)專案生產　(D)管線式生產

4.（　）下列何者不屬於 JIT 生產系統的特色？
　　　 (A)注重預防性保養與維修
　　　 (B)強調多能工的培養
　　　 (C)強調立即解決問題與持續改善的觀念
　　　 (D)屬於推式系統

5.（　）JIT 對「可動率」與「稼働率」之看法是：
　　　 (A)可動率要力求 100%　(B)稼働率要力求 100%
　　　 (C)可動率要越小越好　(D)稼働率要越小越好

6.（　）在什麼狀況下可能會造成大量存貨？
　　　 (A)可動率拉到 100%　(B)稼働率拉到 100%
　　　 (C)可動率近乎 0　(D)稼働率近乎 0

7. (　) JIT 之生產線佈置最不可能是下列那一種形狀?

(A) U 字型　(B) V 字型　(C) C 字型　(D) I 字型

8. (　) 豐田公司採 U 字型之生產線佈置主要是因為:

(A)省人化　(B)多能工制度　(C)品管圈　(D)縮短搬運距離

9. (　) 下列那一種是等待的浪費:

(A)停工待料　(B)機器故障　(C)監視機器運轉　(D)以上都是

10. (　) JIT 系統認為監視機器運轉的工作是:

(A)有助於 TQC　(B)有助於機器設備之預防保養

(C)是等待的浪費　(D)是製程上的浪費

11. (　) 豐田認為下列那種方式最可有效降低成本?

(A)製程技術之改善　(B)生產技術之改善

(C)品質保證制度之推行　(D)裁減員工

12. (　) JIT 生產系統最適合下列那種生產方式?

(A)多樣多量　(B)多樣少量　(C)少樣多量　(D)少樣少量

13. (　) 下列有關平穩化生產敘述何者不真?

(A)市場需求變化很大時, 平穩化生產便不易實施

(B)豐田以多功能機來進行平穩化生產

(C) FMS 對平穩化生產有幫助

(D)以專用機器生產

14. (　) 根據今井正明之說法, 改善是:

(A)過程導向　(B)工作上漸近微幅的改良

(C)不須巨額投資　(D)以上皆是

二、問答題

1.簡答以下問題:

⑴比較「動」與「働」。

　　(2)列舉出 5 項 U 字型佈置之優點。

　　(3)可動率與稼働率有何不同？

　　(4)豐田為了實施平穩化生產有那些配合措施？

　　(5)門田安弘認為省人化有何先決條件？

2.解釋名詞

　　(1)平穩化生產　(2) SOP

　　(3)焦點工廠　(4)看板

　　(5) Poka-yoke　(6)單位分鐘換模

　　(7)多能工　(8)省人化

3.豐田如何縮短生產之前置時間？

4.看板有何功能？其使用時有何原則？

5.豐田如何縮短整備時間？

6.如果你是公司之生產經理，現在想引入 JIT 系統，請問你應如何導入？

7.如何將JIT 注入 MRP？

8.請將 MRP 與 JIT 作一比較。

第十四章　裝配線平衡技術

14.1　裝配線問題

　　企業之生產活動可概分成**連續性生產製程** (Continuous-flow Process)、**離散產品之大量生產** (Mass Production of Discrete Products)、**批量生產** (Batch Production)、**零工生產** (Job Shop Production) 等類型，不論那一種類型之生產活動在架構上都是將原料、設備、廠房、勞工、能源、技術等生產投入透過轉換過程以及各種控制機制而得到產出，這種產出可能是製成品或廢料、耗損等，這些都是我們在第一章已談過的課題。同時我們也在 7.3 節對裝配線問題有了初步的認識，包括週期時間 (CT)，裝配線平衡等基礎關鍵性之觀念，沿著這些觀念主軸，本章將對其中之離散產品之大量生產中之**裝配線平衡** (Assembly LineBalancing) 問題進行專章簡介，最後再對日本尤其是實施 JIT 之廠商與美歐廠商對裝配線平衡問題看法上之差異進行比較。本節先對**離散產品** (Discrete Product)（這類產品例如汽車製造業、家電製造業等等）之大量生產亦即底特律式大量生產先做背景了解。

離散產品之加工過程

　　離散產品之加工過程一般可概分成**加工處理** (Processing Operation)、**裝配作業** (Assembling Operation)、物料搬運與貯存、檢驗與測試及控制五個部份。茲說明如下：

1.加工處理

抽象地說，加工處理是將原材料從一個狀態轉換到一處較為高級之狀態，直到完工為止。加工處理一般可細分成：

(1)**基本處理** (Basic Process)：將處於最初狀態之原材料轉換成產品所需之基本幾何形狀。

(2)**次級處理** (Secondary Process)：將基本處理後之產品概形透過車削、銑、鑽孔等作業程序以得到最後所要求之幾何形狀。

(3)強化物理性質之作業：這主要是強化產品之物理性質，例如金屬元件之熱處理以及成衣業之布料防縮處理等均是。

(4)完工作業：完成元件之最後之製程，例如鍍金、噴漆等。

2.裝配 (Assembly) 作業

裝配作業是將兩個或兩個以上元件予以結合之過程，包括螺絲、鉚釘等之機械扣接以及熔接、硬焊與軟焊等等，元件通常在加工處理完成之後方可進行裝配組合作業。

3.物料搬運與貯存

根據估計，製造工廠中只有 5% 時間用在加工製造，而有 95% 時間用在搬運貯存或等待方面，而搬運成本乙項即約佔全部製造成本之 2/3，因此，不論學界或是業界對物料搬運與貯存自動化之研究與實踐上均投以相當大的心力，工業機器人 (IR) 與無人搬運車 (AGV) 都是新的研究方向， 13.6 節即有針對自動搬運、倉儲進行討論。

4.檢驗與測試

檢驗與測試之目的在判斷產品是否符合設計標準與規格，目前除了傳統之統計品質管制 (SQC) 外，還可藉由**電腦輔助品質管制** (Computer Aided Quality Control, 簡記 CAQC) 系統（本書16.8 節將對 CAQC 作詳細討論）進行 100% 檢驗外，及時系統 (JIT) 下作業人員之自主性檢查亦可達到 100% 檢驗之目的與效果。

5.控制

在生產活動中必須有一些機制來對作業過程進行控制，這些機制包括生產排程、物料存貨、品質規劃等等之作業與控制活動，使得生產過程中各階段之生產資訊得與原訂目標時時進行比較而得到校正，藉著這種反饋的功能使得生產活動與成果均能合乎原先規劃之目標。

14.2　古典裝配線分析

離散產品之大量生產模式中**生產節拍 (Production Tape)** 是一個很重要的觀念。

生產節拍

產品自原材料投入以迄完工之一連串製造過程中，都能按計畫規則地進行著，宛如按樂譜所示之節拍演奏，這便是生產過程的節奏性。在這種節奏性下，於相同之時間長度內，原料投入或在製品 (WIP) 之生產等均有規則性的間隔，使得各工作站之負荷均相對穩定，不會有過緊或過鬆的情形。因此以生產節拍進行生產，既能夠充分利用人力和設備也可達到縮短生產週期、提升品質與降低生產成本等好處。

生產節拍 r 為在計畫期之有效期間內每一產品之生產間隔，簡單地說即多久可生產一個產品，因此，r 可定義為:

$$r = \frac{F_o}{Q}$$

在此　　F_o: 計畫期之有效工作時間長度

　　　　Q: 計畫期之產量。

如果我們進一步考慮到產品不良率 q，以及計畫期內之時間利用係數 η

時, 則

$$Q = \frac{計畫期內之生產量}{1 - q}$$

$F = F_o\eta$, F_o為計畫期間內之工作時間

$$r = \frac{F}{Q}$$

例 1 某公司生產一種電子零件, 年產量為 20 萬件, 該公司是採二班制, 每班 8 小時, 設備維修率為 5%, 求其生產節拍為何? (一年以 300 日計)

解:

$$r = \frac{F}{Q} = \frac{F_o\eta}{Q} = \frac{300 \times 8 \times 2 \times 60 \times (1 - 5\%)}{200,000}$$

$$= 1.37 \text{ 分／件}。$$

我們再舉一個例子說明較複雜情況之生產節拍計算:

例 2 某流水生產線每日可生產 380 個單位。依公司規定, 廠方採兩班制生產, 每班 9 小時, 每班中間有 40 分鐘休息, 同時不良率定為 5%, 求該流水線之生產節拍。

解:

$$r = \frac{F}{Q/(1 - q)} = \frac{9 \times 60 \times 2 - (40 \times 2)}{380/(1 - 5\%)} = 2.5 \text{ 分／件}。$$

由上面二個例子也可看出生產節拍是指兩個產品之生產間隔, 也可說是平均產製時間。

多產品生產節拍

在多種產品之生產線上，我們可選擇一個產量最大、工時最多或製程最複雜之產品作為基準產品，其他產品之產量按工時之比例關係折算成基準產品之產量，如此可計算出計算期間加工產品之總產量。

假定一裝配線生產 A，B，C 三種產品，A，B，C 之每單位生產時間為 T_A，T_B，T_C，而生產量分別為 Q_A，Q_B，Q_C，在生產計畫期內之有效生產總時間為 F，則 A，B，C 之生產節拍 r_A，r_B 及 r_C 為：

$$\varepsilon_B = \frac{T_B}{T_A}, \varepsilon_C = \frac{T_C}{T_A}$$

則 $Q = Q_A + Q_B \cdot \varepsilon_B + Q_C \cdot \varepsilon_C$

$$(= Q_A \cdot \frac{T_A}{T_A} + Q_B \cdot \frac{T_B}{T_A} + Q_C \cdot \frac{T_C}{T_A})$$

則 $r_A = \frac{F}{Q}, r_B = r_A \cdot \varepsilon_B, r_C = r_A \varepsilon_C$

分別為 A, B, C 之生產節拍。

這是一個很合乎常理之直覺想法，以產品 B 而言，$Q_B \cdot \varepsilon_B = Q_B \cdot \frac{T_B}{T_A} = (Q_B T_B)/T_A =$ 若將生產 B 之總時間全用做生產 A 時 A 之產量。因此 $Q = Q_A + Q_B \varepsilon_B + Q_C \varepsilon_C$ 表示不生產 B，C，而全部產 A 下裝配線之總產量，在此情況下我們可求出 A 之生產節拍 $r_A = \frac{F}{Q}$。
仿上推論同理可得以 B、C 為基準產品時之生產節拍。

例 3　在一生產線群上生產 A，B，C 三種零件，三種產品之本月計畫產量為 6,000，3,000，1,500 個單位，A，B，C 作業完工時間各為 4.5，3.0，1.5 分鐘，若本月之有效工時為 34,000 分鐘，

試求 A, B, C 三產品之本月份生產節拍。

解: 因 A 之本月份計畫產量最高，故選 A 為代表產品，因此

$$Q = Q_A + Q_B \varepsilon_B + Q_C \varepsilon_C$$

$$= 6,000 + 3,000 \times \frac{3.0}{4.5} + 1,500 \times \frac{1.5}{4.5}$$

$$= 8,500 \text{（件）}$$

$\therefore A$ 之生產節拍 $r_A = 34000/8500 = 4$ 分／件

B 之生產節拍 $r_B = r_A \times \dfrac{3.0}{4.5} = 2.67$ 分／件

C 之生產節拍 $r_C = r_A \times \dfrac{1.5}{4.5} = 1.33$ 分／件。

流程生產線之成本評估

現在我們要對流程生產線之成本進行評估，為了便於理解與分析計，我們假設各工作站均不貯存存貨，及每一元件做好後即運送到下一工作站。

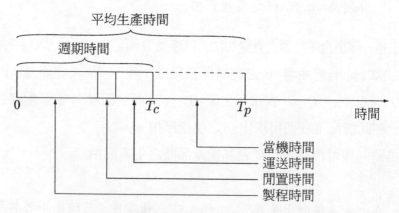

圖 14-1 平均生產時間之結構

首先，我們要介紹有關之名詞:

1.理想週期時間 T_c

$$T_c = 最長工作站處理時間 + 運送時間$$

在架構上理想週期時間 T_c，包括製程時間，閒置時間及運送時間。

2.平均生產時間 T_p

理想週期時間 T_c 加上當機時間 T_d 為平均生產時間，因此我們可將平均生產時間 T_p 定義為：

$$T_p = T_c + T_d \cdot f, \; f \; 為一個生產週期內之當機次數$$

有了 T_c，T_p，我們便可定義出平均生產率 R_p 及生產效率 E：

3.平均生產率 R_p 與生產效率 E

平均生產率 (R_p) 是指一個生產週期內之生產量，其計算單位為：生產量／時間，回顧平均生產時間 T_p 之計算單位為時間／生產量，因此平均生產率 R_p 與平均生產時間 T_p 互為倒數，即

$$R_p = \frac{1}{T_p}$$

從而我們定義生產效率 E 為

$$E = \frac{T_c}{T_p}$$

因 $E = \dfrac{T_c}{T_p} = \dfrac{T_c}{T_c + 當機時間}$，故 E 愈接近 1 時，當機時間便接近 0，表示該裝配線效率愈高。

例 4　一工作站之生產線，其操作之理想週期時間為 30 秒，生產線之
　　　當機頻率平均為每週期 0.04 次，當機後之平均修理時間為 12 分

鐘。求

(a)平均生產時間 T_p。

(b)平均生產率 R_p。

(c)若不良率為 5%, 則 $R_p =$? (假定不良品需作廢)

(d)生產線效率 E。

解: (a)平均生產時間 $T_p = T_c + T_d \cdot f$

$$= 30 \text{ 秒} + 360 \text{ 秒／次} \times 0.04 \text{ 次} = 44.4 \text{ 秒}$$

(b)平均生產率 $R_p = \dfrac{1}{T_p}$

$$= \frac{3,600}{44.4} \doteqdot 81.08 \text{ 件／小時}$$

(c)平均生產率 $R'_p = (1 - q) R_p$

$$= (1 - 5\%) \times 81.08 = 77.03 \text{ 件／小時}$$

(d)生產線之生產效率 $E = \dfrac{T_c}{T_p}$

$$= \frac{30}{44.4} = 68\%$$

生產線之單位成本 C 評估是將有關成本數據加總, 一個最基本的式子是

$$C = C_m + C_L T_p + C_t$$

上式之 C_m: 每單位產品之物料成本

C_L: 生產線操作時, 每單位時間分攤之成本, 包括勞工成本, 維修費用及資金成本等等

T_p: 平均生產時間

C_t: 工具機之分攤成本。

若我們考慮到生產線之廢料率 q，則生產線單位成本 C 需除 $1-q$。

例 5　（承上例）假設產品之材料成本為\$20／工件，生產製造成本為

$2／分鐘，工具機成本為\$1.5／工件，

(a)不考慮廢料率下，求每工件之平均成本。

(b)在廢料率 5% 下，求每工件之平均成本。

解：(a)$C = C_m + C_L T_p + C_t$

$$= 20 + \frac{\$2}{60} \times 44.4 + 1.5 = \$22.98／工件$$

(b)$C' = \dfrac{C}{1-q}$

$$= \frac{22.98}{1-0.05} = \$24.19／工件。$$

平衡延遲

在生產線平衡問題中也常用**平衡延遲** (Balance Delay) D 來作評估一生產線無效率程度的一種指標：

$$D = \frac{nc - \Sigma t_i}{nc} \times 100\% = 100\% - \frac{\Sigma t_i}{nc} \times 100\%$$

在上式中　n：工作站數

c：理想週期時間

t_i：第 i 個工件完工所需時間。

因為 $nc \geq \sum\limits_{i} t_i$ 對生產線均成立，且 $nc - \sum\limits_{i} t_i$ 即為閒置時間，因此 D 值越大表示生產線閒置時間越多，連帶地使得效率越差。

例 6　假定一個玩具製造之過程可分 8 個工作單元，各工作單元之作業

時間、先行作業關係如下表:

工作單元	作業時間（小時）	先行關係
1	0.2	–
2	0.3	1
3	0.4	2,4
4	0.5	1
5	0.3	4
6	0.5	3,5
7	0.6	–
8	0.2	6.7

(a)試建立此製造過程之先行作業關係圖。

(b)若理想週期時間為 0.8 小時，在使平衡延遲為最小之條件下之理論最少之工作站數 n。

(c)計算工作站數為 $n-1$, n 及 $n+1$ 之平衡延遲 D。

(d)若希望 D 不超過 0.2，求可能之理想工作站數之上限。

解: (a)

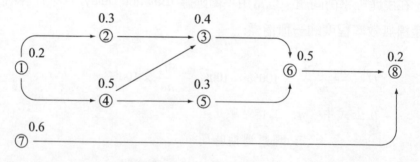

(b) $c = 0.8$, $\Sigma t_i = 0.2 + 0.3 + 0.4 + 0.5 + 0.3 + 0.5 + 0.6 + 0.2 = 3.0$

$$\therefore n = [\frac{\Sigma t_i}{c}] + 1 = [\frac{3.0}{0.8}] + 1 = 3 + 1 = 4 ❶$$

---

❶ $[n]$ 為最大整數函數，亦即為 Gauss 符號，定義為當 $k + 1 > n \geq k$ 時，$[n] = k$，例如 $[3.14] = 3$, $[12.51] = 12$, $[-3.15] = -4$...

(c) $n = 4$ 時之平衡延遲為

$$D = \frac{nc - \Sigma t_i}{nc} = \frac{4 \times 0.8 - 3.0}{4 \times 0.8} = 6.25\%$$

$n = 5$ 時之平衡延遲為

$$D = \frac{nc - \Sigma t_i}{nc} = \frac{5 \times 0.8 - 3.0}{5 \times 0.8} = 25\%$$

$n = 3$ 時之平衡延遲為

$$D = \frac{nc - \Sigma t_i}{nc} = \frac{3 \times 0.8 - 3.0}{6 \times 0.8} < 0 \ (在實務上不可能)$$

(d)

$$D = \frac{nc - \Sigma t_i}{nc} = 1 - \frac{\Sigma t_i}{nc} = 1 - \frac{3.0}{n0.8} \le 0.2$$

$$\therefore \ \frac{3.0}{0.8n} \ge 0.8 \quad 解之 \ n = 4$$

14.3 裝配線平衡分析模式

　　裝配線平衡問題是生產管理中最古老的課題之一，因為裝配線問題之重要性，激起實務界與學術界研究之興趣，故累積出許多的分析模式，最大需時法則與順序位置權數法是其中兩種最常見的分析模式。

最大需時法則

　　最大需時法則 (Largest Candidate Rule) 是在符合工作單元之工序及週期時間 TC 之情況下，按各工作單元作業時間 t 之大小決定出工作站之個數以及各工作站中包括那些工作單元。

最大需時法則之演算法

步驟 1: 依各工作單元作業時間 t 以遞減順序由上而下排列。

步驟 2: 由步驟 1 所編成之表列中選出「適當的工作單元」指派至工作站 I（所謂適當之工作單元意指(1)這些工作單元之工時加總必須小於週期時間，(2)這些工作單元必須滿足作業間之先行關係）。

步驟 3: 仿步驟 2 之作法，從步驟 2 完成後剩下之工作單元中選取適當的工作單元派至工作站 II。

步驟 4: 重複步驟 2, 3 直至所有之工作單元均被指派為止。

　　步驟 4 完成後，我們可知曉此生產線需設幾個工作站以及各工作站內包括那些工作單元。

例 7 （承例 6）利用最大需時法則決定(a)工作站之個數，(b)平衡延遲 D 為何？（假定週期時間改為 1 小時）

解: (a)第一步：依工作單元作業時間 (t) 之遞減順序由上至下列表：

工作單元	作業時間 (t_i)	先行關係
7	0.6	—
6	0.5	3,5
4	0.5	1
3	0.4	2,4
2	0.3	1
5	0.3	4
1	0.2	—
8	0.2	6,7

　　第二步：選適當之工作單元配置在工作站 I 內，由先行關係圖 a 我們可選工作單元 1,7 到工作站 I。

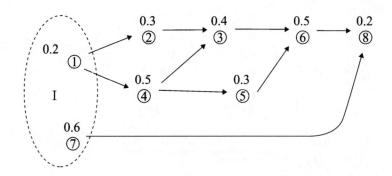

圖 a

第三步：在其餘工作單元中選取適當工作單元配置到工作站 II，由先行關係圖 b，我們可將工作單元 2,4 配置到工作站 II

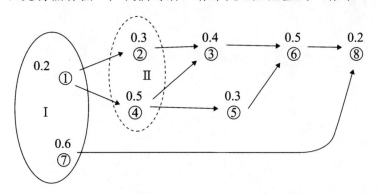

圖 b

第四步：由再剩下之工作單元配置到工作站 III，由先行關係圖 c，我們可配置工作單元 3,5 到工作站 III，並配置工作單元 6,8 到工作站 IV。

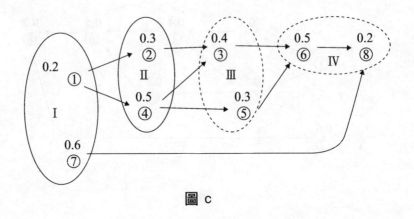

圖 c

由此, 我們可知在理想週期時間為 1 小時及給定之先行關係下, 本裝配線可配置 4 個工作站, 我們將上述結果列表如下:

工作站	工作單元	t_i	T_e
I	1	0.2	
	7	0.6	0.8
II	2	0.3	
	4	0.5	0.8
III	3	0.4	
	5	0.3	0.7
IV	6	0.5	
	8	0.2	0.7
		3.0	

(b) $D = \dfrac{nc - \Sigma t_i}{nc} = \dfrac{4 \times 1 - 3.0}{4 \times 1} = 25\%$

因為最大需時法則是一個啟發式解法, 因此其解答可能不止一種, 同時即便是解出來也不保證解答為最優的。以上例而言, 解答也可能是工作站 I 包括工作單元 1, 2, 4, 工作站 II 含工作單元 7, 工作站 III 含

工作單元 3，5，工作站Ⅳ含工作單元 6，8，當然也存在其他種解法。最大需時法則最適用於簡單的裝配線平衡問題。同時，細心的讀者應可體察到如果上例的週期時間減少到 0.8 小時，雖然仍需4 個工作站，但平衡延遲卻只有 $\dfrac{4 \times 0.8 - 3.0}{4 \times 0.8} = 6.25\%$。同時最大需時法則必須將作業時間最長者放在工作站Ⅰ，這在實務上往往是有困難的。

順序位置權數法

　　順序位置權數法(Ranked Positional Weights Method，簡記RPW 法)是 Helgeson 與 Birnei 在 1961 年所提出之一種裝配線平衡之方法。在RPW 法下我們要計算每一個 **工作 (Task)** 之作業時間與在先行圖上緊接在該項工作之後之所有工作之作業時間之和，以計算出該項工作之**位置權數 (Positional Weight，簡記PW)**。計算出所有工作之 PW 後，依最大需時法則進行配置工作站。

RPW 演算法則

步驟 1: 根據先行關係圖，計算每一工作單元之 RPW 值。工作單元 *j* 之 RPW 為工作單元 *j* 與其所有後續工作單元之作業時間之總和。（通常步驟1 可由先行關係圖之最後工作單元之作業時間由右向左逆算）

步驟 2: 將各工作單元之 RPW 依遞減順序由上而下列表。

步驟 3: 在符合作業先行關係及週期時間之假設下依 RPW 大小指派工作單元至工作站。

　　我們仍以例 6 之資料以 RPW 法重新做一次。

例 8　（承例 6）以 RPW 法重解之。（假定週期時間為 1.0小時）

解: (a)第一步: 我們先計算各工作單元之RPW:

工作單元	作業時間 t_i	RPW
	t_i	
8	0.2	0.2
7	0.6	$0.6 + 0.2 = 0.8$
6	0.5	$0.5 + 0.2 = 0.7$
5	0.3	$0.3 + 0.5 + 0.2 = 1.0$
4	0.5	$0.5 + 0.4 + 0.5 + 0.2 + 0.3 = 1.9$
3	0.4	$0.4 + 0.5 + 0.2 = 1.1$
2	0.3	$0.3 + 0.4 + 0.5 + 0.2 = 1.4$
1	0.2	$0.2 + 0.3 + 0.4 + 0.5 + 0.2 + 0.5 + 0.3 = 2.4$

第二步: 將各工作單元之 RPW 以遞減方式由上而下表列:

工作單元	RPW	t_i
1	2.4	0.2
4	1.9	0.5
2	1.4	0.3
3	1.1	0.4
5	1.0	0.3
7	0.8	0.6
6	0.7	0.5
8	0.2	0.2

第三步: 在符合工作單元之先行關係及週期時間之條件下, 配置
工作單元至各工作站:

工作單元	t_i	
1	0.2	
4	0.5	$\Sigma t_i = 1.0 \rightarrow$ 配置工作站 I
2	0.3	
3	0.4	$\Sigma t_i = 0.7 \rightarrow$ 配置工作站 II
5	0.3	
7	0.6	$\Sigma t_i = 0.6 \rightarrow$ 配置工作站 III
6	0.5	$\Sigma t_i = 0.7 \rightarrow$ 配置工作站 IV
8	0.2	

因此，需 4 個工作站，各工作站含工作單元如上表所示。

(b) $D = \dfrac{nC - \Sigma t_i}{nc} = \dfrac{4 \times 1 - 3}{4 \times 1} = 25\%$

我們已介紹了兩種裝配線之平衡方法，即最大需時法及 RPW 法，其他還有 Kilbridge 與 Wester 法等，這些都是啟發式方法，所以不能保證它們的解是最適，同時也不利於電腦運作，因此在六〇年代起產業界、學術界相繼開發出一些電腦化之裝配線平衡套裝軟體，例如：

- COMSOAL (Computer Method of Sequencing Operation for Assembly Lines)：這是克萊斯勒 (Chrysler) 公司在 1966 年發展出來的，它可在很短時間內求得裝配線平衡之一最佳解。
- CALB (Computer-Aided Line Balancing)：這是美國 IIT 在 1968 年開發出來的，它對單一生產線與混合生產線均適用。據稱其解所得之閒置時間均小於 2%。

14.4 日本與歐美製造業之裝配線管理之比較

本章我們介紹裝配線平衡之基本概念與方法，我們將以歐美與日本製造業者在裝配線之政策、管理方式以及設備等方面做一比較，我們可歸納出下列的差異點：

(1)歐美製造業者以裝配線平衡為最優先的考量，日本製造業者以製造彈性為最優先的考量：歐美製造業者以裝配線平衡穩定為追求的目標，亦即每個工作站的週期時間相同，日本製造業者也會追求生產線平衡以避免人工閒置並提昇生產力，但是他們似乎以彈性為優先，其次才考量到裝配線上的平衡，因此須經常重新平衡裝配線以符合不斷改變的顧客需求。

(2)歐美製造業者之裝配線平衡多在**線外** (Off-line) 由專家或企業幕僚分析規劃出來的；日本製造業者則由身為第一線的領班根據工序、標準工時來做機動的調整。

(3)歐美製造業者之裝配線多為直線或是 L 型；日本製造業者裝配線的形狀是以調派工人方便與否而定的，故多為 U 型或平行線。

(4)歐美製造業者必須時時備有大量存貨以紓緩設備故障之影響；日本製造業者則採全面預防保養 (TPM) 防止設備的故障。

(5)歐美製造業者以固定速率運作，若有不良品出現時則由旁邊的生產線進行重工；日本裝配線遇有不良品時，線上作業人員有權中止機器運作。

(6)歐美製造業者以輸送帶進行物料搬運；日本製造業者多不採輸送帶進行物料搬運。

(7)歐美製造業者購用超級機器，不斷運轉以使投資儘速回收；日本製造業者自製或購買小型機器設備，並在需要時增加其臺數。

作業十四

一、選擇題

（請選擇一個最適當的答案，有關數值計算的題目以最接近的答案為準）

1. （　）某裝配線包含有 10 項作業，其作業時間（單位為分鐘）分別如下：2.4, 0.5, 2.1, 2.0, 2.7, 1.1, 2.0, 2.7, 1.6, 1.4，若此裝配線之週期時間 (cycle time) 為 4 分鐘，則理論上最少之工作站數目為何？

   (A) 3　(B) 4　(C) 5　(D) 6

2. （　）A 產品之生產製程需依序經過三道製造程序，其不良率依序分別為 5%、10%、15%。另外，各製造程序之製造成本依序分別為每個 2 元、4 元、6 元，則此產品之製造成本每單位為：

   (A) 12　(B) 15　(C) 18　(D) 21

3. （　）某裝配線由 4 個工作站組成，4 個工作站的循環作業時間分別為 1、3、2、4。若裝配作業必須依工作站的順序進行，則該裝配線的循環作業時間為：

   (A) 1　(B) 2.5　(C) 4　(D) 6

4. （　）以生產線平衡技術規劃時，下列何項資料不需使用？

   (A)工作單元的標準工時　(B)工作單元的加工順序
   (C)工作單元的加工成本　(D)每小時的產出量

5. （　）汽車、水泥、罐頭、個人電腦、煉油、電視、電力中有幾個是離散產品？

   (A) 3　(B) 4　(C) 5　(D) 6

6.(　)設某公司生產某種零件，年產量為 270,000 件，公司是採二班
制，每班工作 9 小時，白班夜班分別有 50 與 60 分鐘休息，且
設備維修率為 5%，若產品不良率為 10%，一年以 320 日計，
則平均一件需工時若干？（即生產節拍）

(A) 0.98 分/件　 (B) 0.96 分/件　 (C) 1.02 分/件　 (D) 1.04 分/件

7.(　)下列那一項活動佔生產活動之比重最大？

(A)加工處理　 (B)裝配　 (C)搬運　 (D)檢驗

8.(　)有關順序位置權數法 (RPW) 之敘述下列何者有誤？

(A)它是啟發式解法

(B)它的最適解惟一存在

(C)工作單元 j 之RPW 為工作單元 j 與其後續工作單元之時間
總和

(D)RPW 法算出各工作單元之位置權數後再依最大需時法則配
置

9.(　)某項工作須經 7 個工作單元 A⋯G，其工作小時數已標記在工
作單元上，（如下圖之先行作業關係圖）若理想週期時間為 1.0
小時則需若干個工作站？

(A) 2　 (B) 3　 (C) 4　 (D) 5

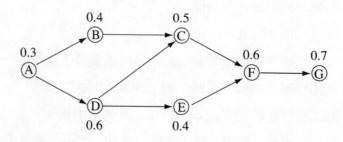

10.(　)續第 9.題，平衡延遲為：

(A) 10%　 (B) 12.5%　 (C) 15%　 (D) 20%

二、問答題

1. 在例 3 中，若我們選 B 為代表產品時，驗證 A， B， C 之生產節拍仍不變。

2. 某一工作需 7 個工作單位，有關資料如下：

工作單元	作業時間	先行關係
A	0.4	—
B	0.5	A
C	0.4	B,D
D	0.3	A
E	0.6	D
F	0.4	C,E
G	0.2	F

(1) 繪出先行關係圖。

(2) 用最大需時法則求工作站個數。

(3) 用 RPW 法則求工作站個數。

(4) 比較 b， c 二法則之平衡延遲。

第十五章 排程規劃

15.1 排程規劃概說

排程 (Scheduling) 是為因應生產活動，組織對作業人員、存貨或設備設施所做的時間安排。第九章的整體規劃，就是一種排程，本章我們還要研習其他的排程方法。

生產部門之主生產排程 (MPS)、物料需求規劃 (MRP)、整體規劃等這些以月甚至季、年為單位的中長期計畫並不便於例行生產作業之進行，因此必須將它們分解成**規劃週期 (Planning Horizon)** 為週、日、甚至小時之短期排程規畫，其目的在確保下列功能均能得以遂行：

(1)分配訂單、設備、人員至各工作站。

(2)決定各工作的優先順序。

(3)發出**派工令 (Dispatching of Order)** 以執行工作。

(4)現場控制，包括：

　①訂單的進度是否依照原定之排程順利進行。

　②對延遲或重要的訂單進行**跟催 (Follow Up)**。

(5)根據訂單或其他因素修訂排程。

因此排程除了安排工作進度以使交期不致延宕外，尚應確保能及時獲致生產所需的資源，諸如：勞動力、物料及設備，以及預知生產過程中可能遇到之瓶頸並預為排解。

15.2 Gantt 圖

Gantt 圖

在專案管理歷史最久最廣為人知之活動時間控制圖表厥為 Gantt 圖 (Gantt Chart)，自美國 Henry Gantt 在第一次世界大戰期間發展迄今，在生產、施工以及工作任務計畫廣泛地被應用著。圖 15–1 就是一個最陽春型之 Gantt 圖。

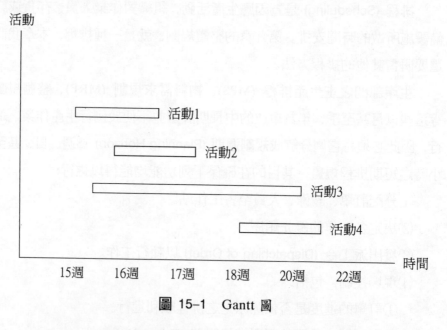

圖 15–1　Gantt 圖

Gantt 圖顯然有簡單清楚易於了解，容易繪製，尤其便於將實際進度與計畫進度進行比較等等的優點，但它也有以下之侷限性：

1. Gantt 圖無法清晰地看出各項活動之相互關係

因為 Gantt 圖在結構上是以個別活動為單位各自繪製獨立的橫條圖，

我們不易由這些條形圖判斷出各活動間之工序關係，因而一旦某個活動較計畫落後或超前時對那些後續活動有影響，以及影響程度又如何，便不得而知。

2.作業人員不易透過 Gantt 圖對工程進行控制

當需趕工或者是進度偏離計畫時，管理者不易由 Gantt 圖判讀出活動間之工序關係以及專案計畫瓶頸之所在，因而無法在 Gantt 圖上進行調度以及對進度之控制。

3.作業人員不易由 Gantt 圖進行最適化分析

Gantt 圖無法判斷出活動之工序關係以及瓶頸之所在，因此，很難建立一個作業系統，使得最適化分析不易進行。

Gantt 圖多應用在一些小型之專案計畫，複雜之專案計畫也常用 Gantt 圖作初步概略規劃，然後以此基礎再進行網路圖分析。

Gantt 圖之分類

圖 15–1 是最常見也是最基本之 Gantt 圖，這是排程圖 (Scheduling Chart)，在實際應用時尚可有一些變化，例如

⑴機器 Gantt 圖(Gantt Chart for Machines)

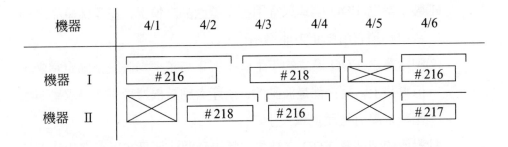

⑵工作進度 Gantt 圖 (Gantt Chart for Job Progress)

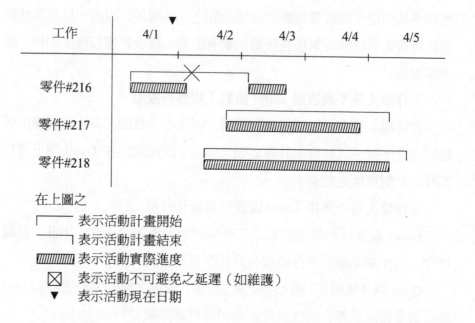

在上圖之

┌─── 表示活動計畫開始

───┐ 表示活動計畫結束

▨▨▨▨▨ 表示活動實際進度

☒ 表示活動不可避免之延遲（如維護）

▼ 表示活動現在日期

15.3　耗竭時間法 (Run-out Time Method)

在第十二章存貨理論中，我們討論之製造業 EOQ 模式在實務上面臨了以下幾個問題：

(1)製造業之 EOQ 模式只宜用在單項產品之情況，在多種產品之場合中必須有所修正方能適用；

(2)製造業之 EOQ 模式的年生產率與年需求率均假設為固定常數，但實務上，這些都是波動的，生產者應該根據最新之需求率與生產率來釐訂生產批量大小。

針對傳統製造業 EOQ 之缺失，耗竭時間法便是在以下之想法下產生：在工廠裡往往有許多產品項目是用相同之生產設備或資源來加工產製，此時，在給定規劃期間內之生產量及需求量下，規劃人員只消計算整個產品群之前期生產量與現有存貨、在製品 (WIP)，便可粗估出整個

規劃期之產品（包括生產的、存貨的）可供幾個週期使用。因此我們可以說耗竭時間法之目標在於均衡產能之利用率以使得所有之產品在同一時間內耗竭掉。茲定義出整體耗竭時間 R:

$$R = \frac{現有存貨 + 在製品\ (WIP)}{需求率}$$

從而可計算出各產品項目之生產時間，同時也可經由各產品之 R 值決定產製之優先順序，R 值越小的越優先性生產。

例 1　假定公司之生產報表顯示本月底前之存貨、需求量之資料如下:

產品	現有庫存 （單位）	生產時間 機器小時／單位	每　月 需求量
A	200	2	80
B	250	4	100
C	175	3	60
D	175	1	60

(a)整體耗竭時間並說明它的意義。

(b)根據(a)之結果計算未來 1 個月內各產品分配到的工作小時數。

(C)若機器每月有1,100 個工作小時，試利用耗竭時間法計算各產品項目之生產排程（即優先順序）。

解:

產品	(1) 生產時間 機器小時／單位	(2) 現有庫存 （單位）	(3) 每月需求量 （單位）	(4) 現有庫存 約當機器小時 (1)×(2)	(5) 每月需求量 約當機器小時 (1)×(3)
A	2	200	80	400	160
B	4	250	100	1,000	400
C	3	175	60	525	180
D	1	175	60	175	60
				2,100	800

(a)∴整體耗竭時間$=\dfrac{現有庫存（以機器小時表示）+ 可用機器小時數}{每月需求量（以機器小時表示）}$

$$=\dfrac{2,100+1,100}{800}=4（月）$$

這表示以現有之存貨再加上 1 個月之生產量將在 4 個月內消耗殆盡。

(b)現在我們要計算各產品之生產時數：

產品	(6) 耗竭時間	(7) 四個月總需求	(8) 生產量 (7)−(2)	生產量 （約當機器小時） (1)×(8)
A	4	320	120	240
B	4	400	150	600
C	4	240	65	195
D	4	240	65	65
				1,100

(c)我們可進一步決定產品 A,B,C,D 之排程順序，計算每個產品之耗竭時間 $R=\dfrac{存貨量}{每月需求量}$

$$R_A=\dfrac{200}{80}=2.5$$

$$R_B=\dfrac{250}{100}=2.5$$

$$R_C=\dfrac{175}{60}=2.92$$

$$R_D=\dfrac{175}{60}=2.92$$

R 值越小的產品需優先配置，因此排程順序為 A,B,C,D、A,B,D,C、B,A,C,D 或 B,A,D,C。

15.4 排 序

當一部機器或工作站收到兩個或兩個以上工作指令時,如果無法同時進行加工,則作業人員勢必要安排這些工作的處理順序,這種將工作做優先順序安排的過程稱為**排序** (Sequencing)。作業人員會因某些考量而預先訂定一些**優先法則** (Priority Rule),然後根據這些法則進行排序。

排序上常見的優先法則計有:

1.**先來先服務法則** (First Come,First Served, 簡記FCFS)

機器或工作站按工作指令的先後順序進行加工,這是沒有優先順序要求下之最常見的排序做法。

2.**最早到達期日法則** (Earliest Due Date, 簡記EDD)

以離**到期日** (Due Date) 越近的工作先做,亦即 EDD 愈短的工作應優先處理。EDD 法則可應用在有到期日限制條件之排序問題上。

3.**最短處理時間法則** (Shortest Processing Time, 簡記SPT)

SPT 法則下,工作處理時間或製程時間越短者越先行處理。SPT 法則也稱**最短作業時間法則** (Shortest Operating Time, 簡記SOT)

4.**作業落後時間法則** (Slack Per Operation, 簡記S/O)

對到期日前無法完成的工作而言,所謂作業落後時間是指其所需額外的工作時間,例如,一件交辦的工作,現在離到期日只有 4 個工作日,但是算算工期還需要 10 個工作日,則該工作落後了 10 – 4 = 6 日。S/O 法則下, S/O=(現在到到期日之日數 – 工作進行剩下的時間) ÷ 所剩工作時間。 S/O 越大者越須優先處理。

5.**其它**

除了上述法則外還有優先法則如**後到先服務法則** (Last Come, First

Served，簡記LCFS)、**隨機法則** (Random)、**急切法則** (Rush) （急切的工作優先處理）等等。

例 2　若我們接到了五件訂單，依收件之先後順序分別賦予番號 A,B,C,D,E，有關資料如下：

工　作	A	B	C	D	E
製程所需天數	6	10	12	8	9
離到期日天數	9	15	14	13	16

試據(a) FCFS　(b) SPT　(c) EDD 法則分別規劃排程。

解: 根據 FCFS 法則，排序為 A→B→C→D→E(依收件之先後順序)

根據 SPT 法則，排序為 A→D→E→B→C(依製程所需天數由短而長排列)

根據 EDD 法則，排序為 A→C→D→B→E(依離到期日天數由短而長排列)

但讀者可驗證例 2 之 SPT 法則之整個流程時間為 12 天，但 EDD 法則為 131 天。

15.5　詹森法則

詹森法則 (Johnson's Rule) 是 S. M. Johnson 在 1954 年發展出在兩部機器設備或工作站工作分派之一個啟發式方法，其目的在於減少工作站之總閒置時間以降低總工作時間。

Johnson 法則在應用上有以下之假設：

⑴所有的工件均只經過二部機器或工作站（這個假設在爾後可寬放到三個機器或工作站上）。

⑵所有的工作之加工程序都是相同的。

(3)作業所需之時間與加工順序無關。

Johnson 法則之步驟:

(1)列舉兩部機器或工作站之所有工作與作業時間。

(2)找出兩部機器或工作站之最短作業時間。

 2.1 若最短時間在機器 A（或工作站 A）則 A 之工作順序是第一個。

 2.2 若最短時間在機器 B（或工作站 B）則 B 之工作順序是最後一個。

 2.3 若最短時間在機器（或工作站） A,B 同時發生時則可任意配置。

(3)將已被配置過的工作劃掉，並重複 2.1 至 2.3 直到解出為止。

例 3 給定一作業可分 J_1, J_2...J_5 五個工作，機器 A， B 進行各工作所需之操作時間如下表所示，請依 Johnson 法則配量下列工作:

工作	J1	J2	J3	J4	J5	
機器 A	10	10	22	14	6	
機器 B	11	3	8	19	8	單位: 日

解: (1)依題意最短時間發生在機器 B 之 J_2（3 日），故 J_2 擺在工作順序表之最右邊 | J2 |

(2)由下表知最小工作時間（6 日）發生在機器 A 之 J5，∴ J5 放在工作順序表之最左邊，即 | J5   J2 |

工作	J1	J2	J3	J4	J5
機器 A	10	10	22	14	6
機器 B	11	3	8	19	8

(3)由下表知最小工作時間（6 日）發生在機器 A 之 J3，∴ J3 放在工作順序表之第 2 格，即　J5 J3 　　　 J2

工作	J1	J2	J3	J4	J5
機器 A	10	10	22	14	6
機器 B	11	3	8	19	8

(4)由下表知最小工作時間（10 日）發生在機器 A 之 J1，∴ J1 放在工作順序表之中間，即　J5 J3 J1 　　 J2

工作	J1	J2	J3	J4	J5
機器 A	10	10	22	14	6
機器 B	11	3	8	19	8

(5)J4 是僅剩之未配置工作，∴ J4 放在工作順序表之右起第二個。因此整個工序是　J5 J3 J1 J4 J2

通常可透過圖示法來決定 Johnson 法則最後完工所需時間及機器閒置情形，斜線部份表示「閒置」：

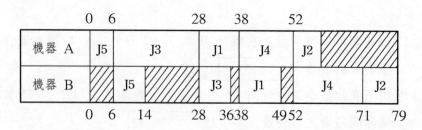

再舉一個例子說明 Johnson 法則之排程技術。

例 4　某工場有 A,B,C,D,E 5 件工作待做，若這 5 件工作都需經工作站

I，II，每個工作站執行這 5 件工作所需時間如下：

	A	B	C	D	E
工作站 I	4	5	3	6	8
工作站 II	5	2	7	3	5

試依Johnson 法則進行排序。

解：讀者可驗證出 C–A–E–D–B 是其中一個最適的施工順序。

	0　3	7	15	21	26　28
工作站 I	C	A	E	D	B
工作站 II		C	A	E	D B

　　0　3　　　　10　　15　　　　　23　26　28

　　上述 Johnson 法則可推廣到三部機器或工作站之情況：若「第一部機器對各工作之最小工時比第二部機器對各工作之最大工時為多」或「第三部機器對各工作之最小工時比第二部機器之最大工時為多」中有一成立時，我們可將 A,B 二機器合併，B,C 二機器合併；設第 i 項工作A,B,C 三部機器之工作時間分別為 t_{iA}, t_{iB}, t_{iC}，則 A,B 合併後之第 i 項工作時間 $t_{i(A+B)} = t_{iA} + t_{iB}$，B,C 合併後之第 i 項工作時間為 $t_{i(B+C)} = t_{iB} + t_{iC}$，利用二部機器之 Johnson 法則可求出最適之施工順序。

例 5　某工廠有 A，B，C，D 4 件工作特徵，若這 4 件工作都需經工作站 I，II，III，每個工作站執行這 4 件工作所需時間如下表：

	A	B	C	D
工作站 I	17	7	11	8
工作站 II	7	5	4	6
工作站 III	9	11	10	4

　　　　試依Johnson 法則進行排序。

解: 因為工作站 I 之最短時間為8，比工作站 II 之最長工作時間 7 為長，故可利用本子節所述之規則。

　　現將工作站 I、II 合併，II、III 合併得

	A	B	C	D
工作站 I′	24	12	15	14
工作站 II′	16	16	14	10

仿例 3 本例之解法步驟如下：

(1)

	A	B	C	D
工作站 I′	24	12	15	14
工作站 II′	16	16	14	10

∴ 　　　　　　　　D

(2)

	A	B	C	D
工作站 I′	24	12	15	14
工作站 II′	16	16	14	10

∴ B　　　　　　D

(3)

	A	B	C	D
工作站 I′	24	12	15	14
工作站 II′	16	16	14	10

∴ B　　　C D

(4)整個工序為 BACD，本例可圖示如下　　B A　　C D

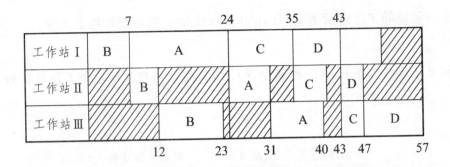

15.6　臨界比排程法

顧名思義**臨界比** (Critical Ratio，簡記**CR**) 法是依每個工作之臨界比 (CR) 大小以決定排程優先順序的一種方法，茲定義臨界比 CR 為：

$$CR = \frac{離到期日所餘日數}{所餘工作日數} = \frac{到期日 - 今天日期}{所餘工作日數}$$

由 CR 大小可知：

1. $CR > 1$ 時

$$\frac{離到期日所餘日數}{所餘工作日數} > 1，得離到期日所餘日數 > 所餘工作日數。$$

這表示工作**提前完工** (Ahead of Schedule)。

2. $CR = 1$ 時

$$\frac{離到期日所餘日數}{所餘工作日數} = 1，得離到期日所餘日數 = 所餘工作日數，$$

這表示工作可**準時完工** (On Schedule)。

3. $CR < 1$ 時

$$\frac{離到期日所餘日數}{所餘工作日數} < 1，得所餘工作日數 < 離到期日所餘日數，$$

這表示目前工作**進度落後** (Behind Schedule)，需加把勁趕上進度。

例 6　若今天是16日，有關 A,B,C 三工作之列期日及剩餘工作日數如下表：

工作	到期日	剩餘工作日數
A	30	9
B	28	13
C	26	6

試用臨界比排法決定施工優先順序。

解：

工作	CR	優先別
A	$\dfrac{30-16}{9}=1.6$	2
B	$\dfrac{28-16}{13}=0.9$	1
C	$\dfrac{26-16}{6}=1.7$	3

即施工順序為 BCA。

15.7　指派模式

指派模式 (Assignment Model) 是線性規劃(LP) 模式中之一特殊情況，它是將資源與工作間作一對一配量，以使總成本最小或利潤最大。例如：

- 將機器配置工作。
- 將推銷員配置到行銷區域。
- 將人員配置到專案。

指派模式之演算法：

(1)將 $n \times n$ 方陣每一列之各元減去該列最小元素後，再將每一行減去該行最小之元素（若為 $(n-1) \times n$ 矩陣，可令第 n 列為一零列，使其為一方陣）。

(2)以最少之水平或鉛直線覆蓋所有的 "0"。

(3)若步驟(2)所得之水平及鉛直線數之和等於方陣之列數（或行數），則有一最適解。

(4)若步驟(2)所得之水平及鉛直線數之和少於方陣之列數（或行數），則要找出未被水平或鉛直線覆蓋之最小元素 b：

　4.1 覆蓋

　4.2 將水平及鉛直線相交之各元加上 b

　如此形成一個新的方陣。

(5)重複步驟(1)～(4)直到最適解（本演算法之步驟(3)）。

(6)進行指派，從只有一個零的列或行開始。

例 7 若將四部機器配置到三件工作，有關成本資料如下，問應如何配置方能使成本為最小？

	A	B	C	D
1	20	16	15	13
2	17	14	19	18
3	12	18	13	14

解：

第一步：

	A	B	C	D
1	20	16	15	13
2	17	14	19	18
3	12	18	13	14
4	0	0	0	0

第二步：

	A	B	C	D
1	7	3	2	0
2	3	0	5	4
3	0	6	1	2
4	0	0	0	0

第三步：

	A	B	C	D
1	7	3	2	0
2	3	0	5	4
3	0	6	1	2
4	0	0	0	0

第四步：

	A	B	C	D
1	7	3	2	0
2	3	0	5	4
3	0	6	1	2
4	⊠	⊠	0	⊠

	A	B	C	D	
1	7	3	2	0	即機器 A 做工作 3
2	3	0	5	4	機器 B 做工作 2
3	0	6	1	2	機器 D 做工作 1
4	⊠	⊠	0	⊠	(機器 C 不執行工作)

例8　將 A,B,C 三部機器配置到 1,2,3 三件工作，有關成本資料如下，
應如何配置方能使成本為最小?

	A	B	C
1	15	21	6
2	9	13	14
3	10	17	8

解: 第一步:

	A	B	C
1	9	15	0
2	0	4	5
3	2	9	0

	A	B	C
1	9	11	0
2	0	0	5
3	2	5	0

第二步:

	A	B	C
1	9	11	0
2	0	0	5
3	2	5	0

第三步:

	A	B	C
1	7	9	0
2	0	0	7
3	0	3	0

	A	B	C
1	7	9	[0]
2	0	[0]	7
3	[0]	3	0

即機器 A, B, C 分別執行工作 3, 2, 1。

作業十五

一、選擇題

（請選擇一個最適當的答案，有關數值計算的題目以最接近的答案為準）

1.（ ）假設有 5 個工作等待被一個工作站加工，其資料如下表所示。若使用 SPT 法則進行排程，則其平均流程時間為何？

工作	加工時間（天）	到期期限（天）
a	3	6
b	2	7
c	7	9
d	5	12
e	4	10

　　(A) 12.5　(B) 10.2　(C) 8.4　(D) 9.2

2.（ ）續第 1 題，假如使用 EDD 法則進行排程，則其平均流程時間為何？

　　(A) 20.5　(B) 8.5　(C) 16.4　(D) 11.4

3.（ ）採用 SPT 法則進行排程，則可得到：

　　(A)最小完工時間　(B)最小平均流程時間

　　(C)最大延遲之最小化　(D)平均延遲之最小化

4.（ ）在靜態單機排程問題中，下列何者排程法則可達成在工作中心之平均工件數最小之結果：

　　(A) FCFS：先進先出　(B) EDD：最早交期時限

　　(C) SPT：最短處理時間　(D) LPT：最長處理時間

5.（　）用來計算臨界率之公式為：

(A)剩餘之作業時間／距離到期期限之時間

(B)距離到期期限之時間／剩餘之作業時間

(C)距離到期期限之時間／未完成之作業數

(D)未完成之作業數／距離到期期限之時間

6.（　）假設有五個工件等待被一個工作站加工，並提供下表之資訊：

工件	加工時間（天）	到期期限（天）
a	12	10
b	8	21
c	15	19
d	3	17
e	5	23

下列那一個排程為可生產最小平均完成時間之排程？

(A) e-b-c-d-a　(B) c-a-b-e-d　(C) d-e-b-a-c　(D) e-d-b-a-c

7.（　）續 6 題，若以 EDD 法則進行排程，則此排程之平均完成時間為：

(A) 19.6　(B) 43　(C) 27.6　(D) 18

8.（　）試以詹森法則決定六個工件經過兩個工作中心之排程，假設每個工件須先經過工作中心 1 再經過工作中心 2，而且，其相關加工時間如下表所示：

工件	工作中心 1 所需時間（小時）	工作中心 2 所需時間（小時）
a	4	13
b	1	5
c	18	9
d	16	14
e	17	7
f	11	16

(A) b-a-f-d-c-e   (B) c-b-a-d-e-f   (C) e-c-d-f-a-b   (D) b-a-d-e-c-f

9. (　) 某公司之經理必須指派三件工作至三臺機器上加工，下表是其相關成本資料，則最佳工作指派之成本為：

機器 工作	1	2	3
A	$800	1100	1200
B	500	1600	1300
C	500	1000	2300

(A) 2,700   (B) 2,800   (C) 2,900   (D) 3,400

10. (　) 利用急迫比值技術決定四張訂單生產的優先順序，有關資料如下表所示。若目前為工廠日曆第 120 天，則下列優先順序何者正確？

訂單	交貨日期 （工廠日曆天）	製造時間（天）
A	130	5
B	122	2
C	124	6
D	129	3

(A) B-C-D-A   (B) D-A-B-C   (C) A-D-B-C   (D) C-B-A-D

11. (　) 某生產班有 4 位班員和 4 部機器，各班員對不同機器的操作成本如下表所示，經過最佳指派後的最低總操作成本為多少？

機器 班員	1	2	3	4
A	12	10	8	15
B	6	9	5	11
C	15	18	20	21
D	16	22	19	15

(A) 38   (B) 42   (C) 45   (D) 47

第十六章　品質保證

16.1　品質的意義

品質之意義

　　品質是一個人們日常琅琅上口的名詞，因此要想精確地定義它並不容易，一般最廣被接受的概念是：品質即**適用性** (Fitness for Use)，在此概念下，最符合消費者要求的產品，便是合乎品質要求的產品，換言之，生產者所生產之產品品質，必須是符合消費者要求的而不是最高水準的，最高品質水準的產品往往不是消費者在經濟上所能接受的，因此生產者對其產品必須價格與品質兼顧。

　　用來表達產品適用性的共同要素我們稱之為**品質特性** (Quality Characteristics)。David Garvin 指出產品之品質應包括以下八個**維度** (Dimension)：

　　1.**功用** (Performance)

產品最主要的功能或是操作特性。

　　2.**特色** (Features)

一些能輔助產品達成其基本功能之次要的操作特性。

　　3.**可靠度** (Reliability)

在一定之環境條件與一定時間之範圍內能執行其功能之機率，有關詳細情形請復習第四章「可靠度與產品設計」一節。

4.**耐用度** (Durability)

產品發生故障或實體功能退化前到「產品重置比修理為有利」之時間。

5.**符合要求** (Conformance)

產品設計規格與消費者操作時之配合程度。

6.**可服務性** (Serviceability)

產品故障能被修復之程度。

7.**美感** (Aesthestics)

產品外形給予消費者在視覺、感覺、偏好甚至嗅覺上之第一印象。

8.**品質感受** (Perceived Quality)

消費者對產品之整體印象。

品管與統計品管

品質管制

企業通常先決定產品或服務之目標，並以此目標當做追求之品質標準，若產品或服務離此標準到某種程度時便需採取矯正措施，這是一個控制之行為，因偏 J. M. Juran 對**品質管制** (Quality Control，簡記QC) 定義為：

品質管制是為達到預訂的品質規格，所採取之各種手段之總稱。❶

為達品質規格所採取之各種手段包括組織、計畫、規格、測試等等。

---

❶ Quality control is the totality of all means by which we establish and achieve quality specification.

Deming 之品管循環

Deming 將 QC 活動分成**規劃 (plan)** 四個階段:

1.計畫階段

在產品設計時必須考慮到消費者之需求。

2.製造階段

在產品製造時必須根據設計與計畫。

3.檢查銷售階段

在產品送達消費者手中前，須檢查是否合乎消費者要求。

4.調查服務階段

產品上市後須對消費者之反應進行調查與服務，並將結果回饋到下一循環之設計階段。

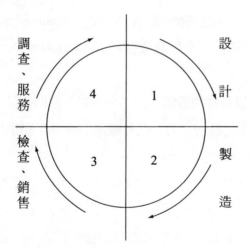

圖 16-1 Deming 之品管活動循環

因之，在 Deming 眼中，QC 是建立在對品質之責任感上之一個永無止境之循環改善。

統計品質管制

Juran 對**統計品管** (Statistical Quality Control，簡記SQC) 下了一個定義:

統計品管是根據統計方法以達到設定之品質規格的方法之部份。❷

Deming 對 SQC 也下了一個定義:

統計品管是在製造過程中應用統計學的原則與方法，以最經濟的方式產製最有用與市場性的產品。

全面品質管制

在六〇年代，美國品管大師 A. V. Feigenbaum 駁斥了 SQC 為 QC 之全部，同時他也提出了**全面品質管制** (Total Quality Control，簡記TQC) 之觀念，他認為:

TQC 是在一個有效的體制下，結合企業各部門在品質開發、品質維護及品質改善所作之最大努力，在最經濟的水準下提供生產與服務，來充分滿足消費者的需求。

品質保證

除了 QC, SQC, TQC 外還有一個常被用到的名詞──**品質保證** (Quality Assurance，簡記QA) 也一併說明一下。QA 是生產者為了保證充分滿足消費者之品質要求所進行之一連串有系統的活動，包括:

---

❷ I define "Statistical quality control" as "that part of the means for establishing and achieving quality specifications, which is based on tools of statistical methods".

(1)保證品質定位之決定。

(2)品質調查與監督。

(3)出廠產品之品質評估。

(4)出廠產品之品質與市場品質之比較。

(5)有關品質問題之各項報告。

品質管制簡史

十八世紀末葉，生產者用機器大量生產，產品的零件間必須保有相當程度之互換性方符經濟利益，因此零件標準化及其衍生之精密度等觀念便漸漸成為生產者所注意。1840 年已有 Go-Gauge 之單側界限的觀念，它是以一個**閾值 (Threshold)** 將零件劃分成合格與不合格兩類，1870年更由此發展出 Go-Nogo-Gauge 的雙側界限觀念，為近代公差觀念之濫觴，至此如何設定一個符合經濟效益之公差界限已漸漸成為大家關注之課題。

1916 年美國C. N. Frazee 設計了**作業特性曲線 (Operating Characteristic Curve，簡記OC 曲線)**，OC 曲線是批中樣本不良率與允收機率之所有可能組合所形成之軌跡，1924 年美國**貝爾實驗室 (Bell Telephone Laboratory)** 之 Walter Shewhart 發展出**管制圖 (Control Chart)**，透過管制圖我們得以用目視的方法探知批中品質狀況（如不良率），1939 年他與弟子Edward Deming 合著了一本世界上最早的品管書籍*Statistical Method from the View point of Quality Control*，他們在這本書中揭櫫了「品質是製造出來的而非檢驗出來的」，以及在製程中應用簡明的統計方法，才是防止品質下滑之良策，SQC 是達成品質目標之最經濟而有效的方法。

抽樣檢驗的觀念早於二〇年代即已萌芽，Harold F. Dodge 與 Harry G. Domig 是這個領域的先驅者，他們的研究奠定這方面之理論與應用之基礎，五〇年代統計學術突飛猛進，A. Wald 之**逐次抽樣法 (Sequential**

Sampling Technique) 更大大地豐富了抽樣檢驗之視野與技術。

1946 年**美國品管學會** (American Society of Quality Control, 簡記 ASQC) 成立, 其出版之刊物、會議、訓練對品管學術與應用之提升與推廣貢獻極鉅。

日本科技連 (Japanese Union of Scientists and Engineers, 簡記JUSE) 為了協助日本企業提升產品品質水準, 於 1950 年邀請 Deming 到日本傳授 SQC, 激起了日本之品管熱, 1951 年日本設置了 Deming 獎, 以表彰對 QC 之研究或推廣有貢獻之廠商。1954 年 J. M. Juran 也相繼到日本講授品質管制, 他強調管理者應有之品質責任。1966 年 Juran 將日本**品管圈** (Quality Control Circle, 簡記QCC) 介紹世人, 至此世界才開始正視日本品管之成就與作法。

六〇年代初期, A. V. Feigenbaum 提出了**全面品管** (TQC) 的觀念, 主張 QC 必須結合企業各部門在品質維護及改善所形成有效的品質系統, 才能在最符合經濟的方式下來充分滿足消費者品質上的需求。

在 Deming 與 Juran 之影響下, 日本在五〇年代產生了一位國際級之品管大師——石川馨 (K. Ishikawa), 石川馨創造了**全公司品管** (Company Wide Quality Control, 簡記CWQC)。CWQC 下, 公司從董事會以至各部門員工都應在自己崗位上, 主動積極地做好開發、設計、檢驗、銷售及服務各項工作, 以滿足消費者或使用者之需求並能使他們樂於購買。CWQC 除追求產品或服務的品質外還包括工作之品質, CWQC 之層次也因而由品管提升到全面的經營管理。此外石川馨主張 CWQC 需由下而上之推動 (此與 Feigenbaum 之 TQC 由上而下之拉動截然不同), 以及採用簡單易行之統計技術, **特性要因圖** (Cause and Effect Diagram) 是他除品管圈外之另一重要貢獻, 如同前面提到的幾位大師一樣, 石川馨也很重視員工教育。

P. Crosby 是一位美籍之國際級品管大師, 他早在 1961 年即提出了

零缺點 (Zero Defect, 簡記ZD) 之概念。Crosby 曾任美國 ITT 副總裁主管品管部門, 1979 年離開 ITT 後即自行先後開設了二家品管顧問公司 PCA (Philip Crosby Associates) 及品質學院 (Quality College), 《品質免費》(*Quality is Free*, 1983) 與《不流淚的品管》(*Quality Without Tears*, 1984) 兩本書使他蜚聲國際。他在《品質免費》一書中提出了所謂的 Crosby 品質管理的四個「定理」:

(1)品質是符合標準, 而不是完好。同時嚴格要求第一次就做好。

(2)提升品質之方法是預防而非檢驗。

(3)工作之惟一標準是零缺點 (ZD)。

(4)要以產品不符合標準之代價來衡量品質。

P. Crosby 對統計品管中之允收**品質水準** (Acceptable Quality Level, 簡記AQL) 即持一種相當排斥的看法, 他認為「要靠檢驗來解決品質問題, 無異是將牙膏擠回管中」。

Deming十四點原則

我們可依 Deming 之各場演講中萃取出十四點原則, 不僅勾勒出他對品質之主要想法, 同時也對品管工作者有相當之啟示, 茲摘述如下, 以為本節之結束:

(1)企業要透過創新與資源分配以滿足公司與顧客之長期需求, 而不應只重視短期之獲益能力。

(2)揚棄允收不良率之老舊哲學。

(3)以統計製程管制取代大量檢驗之品管方式。

(4)減少供應商之數目, 採購價格應包括品質在內之整體考量下方具意義, 鼓勵供應商用統計製程管制。

(5)利用統計方法來判別系統錯誤 (佔 85%) 與現場錯誤 (15%) 之根源; 用持續之努力以減少浪費。

(6)對員工實施紮實之工作訓練，這些訓練包括系統之最適化、統計理論、心理學等等。

(7)管理者應採用新的**督導 (Supervision)**與**領導統御 (Leadership)** 以使人們樂於工作進而連續地保證品質、生產力、作業績效以及製程上之改善。

(8)藉由雙向溝通以協助員工認清問題，並掃除員工在作業上之**憂懼 (Fear)**，這些憂懼可能小自努力不受主管注意，到工作上之失敗挫折、經理人員不願接受新的訓練以顯示自己之無知等等。

(9)打破組織與組織以及個人與個人間之隔閡，企業內各部門應合作而非競爭，個別部門之績效應以其對企業整體之貢獻而定。

(10)避免使用空洞之口號、海報及演說。

(11)以勝任的領導來取代**工作標準 (Work Standards)**與**目標管理 (Management by Objective，簡記MBO)**

(12)管理者應讓員工敬業樂群。

(13)應構建一個有活力之教育與再教育計畫，以使員工在物料、工作方法與技術上能齊頭並進。

(14)應建立一個有高階管理之委員會以持續地推動生產力與品質改善之計畫。

16.2　品質成本

1950 年代 Juran 提出**品質成本 (Quality Costs)** 之觀念，這是因產品或服務之品質未達到公司原訂之品質水準所衍生出來的成本，包括檢驗、測試、重工、作廢……等。品質成本不會直接反映在一般會計記錄上，惟據估計，品質成本約佔銷售金額之 15% 至 20% 間，品管大師 Crosby 指出，良好之品質成本應低於銷售金額之 2.5%。品質成本可分為預防成

本、評鑑成本與失敗成本三類:

1.預防成本 (Prevention Cost)

　　預防成本是指企業從設計、製造開始，凡為防止產品不符合規範所花費之所有成本，也就是「**第一次就做對**」(Do It Right First Time) 所花費之所有成本。它包括:

　　(1)品質規劃。

　　(2)產品與製程設計。

　　(3)製程管制。

　　(4)品質資料蒐集與分析。

　　(5)員工之品質訓練。

　　(6)品質制度之建立及維持。

（致力於 ISO 9002 企業，在認證前之所有努力衍生之費用，可歸類為預防成本）

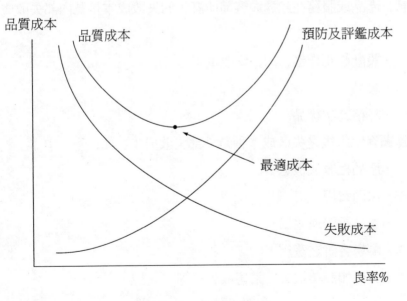

圖 16-2　品質成本圖

2.評鑑成本 (Appraisal Cost)

評鑑成本為產品或服務因規劃及執行評鑑工作所衍生之相關成本，它包括:

(1)進料檢驗和測試。

(2)產品或服務之檢驗、測試。

(3)**破壞性檢驗** (Destructive Testing) 下產品或服務之消耗。

(4)品質稽核費用。

(5)量測設備或儀器之維護和校正。

（致力於 ISO 9000 系列認證之企業，為維持證書有效之有關成本可歸諸評鑑成本）

3.失敗成本 (Failure Costs)

因為產品或服務不符規範所衍生之成本稱為失敗成本，它可分**內部失敗成本** (Internal Failure Costs) 與**外部失敗成本**(External Failure Costs) 兩種；產品或服務在到達顧客前所發生的失敗成本是為內部失敗成本，如:

- 設計修正作業，即，修改重工。

- 廢品。

- 降格為次級品。

到達顧客手中後之失敗成本稱為外部失敗成本。如:

- 產品拒收或被退貨。

- 保固費用。

- 產品訴訟或賠償。

- 調息客訴之費用。

- 其他如商譽損失，銷售減少等等。

Pareto 圖

經驗告訴我們，投資一元在預防和評鑑上，未來可望有十元甚至百元之回報，易言之，預防成本和評鑑成本在投資上具有良好之槓桿作用。由 Pareto 分析可得到產品品質不良之原因，從而得到有效地降低品質成本之途徑。許多學者如 Besterfield 等都認為 Pareto 分析是一種最有效的成本分析工具。在 Pareto 分析裡，我們可看出一項規則，那就是有少數項目的成本佔總成本之大多數，而大多數項目的成本卻佔總成本之少數，故 Juran 特稱這種現象為**重要的少數，瑣細的多數** (Vital Few, Trivial Many)。

柏拉圖 (Pareto Diagram)

義大利經濟學家 V. Pareto 於1897 年研究社會經濟結構時，發現大部份之國民所得都集中在少數人手中，此即有名之 Pareto 法則，至 1907 年美國經濟學家 M.Q. Lorenz 將 Pareto 法則用累積分配曲線來表達是為經濟學上之Lorenz 曲線。Juran 將 Lorenz 曲線引用到品質管制上而稱為 Pareto 圖。

Pareto 圖是依不良項目按發生次數或折算金額 ……之大小順序以直方圖方式由左而右逐項排列，至於次數很少之不良項目則併在「其他」項，放在直方圖之最右邊，最後再繪累積次數分配圖即得。此處之累積次數分配圖有二：一是某項不良率：$某項不良率 = \dfrac{某項不良數}{檢查總數} \times 100\%$；一是某項影響度：$某項影響度 = \dfrac{某項不良數}{不良數總和} \times 100\%$。

例 1　為了了解某廠牌之IC 板經常故障原因，經工程師研究歸納成 A,B,C,D

及其他五種原因，茲隨機抽取 200 片 IC 板發現其中 50 片有缺點，並統計如下：

不良項目	不良次數
A	25
B	10
C	4
D	1
其他	10

試據上述資料做 Pareto 圖。

解：

不良項目	不良次數	不良率	累計不良率	影響度	累積影響度
A	25	12.5%	12.5%	50%	50%
B	10	5.0%	17.5%	20%	70%
C	4	2.0%	19.5%	8%	78%
D	1	0.5%	20.0%	2%	80%
其他	10	5.0%	25.0%	20%	100%
小計	50	25.0%		100%	

現在我們依據上述資料來繪製 Pareto 圖：

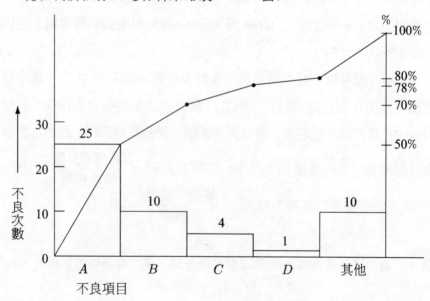

特性要因圖

特性要因圖 (Cause and Effect Diagram, 又稱為 Characteristic Diagram) 這是日本石川馨於 1952 年發明之一種分析製程因果關係圖，故稱為**石川圖** (Ishikawa Diagram)，因其狀似魚骨狀，故又稱為**魚骨圖** (Fish-Bone Diagram)。

特性要因圖是將問題的結果（即特性）與造成該結果之原因（即要因）繪製之類似魚骨的圖形，在繪製時可導循下列步驟：

1.先繪製魚的脊骨：以一條水平線箭頭右方連結一個框框，框內標記問題之特性，這個問題之特性可能來自產品不良率、機器設備故障，客訴……。

2.將大要因列在脊骨之兩旁予以框框後以斜線（約 60%）交於脊骨：這些大要因通常為人員、設備、作業方法、材料以及其它，一般而言，這些斜線應較魚脊骨略細。

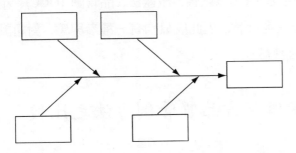

3.將造成大要因之原因而細分為中要因、小要因，並將它們畫在支骨與細骨上，其本上小要因、中要因與大要因彼此有因果關係者應繪在同一枝幹上，同時不論中、小要因，基本上都必須能採取

改善行動者方予以列入。

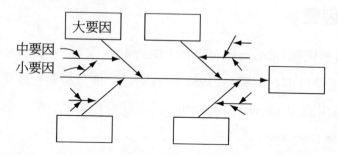

4.將造成特性之重要原因予以畫圖。如此，我們便完成一個要因特
　性圖。

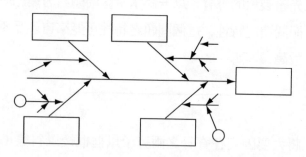

　　特性要因圖除了是一種找出問題癥結之有系統又合乎邏輯的方法，
同時在做特性要因圖時大多以腦力激盪法、品管圖 (QCC)、小組改善活
動 (SGIA) 等方式進行著，因此成員均有一種參與感，對組識和諧、工
作士氣提升均有裨益。

16.3　日本與西方品質管制方法之比較

　　日本與西方品質管制方法是存在一些差異:
⑴西方品管經理以技術性工作為主，在涉及人員訓練與組織制度的問題
　經常無法與高階主管溝通，遑論能得到高階主管的支持，使得品質管
　制活動無法成為公司全面性的工作; 日本企業高階主管均會參與 TQC

活動，TQC 活動涵蓋全公司之人員、組織讓 TQC 成為公司全面性的工作。

(2)西方企業的管理人員與作業人員的關係較差，因此管理人員不易推動改善生產力與品質管制的制度，日本企業的員工在教育程度與社會階層上較為一致，管理人員與作業人員的關係較為單純，有利於全面品管活動之展開。

(3)西方企業只有工程師擁有與品質管制有關的專業知識，其他員工的品質管制相關知識較為缺乏，日本企業則認為品質管制始於訓練終於訓練，因而投入相當大的心力於員工之在職訓練，以使全體員工都能擁有解決個人在工作崗位上所碰到的問題所須具備之必要知識。

石川馨列舉日本 TQC 六大特色，可提供我國有關政府部門與業界之思考方向：

　(1)公司全員參與。

　(2)教育訓練。

　(3)實施品管圈 (QCC) 活動。

　(4) TQC 的獎勵與監督。

　(5)應用統計方法。

　(6)全國性的推廣。

16.4　允收抽驗

生產者為確保其產品或服務能符合適用性，因此在生產前對進料、生產中對在製品 (WIP)，以及生產後對產品或服務進行檢驗。檢驗之目的在判定貨批為拒收或允收。一般而言，企業對進料檢驗之態度有(1)不經檢驗即予接受(2) 100% 檢驗及(3)允收抽驗三種方式，除非賣方製程很好幾乎找不到不良品，或買方緊急採購無暇去找不良品時得不待檢驗即

予接受，或因對零件要求特別嚴格，無法接受任何一個不良零件時採用 100% 檢驗外，大多數情形是採允收抽驗。為了因應檢驗所進行之抽樣，我們稱之為**允收抽驗** (Acceptance Sampling)。企業之所以進行允收抽驗之理由大致可歸納為以下幾點：

· 當測試之對象具有破壞性之特質（如電燈泡之使用壽命）。
· 因成本特別高或技術、時間不許可而無法進行 100% 檢驗。
· 在沒有自動化檢驗下，人工 100% 檢驗會因作業疲乏等原因可能會使得不良品通過之比率比允收抽驗為高。

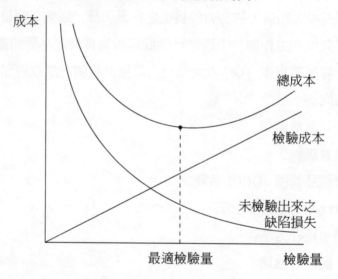

圖 16-3 檢驗成本圖

允收抽驗之優點與缺點

與 100% 全驗相較下，允收抽驗有以下之優缺點：

1.**優點**

· 抽驗之次數較少，在人力、物力、時間上較為經濟。
· 可應用於破壞性檢驗。
· 可以降低檢驗之錯誤。

· 抽驗移動較少，可減少產品（或在製品 (WIP)）搬運上之損壞。
· 貨批判定拒收時，是採整批拒收而非僅退回不良品，故可強化供
　應商改善品質之動機與意願。

2.缺點

· 有接受不良貨批與拒絕可接受貨批之風險，因此無法確保貨批能
　符合規格。
· 能擷取產品之攸關資訊較少。
· 需對允收抽驗之計劃與紀錄製成文件（100% 全驗則通常不需這
　些計畫與文件）。

計數值之一次抽驗計畫(Single Sampling Plan for Attributes)

　　在一次抽驗計畫中，我們從批量中抽取 k 個樣本，若樣本不良品數
d 超過 n 則判定該批量為拒收批量，若 d 小於 n 則判定該批量為允收
批量。下圖即是一個典型的一次抽驗計畫流程圖。

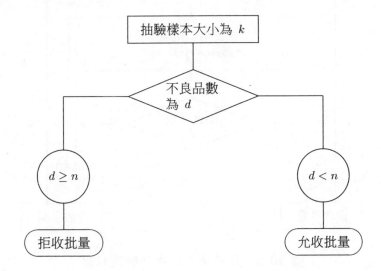

圖 16-4　計數值之一次抽驗流程圖

計數值之二次抽驗計畫 (Double Sampling Plan for Attributes)

在計數值二次抽驗計畫中，我們先從批量中抽取 k_1 個樣本，不良品數為 d_1：$m_1 < d_1$ 時判定為允收，$d_1 \geq n_1$ 時為拒收，若 $n_1 > d_1 \geq m_1$ 則需第二次抽驗：在第二次抽驗中有不良品數 d_2 則

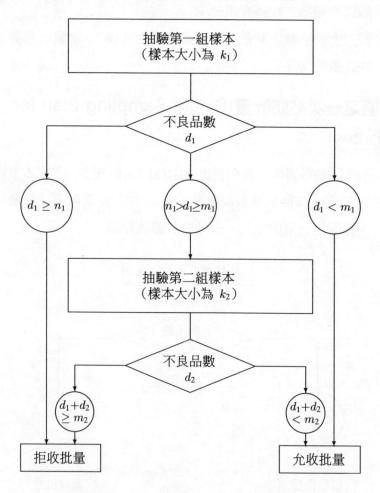

圖 16-5　計數值之二次抽驗流程圖

(1) $d_1 + d_2 < m_2$ 判定為允收。

(2) $d_1 + d_2 \geq m_2$ 判定為拒收, 這種抽驗計畫稱為計數值二次抽驗計畫。圖 16–5 為典型之計數值二次抽驗計畫流程圖。

在統計學裡, 我們知道二個重要名詞——**母體 (Population)** 與**樣本 (Sample)**; 母體是具有某種共同特性之觀測值所成之集合, 而樣本為依某種法則對母體進行抽樣所得之母體的部份集合。我們也知道母體可分無限母體或有限母體二種。統計品質管制 (SQC) 則因處理對象——製程抑或**批次 (Lot)**——不同而對母體認定有所不同:

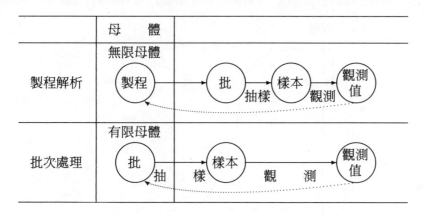

圖 16–6　根據 JIS Z8101 製程與批次之比較
(製程解析與批次處理下母體、樣本與觀測值之比較, 請特別注意到二者中「批」之角色)

此外, 當我們在進行抽驗時, 必須把持住以下幾個觀念:

(1) 我們進行抽驗之目的, 在於判定批是允收抑為拒收, 而非估計批之品質。這與統計抽樣之目的在於以抽樣值來估計母體**母數 (Parameter)** 或母體本身是迥不相同的, 因此, 我們不宜用抽驗所得之結果來估計批之品質。

(2) 因為抽驗之功能只在於決定允收或拒收批之貨品, 而無法提供任

何形式之品質管制，同時抽驗結果判定為允收的貨批，仍有比被拒收貨批之品質為差的可能。

(3)抽驗之最大功能不在於檢驗品質而是做為一個查核工具，旨在確保製程之產品符合要求。

作業特性曲線

作業特性曲線 (Operating Characteristic Curve，簡記OC 曲線) 是在一給定之抽驗計畫下，產品之不良率與對應之允收機率將形成許多不同之組合，將這些組合點連成一連續之平滑曲線，這條曲線即為 OC 曲線。

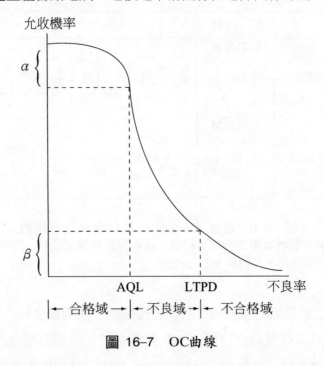

圖 16-7　OC曲線

上圖即為一個典型之 OC 曲線，在 OC 曲線中有以下四個重要要素：

1.拒收水準 (Lot Tolerance Percent Defective，簡記LTPD)

它表示批之不良率在某個給定之百分率以上即不被允收，這個百分率稱為拒收水準 (LTPD)。

2.允收品質水準 (AQL)

批之不良率能被允收之最大範圍稱為允收品質水準 (AQL)，若 c 表不良品個數，則 $AQL = \{x|x \le c\}$，若 ξ 為不良率 p 之上限則 $AOQ = \{p|p \le \xi\}$，這類似統計假設檢定之接受域。

3.生產者風險 (Producer's Risk，以 α 表之)

批之實際不良率在 AQL 以內，但因抽樣之樣本不良率在 AQL 以外，以致該批產品被拒收，這種情況發生之機率稱為生產者風險。生產者風險相當於統計檢定理論中之**型 I 偏誤** (Type I Error)，α 通常為 5%。

4.消費者風險 (Consumer's Risk，以 β 表之)

批之實際不良率在 AQL 以外，但因抽樣之樣本不良率在 AQL 以內，以致該批產品被允收，這種情況發生之機率稱為消費者風險，消費者風險相當於統計檢定理論中之**型 II 偏誤** (Type II Error)。β 通常為 10%。

OC 曲線的繪製

OC 曲線通常是由左上方向右下方延伸之一條連續平滑曲線，批之不良率通常是一個很小的數，因此常用 Poisson 分配來進行擬合。Poisson 分配之機率可由查表得出。❸

例 2　在 $N = 6000$ 之批量中抽出 $n = 100$ 個樣本以進行抽驗，規定不良品在 4 個及其以下時才被允收，試繪製 OC 曲線。

---

❸　Poisson 分配之機率密度函數為

$$P(X = d) = \frac{\lambda^d}{d!} e^{-\lambda} \qquad d = 0, 1, 2, \cdots, \ \lambda = np$$

n 為樣本大小 (Sample Size)，p 為不良率，d 為不良品數。

解: $\dfrac{n}{N} = \dfrac{100}{6,000} = 0.02 < 0.05$

$c = 4 \therefore AQL = \{x | x \le 4\}$,

由附錄二 Poisson 分配表，查表可得：

p	$\lambda = np$	$P(X \le 4 | n, p)$
0.00	$100 \times 0 \quad = 0$	1.000
0.01	$100 \times 0.01 = 1$	0.996
0.02	$100 \times 0.02 = 2$	0.947
0.03	$100 \times 0.03 = 3$	0.815
0.04	$100 \times 0.04 = 4$	0.629
0.05	$100 \times 0.05 = 5$	0.441
0.06	$100 \times 0.06 = 6$	0.285
0.07	$100 \times 0.07 = 7$	0.173
0.08	$100 \times 0.08 = 8$	0.100
0.09	$100 \times 0.09 = 9$	0.055

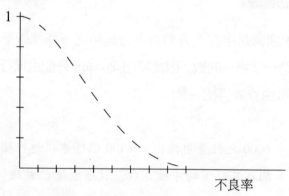

允收機率

不良率

圖 16-8 例 2 之 *OC* 曲線圖

★理想的 OC 曲線

OC 曲線可用做評定一抽驗計畫之有效性，當 OC 曲線斜率愈大（即曲線愈陡峭）鑑別力也就愈大，圖 16-8 是一個理想之 OC 曲線。

在圖 16-9 中，抽驗結果與整批檢查結果相同，因此，它沒有生產者風險與消費者風險。

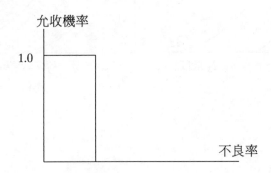

圖 16-9　理想之 OC 曲線

現在我們將用 OC 曲線愈陡峭，則鑑別力愈大之觀念，來推論批量大小 (N)、樣本大小 (n)、**允收數 (Acceptance Number)** k 與 OC 曲線鑑別力之關係：

(1) N, k 一定時，n 愈大則圖形也變得愈陡峭，OC 曲線之鑑別力愈大（如圖 16-9(a)）。在該圖中三條 OC 曲線 I_1, I_2, I_3，I_3 之樣本大小 n_3 最大，其圖形也最陡。

(2) 當 N, n 一定時，k 愈小則圖形變得愈陡峭，OC 曲線之鑑別力愈大（如圖 16-9(b)）。在該圖中三條 OC 曲線 I_1, I_2, I_3 中，I_3 之允收數最小，因此其圖形也最陡峭。

(3) n, k 一定時，N 愈小則圖形變得愈陡峭，OC 曲線之鑑別力愈大

（如圖 16-9(c)）。在該圖中三條 OC 曲線 I_1, I_2, I_3，其中 I_3 之 N 最小，故其圖形也最陡峭。

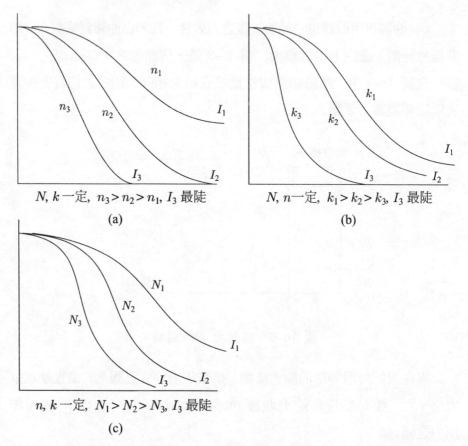

N, k 一定, $n_3 > n_2 > n_1$, I_3 最陡

(a)

N, n 一定, $k_1 > k_2 > k_3$, I_3 最陡

(b)

n, k 一定, $N_1 > N_2 > N_3$, I_3 最陡

(c)

圖 16-10　OC 曲線之鑑別力

（N, n, k 之大小與 OC 曲線陡峭度之關係。讀者在看圖時應思考：OC 曲線之陡峭度與鑑別力間之關係。）

16.5　管制圖

品質問題源自**變異** (Variation)，因為變異使得生產者無法製造出二個完全相同的產品，兩個產品如果有相同之測量值，這是囿於測量儀器之

精密度限制所致，如果有了更精密的量測儀器，便可偵測出它們間仍有變異存在。變異的原因可能來自設備、物料、作業環境、作業員等因素。產品在製程上之變異原因可分為**隨機變異** (Chance Variation 或Random Variation) 與**可歸因變異** (Assignable Variation) 兩大類:

1.隨機變異

隨機變異可能來自進料內之固有變異、機器震動、作業員作業時不可避免之變異，隨機變異之個別差異對製程影響都很小，但要降低或消除它卻是極為困難而不經濟的。基本上，隨機變異通常會服從常態分配，因此製程產出之品質特性除少數偏離平均值外，絕大部份應集中在平均值附近，若製程變異完全是因為隨機變異造成的，我們便稱這個製程在**統計管制內** (In Statistical Control)。

2.可歸因變異

可歸因變異是因為作業人員疏忽、進料品質太差或不符規格、機具故障、能源不穩等偏離正常操作情況所造成之變異，這種變異是可避免的，因此必須對這種變異追查原因，採取矯正措施。

計量值與計數值

在統計品管 (SQC) 中是兩個重要觀念，可分為**計量值**(Attribute) 與**計數值** (Variable)，兩者之區別有如統計學之連續型隨機變數與離散型隨機變數。簡單地說，計量值是針對品質特性的，因此如馬力、溫度、長度、濃度等等具有**連續尺度** (Continuous Scale) 變數所得之觀測值都是計量值，因此，計量值可做如平均數、標準差、全距、中位數等等之進一步之統計運算; 而計數值則因為考慮之對象僅限於觀測對象是合格還是不合格，像缺點數 (c) 等便是屬於計數值，根據計數值資料，可做不良率分析、**連檢定** (Run Test) 等之統計分析。

管制圖

因為有變異存在的關係，使得在圖形分析時會發現到產品之某個品質特性有起起伏伏的現象，在這種情況下，品管人員必須訂定一個管制上、下限來研判何者為異常狀態，以便採取行動，使製程恢復正常，因此**管制圖** (Control Chart) 之繪製便成為品管人員之重要工作。

常用之管制圖大致可分成下列二大類:

1.計量值管制圖 (Variable Control Chart)

$\overline{X} - R$（平均值與全距）管制圖，$\overline{X} - S$（平均值與標準差）管制圖等都是計量值管制圖的例子。

2.計數值管制圖 (Attribute Control chart)

p（不良率）管制圖，pn（不良個數）管制圖，c（缺點數）管制圖與 μ（單位缺點數）管制圖等都是計數值管制圖的例子。

不論是那一類管制圖，其結構都是由(1)**管制上限** (Upper Control Limits，簡記UCL) (2)**管制下限**(Lower Control Limits，簡記LCL) 以及(3)中心線三條平行線所形成，中心線恰在 UCL 及 LCL 中間。將各組之觀測值描點於管制圖，落在 UCL 或 LCL 外側的點稱為**特異點** (Outlier)，品管人員需對特異值發生原因進行調查。有許多人對管制界限與**規格界限** (Specification Limits) 混淆，規格界限是個別產品之品質特性所能容忍之界限，因此它是針對個別產品而設立的，相對地，管制界限是用來評估樣本組間之變異分佈，因此管制界限是對批而設立的，準此，我們不能因為管制圖觀察點皆落在管制界限內而遽稱該批產品均合乎規格界限。

管制圖繪製時，往往採用 Shewhart 氏所創之 3σ 法則，所謂 3σ 法是指以平均數 μ 為中心，上下 3 個標準差 σ 作為管制上下限，即 $UCL = \mu+3\sigma$，$LCL = \mu - 3\sigma$，我們之所以取 $\pm 3\sigma$ 作為界限是基於**常態分配** (Normal

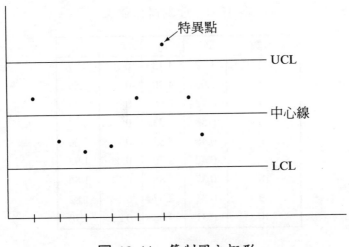

圖 16-11　管制圖之概形

Distribution) 在 $\mu + 3\sigma$ 與 $\mu - 3\sigma$ 間將包含全部數據之 99.7%。若我們將管制上、下限寬放至4σ 則將遭致消費者風險增加，若緊縮至 2σ 則將遭致生產者風險增加。❹ 統計理論告訴我們這兩種過誤只會互為消長，權衡輕重，實務上以取 3σ 作為經濟合理之管制界限。

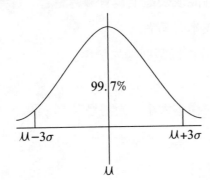

圖 16-12　常態分配 $\mu \pm 3\sigma$ 間將包括 99.7% 之數值點。

---

❹ 管制圖 $\mu \pm 2\sigma$ 有人稱之為警戒界限 (Warning Limits)。

表 16-1　管制圖係數表

樣本數 n	A_2	d_2	D_3	D_4
2	1.88	1.13	0	3.27
3	1.03	1.70	0	2.58
4	0.73	2.06	0	2.28
5	0.58	2.33	0	2.12
6	0.48	2.53	0	2.00
7	0.42	2.70	0.08	1.92
8	0.37	2.85	0.14	1.86
9	0.34	2.97	0.18	1.82
10	0.31	3.08	0.22	1.78

繪製管制圖之一般步驟如下：

1.選取品質特性

品質特性必須可以測量及量化，如何從諸多品質特性中作一選擇？以下可供參考：

⑴對影響產品性能或製造上具有關鍵點之品質特性應優先考慮。

⑵報廢或重工成本高昂者。

⑶進行 Pareto 分析以選擇優先順序。

2.樣本大小

產業上所採用之樣本大小，通常是 4 到5 個。

計量值管制圖

統計學告訴我們欲了解一群數據，可從數據集中程度與分散程度著手，前者可用算術平均數 $\overline{X}$，後者可用變異數 S 或全距 R 來評估，$\overline{X} - S$ 管制圖與 $\overline{X} - R$ 管制圖是兩種最基本也是最常用的管制圖。$\overline{X} - R$ 管制圖之參數是：

$UCL : \overline{\overline{X}} + A_2\overline{R}$

中心線: $\overline{\overline{X}}$

$LCL : \overline{\overline{X}} - A_2\overline{R}$ （A_2值可由表 16.1 查出）

上式 $\overline{\overline{X}}$: 各組平均數之平均數

$\overline{R}$: 各組全距之平均數

例 3 根據下列資料做 $\overline{X} - R$ 管制圖:

樣本別	A	B	C	D
觀	14	14	14	8
	13	9	13	11
測	11	8	10	14
	10	12	13	9
值	12	12	10	8

解:

	A	B	C	D
	14	14	14	8
	13	9	13	11
	11	8	10	14
	10	12	13	9
	12	12	10	8
$\overline{X}$	12	11	12	10
R	4	6	4	6

$$\overline{\overline{X}} = \frac{1}{4}(12 + 11 + 12 + 10) = 11.25$$

$$\overline{R} = \frac{1}{4}(4 + 6 + 4 + 6) = 5$$

$$\therefore UCL_{\overline{X}} = \overline{\overline{X}} + A_2\overline{R}$$

$$= 11.25 + 0.58 \times 5$$

$$= 14.11$$

$$\therefore LCL_{\overline{X}} = \overline{\overline{X}} - A_2\overline{R}$$

$$= 11.25 - 0.58 \times 5$$

$$= 8.35$$

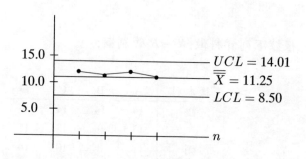

$\overline{X} - S$ 管制圖之繪製方式也和 $\overline{X} - R$ 管制圖相仿, 故不贅述, 在此只列出其重要參數, 以供參考:

$$UCL : \overline{\overline{X}} + Z_{\frac{\alpha}{2}} \frac{S}{\sqrt{n}}$$

中心線: $\overline{\overline{X}}$

$$LCL : \overline{\overline{X}} - Z_{\frac{\alpha}{2}} \frac{S}{\sqrt{n}} \qquad (Z值可查常態分配表)$$

計數值管制圖

常用之計數值管制圖計有 p 管制圖, pn 管制圖, c 管制圖及 μ 管制圖, 在此僅介紹 p 管制圖與 c 管制圖兩種。

1. p 管制圖

p 管制圖為不良率管制圖, 其重要參數

$$不良率 p = \frac{不良品個數}{樣本大小} = \frac{r}{n}$$

(1)每組樣本個數均為 n 時：

$$UCL: \bar{p} + 3\sqrt{\frac{\bar{p}(1-\bar{p})}{n}}$$

中心線： $\bar{p}$

$$LCL: \bar{p} - 3\sqrt{\frac{\bar{p}(1-\bar{p})}{n}}$$

若 $\bar{p} - 3\sqrt{\dfrac{\bar{p}(1-\bar{p})}{n}} < 0$ 時，得令 $LCL = 0$。

上式： $\bar{p} = \dfrac{\Sigma r}{\Sigma n} = \dfrac{不良品個數總和}{樣本個數總和}$。

$\bar{p}$ 之一概似求法是

$$\bar{p} = \frac{\Sigma p}{n} \quad （各組不良率之平均數）$$

例 4　根據下列資料試做 p 管制圖：

樣本別	樣本數 n	不良個數
1	100	2
2	100	3
3	100	1
4	100	4

解：

樣本別	樣本數	不良個數	不良率
1	100	2	0.02
2	100	3	0.03
3	100	1	0.01
4	100	4	0.04
小計	400	10	0.10

$$\bar{p} = \frac{10}{400} = 0.025 \ (\text{或} \ \frac{0.10}{4} = 0.025)$$

$$\sqrt{\frac{\bar{p}(1-\bar{p})}{n}} = \sqrt{\frac{0.025 \times 0.975}{4}} = 0.08$$

$$\therefore UCL: \ \bar{p} + 3\sqrt{\frac{\bar{p}(1-\bar{p})}{n}} = 0.025 + 3 \times 0.08 = 0.265$$

中心線：$\bar{p} = 0.025$

$$LCL: \ \bar{p} - 3\sqrt{\frac{\bar{p}(1-\bar{p})}{n}} = 0.025 - 3 \times 0.8 < 0 \quad \therefore \text{取} \ LCL = 0$$

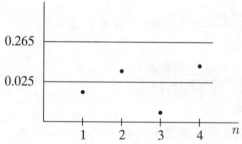

(2)每組樣本均不盡相同時：

每組樣本均不盡相同時，便要逐組計算 UCL 及 LCL，中心線 $\bar{p} = \dfrac{\Sigma r}{\Sigma n}$，

$UCL = \bar{p} + 3\sqrt{\dfrac{\bar{p}(1-\bar{p})}{n_i}}$，$LCL = \bar{p} - 3\sqrt{\dfrac{\bar{p}(1-\bar{p})}{n_i}} \cdot n_i$ 是第 i 組之樣本個數。

例 5　試據下列資料繪製 p 管制圖：

樣本別	樣本數 n	不良個數 np
1	100	2
2	150	3
3	200	2
4	50	1

解：$\bar{p} = \dfrac{8}{500} = 0.016$。因此，我們可算得 UCL，LCL 如下表

樣本別	樣本數 n	不良個數 np	$\bar{p}$	$3\sqrt{\dfrac{\bar{p}(1-\bar{p})}{n_i}}$	UCL	LCL
1	100	2	0.016	0.037	0.053	0
2	150	3	0.016	0.031	0.047	0
3	200	2	0.016	0.027	0.043	0
4	50	1	0.016	0.053	0.069	0
小計	500	8				

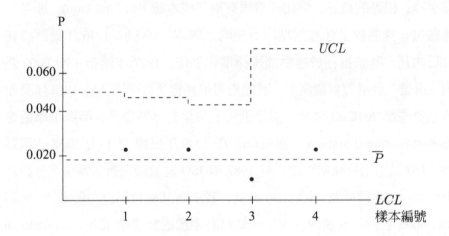

像本例之每次抽驗之樣本大小均不同時須計算各組之 UCL 及 LCL，在解釋上也造成困擾，因此抽驗時每次樣本大小須相同。

2. c 管制圖

c 管制圖是針對缺點數之管制圖，它與 u 管制圖之差異在於後者是每單位之缺點數。c 管制圖多用在樣本大小一定時，而 u 管制圖之樣本大小不必一定相同。

管制圖是由製程中抽樣，以樣本點與管制界限作一比較，若有不正常現象即對製程採取矯正措施。因此管制圖之目的在於調整品質。而前節之抽樣檢驗是在批次中抽樣，以樣本點與檢驗規格作一比較，若落在規格界限外即判定為拒收，因此，其目的在於保證品質。

16.6　ISO 9000

國際標準化組織 (International Organization of Standardization，簡記 ISO) 之英文縮寫為 ISO，大約是取希臘字的一個**字首** (Prefix) ISO，ISO 有平等、相等的意思，例如經濟學有稱**等成本線** (Iso-cost Line)，顧名思義在這一條曲線上任意兩點均有相同之成本。ISO 於 1946 年總部設在於日內瓦，其宗旨在於推動國際標準化工作，1987 年頒布 ISO 9000 系列，這是一種品質保證制度，其歷史可追溯自美國國防部於 1958 年發布的品質標準 MIL–Q–9858，這是世界上最早的品質標準，**英國標準協會** (British Standard Institute，簡記BSI) 在 1979 年根據 MIL–Q–9858 改編為 BS-5750 以適用於商業用途，至 1987 年 ISO 鑑於國際對品質規定分歧乃參照BS–5750 轉換為 ISO 9000 系列，我國商品檢驗局也在民國 78 年將 ISO 9000 系列引進國內，次年即轉訂為**中國國家標準** (Chinese National Standard，簡記CNS) CNS 12680 系列，商品檢驗局在民國 80 年起開放各公民營企業申請 ISO 認證。ISO 9000 系列在美國是 ANSI/ASQC Q90，在歐洲則是EN 29000。

ISO 系列除 ISO 9000 外，還有 ISO14000 及 ISO18000 等二種。茲簡述如下：

ISO 9000 是有關產品或服務之品質管理系統與品質保證系統。

ISO14000 是有關環境影響之管理系統。ISO14000 將在第十七章討論。

ISO18000 是有關安全之管理系統，目前還在草約構想階段，因此本書略之不談。

ISO 9000 的內容包括ISO 9001 (CNS 12681)、ISO 9002 (CNS 12682)、

ISO 9003 (CNS 12683) 及 ISO 9004 (CNS 12684) 等四種:

⑴ISO 9000 及 ISO 9004 為選用 ISO 系列之品質管理與品質保證之指導綱要。1994 年修訂版增列之 ISO 9000 提供了如何修改及選擇 ISO 9001、ISO 9002 或 ISO 9003 品保模式之指導綱要。

⑵ISO 9001 品質系統為設計、開發、生產、安裝與服務之品質保證模式, 它適用於供應商在設計、開發、生產、安裝與服務期間保證產品或服務能符合特定要求。

⑶ISO 9002 品質系統為生產、安裝與服務之品質保證模式, 它適用於供應商在生產、安裝與服務期間保證產品或服務能符合特定要求。與 ISO 9001 相較下, ISO 9002 少了設計、開發兩項。

⑷ISO 9003 品質系統為最終檢驗與測試之品質保證模式, 它適用於供應商藉最終檢驗與測試以保證產品或服務符合特定要求。

⑸ISO 9004 為品質管理與品質系統要項之指導綱要, 它告訴申請者應如何做才符合 ISO 9001-3 之要求, 1994 年新版 ISO 9004-1 則強調流程管理的重要性。

追求 ISO 認證並不是企業唯一的目標, 更重要的是透過 ISO 認證提昇企業品質管理。

16.7　田口方法

田口方法 (Taguchi's Method) 又稱為**品質工程** (Quality Engineering), 為田口玄一 (Genichi Taguchi) 所創, 故名之。田口在日本戰後初期任職日本電話電報公司 (Nippon Telephone and Telegraph Company) 電子通訊實驗室經理, 負責電訊產品開發工作, 服務期間他發展出穩健設計之哲理。統計實驗設計尤其是直交表為穩健設計所不可或缺之工具。

表 16–2 ISO 9001/9002/9003 三項標準適用之品質要項

ISO 9001	ISO 9002	ISO 9003
4.品質系統之要求	4.品質系統之要求	4.品質系統之要求
4.1 管理責任	4.1 管理責任	4.1 管理責任
4.2 品質制度	4.2 品質制度	4.2 品質制度
4.3 合約審查	4.3 合約審查	4.3 合約審查
4.4 設計管制	4.4 設計管制（不適用）	4.4 設計管制（不適用）
4.5 文件與資料管制	4.5 文件與資料管制	4.5 文件與資料管制
4.6 採　　購	4.6 採　　購	4.6 採　　購（不適用）
4.7 客戶供應品之管制	4.7 客戶供應品之管制	4.7 客戶供應品之管制
4.8 產品之鑑別與追溯性	4.8 產品之鑑別與追溯性	4.8 產品之鑑別與追溯性
4.9 製程管制	4.9 製程管制	4.9 製程管制（不適用）
4.10 檢驗與測試	4.10 檢驗與測試	4.10 檢驗與測試
4.11 檢驗、量測與試驗設備之管制	4.11 檢驗、量測與試驗設備之管制	4.11 檢驗、量測與試驗設備之管制
4.12 檢驗與測試狀況	4.12 檢驗與測試狀況	4.12 檢驗與測試狀況
4.13 不合格品之管制	4.13 不合格品之管制	4.13 不合格品之管制
4.14 矯正及預防措施	4.14 矯正及預防措施	4.14 矯正及預防措施
4.15 搬運、儲存、包裝、保存與交貨	4.15 搬運、儲存、包裝、保存與交貨	4.15 搬運、儲存、包裝、保存與交貨
4.16 品質紀錄之管制	4.16 品質紀錄之管制	4.16 品質紀錄之管制
4.17 內部品質稽核	4.17 內部品質稽核	4.17 內部品質稽核
4.18 訓　　練	4.18 訓　　練	4.18 訓　　練
4.19 服　　務	4.19 服　　務	4.19 服　　務（不適用）
4.20 統計技術	4.20 統計技術	4.20 統計技術

品質損失

　　田口從社會損失的觀點來定義品質，他定義品質為「**產品之品質是產品運出後對社會的損失**」(the loss imparted to society from the time the product is shipped)。田口方法對品質定義是以成本形態度量的：產

品之理想品質是每一產品在給定之產品生命期間及使用條件下，消費者使用該產品時都能享有其既定之目標性能，同時又無有害之副作用。但實際上，因產品間均存在有某種程度的差異、使用環境不同以及隨時間之推移而產生劣化現象，使得產品品質偏離理想值（即目標值），造成消費者、廠商乃至整個社會之損失，理想品質下損失為 0，偏離越大損失也越大，品質損失函數有不同之數學函數形態，但其中以**二次損失函數** (Quadratic Loss Function) 最為重要，因為根據實務經驗，這種損失函數在大多數情形下都可有意義地近似地表示品質損失。二次損失函數之數學表示為

$$L(x) = k(x - m)^2$$

上式中　x 為產品之品質特性

m 為 x 之目標值

k 為品質損失係數。

k 是一個常數，通常可由下面方式導出：

若在 $x = m + \Delta$ 或 $m - \Delta$ 之品質損失為 A_0，則由

$$L(x) = k(x - m)^2$$

$$A_0 = k[(m \pm \Delta) - m]^2$$

$$\therefore k = \frac{A_0}{\Delta^2}$$

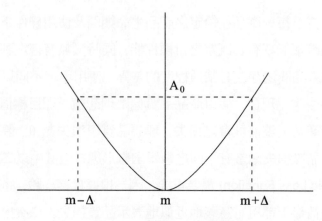

圖 16-13　損失函數圖

我們在計算 n 個產品之平均品質損失 $\overline{L}$，可用

$$\overline{L} = \frac{\Sigma k(x_i - m)^2}{n}$$

$$= \frac{k}{n}\Sigma(x_i - m)^2$$

$$= k[s^2 + (\overline{x} - m)^2], \quad s^2 = \frac{1}{n}\Sigma(x - m)^2$$

例 6　某齒輪 60,000 個之訂單中指定規格為：直徑 15.003 吋，公差為 ±0.003 吋。依過去經驗，這類齒輪在製造上之直徑平均值為 15.006 吋，標準差為 0.0036 吋，同時製造部門估計齒輪在公差上、下限之社會成本為 $9.0。試求：

(a)決定 k 值。

(b)每生產一單位之平均損失。

解: (a)$k = \dfrac{A_0}{\Delta^2} = \dfrac{9.0}{(0.003)^2} = \$1,000,000$

∴品質損失函數為 $L(x) = \$1,000,000(x - m)^2$

(b)$\overline{L} = k[S^2 + (\overline{x} - m)^2]$

$$= \$1,000,000[0.0036^2 + (15.006 - 15.003)^2]$$
$$= \$21.96$$

現在我們再回頭看 $\bar{L} = k[s^2 + (\bar{x} - m)^2]$，這個式子是很有工程意義的: 在 $\bar{L}$ 式中之 $k(\bar{x} - m)^2$ 是表示產品之平均品質特性值與目標值偏差所造成之品質損失，可藉調整製程水平而得以解決，但 ks^2 則較難消除，一般所採用之手法不外乎有:

(1)進行篩選將不良品放棄或重做。

(2)找出變異原因並消除之。

(3)使用穩健設計以降低雜訊因子對產品性能之干擾。

16.8　Malcolm Baldrige 獎

1987 年美國雷根總統簽署了Malcolm Baldrige 國家品質獎 (Malcolm Baldrige National Quality Award)，其目的在於藉推展品質改善和對商品績效卓越之中小企業、大型服務業、大型製造業之表揚，以使得這些得獎企業之成功經驗與作為能激起美國企業實施 TQM 以提升美國企業之全球競爭力。自 1987 年以來許多美國知名之企業如 Motorola (1988)、西屋 (1988)、全錄 (1989)、GM (1990)、IBM (1990)、AT & T (1992)、德州儀器 (1992) 均先後榮獲 Malcolm Baldrige 國家品質獎。

Malcolm Baldrige 國家品質獎之評審項目、評審重點如下:

1.領導 (Leadership)

高階領導經營與社會公眾責任; 配分 95 點。

2.資訊與分析 (Information and Analysis)

數據與資訊的蒐集、分析與應用; 配分 75 點。

3.策略性的品質規劃 (Strategic Quality Planning)

營運與策略性的品質規劃及整合; 配分 60 點。

4.人力資源開發與管理 (H/R Development & Management)

人力資源開發、應用、工作能力、意願培養; 配分 150 點。

5.製程品質管理 (Management of Process Quality)

產品規劃、研究發展、採購、製造、行銷、服務流程品質保證; 配分 140 點。

6.品質與營運成果 (Quality & Operational Results)

產品與服務之營運績效、行政、支援與廠商之營運成果; 配分 180 點。

7.顧客焦點與滿意 (Customer Focus & Satisfication)

顧客需求了解、關係經營、顧客滿意度之評估與結果; 配分 300 點。

我們可由美國國家品質獎之評鑑項目看出, 這些項目都是成功企業應具備之部份特質, 我們知道一個企業要能在高度競爭之市場環境中屹立不搖, 除了這些特質外還需要其它的配合因素, 例如產品規劃、製程改善、前置時間 (LT) 之縮短等等, 更重要的是要有獲利率, 如果沒有足夠的獲利能力而徒有 TQM 仍難協助振興企業體質, 1990 年美國德州 Wallace 公司在 1990 年獲得美國國家品質獎, 仍無助其脫離經營困境, 而於 1992 年宣告破產是為殷鑒。

★ 16.9 電腦輔助品質管制

在本章前幾節我們討論了 QC 之古典領域即 SQC, 在 SQC 存在了以下之缺點:

- SQC 無法做到 100% 的 QC。
- SQC 通常是在加工後才做檢驗, 若發現有不良品時只好重工或報廢。

- SQC 在進行時必須將工件自工具機移往它處，易造成運輸上之損壞，也延誤了工作之進程。
- 傳統之 QC 在檢驗時耗用人力，且易受檢驗人員情緒所影響。

為了解決人工檢驗所衍生之問題，人們必須訴諸**自動化檢驗** (Automated Inspection) 亦即**電腦輔助品質管制** (Computer-aided Quality Control，簡記CAQC)，希望透過 CAQC 能有品質改善、提升生產力及減少前置時間之理想。

在 CAQC 有兩個重要部門，一是自動化檢驗，一是自動化測試，這二個部門必須與大電腦系統整合，否則 CAQC 無法發揮其應有之功能。CAQC 一旦實現後，將可體現以下諸功能：

- 因為 CAQC 能做 100% 檢驗，故它可提高產品之品質。
- 因為 CAQC 之檢驗時間低於傳統檢驗所需之時間，故可提升檢驗工作之生產力。
- 因為 CAQC 之檢驗可在**線上** (On-line) 實施，不會造成工作之瓶頸，故可縮短製造之前置時間。

CAQC 之檢驗方式大概可分(1)**接觸式檢驗方法**(Contact Inspection Method) 與(2)**非接觸式檢驗方法** (Noncontact Inspection Method-optical) 兩種，分述如下：

1.接觸式檢驗方法

接觸式檢驗方法中以**座標量測機** (Coordinate Measuring Machine，簡記CMM) 最為重要，基本上 CMM 是由一個固定工作平臺、暫存位置及一個頭部可移動之探針所組成，其操作方式與 NC 工具機類似，它的程式和座標資料由中央電腦輸入後再將檢驗結果由 CMM 傳送到主電腦，近年來拜資訊科技進步之賜，CMM 已具有如交談式、極坐標和直角坐標之轉換以及工作檯上自動排列工件等功能，與人工檢驗相較下，CMM 之檢驗時間只有人工檢驗之 5～10%，檢驗過程較具一致性以及

可避免生產延遲等優點。

2.非接觸檢驗方法

非接觸檢驗方法，可分為光學式與非光學式兩個系統:

(1)光學系統: 光學系統之非接觸檢驗主要是拜微電子技術與資訊科技 (IT) 在感測訊號處理進步之所賜，其中**機器視覺** (Machine Vision) 是其中最重要的，而且是最令人感到興趣的，這是因為機器視覺 在檢驗過程之生產力與品質都有很顯著的改進。機器視覺是由攝 影機、數位電腦及二者間之界面所組成，藉由攝影機將被檢測之 物體的照片做數位化處理並進行顯像分析，以與貯存於記憶體之 有關該物件模式進行比對，其結果將供進一步行動之依據。

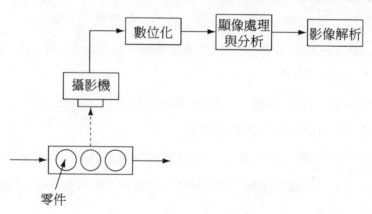

圖 16–14　機器視覺系統

機器視覺因為受囿於電腦之計算速度太慢與記憶容量太少，以及機 器視覺之辨識能力的不足，在技術上仍有改善之空間。目前機器視覺是 **模式辨認** (Pattern Recognition) 之重要工具，在醫學影像處理、機器人作 業之回饋控制系統上都有很重要之應用。

在非接觸檢驗之光學技術上，除了機器視覺外還有**雷射掃描光束裝 置** (Scanning Laser Beam Devices) 與**照相測量法** (Photogrammetry) 等技

術，其中照相測量法在航空工業中量測大型機身之裝配固定情形據說有很好之效果。

(2)非光學式系統：非接觸之檢驗方法除以上介紹之光學系統外，還有非光學系統，包括**電場技術** (Electrical Field Techniques)、**放射線技術** (Radiation Techniques) 與**超音波** (Ultrasonics)：

①電場技術：主要是將待測物體放在電場中，根據探測探針與物體之距離，以檢驗物體之尺寸、位置等。

②放射性技術：主要是利用 X 光放射，藉由物體吸收放射線數量以推算其厚度或其他品質特性，它在鋼鐵業中可測量滾軋後鋼板或鋼條之厚度，或鋼製沖壓容器之焊接部份是否有瑕疵。

③超音波：這主要是利用超過 20,000 Hz 之音波對物件進行檢驗，經由反射回來之波形與電腦內貯存之標準波形進行比較。

與接觸式檢驗相較下，非接觸檢驗因在進行檢測時不需碰及物體，故不會造成機器或物件表面之磨損，此外非接觸檢驗時物件不需定位，故在檢驗時較接觸式檢驗為方便。

作業十六

一、選擇題

（請選擇一個最適當的答案，有關數值計算的題目以最接近的答案為準）

1. （ ）重加工是屬於那一項品質成本？

  (A)預防成本　(B)評鑑成本　(C)內部失敗成本　(D)外部失敗成本

2. （ ）某公司想要監測每100位使用者中有發生抱怨的次數，則應使用那一種管制圖？

  (A) $\overline{X}$-chart　(B) P-chart　(C) C-chart　(D) R-chart

3. （ ）ISO 9000系統中，規定設計、生產、安裝、檢驗及服務的規範為：

  (A) ISO 9001　(B) ISO 9002　(C) ISO 9003　(D) ISO 9004

4. （ ）下列那一個不是石川馨的貢獻？

  (A) TQC　(B) CWQC　(C)特性要因圖　(D) ZD

5. （ ）首先將品質成本分成三種，即失敗成本、鑑定成本及預防成本的是：

  (A)修華特 (W. A. Shewhart)

  (B)道奇及雷敏 (H. F. Dodge and H. G. Romig)

  (C)戴明 (W. E. Deming)

  (D)費根堡 (A. V. Feigenbaum)

6. （ ）品質成本中，那一種成本包括在製品、製成品之稽查成本？

  (A)內部失敗成本　(B)外部失敗成本　(C)鑑定成本　(D)預防成本

7. （ ）ISO 9002 與 ISO 9001 之最大差別在於前者沒有：

  (A)服務　(B)檢驗　(C)製程管制　(D)設計

8. (　) 平常使用警戒管制界限為:

(A)平均數加減三個標準差　(B)平均數加減二個標準差

(C)平均數加減一個標準差　(D)採 0.998 的機率管制界限

9. (　) 工業製品中, 產量龐大不良率很小, 且缺點數趨於常數時, 缺

點發生之機率呈:

(A)超幾何分配　(B)二項分配　(C)常態分配　(D)卜氏分配

10. (　) 下列為四 OC 曲線, 假定 $N = 1000$, $c = 4$, $n = 20, 25, 40, 45$,

問當 $n = 25$ 時對應之 OC 曲線為:

(A) I_1　(B) I_2　(C) I_3　(D) I_4

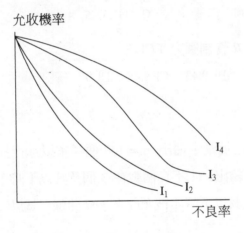

11. (　) 已知群體平均數為 80 及群體標準差為 6, 若每組樣本大小為 4

時, 其管制下限為:

(A) 89　(B) 74　(C) 71　(D) 75.5

12. (　) 僅從事生產、安裝與服務的廠商要申請 ISO 9000 認證時, 宜選

擇:

(A) ISO 9001　(B) ISO 9002　(C) ISO 9003　(D) ISO 9004

13. (　) 全面品質管制的創始人是:

(A)裘蘭 (J. M. Juran)　(B)費根堡 (A. V. Feigenbaum)

　　　　　(C)戴明 (W. E. Deming)　(D)石川馨

14.（　）下列那一個須從事破壞性檢驗？

　　　　　(A)螺絲長度　(B)日光燈管壽命　(C)鋼板之厚度　(D)彈簧之彈性

15.（　）下列那些適用於計數值管制圖？

　　　　　(A)螺絲長度　(B)鋼板之厚度

　　　　　(C)彈簧之彈性　(D)平均每 100 個字打錯字數

16.（　）根據下列資料（有3 組樣本，各有 3 個觀測值）

樣本別	資	料	
A	10	8	6
B	7	3	5
C	6	5	4

　　　　則 $\bar{x} - R$ 管制圖之 LCL=

　　　　(A) 2.57　(B) 9.43　(C) 6.48　(D) 0

二、問答題

1.自 $N = 4000$ 之批量中抽出 $n = 100$ 個樣本以進行抽驗，試分別在一座標紙上分別繪出：(1)不良個數在 3 個及其以下時才被允收及(2)不良個數在 2 個及其以下時才被允收之 OC 曲線，試以二者之圖形說明何者較具鑑別力。

2.請就一門你認為成績最不滿意的學科，用魚骨圖分析成績不滿意的原因及其改進之道。

3.一訂單要採購外徑 2.000 吋，公差為 ± 0.0002 吋之齒輪 4,000 個，依過去製造經驗，這類齒輪之製成平均直徑為 2.050 吋，標準差為 0.009 吋，同時估計齒輪在公差上、下限之社會成本為$5.0。試求：

　(1)損失函數

　(2)每生產一個齒輪之平均損失

　(3)本次訂單之預計損失

第十七章　專案管理

17.1　專　案

專案之意義

專案 (Project) 是集中一群特定份子，在給定之有限工作時間、預算及作業規範等條件下，進行一具有特定目標之工作，俟工作完成後，專案組織即行解散。一般而言，專案大致有以下幾種特質：

- 專案包括許多相關之**作業** (Activities)，這些作業彼此有順序關係。
- 專案有明顯的起訖時間，專案結束後，專案組織即予解散，原來專案組織的人員可能投入另一個專案工作或回到原來作業單位。
- 專案必有一特定目標，這種目標可能是有形的，如一個國外建廠計畫、或導入一項全新的重要生產設備，也可能是無形的，例如建立一套全新的改善企業形象制度。
- 專案必須是前所未曾或極少經驗過而現在必須進行的非重複性工作。
- 專案必須透過有限的資源預算（包括人力、資源、設備等）以達成工作任務。

組織之新產品發展、新建廠規劃、與其它公司之**合資計畫** (Join Venture)、工廠自動化之導入、管理制度如 JIT 系統、TQM 系統、MRP II 系統之引進等等都是需要應用到專案管理之方法。我們以建廠計畫為例，

在這個計畫裡，需要多種人才，包括：財務人才、建廠之工程人才（土木、機電、生產線佈置、設施佈置……等）、製造人才、工業工程人才、法律人才、談判人才、環保人才、行銷人才、甚至公共關係人才。這些人員原本都不屬同一部門，若按傳統之職能式組織運作，便會動輒因部門間之本位主義，再加上作業流程冗長延宕，以及缺乏彈性與機動，而使得專案工作變成滯礙難行。因此有必要將這些專才集合在一個**專案團隊** (Project Team) 裡，透過專案管理之特殊組織結構如**矩陣組織** (Matrix Organization)以及控制技術如**計畫評核術** (Program Evaluation and Review Technique，簡記PERT)及**要徑法** (Critical Path Method，簡記CPM)，以提升專案管理之績效。

專案管理程序

一般而言，組織實施專案管理之程序大致如下：

1.規劃階段

組織高階主管 (CEO) 為因應特殊任務之需要而認為有成立專案之必要時，通常會任命一人擔任**專案經理** (Project Manager)，他不僅是整個專案的核心人物，同時也肩負整個專案成敗之責。專案經理從分析專案之**工作** (Task) 項目作業流程以排訂工作優先順序及進度等等，以確定專案工作範圍、特性以便向職能部門協調遴選或外聘適當人選一直到編列預算、購置設備以及考慮是否需要其他的支援（例如向大學或研究機構尋求協助發展產製所需之 R&D）等等。

2.作業階段

在作業階段內，專案經理必須透過專案團隊中所有成員的群策群力才能完成任務，為了做好一個組織領導者應有的角色，專案經理必須應用領導、協調、激勵以及解決衝突等技巧以贏取團隊人員之向心力以及獲得職能部門之支持與奧援。

3.控制階段

因為專案任務有時間、財務等之圍限，因此專案經理必須利用一些管理技術，將實際進度與預定進度進行比對，Gantt 圖 (Gantt Chart)、PERT、CPM 都是常用之工具，透過電腦軟體使得這些控制工具在應用上更為便捷。

4.評估考核

專案是以達成特定任務為最終目標，因此專案管理在事前、期中及事後之評估考核均至為重要；事前，要審核專案之可行性（包括經濟的、技術的……）以及是否契合組織之政策目標；期中，必須以各種績效衡量標準去了解在執行階段中達成預期目標之程度，以及藉此決定是否需採取必要之矯正措施，旨在確保執行之效率與作業品質，事後，需對整個專案之成果作全面之評鑑，以研判有否偏離目標，若偏離到某一程度時應研究補救措施。

同時組織高階主管 (CEO) 會根據專案之成果做為專案經理與專案團隊人員績效考核之依據，以及為組織爾後類似的專案任務之參考。

專案經理

專案經理是專案的核心人物，他必須為整個專案成敗負責，在執行專案任務過程中經常有許多不可預期的衝突事件，諸如進度落後、計畫修正或是資源重行配置，為了如期完成專案任務，組織必須授權專案經理對其經營之人力、預算、時間排程等都有相當程度的自主權外，專案經理本身也須擁有相關專案知識、談判能力、領導統御等個人人格特質。

既然專案經理所面臨的問題多集中在規劃、排程及對專案任務之掌控上，因此他需要一個明確的規劃邏輯以便對專案作業進行排程以及對專案資源進行取捨分析。為了滿足上述需要，專案經理除了第十五章已討論之 Gantt 圖外，網路規劃之**計畫評核術** (Program Evaluation and Review

Technique，簡記PERT) 及**要徑法** (Critical Path Method，簡記CPM) 應是當今專案經理應用之規劃、控制管理之利器。我們將在 17.3 節作一概述。

17.2　矩陣組織

企業組織

在談到什麼是矩陣組織前，應先了解企業之組織結構。企業為了達成其經營目標，必須執行許許多多的活動，包括生產、財務、行銷、人事、工程、公共關係⋯⋯等等，因此必須將這些活動予以合理的分類並指派人員以行專業分工，這種劃分的過程就是所謂的**部門劃分** (Departmentalization)。**職能別** (Functional)、**產品別** (Product) 與**地區別** (Territoral) 是三種最常見的部門劃分方式，茲分述如下：

1.職能別

職能別是以職能做為部門劃分之基礎，亦即它是以職能為導向建構整個組織型式。

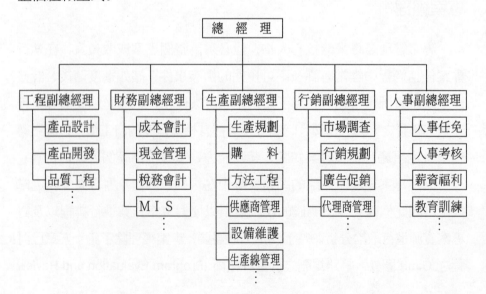

職能別之最大優點是符合專業分工之原則，但也因專業分工過細易形成本位主義與部門間之衝突，同時在這種組織架構下對企業最高主管之養成較為困難。

2.產品別

產品別是以產品或產品線做為部門劃分之依據，以下是一個電腦公司之例子：

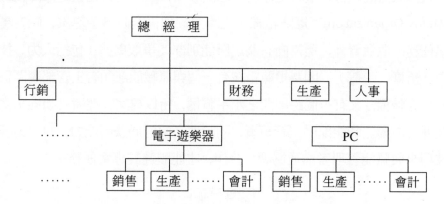

產品別組織之前身可能是職能別組織。職能別組織因為產品或產品線大量擴增造成原來組織無法因應，因此有成立產品事業部之必要。組織對每個產品事業部授以人事、會計、生產、行銷等職權，產品事業部亦負有該事業部之責任利潤。產品別組織的優點在於每個事業部都有其專業化之生產設備進行生產，員工亦可培養出專業技能。它的缺點主要在於人力上之浪費，包括各事業部都配有會計、人事、行銷等管理人力，因此在管理人力上需求較多，同時有部份之作業重複造成管理成本增加。

3.地區別

地區別之組織架構與產品別大致相同，因此產品別與地區別組織之缺點大致相同，地區別之優點主要是便於掌握地域性市場之行銷問題（諸如市場需求、消費特性、廠牌競爭等）而做適宜之調整。

矩陣組織之意義

專案任務目標確定後便需決定專案之組織結構，複雜度不高之小型專案，也許一個**小組** (Team) 或一個**工作特別組** (Task-Force Team) 即可因應，但面臨一個高度複雜或企業未曾經歷之專案時，便需由跨部門專業人員來共同執行，這時便需要一個由專案與職能混合編組之**矩陣組織** (Matrix Organization)。矩陣組織中之專案經理需全時參予專案，除對專案任務成敗負責外，還需向有關之職能別部門爭取奧援（包括人力、技術、預算……等）。因為矩陣組織有一個與原職能部門有主管部屬關係之垂直職權，又有一個跨部門之水平職權，所以專案管理者必須向專案經理及原屬之職能部門主管負責，同時他必須透過談判能力、說服力等技巧來與職能管理者溝通協調、合作，才能順遂其專案任務。

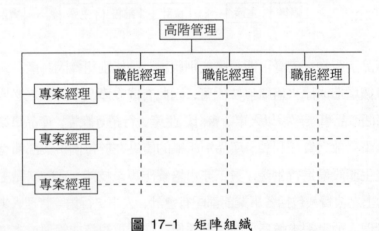

圖 17-1　矩陣組織

矩陣組織之優缺點

美國　DuPont（杜邦）、Bechtel（貝泰）、Citibank（花旗銀行）、Texas Instruments（德州儀器）、Boeing（波音）七〇年代均採行過矩陣

組織，他們認為矩陣組織的最大優點是能使管理快速因應市場與技術需求的變化，但也有一些不可避免的缺點。

1.矩陣組織之優點

- 因為矩陣組織的人力多來自和專案有關的職能部門，因此在作業性質類似或專業知識可共用的專案間，彼此的知識與經驗可互相流用，一些擁有關鍵技術之人員亦可調任至其他專案小組，使得組織內的人力資源得以充分利用；同時專案小組的成員在任務期間不論專業知識或溝通、協調、合作等方面也都可以有學習成長的機會，這對企業未來在人力運用上更具有彈性。

- 專案任務結束小組人員歸建到原來的職能部門後，因在專案小組中有與來自其他職能部門之成員共事之經驗，可使他們在未來工作之溝通協調上更為方便。

- 因為矩陣組織目標明確且設有溝通管道，因此對專案任務之特殊需求、顧客期望或作業環境之變化等等都得以迅速反應。

- 矩陣組織若能排解職能部門間之衝突，則對於複雜而獨立之專案計畫在推動上較為順遂。

- 專案和職能部門間的例行控制和平衡，使得專案的時間、成本與結果間可有較佳的平衡。

2.矩陣組織之缺點

- 矩陣組織內之專案管理者須受專案經理與職能部門主管之雙重節制，違反了指揮統一之原則。

- 矩陣組織須靠群體協調，因而必須經常訴諸群體決策，很容易引起**群體併發症** (Groupitis)，使得專案決策很容易地在爭吵的會議中被打消掉。

- 易使組織重疊甚至過於複雜，而使矩陣組織失去「快速因應市場與技術需求的變化」之優點，甚至成了組織之負擔。

- 因為矩陣組織的雙重指揮的特性，往往會帶給組織管理成本的增加。
- 在公司營運緊縮時，矩陣組織往往是被裁減的對象，這對員工尤其是矩陣組織的成員之士氣造成相當程度的傷害。

《追求卓越》*(In Search of Excellence)* 的作者 Tomas J. Peters 與 Robert H. Waterman 所相中的卓越公司中有些一度採用過矩陣組織但後來卻放棄了。在企業組織精簡之時代潮流下，一些新的組織觀念似乎有凌駕矩陣組織的趨勢。持平而論，企業在進行專案管理不一定是非採行矩陣組織不可，過分渲染矩陣組織固屬不當，但如果適切地採用，它可能會成為有效的管理組織。

17.3 計畫評核術與要徑法

計畫評核術 (PERT) 與要徑法 (CPM) 是在五〇年代各自獨立發展出來的網路分析技術，如今它們都是大型專案計畫中用作規劃、控制與協調之最重要的工具。

PERT 是美國海軍委託Lockheed Aircraft 與 Booz Allen & Hamilton 管理顧問公司合作發展**北極星飛彈計畫** (Polaris Missile Project) 而發展出來的，CPM 是杜邦公司 (DuPont Co.) 與 Remington Rand 公司發展用來計畫、協調化工廠之保養專案，它們在基本想法大致相同，也都是網路分析之一部份。網路分析大致有四個步驟：

(1)首先將整個計畫分解成若干個小項目，亦即所謂之「**工作細目結構**」(Work Breakdown Structure，簡記WBS)。

(2)其次要研究各項目之次序關係。

(3)接著用**節點** (Node)、**箭線** (Arrow) 建構一個網狀圖。

(4)最後計算成本、時間。

WBS 是網路分析之第一步，其重要性自然不言可喻，WBS 在分解過程中需將專案任務細分，這涉及相當多的專業技術，它的步驟大致可分成：

1.根據工作報告書、工程規範、顧客需求（時間、預算、用料等）等資料。對專案需求做出完整之範圍界定。

2.根據工程部門對工序之建議而訂定 WBS 之邏輯步驟。

3.編製 WBS 表。

因為 WBS 涉及相當多對專案深層了解與技術，在此不擬贅述。

作業網路結構

PERT 網路是由**箭線** (Arrow，以→表之)、**節點** (Node，以○表之)及**虛業**(Dummy，以 --→ 表之) 所組成：

1.**節點**

它是一個事件，

(1)它通常表示專案之某一作業之起點或終點。

(2)它不耗用任何時間。

2.**箭線**

它是一個作業，

(1)它是實際耗用時間之工作。

(2)箭線只是表示兩個事件之先後關係，其長短與耗時多少無關。

(3)兩個節點間只能有一個箭線。

3.**虛業**

它僅表示兩個作業之關係，因此虛業之最大特點在於它不耗費任何作業時間。以下即是一個極為簡化之 PERT 圖。

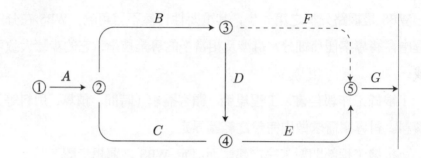

 它表示作業 A 完成後才能進行作業 B,C, 我們稱 A 為 B,C 之**先行作業** (Preceding Activity), B,C 為 A 之**後續作業**(Succeeding Activity)。

它表示作業 A,B 都完成後, 才能進行作業 C,D,E。

它表示作業 B 必須在作業 A 完成後才能進行, 作業 D 必須在作業 C 完成後才能進行。

　　目前本書介紹之網路上作業均以箭線來表示, 我們稱這種表示法為 AOA (Activity on Arrow), 另一種表示法是用節點來表示作業的, 稱為 AON (Activity on Node), 有志者可參考有關 PERT 之書籍, 本書不擬贅述。

　　寬裕時間 (Slack Time) 為路徑時間與要徑時間之差。顯然, 要徑上之寬裕時間即為 0。

　　透過例 1, 我們將可對路徑、路徑長度、要徑、專案完工之期望時間以及寬裕時間等觀念有所了解。

例 1　設一專案網路及其時間資料如左下圖, 計算

(a)每條路徑之長度。

(b)要徑。

(c)專案完工所需之期望時間。

(d)每條路徑之寬裕時間。

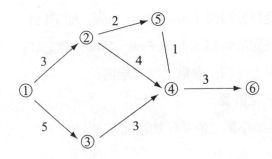

解: (a)本專案網路之可能路徑有三條:

(1) $1 \to 2 \to 5 \to 4 \to 6$: 路徑長度 $= 3 + 2 + 1 + 3 = 9$

(2) $1 \to 2 \to 4 \to 6$　　　: 路徑長度 $= 3 + 4 + 3 = 10$

(3) $1 \to 3 \to 4 \to 6$　　　: 路徑長度 $= 5 + 3 + 3 = 11$

(b)由(a), $\because$ $1 \to 3 \to 4 \to 6$ 之路徑長度最長, 故為要徑。

(c)專案完工所需之期望時間 $=$ 要徑長, $\therefore$由(b)知專案完工所需時間為 11。

(d)每條路徑之寬裕時間分別為:

(1) $1 \to 2 \to 5 \to 4 \to 6$: 寬裕時間 $= 11 - 9 = 2$

(2) $1 \to 2 \to 4 \to 6$　　　: 寬裕時間 $= 11 - 10 = 1$

(3) $1 \to 3 \to 4 \to 6$　　　: 寬裕時間 $= 11 - 11 = 0$

ES/EF/LS/LF

專案網路一旦構建後, 專案規劃者可能會對以下之幾種資料感到興

趣，譬如：專案計畫之要徑是否可縮短？那些作業最早可提前在何時開始？最晚必須在何時完成？這些問題可歸納如下：

(1)**作業最早開始時間** (Earliest Start Time，簡記 ES)

(2)**作業最早完成時間** (Earliest Finish Time，簡記 EF)

(3)**作業最晚開始時間** (Latest Start Time，簡記 LS)

(4)**作業最晚完成時間** (Latest Finish Time，簡記 LF)

我們將說明上述四個參數之演算規則：

1. ES 與 EF 之計算

規則 1： 開始作業之最早開始時間為 0，

即 $ES_0 = 0$

規則 2： 作業 i 之最早完成時間 ＝ 作業 i 之最早開始時間 ＋ 作業i 之預計工作時間長度 t_i，

即 $EF_i = ES_i + t_i$

規則 3： 只有一個箭線進入之節點：現行作業 $i+1$ 之最早開始時間 ＝ 先行作業 i 之最早完成時間，

即 $ES_{i+1} = EF_i$

有多個箭線進入之節點：現行作業 $i+1$ 之最早開始時間 ＝ 所有先行作業之最早完成時間中的最晚者。

上面規則看似複雜，其實它們是很直覺的：因為任何專案之最早開始時間 ES 規定為 0，每個作業之開始時間加上它的預計工作時間自然是它的完成時間，若一個作業只有一個先行作業時，必須等到先行作業完成後才能緊接進行下一次作業，所以在這個情況下，先行作業完成時間便為其後續作業之開始時間。若一作業有好幾個先行作業時，其後續作業必需等到所有先行作業完成時才能緊接著進行，因此，在這種情況下，其先行作業中最晚的 EF 便為後續作業之最早開始時間。

我們將以一個只有 5 個節點之網狀圖說明 ES 與 EF 之計算。

例 2 計算下列網路各作業之 ES 及 EF。

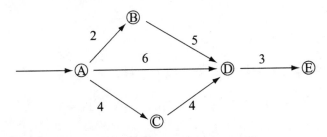

解:

$$ES_{AB} = 0, \ EF_{AB} = ES_{AB} + t_{AB} = 0 + 2 = 2$$

$$ES_{AD} = 0, \ EF_{AD} = ES_{AD} + t_{AD} = 0 + 6 = 6$$

$$ES_{AC} = 0, \ EF_{AC} = ES_{AC} + t_{AC} = 0 + 4 = 4$$

$$ES_{BD} = EF_{AB} = 2, \ EF_{BD} = ES_{BD} + t_{BD} = 2 + 5 = 7$$

$$ES_{CD} = EF_{AC} = 4, \ EF_{CD} = ES_{CD} + t_{CD} = 4 + 4 = 8$$

$$ES_{DE} = \text{Max}\{EF_{BD}, EF_{AD}, EF_{CD}\} = \text{Max}\{7, 6, 8\} = 8$$

$$EF_{DE} = ES_{DE} + t_{DE} = 8 + 3 = 11$$

2. LS 與 LF 之計算

規則 1： 最終作業之最晚完成時間 = 最終作業之最早完成時間，

即 $LF_n = EF_n$

規則 2： 作業 i 之最晚開始時間 = 作業 i 之最晚完成時間 – 作業i

之預計作業時間，

即 $LS_i = LF_i - t_i$

規則 3： 只有一個後續作業時：現行作業 i 之最晚完成時間 = 後續

作業 $i+1$ 之最晚開始時間；

有多個箭線進入一節點時：現行作業 i 之最晚完成時間 =

所有後續作業之最晚開始時間之最早者。

例 3　（承例 2）求 LS 及 LF。

解:　由上例知 $EF_{DE} = 11$。因此 $LF_{DE} = 11$

$$LF_{DE} = 11 \quad \therefore LS_{DE} = LF_{DE} - t_{DE} = 11 - 3 = 8$$

$$LS_{DE} = 8 = LF_{BD} = LF_{AD} = LF_{CD}$$

$$\therefore LS_{BD} = LF_{BD} - t_{BD} = 8 - 5 = 3$$

$$又 \ LS_{BD} = LF_{AB} = 3$$

$$\therefore LS_{AB} = LF_{AB} - t_{AB} = 3 - 2 = 1$$

$$LS_{AD} = LF_{AD} - t_{AD} = 8 - 6 = 2$$

$$LS_{CD} = LF_{CD} - t_{CD} = 8 - 4 = 4$$

$$又 \ LS_{CD} = LF_{AC} = 4$$

$$\therefore LS_{AC} = LF_{AC} - t_{AC} = 4 - 4 = 0$$

寬裕時間 (S) 有兩種等值算法: 一是 $S = LF - EF$, 一是 $S = LS - ES$, 綜合例 2 與例 3, 我們可將 ES, EF, LS, LF 及 S 綜括於下表中:

作業	t	ES	EF	LS	LF	S
$A - B$	2	0	2	1	3	1
$A - D$	6	0	6	2	8	2
$A - C$	4	0	4	0	4	0
$B - D$	5	2	7	3	8	1
$C - D$	4	4	8	4	8	0
$D - E$	3	8	11	8	11	0

由上表作業 $A-C,\ C-D,\ D-E$ 之寬裕時間均為 0，故可知 $A-C-D-E$ 為要徑。

時間估計之隨機模式

在時間估計之隨機模式下，我們假設 PERT 之作業時間是服從 Beta 分配的隨機變數，在此假設下，我們可採用三時估計法來估計每一作業所需之時間（此與 CPM 之作業時間為確定性變數而採單時估計法不同）。PERT 之時間估計之重要參數如下：

　1.**最可能時間** (Most Likely Time，簡記 m)

這是在通常情況下最可能完工的時間。

　2.**樂觀時間** (Optimistic Time，簡記 a)

這是在最順利情況下之完工時間，換言之，它是最快之可能的完工時間。

　3.**悲觀時間** (Pessimistic Time，簡記 b)

這是在最糟情況下之完工時間，換言之，它是最慢之可能的完工時間。

根據 Beta 分配之性質，可推導出第 j 項作業時間之期望完工時間 TE_j 與標準差 σ_j 分別為：

$$TE_j = \frac{1}{6}(a + 4m + b)$$

$$\sigma_j = \frac{1}{6}(b - a)$$

若一路徑上所有作業時間 T_j 均獨立地服從常態分配 $n(TE_j, \sigma_j^2)$，則該路徑上所有作業完工時間之期望值 TE 與變異數 σ^2 分別為：

$$TE = TE_1 + TE_2 + \cdots + TE_n$$

$$\sigma^2 = \sigma_1^2 + \sigma_2^2 + \cdots + \sigma_n^2$$

（讀者可回憶統計學中有這麼一個定理: 若 X, Y 為獨立隨機變數, 則 $E(X+Y) = E(X) + E(Y)$, $Var(X+Y) = Var(X) + Var(Y)$）

有了 T_E 及 σ^2 後, 我們便可由**中央極限定理** (Central Limit Theorem, 簡記CLT) 計算在某特定日數 t 前可完工之機率: $P(X \leq t) = P\left(Z \leq \dfrac{t - T_E}{\sigma} \right)$, 其值可由常態分配表查出。

例 4 假定一專案包括以下四個作業數據, (a)計算各作業完工時間之期望值 TE 與標準差 σ, (b)專案完工時間之期望值與標準差, (c)整個專案在 36 日內完工機率, (d)在 95% 之把握下, 專案完工需多少工作日?

	時間估計		
作業	a	m	b
A	4	7	10
B	2	3.5	8
C	4	10	16
D	3	9	15

解: (a)作業 A 完工時間之期望值 $TE = \dfrac{1}{6}(a+4m+b) = \dfrac{1}{6}(4+4\times7+10) = 7$

作業 A 完工時間之標準差 $\sigma = \dfrac{1}{6}(b-a) = \dfrac{1}{6}(10-4) = 1$

同法可求得其餘作業完工時間之期望值與標準差, 綜合如下:

作業	TE	σ
A	7	1
B	4	1
C	10	2
D	9	2

(b)全部完工時間之期望值為 $TE = 7 + 4 + 10 + 9 = 30$, 標準差為

$$\sigma = \sqrt{\sigma_A^2 + \sigma_B^2 + \sigma_C^2 + \sigma_D^2} = \sqrt{1^2 + 1^2 + 2^2 + 2^2} = \sqrt{10} \doteq 3.16$$

(c)在 36 日內完工之機率為

$$P(X \leq 36) = P\left(\frac{X - 30}{3.16} \leq \frac{36 - 30}{3.16}\right) = P(Z \leq 1.90) = 0.971$$

(d)在 95% 之機率下，工程完工時間對應之 z 值為 $z = \dfrac{x - 30}{3.16} = 1.96$

$\therefore x = 36.19$ 日

★17.4 時間與成本之取捨分析

　　專案作業之時間是在給定之人力、設備、財力等條件下估計出來的，但這些資源條件獲得增強時，往往可縮短專案作業時間。專案之每個作業藉**趕工** (Crash) 可縮短之作業日數以及因而衍生之成本都不盡相同，同時在趕工情況下，固然可降低專案之**間接成本** (Indirect Cost) 但卻會增加**直接成本** (Direct Cost)，因而專案規劃者必須考慮到因趕工縮短時間與所付之代價是否值得，這就是專案管理的**時間成本取捨** (Time-Cost Tradeoffs) 問題，換言之，他必須找出一個趕工之最適點，在那一點上可使得直接專案成本與間接趕工成本之總和為最小。

　　因為縮短非要徑上之作業時間不會影響到整個專案完工時間，因而在進行專案之時間成本取捨分析時必須在要徑上進行，只要趕工所得之利益（如提前完成專案計畫可獲致獎金或避免延期完成被科以罰金等等）大於趕工之成本，或者是趕工增加成本比專案之間接成本小即可進行趕工。❶ 在做趕工－成本分析時，我們通常假設趕工之時間與成本成線性

---

❶ CPM 隨著時間減少而會增加之成本，如加班費、超時工資等等這類的成本稱為直接成本，若隨著時間增加而增加之成本，如監工費等稱為間接成本。這與會計對直接成本、間接成本之說法不同。

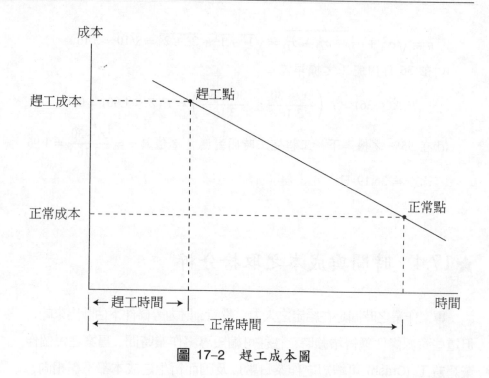

圖 17-2　趕工成本圖

關係。

有了 1.**正常時間**(Normal Time，簡記NT)，2.**正常成本** (Normal Cost，簡記NC)，3.**趕工時間** (Crash Time，簡記 CT)（這是趕工下完工所需時間）及 4.**趕工成本** (Crash Cost，簡記CC) 後，便可進行趕工之成本與時間之取捨分析:

第一步: 計算專案之要徑。（要徑可能不只一條）

第二步: 找出要徑上單位趕工成本最低之作業:

$$單位趕工成本 = \frac{CC - NC}{NT - CT}$$

第三步: 在下列原則下儘量減少作業日數:

　　(a)不得超過最大趕工日數。

　　(b)原路徑仍為要徑。（若有二條及其以上要徑時，需同時

縮短同樣日數）

(c)若考慮有間接成本時，趕工所節省成本不得超過專案之
間接成本。

第四步：反覆第一至三步直至專案趕工所節省成本仍低於專案之間
接成本為止。

例5

作 業	正常時間	趕工時間	正常成本	趕工成本
A – B	5 天	4 天	10,000	11,000
A – C	5 天	3 天	12,000	15,000
B – D	6 天	5 天	8,000	10,000
C – D	5 天	4 天	15,000	16,000
D – E	7 天	5 天	15,000	19,000
			60,000	

試求最低成本下之時間排程。要縮短專案 3 天應如何趕工？

解：

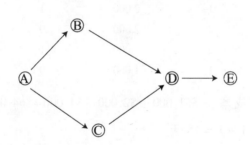

作業	(1) 正常時間 (NT)	(2) 趕工時間 (CT)	(3) 正常成本 (NC)	(4) 趕工成本 (CC)	(5) 最大趕工日數 (5)=(1)-(2)	(6) 每天趕工成本 (6)=[(4)-(3)] ÷ (5)
A – B	5	4	10,000	11,000	1	1,000
A – C	5	3	12,000	14,000	2	1,000
B – D	6	5	8,000	10,000	1	2,000
C – D	5	4	15,000	16,000	1	1,000
D – E	7	5	15,000	19,000	2	2,000
	28		60,000			

迭算 0: 由表知本專案計畫之 $A-B-D-E$ 為要徑, 完工總日
數為 18 天, 完工總成本為$60,000

迭算 1: ($A-B-D-E$ 為要徑)

作　業	可趕工日數	每日趕工成本	擬趕工日數
$A-B$	1	1,000 (最小)	1
$B-D$	1	2,000	0
$D-E$	2	2,000	0

$\therefore$ 專案總成本 $= \$60,000+\$1,000 = \$61,000$, 完工總日數為 $18-1 =$ 17 天

迭算 2: ($A-B-D-E$ 與 $A-C-D-E$ 均為要徑)

作　業	可趕工日數	每日趕工成本	擬趕工日數
$A-B$	0	–	0
$B-D$	1	2,000	1
$D-E$	2	2,000	0
$A-C$	2	1,000	1
$C-D$	1	1,000	0

$\therefore$ 專案總成本 $= \$61,000 + \$2,000 + \$1,000 = \$64,000$, 完工總日數
為 $17-1-1 = 15$ 天

17.5　如何做好專案管理

專案管理成功之關鍵因素

在傳統之功能式組織已不足以因應當下快速變遷與高度競爭之經營
環境下, 專案管理因具有彈性而被視為一項管理利器。一般人談及專案
管理卻往往只聯想到專案管理如 PERT、CPM 等一些排程技術, 但這些

方法只能掌握專案時間或成本上的績效而無法保證專案之必然成功。一個專案是否成功實端賴組織與企業經營環境之相關因素配合之良窳，根據 Pinto 與 Slevin (1987) 之研究，專案管理成功之關鍵因素是：

(1)專案小組的任務與目標清楚而明確。

(2)專案小組能獲得高階主管 (CEO) 之支持以擷取專案成功所必備之資源與職權。

(3)專案小組對任務之作業排程有妥善規劃。

(4)專案小組能與專案有關的人（包括潛在使用者）進行溝通並交換意見。

(5)專案小組之每一個成員均能透過審慎之遴選及訓練，以期能適才適所。

(6)專案小組有取得對執行任務所需之特定技術、人才及專業知識之適當管道。

(7)專案之成果能被最終使用者所接受。

(8)組織在專案執行的每一個階段都能即時提供完整的控制資訊以便監督與反饋。

(9)專案小組有一條能獲得或交換資訊之溝通網路。

(10)專案小組有處理無法預期的危機之能力。

傑出專案小組之特徵

根據《追求卓越》的作者 T. J. Peters 與 R. H. Waterman, Jr. 對 IBM、3M 等一些傑出公司所作之觀察研究，發現到這些公司的專案小組都具有以下的共同特徵，可供我們參考：

(1)專案小組人數不多。

(2)存在期限非常短。

(3)成員通常是志願的。

(4)接受迅速追蹤考核。

(5)沒有幕僚人員。

(6)檔案文件是非正式的，而且通常是少之又少。

作業十七

一、選擇題

(請選擇一個最適當的答案，有關數值計算的題目以最接近的答案為準)

1.（ ）PERT/CPM 適用於下列那一種作業？

(A)大量生產 (B)零工生產 (C)重複性生產 (D)專案生產

2.（ ）某專案包括六項作業（A、B、C、D、E、F），各作業的進行時間、前置作業、後續作業、縮短工期及成本等資料如下表所示。以正常進行時間施工，該專案需幾天完成？

作業	正常進行時間（天）	前置作業	後續作業	可縮短之工作天數	縮短工期之成本（單位：$/天）
A	3	無	B,C	1	100
B	6	A	D	無	無
C	5	A	E	1	120
D	6	B	無	1	40
E	4	C	F	2	50
F	3	E	無	無	無

(A) 12 天 (B) 15 天 (C) 18 天 (D) 27 天

3.（ ）續 2 題，若該專案需縮短總完成天數 1 天，則因縮短工期所增加的成本為：

(A) 40 (B) 50 (C) 90 (D) 100

4.（ ）續 2 題，若不考慮成本因素，則該專案之總完成天數最短可以縮短成為：

(A) 10 天 (B) 14 天 (C) 12 天 (D) 13 天

5.(　) 在單一專案排程網路中，某一作業的期望作業時間為 t，最早開始時間為 c，最遲允許開始時間為 d，最遲允許完成時間為 e，總浮時為多少？

(A) e–d　(B) e–d–t　(C) e–c–t　(D) e–c

6.(　) 某專案以計畫評核術進行分析，該專案其中的一條路徑為 a-b-c，此路徑的三個作業須依序進行，各作業的估計時間資料如下表所示。假設以貝他分配來描述估計時間。則：

路　徑	作業	樂觀時間	悲觀時間	最可能時間
	a	1	3	2
a-b-c	b	2	4	3
	c	3	5	4

(A) b 作業的期望作業時間為2　(B) a 作業的期望作業時間為 4
(C) c 作業的期望作業時間為 5　(D) a-b-c 路徑的總期望作業時間為 9

7.(　) 一般而言，甘特圖適用於：
(A)製程規劃　(B)途程設計　(C)日程安排　(D)設施規劃

8.(　) 設某 PERT 之作業A 可用 Beta 分配來做時間估計，已知樂觀間為悲觀時間的 4 倍，完工之期望時間與標準差分別為 10 天與 2 天，則下列何者有誤？
(A)樂觀完工時間為 4 天
(B)悲觀完工時間為 10 天
(C)可能完工時間為 10 天
(D)悲觀時間 ＞可能時間 ＞樂觀時間

9.(　) 某專案工程包含 7 項作業，其作業時間及前置作業關係如下表所示，則其要徑為何？

作業	作業時間	前置作業
A	3	–
B	6	–
C	2	–
D	5	A
E	2	C
F	7	A
G	4	B,D,E

(A) A–F　(B) A–D–F　(C) B–G　(D) C–E–G

10. (　) 續 9 題，下列那一項作業其寬裕時間最長？

(A) F　(B) D　(C) B　(D) E

請根據下圖作答 11～15，弧上之數字為作業時間

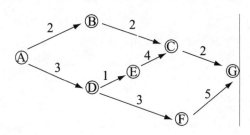

11. (　) 下列那一個 ES 值有誤？

(A) $ES_{AD} = 0$　(B) $ES_{EC} = 5$　(C) $ES_{CG} = 8$　(D) $ES_{FG} = 6$

12. (　) 下列那一個 EF 值有誤？

(A) $EF_{AD} = 3$　(B) $EF_{DE} = 5$　(C) $EF_{CG} = 10$　(D) $EF_{FG} = 11$

13. (　) 下列那一個 LS 值有誤？

(A) $LS_{AB} = 0$　(B) $LS_{AD} = 0$　(C) $LS_{EC} = 5$　(D) $LS_{CG} = 11$

14. (　) 下列那一個 LF 值有誤？

(A) $LF_{BC} = 8$　(B) $LF_{DE} = 5$　(C) $LF_{AB} = 7$　(D) $LF_{FG} = 11$

15. (　) 本專案之要徑是：

(A) A–B–C–G　(B) A–D–E–C–G　(C) A–D–F–G　(D) A–D–C–E–G

16.（　）下列有關要徑的敘述何者有誤？

(A)要徑是網路中最長的路徑

(B)網路之第一個與最後一個作業一定在要徑上

(C)要徑上之長度即為完成專案時間所需之時間

(D)若某一作業之寬裕時間不為 0，則該作業也可能在要徑上

第十八章 維護保養

18.1 維護保養概說

　　企業若要從品質、成本、交期與彈性四方面謀求改善以取得競爭優勢，其先決條件是把生產設備經常保持在正常運作狀態，否則便無法落實前述之改善。以日本電裝公司 (Nippon Denso) 為例，這家以首創**全面生產保養** (Total Productive Maintenance，簡記TPM) 而聞名的日本企業，在導入 JIT 前，先從強化 TQC 著手，為此該公司也曾獲得了日本品質管制之最高榮譽戴明獎，但是他們和其他公司一樣，面臨了因設備故障必須停工待修以及不良品之情形，嚴重威脅了他們的市場競爭優勢，因而大力推動 TPM 並於 1971 年榮獲日本 PM 獎。在日本設備管理界之PM 獎相當於品管界之戴明獎，從此在日本甚至有除非實施 TPM 否則無法獲致PM 獎之趨勢。

　　在勞力市場日趨緊俏，製造業紛紛引進自動化生產設備之際，業者對機器設備之維護莫不投入更大的心力來降低設備之故障率以發揮機具設備能提供之生產力。處於高等製造技術 (AMT) 與自動化之生產環境下，世界級之製造業(WCM) 早已將對機器設備之維護保養納入其生產策略重要之一環，現在我們常說：品質是設計出來的，品質是製造出來的，到未來無人化工廠時代，將是設備決定品質殆無疑義。屆時，設備維護更形重要。

　　什麼是**維護保養** (Maintenance)？日本人稱它為保全，它很貼切地指

出維護保養就是使機器設備處於可正常運作狀態之一切有關作為，包括：清潔、潤滑、試俥、檢驗、調整、更換零件、修理等等。企業進行維護保養之對象除了廠房建築與地面部份外，其餘便是生產設備，這裡所說的生產設備除了直接用於生產之機器外，尚包括運輸設備、動力設備、檢驗儀器、辦公設備及一些公用設施等等。

維護保養的重要性

我國有句古諺：「工欲善其事，必先利其器」，生產設備是「器」的主體，而利就有「維護保養」的意思。生產設備的維護保養之所以重要大約可歸納為以下數端：

1.生產成本方面

生產設備故障時可能會因停機修理而需加班趕工以彌補停機時產量之不足，增加了加班成本同時也造成機器設備之負荷；同時為了不預期之當機，不得不預貯存貨以資因應，造成積壓資金以及引發生產上潛在問題，這些都會造成生產成本增加。

2.產能方面

重要或關鍵之生產設備故障會使生產作業中斷，致無法依計畫進行生產，影響交期及市場供應量，甚至損及競爭力。

3.產品或服務品質方面

生產設備若無法在正常狀況下運作，其產品或服務之品質自然下降，造成客訴，增加產品或服務之失敗成本，影響到公司之商譽。

4.工業安全方面

生產設備故障，有時會釀成嚴重之工安事件，1984 年美國 Union Carbide 公司在印度 Bhopal 之除草殺蟲劑廠發生毒氣外洩造成數以千計居民死亡，即為一例。

5.環保方面

生產設備故障極易引起環保事件，民國 85 年 8 月份中油之煉油廠因油雨、污染頻傳，曾使該公司背負鉅額賠償即為殷鑒。

故障與零故障

本章一開始即反覆地使用「**故障**」(Malfunction) 這個名詞，那麼什麼是故障呢? 故障的英文字是 Malfunction，它是由 Mal與 function 合成的，mal 有罪惡的、錯誤的意思， function 是功能，因此故障有功能偏離之意。**日本工業標準** (Japanese Industrial Standard，簡記JIS)對故障所下的定義是: 設備失去規定機能時謂之故障。依此界說，我們可將設備故障分成以下兩種類型:

1.突發性故障

突發性故障是指設備之某一部份因機能突然喪失而造成整個設備之運作中止，因此本質上它是「機能停止型故障」。當工廠碰到突發性故障時必須停機修理甚至報廢。關鍵性設備之突發性故障往往會使整個生產線停頓，為企業帶來不可預期之損失。

2.漸發性故障

漸發性故障是因為設備逐漸劣化，機能逐漸衰退所致，因此它也稱為「機能下降型故障」。漸發性故障雖不必然會使設備立即停止運作，但仍可能必須停俥待修，造成生產量降低，甚至影響品質水準。生產部門經常會有意無意地漠視這種故障之存在而不思加以改善，經年累月的小修、停機，品質損失成本累積起來使得漸發性故障對企業所造成之損失往往遠大於突發性故障。

日本人稱故障為「人們故意發生的障礙」，意即故障都是人為因素造成的，而非設備自己造成的。組織之每一份子在作業時都要用到設備，工廠現場人員固不在話下，辦公室之白領階級也可能用到打字機、個人

電腦、公文櫃等, 這些設備都是要維護保養的, 如同 CWQC, 維護保養也要全員參加, 其目的即在於全面提升生產力, 所以日本的維護保養早在 1960 年代末期在觀念, 技術即已升級為全面生產保養 (TPM)。

生產設備之所以會有故障, 除了重大缺陷外最主要是因為「潛在缺陷」所致, 這些潛在缺陷包括了灰塵、污穢、磨耗、鬆動、變形、洩露、震動、高溫、腐蝕等等, 它們在短期內還不會影響到正常運作, 但日久即可能會演變成突發性故障。這些潛在缺陷極易為人有意（如惰性、因循苟且等）或無意（如知識不足、經驗不夠等）疏忽, 因此惟有將之顯現並正確地加以復原, 才可達到**零故障** (Zero Defect, 簡記ZD)之目標。

為了達到零故障, 必須貫徹下列五種對策:

1.整備基本條件

整備基本條件有三項, 即設備之清掃、潤滑及上緊螺絲（即追銷）, 這是防止設備老化、消除設備故障的基本。同時也可藉由整備過程中發現潛在缺陷之所在。

2.遵守使用條件

遵守**操作手冊** (Operation Manual) 所提示之機具設備的操作方法、負荷能力、作業環境、保養週期與方式等規定進行操作與維護保養。

3.劣化之復元

劣化之復元包括二個重點:

(1)徹底挖掘劣化之原因並對劣化現象有所預知以防範故障於未然。

(2)用正確之修理方法徹底將劣化部份復元。

4.改善設計上的弱點

若以上三種對策仍無法完全消彌故障時, 便需澈底找出故障原因, 若是出自設計問題, 那我們必須改善設計上的弱點, 包括尺寸, 材質或整個設備之佈置與設計等。

5.提高操作、保養上之技能

　　操作員操作或維護保養不當都會對設備有相當的傷害，為達到零故障之目標，必須對操作部門與維修保養部門人員加以訓練。近廿年來，電子、自動化設備日益普及，人員之操作、保養技能上之培訓更形重要。

18.2　預防保養

　　十八世紀工業革命以降，大量地以機器代替人工之結果，產生了設備維修之問題。早期之維修工作多由操作人員自己負責，隨著工業之發展，設備機具之複雜度增加，設備維護工作時有超過操作人員之能力範圍，遂有專業之維修人員出現，到本世紀初，維修技術已漸臻專業化。

　　在這段時期裡，維修人員都是在設備故障才進行修理，我們稱這種維護保養方式為**事後維修 (Breakdown Maintenance)**，事後維修往往會影響到產品之交期以及品質。三〇年代**流線型生產**(Flow Line Production)方

表 18-1　預防醫學與預防保養之比較

預防醫學	預防保養
・外形觀察→看病人臉色、舌苔、行動等是否正常	・設備外形觀察→外形是否有形變、污垢、漏裂、震動、雜音等
・量體溫→是否有發燒	・溫度監測→設備溫度是否異常
・量血壓→判斷血壓是否合乎標準	・壓力監測→設備壓力是否異常
・驗血、尿→判斷血液、化學成份、細胞等生化項目是否正常	・油液分析→判斷潤滑油脂之品質、成份是否合格、質變等
・病史、診斷紀錄→提供病因、病情之線索，以對症下藥	・維修保養紀錄→由劣化傾向判斷出故障原因與對策

表 18-2　（續表 18-1）

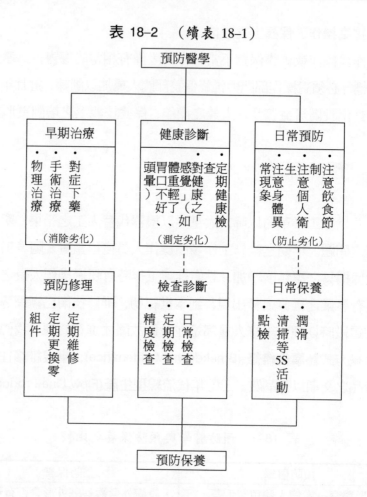

式之出現，生產線上之設備一旦故障便會影響到後製程之生產活動，因此設備維護保養問題益受企業重視，到四〇年代美國已蘊釀了預防保養之觀念與技術。預防保養是對機器設備進行定期性、計畫性的保養及檢查，以防範故障於未然。1951 年預防保養傳到日本，日本人習以預防醫學來比喻預防維修（詳表 18-2）。

預防醫學強調日常生活裡便需注意健康之道（即日常預防），並定期做健康檢查（即健康診斷），一有病癥即行就醫（即早期治療），預

防保養對設備而言也有相似的目標，因此它有以下三個重點：

1.日常保養

機器設備之日常保養項目很多，例如：

⑴**潤滑 (Lubricating)：**即對機器轉動部份加注潤磨油（脂），其目的在減少機器磨損，防止故障，節約能源以及延長壽命等。潤滑機具時需特別注意到所用潤滑油、脂之種類、數量及加注週期等。

⑵**從設備的 5S 做起：**機器設備管理之第一步便需從 5S 做起。5S 即第一章所稱之整理（把要和不要的東西分出來，然後把不要的丟掉）、整頓（把要的東西放在定位上以便隨時取用）、清掃（經常洗掃保持清潔）、清潔（保持整理、整頓、清掃的成果，不要把環境弄亂）、教養（遵守作業場所之各項規定的習慣）。

⑶**點檢：**生產設備之螺絲、螺帽在進行點檢時若發現有鬆脫之現象時，應立即栓緊否則易造成機械震動以及設備之過度磨耗，此外工廠之管線系統亦需時時注意點檢以免因裂隙而有進料或水氣外洩之情事。

2.檢查診斷

檢查診斷之目的在於測定劣化程度，從而預先掌握了維修作業所必須具備之訊息諸如：設備之精度、磨損情況、性能等，並預行排障，以確保設備之正常運作。

3.預防修理

預防修理之目的在於消除劣化。一般工廠多將設備依對生產影響嚴重性或對廠區安全性而區分為 A,B,C 三類，屬於重要設備之A、B 二類採用預防保養，對生產或安全影響不大之設備則歸於 C 類，採事後維修。工廠根據維修記錄以了解設備故障之規律性以及癥兆，再根據**平均失效間隔** (Mean Time Between Failure，簡記MTBF)分析及點檢卡之資料、狀態監測之結果、設備劣化癥兆等可做出維修計畫。

4.改良保養 (Corrective Maintenance)

改良保養之基本構想是改良設備之設計以增加設備之可靠度、降低故障發生之機率或者使設備易於保養。

為了進行改良保養，使用者需將過去故障做成詳實記錄，進行改善提案，以設計出一個不易故障又易於維修保養之設備。

5.保養預防 (Maintenance Prevention)

保養預防之基本構想是將設備之設計達到**免保養** (Maintenance Free) 之目標，因此機器設備在設計階段，即應考慮到機器設備僅需少許甚至不用維護保養之境界。

6.生產保養 (Productive Maintenance)

生產保養是在設備之整個**生命週期成本** (Life Cycle Cost) 之考量上進行的維護保養。它是在設備之生命週期內先行保養預防，再行預防保養，最後才做改良保養，並利用可靠度工程、**維護度工程** (Maintainability Engineering) 與工程經濟等工程管理技術以達到生產之經濟性目標。生產保養在 1954 年由美國奇異公司所倡導，大約在 1960 年傳至日本。

因為預防保養與生產保養都是自美國引入日本，日本人將它們統稱為美式的 PM，而稱全面生產保養(TPM) 為日式之 PM。美式PM 是以維護保養部門為中心的，而全員生產保養 (TPM) 是以品管圈 (QCC) 為基礎，公司全員參予之 PM。我們將在下節詳細討論 TPM。

我們將依產品之生命週期，說明各期故障之原因，及其因應之策略：

1.早期故障時期

機器設備早期之故障多因為設計或製造上瑕疵所致，因此機器設備在啟用時企業都會加強試俥驗收並進行排障以降低故障次數。

2.偶發故障時期

機器設備中期之故障多因偶發性之操作不當所致，因此必須教育訓練操作人員正確操作以及正確維護保養之觀念與技術。

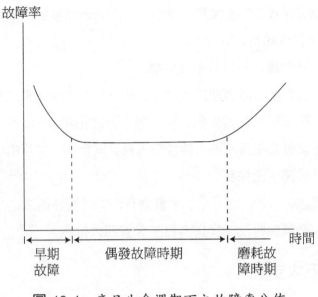

圖 18-1　產品生命週期下之故障率分佈

3.磨耗故障時期

　　機器設備後期之故障多因機械設備耗損及老化所致，因此需由預防保養來延長設備之使用年限，或由改良保養變更設備設計以降低設備之故障率。

18.3　全面生產保養 (TPM)

　　日本自 1951 年自美國引進預防保養後，又先後在 1954 年引進生產保養， 1957 年之改良保養以及 1960 年之保養預防，至 1970 年代起日本企業便逐漸蘊釀出全面生產保養 (TPM) 之觀念與實踐環境。

全面生產保養(TPM)

　　TPM 是 1971 年日本工廠設備保養協會 (JIPM) 所倡導的，它是擷

取美國之預防保養、生產保養，並參酌日本國情而發展出來的一套保養體制。TPM 之含義為：

(1)以提昇設備之綜合效率為目標。

(2)在設備整個生命週期之考量下，建立一個生產保養之整體系統，此系統統括了設備規劃、使用與保養之相關部門。

(3)由企業最高主管到第一線作業人員共同參與，並藉由小集團自主活動展開生產保養。

由上觀之，TPM 之「全」字實含有：(1)經濟性追求，(2)設備效率極大化及(3)全員參與及(4)操作者自主保養四大特色。

TPM 之五大支柱

根據日本工廠設備保養協會輔導工廠之經驗，企業會因行業別、生產方式、設備種類與狀況不同使得 TPM 引入方式有所差別，但大抵上多可應用下列順序來展開 TPM，這就是習稱之 TPM 五大支柱。

1.設備效率化的個別改善

在實施 TPM 初期，由生產技術、維護保養、第一線主管等組成專案小組，利用品質管制 (QC)，工業工程 (IE)，價值工程 (VE) 之手法針對示範設備（這種用做示範的設備多選自關鍵性的設備或慢性損耗而能在短期內獲致改善效果者）進行個別改善，以培養改善技術之能力，然後將此成果擴及各工作場所之設備改善。

2.建立自主保養體制

每一操作者都能學會自主保養之技術，並建立貫徹自己的設備自己保養之想法。

3.建立保養部門的計畫保養體制

當操作部門建立其自主性維護保養體制時，保養部門亦應配合成立計畫保養體制，以使得維護保養作業能更具效率。

4.提升操作與保養技能之訓練

面對機械設備日趨自動化之際，企業應培養操作人員對設備操作與保養之技能。

5.建立設備初期之管理體制

企業取得設備時，應以技術部門或保養部門人員為中心建立起初期之設備維護保養管理體制以達到設備生命週期成本最小以及保養預防設計標準化的目標，在設計安裝階段時，要以保養預防為主，一旦進入作業階段，便應進行改良保養來達到免保養設計之境界，透過保養作業及 MTBF 分析，以使得設備之綜合效率為最大。

TPM 於九〇年代開始推廣到美國、英國、法國、挪威、瑞典、中國等國。我國之中華映管、臺灣山葉、臺灣德州儀器等公司亦相繼引用 TPM。根據日本經驗，實施 TPM 之企業之設備保養費可減少 30%，設備使用率可提升 50%，因為設備故障率、不良率、無謂消耗之全面降低而使得生產效率至少提升 30% 以上。

TPM 與 TQC 之比較

TPM 是一個以品管圈 (QCC) 為基礎下公司全員參加之生產保養，而 QCC 為 TQC 中一個小團體自主活動，因此，我們在此將 TPM 與 TQC 做一比較，當可知彼此實有相輔相成之效果：

1. TPM 與 TQC 相同點

TPM 與 TQC 在目標上都是追求企業體質之改善以提升生產力。

2. TPM 與 TQC 相異點

(1)管理對象：TPM 是以生產系統之投入作為管理對象，因此企業之成員與生產設備是其關注焦點；TQC 是以生產系統之產出作為管理對象，因此產品與服務之品質是為其關注焦點。

(2)手法：TPM 是以設備維護保養之技能為技術中心，TQC 則是以

QC 手法（如 QC 七法等）為技術中心。

(3)小團體活動：TPM 是以自主性的小集團自主活動為主，而 TQC 則尚包括職能別活動。

(4)目標：產品品質之百萬分之一不良率 (PPM) 為TQC 之目的，而 設備故障之澈底排除是 TPM 之主要目標。

TPM 效率之評估

TPM 之實施者會訂立「設備綜合效率」以供自我評估其 TPM 之效 率，其公式為：

$$設備綜合效率(\%) = 時間稼働率(\%) \times 性能稼働率(\%) \times 良品率(\%)$$

在上述公式中有幾個名詞應先予以了解：

$$1.\ 時間稼働率 = \frac{負荷時間 - 停機時間}{負荷時間} = \frac{稼働時間}{負荷時間}$$

這裡的負荷時間是指一天或一個月之工作時間扣除計畫維修或其他 因管理因素而停機之時間後之剩餘時間。停機時間包括故障停機待修、 整備時間、更換刀具、及其他停止所造成之時間損失，負荷時間減去停 機時間即為稼働時間。

例 1　一天工作8 小時，保養時間為 30 分鐘，若某日機器故障修理時 間為 40 分鐘，另外整備時間為 28 分鐘、更換刀具為 12 分鐘、 停機待料時間為 30 分鐘，求該日之時間稼働率。

解：　　負荷時間 = 8 小時 − 30 分 = 450 分

停機時間 = 40 分 (故障修理) + 28 分 (整備)

+ 12 分 (換刀具) + 30 分 (停機待料)

$$= 110 \text{ 分}$$

稼働時間 = 負荷時間 − 停機時間 = 450 分 − 110 分 = 340 分

$$\therefore \text{時間稼働率} = \frac{\text{稼働時間}}{\text{負荷時間}} = \frac{340 \text{ 分}}{450 \text{ 分}} = 75.56\%$$

2. 性能稼働率 $= \dfrac{\text{生產量} \times \text{實際週期時間}}{\text{稼働時間}} \times \dfrac{\text{理論週期時間}}{\text{實際週期時間}}$

$$= \dfrac{\text{生產量} \times \text{理論週期時間}}{\text{稼働時間}}$$

例 2　（承上例）假定該設備之日生產量為 200 單位，理論週期時間為 1.5 分／單位，求性能稼働率。

解：

$$\text{性能稼働率} = \frac{\text{生產量} \times \text{理論週期時間}}{\text{稼働時間}} = \frac{200 \text{ 單位} \times 1.5 \text{ 分／單位}}{340 \text{ 分}}$$

$$= 88.24\%$$

例 3　（承上例）若 200 個單位中有 3 個單位被 QC 部門判定為不良品，根據前二例之結果及本例之資料，求該設備之設備綜合效率。

解：

設備綜合效率 = 時間稼働率 × 性能稼働率 × 良品率

$$= 75.56\% \times 88.24\% \times \frac{200 - 3}{200} \doteqdot 65.67\%$$

在日本，設備綜合效率超過 85% 之廠商方能申請 PM 獎。

18.4　設備之汰換重置

當設備有以下之現象時，企業往往會考慮到設備之汰換重置問題。

1.績效衰退

績效衰退包括：

- 當設備之可靠度與生產力之水準衰退。
- 企業用在設備之維護保養成本、年操作成本 (AOC)過於偏高。
- 產品或半製品 (WIP) 報廢或重工現象嚴重時。

2.設備落伍

若企業之設備落伍而影響到產品品質、生產力，因而必須汰換現有之機器設備。

3.需求代換

當現有機器設備對產品生產之精度、速度等不敷市場需求，或現有之機器設備已不足以因應生產產能之擴充時。

本節以工程經濟常用之「顧問」的觀點來進行機器設備之重置分析。在重置分析中，我們習慣稱考慮要被重置之資產為**防衛者** (Defender)，行將購置之資產稱為**挑戰者** (Challenger)。分析時，要對防衛者之市價重新評估，並以評估之結果作為**主要成本** (Principal Cost)，此外尚需評估防衛者之殘值、使用壽命、年操作成本 (AOC)，然後以此與挑戰者之市價作一比較，等值年金成本 (EUAC) 是最常被用作分析比較之工具之一。

例 4　若有一部機器已使用了 6 年，其預期壽命尚有 9 年，會計部門算出這部機器之 *EUAC* 為\$3,959，現生產部門相中了一種新型機器，其

購置成本為$15,000, 使用年限同為 9 年, 預估殘值為$3,500, 且每年操作成本 (AOC) 為$1,750, 在 MARR=8% 之條件下, 舊有機器是否需被重置? 給定 $(A|P, 8\%, 9) = 0.1601$, $(A|F, 8\%, 9) = 0.0801$。

解:

$$EUAC_D = \$3,959$$

$$EUAC_C = 15,000 \times (A|P, 8\%, 9) - 3,500 \times (A|F, 8\%, 9) + 1,750$$

$$= 15,000 \times 0.1601 - 3,500 \times 0.0801 + 1,750$$

$$= \$3,871$$

因為新機器之 $EUAC = \$3,871$ 較舊機器為低, 故值得汰舊換新。

在上例中挑戰者與防衛者有相同之使用年限, 但更多之情形是兩者使用年限不等, 此時我們通常以較長之使用年限作為規劃年數, 同時假設較短年限之資產在整個規劃年數內均有相同之 EUAC。

例 5 (承例 4) 假設挑戰者之使用年限為 12 年, 其餘資料均不變下, 問決策是否有所改變? 給定 $(A|P, 8\%, 12) = 0.1327$, $(A|F, 8\%, 12) = 0.0527$。

解: 我們以挑戰者之使用年限12 年作為規劃年數則

防衛者之 $EUAC_D = \$3,959$

挑戰者之 $EUAC_C = 15,000 \times (A|P, 8\%, 12) - 3,500(A|F, 8\%, 12) + 1,750$

$$= 15,000 \times 0.1327 - 3,500 \times 0.0527 + 1,750$$

$$= \$3,557$$

因為挑戰者之 EUAC 較小, 故可考慮汰換新設備。

MAPI

　　設備之汰換與重置之經濟分析除了前述之工程經濟方法外還有許多方法，其中包括美國**機器及機器類產品研究及顧問諮詢學會** (The Machinery and Allied Products Institute and Council, 簡記 MAPI) 在 1958 年發展出一種用於機器設備之投資方法，在這個方法裡考慮到(1)淨投資；(2)下年度之**營運收益** (Operating Advantage)；(3)**下年度可避免之資本消耗** (Capital Consumption Avoided)；(4)**下一年度發生之資本消耗**(Capital Consumption Incurred) 以及(5)下一年度所得稅之調整等五個要素。這一部份讀者可參考財務管理方面之書藉。

附錄：　PM 政策分析模式

例 1　設某工廠NC 車床組每年有300 個工作天，其機械故障統計資料如下：

每日故障件數	0	1	2	3	4	5	6次以上	
次　　　數	20	50	100	60	60	10	0	300

每次修理成本平均為$65，若實施 PM 計畫則每日之 PM 成本為 $80，且故障之車床數將降為每天一部。

求(a)採 PM 計畫是否可節省維修費用？

　　(b)若 PM 採外包，且全年之維修預算至少下降 $6,000，則該廠與外包商議訂之每日 PM 成本為何？

解：(a)未採 PM 前之每年維修成本：

∵每日之平均故障次數為

$$0 \times \frac{20}{300} + 1 \times \frac{50}{300} + 2 \times \frac{100}{300} + 3 \times \frac{60}{100} + 4 \times \frac{60}{100} + 5 \times \frac{10}{100}$$

$$= 2.4 \text{ 次／日}$$

∴未採 PM 之每年維修成本=$65／次×2.4 次／日×300 日／年

=$46,800／年

在採 PM 後之每年維修成本之最高值是$80／日×300 日／年+$65／日×300 日／年=$43,500／年，因此每年至少可省 $46,800-$43,500 = $3,300

(b)因每年至少要省$6,000，∴實施 PM 之預算全年不得超過 46,800 - 6,000 = 40,800，設與外包商議定之每日 PM 成本為 c，則 $80／

日×300 日／年+c／日×300 日／年=\$16,800／年∴ c =\$56／日。

PM 政策之另一個基本模式是:

(1)B_1（每一期做一次 PM ）: B_1 為在第 1 期上機器之期望故障次數, 因此 $B_1 = NP_1$

(2)B_2（每二期做一次 PM ）: B_2 為在第2 期止機器之期望故障次數, 它可能的情況是機器在第 1、2 期期望故障次數之和 $N(P_1 + P_2)$ 以及在第 1 期故障之機器修妥後在第 2 期又故障之期望次數 B_1P_1, 故 $B_2 = N(P_1 + P_2) + B_1P_1$

(3)B_3（每三期做一次 PM）: B_3 為在第 3 期止機器之期望故障次數, 它可能的情況是機器在第 1,2,3 期期望故障次數和 $N(P_1 + P_2 + P_3)$, 以及在第 1 期故障之機器修妥後在第 2 期又故障之期望次數 B_1P_2 與在第 2 期故障修妥之機器到第 3 期又故障之期望次數 B_2P_1, 綜上所述 $B_3 = N(P_1 + P_2 + P_3) + B_1P_2 + B_2P_1$

以上之結果可推廣到 B_n 的情況。從而建立了以下之命題:

命題: $B_n = N(P_1 + P_2 + \cdots + P_n) + B_1P_{n-1} + B_2P_{n-2} + \cdots + B_{n-1}P_1, \quad n \geq 1$

在此　N: 機器總數。

P_i: 維修後之第 i 期故障機率; 例如我們在第 5 期進行維修則 P_1 為第6 期故障之機率。

n: 維修之週期長度。

B_i: 第 i 期止機器故障之期望次數。

例 2　某 NC 銑床組內含4 部機械, 每次 PM 之成本為\$1,200, 任一部機械在故障時之修理費（平均）為\$100, PM 後再次故障之月數及其機率如右表所附, 問應多久定期做一次 PM, 能使維修成本

為最小?

PM 後再次發生故障之月數	1	2	3	4
機 率	0.1	0.2	0.2	0.5

解:

$B_1 = NP_1 = 4 \times 0.1 = 0.4$

$B_2 = N(P_1 + P_2) + B_1(P_1) = 4 \times (0.1 + 0.2) + 0.4 \times 0.1 = 1.24$

$B_3 = N(P_1 + P_2 + P_3) + B_2(P_1) + B_1(P_2) = 4 \times (0.1 + 0.2 + 0.2) +$

$\quad 1.24 \times 0.1 + 0.4 \times 0.2 = 2.20$

$B_4 = N(P_1 + P_2 + P_3 + P_4) + B_3(P_1) + B_2(P_2) + B_1(P_3)$

$\quad = 4 \times (0.1 + 0.2 + 0.2 + 0.5) + 2.20 \times 0.1 + 1.24 \times 0.2 +$

$\quad 0.4 \times 0.2 = 4.548$

PM 週期 長度（月）	PM 週期內 期望故障數	每月期望 故障數	每月期望 故障成本	每月分攤 PM 成本	每月維修 總成本
1	0.4	0.4	400	1200	1,600
2	1.24	0.62	620	600	1,220
3	2.20	0.73	730	400	1,130
4	4.548	1.14	1,140	300	1,440

結論: 當 $n = 3$ 時每月維修總成本最少, 因此應每 3 個月定期 PM 一次。

作業十八

一、選擇題

（請選擇一個最適當的答案，有關數值計算的題目以最接近的答案為準）

1.（　）MTBF 是有關何種之統計資料？

(A)產品不良率　(B)平均失效間隔

(C)設備使用壽命　(D)產品使用壽命

2.（　）下列那一種保養制度是日本發展出來的？

(A)預防保養　(B)改良保養　(C)全面生產保養　(D)生產保養

3.（　）那一種保養之基本構想是從改良設備之設計著手以增加設備之

可靠度？

(A) CM　(B) BM　(C) PM　(D) QC

4.（　）那一種保養之基本構想是將設備達到免保養之目標？

(A) CM　(B) MP　(C) PM　(D) BM

5.（　）那一種保養考慮到生命週期成本？

(A) PM　(B) MP　(C) CM　(D) BM

6.（　）設備之早期故障多因為：

(A)操作不當　(B)保養不當　(C)製造設計上之瑕疵　(D)磨耗

7.（　）世界首創TPM 之企業是：

(A)日本豐田汽車公司　(B)日本電裝

(C)美國 AT&T　(D)美國福特汽車公司

8.（　）什麼不是TPM 之特色：

(A)專家之參與　(B)經濟性之追求

(C)全員參加　(D)自主性之小組活動

9. (　) 注重定期性的實施檢查及保養，將機器設備之潛在故障加以消
除，或當該缺點在輕微階段即予以改正，以免擴大其嚴重性而
造成機器設備故障者稱為：

(A)糾正保養　(B)故障保養

(C)預防保養　(D)保養預防

10. (　) 用工程經濟觀點進行設備汰換重置分析時，被重置之資產方面，
那一項不列入考慮？

(A)殘值　(B)使用壽命　(C)年操作成本　(D) MTBF

11. (　) 下列那一個方法可用做設備汰換，重置分析之用？

(A) PW　(B) MAPI　(C) EUAC　(D)以上均是

12. (　) 在實施TPM 初期可用那些手法來改善設備效率？

(A) IE　(B) VE　(C) QC　(D)以上均是

二、問答題

1.寫出下列英文縮寫字之全稱。

(1) ZD　(2) MAPI　(3) MTBF

2.簡要說明如何達到零故障。

3.簡要說明預防保養之意義。

4.試簡要舉出下列保養之特色：

(1)事後維修 (BM)　(2)改良保養 (CM)　(3)保養預防 (MP)　(4)生產保
養 (PM)

5.試說明TPM 之意義以及 TPM 中 Total 之含義。

6.說明 TPM 之五大支柱。

7.一天工作 10 小時，保養時間為 45 分鐘，若某日機器故障修理時間
為 30 分鐘，另外整備時間為 30 分鐘、更換刀具為 20 分鐘、停機待

料時間為 80 分鐘，(1)求該日之時間稼働率。(2)假定該設備之日生產量為 300 單位，理論週期時間為 1.5 分／單位，求性能稼働率。(3)若 300 個單位中有 10 個單位被 QC 部門判定為不良品，求該設備之設備綜合效率。

第十九章 展望

19.1 自動化與生產管理

自動化

　　廣義的說，凡是用動物以外的能源（這包括人類的腦力與體力）來執行人類的工作便稱為**自動化 (Automation)**，往昔人們用風車汲水來灌溉農作物即屬自動化之設計。近二十年來，隨著微電子學、通訊科技與資訊科技 (IT) 之進步，使得自動化科技急遽進步而且應用的範圍更加廣泛，如今電腦、應用軟體程式、**感應器 (Sensor)** 以及控制與通信技術已一躍成為企業自動化的主要硬體設備。從高等製造技術 (AMT) 計算機輔助設計／計算機輔助製造 (CAD/CAM)，生產製造所需之生產技術如群組技術 (GT)、彈性製造系統 (FMS)、NC 工作母機、物料需求規劃 (MRP)、電腦輔助檢驗 (CAT) 到**辦公室自動化 (Office Automation, 簡記 OA)** 等等，這些作業如果沒有電腦便幾乎無法運作。自動化技術不僅取代了一些危險、骯髒、辛苦的所謂 3K 工作中之部份人力，同時也提昇作業生產力及效率、改善品質甚至成為作業中不可或缺的軟硬體設施，更重要的是，自動化結果大大地改變了傳統之企業競爭規則。

　　就歷史而言，十八世紀英國人瓦特 James Watt 發明蒸汽機以後，人類遂開始以機器代替手工，本世紀初葉 Henry Ford 以裝配線方式進行汽車引擎之產製，堪稱是人類第一條自動化生產線，當時人們主要還是

透過凸輪、曲柄及螺桿等專用機械的控制以達到省力的目的，這種自動化又稱為硬體自動化。儘管這種專用機械在換模以及刀具、治具更換上極為耗時，在以往大規模生產時代裡，它還算能發揮其應有的自動化功能。但到了七〇年代盛行之少量多樣的生產環境下，這種生產方式便遭到嚴厲的挑戰，彈性生產方式已蔚為趨勢，復因微電子科技之突飛猛進以及電腦之日益普及，以資訊科技 (IT)，微電子技術來導引、控制生產設備運作的自動化一躍而成為主流地位。一般人因而一談到自動化就不免把電腦化聯想在一起，但兩者並不能畫上等號，事實上自動化之歷史遠早於電腦。

自動化可涵蓋的範圍有：辦公室自動化 (OA)、**工廠自動化** (Factory Automation，簡記FA)、**實驗室自動化** (Laboratory Automation)、**設計自動化** (Design Automation)、以及**服務自動化** (Service Automation)等項，茲簡述如下：

1.辦公室自動化

所謂 OA 是指應用自動化技術如**個人電腦** (Personal Computer，簡記PC) 以及進步的傳輸通訊工具以處理辦公室作業，包括：文書處理與傳送、檔案管理與決策擬訂等，以提昇辦公室生產力。中大型企業在推行 OA 時，通常必須備有**區域網路** (Local Area Network，簡記LAN) 來將辦公室各部門之電腦設施有效地連線，以免各部門之電腦淪為各自為政之窘境。

2.工廠自動化

工廠自動化大致有兩個主軸，一是生產系統自動化，一是管理系統自動化。前者如製造自動化之 CAM、彈性製造系統 (FMS)、搬運自動化之無人導引車 (AGV)、工業機器人 (IR) 以及電腦輔助品質管制 (CAQC)之自動化檢驗設備等等。後者包括電腦整合製造 (CIM)、物料需求規劃 (MRP)、以及管理作業之自動化等等。

自動化作業對提高製造業產品。品質與生產力上均有相當之重要貢獻。

3.實驗室自動化

實驗室自動化也稱之為**儀器自動化** (Instrument Automation)，它是用電腦將實驗數據或觀察結果自動貯存、運算與分析，並自動輸出實驗報告。因此實驗室自動化可使得實驗者將觀察、紀錄實驗數據的時間挪作研究、分析之用，這對提昇實驗分析之內涵、精確度上均極有幫助。

4.設計自動化

設計自動化是利用資訊科技 (IT) 將設計資料轉換為電腦檔案，我們在第四章介紹的電腦輔助設計 (CAD) 是設計自動化最重要的軟體，透過 CAD 我們可以做到幾何成型、工程分析、設計的查驗與評估與自動繪圖四大功能，不僅如此，CAD 還能將零件予以編碼而形成零件族，以為群組技術 (GT) 與彈性製造系統 (FMS) 的基礎。

5.服務自動化

服務自動化是服務業以自動化的設備提供各種有關服務，例如我們曾介紹過的自動櫃員機 (ATM) 就是一個例子，顧客只需在 ATM 即可獨自完成傳統銀行櫃檯人員之提款、轉帳等工作，服務自動化不僅提昇服務之品質、生產力外，亦可因資訊科技 (IT) 等之日新月異而可開發出更多的服務項目，甚至造成某些行業之重大變革，遠距教學即可能對傳統教育有突破性、革命性之改變。

自動化的原因

近代企業之所以實施不同程度自動化之理由以製造業為例，大約可歸納成以下數端:

1.勞工方面

工業先進國家在戰後因為人口出生率降低、人口老化，加以許多製

造業人口移向服務業造成勞工不足之現象，以美國為例，1974 年從事製造業之勞工約佔總勞動力人口之 30%，1986 年便降到 20%，預測在 2000 年更將降到2%，臺灣也有類似情形，尤其是機械、石化、營建等行業，勞動力流失現象更形嚴重，勞動力供需失衡之情形自然造成勞動力成本大增，再加上勞工意識之高漲，權衡自動化帶來之效益及其衍生之成本，許多企業便不得不走向自動化一途了。

2.生產力方面

自動化生產比傳統之生產方式有更高的生產力，這主要是因為自動化生產能降低產品變異性，從而提升了產品品質，此外 CAD/CAM 提高了產品設計階段之生產力。

3.縮短前置時間

處在現在消費者自主意識高漲之高度競爭之市場環境下，不論是電腦軟體、消費性電子產品、汽車、工具機等，往往因為新產品之出現以及對手之反向工程使得原先之新產品竟成昨日之黃花，這種**瘋狂競賽** (Rat Race) 造成產品生命週期 (PLC) 大為縮短，因此如何加速縮短前置時間實乃生產者最重要之課題。而自動化科技或設備卻證明是縮短前置時間之利器。

4.自動化可提昇生產安全性

有許多物料、產品在製造過程中會產生危險，如果適當地採用自動化生產設備將可減少人員之職業傷害。以汽車製造業之噴漆為例，因為噴漆會產生有毒的氣體，甚至致癌物質，噴漆過程之噪音會影響到作業人員聽力，同時噴漆之霧粒也很容易造成火花，如果我們採用自動化設備，例如用工業機器人 (IR) 噴漆，便可避免前述之危險性。

5.自動化可維持產品品質之穩定性

有些電子零組件如**晶圓** (Foundry) 等生產必須藉助自動化設備才能達到精密之品質要求，再如用工業機器人 (IR) 噴漆，因為每次噴漆之

速度、噴料之濃度等均已設定，故噴漆之塗料極為均勻，同時速度也較人工為快，且不易因作業人員之體力、情緒而影響到噴漆之品質。

　　但我們必須注意到：自動化未必是企業競爭優勢之必然條件，除非企業有相當之套配措施。1989 年美國麻省理工學院所作之國際汽車之研究計畫顯示，日本本土自動化程度最低的工廠（全部作業僅 34% 自動化）卻是全世界生產力最高的工廠，而當年歐洲一家位居全球自動化最高的工廠（全部作業 48% 自動化）裝配一輛標準型車種所耗用的作業工時竟比前述的日本工廠高出 70%。

　　因此，企業在引入自動化前，應考量到以下幾個問題：

(1)企業實施自動化的動機是什麼？是因為作業上面臨了瓶頸？還是工作環境有危險、骯髒、辛苦之 3K 特性？這些思考方向都有助於決定有無實施自動化的必要，以及自動化的程度與範圍。

(2)自動化所花費的成本要與企業因自動化所能獲致的利益做**成本效益分析** (Cost/Benefit Analysis)。

(3)考量自動化作業的特性是否能符合市場及顧客需求，產能即是考量之一要點。

　　一旦企業決定引入自動化設備後，應考慮產能及整體上的作業需求來合理化地規劃設置，完成後應制定相關作業制度及員工績效標準。

　　各項設備的連接、界面及傳遞等方面要妥善考量，以免有不相容的情況發生。因此，在規劃整個自動化生產系統時，首先要考量到整體設備的合理化作業。設備之佈置亦應顧及到整個生產流程，以免到時有搬運、移動等浪費之現象。

我國產業自動化之現況

　　自 1982 年經濟部推動「中華民國生產自動化計畫」，以機械、電子電機、塑膠加工、紡織、食品加工為主要對象，翌年復成立自動化服務

團（自動化服務團後併入中國生產力中心），如今自動化之製造環境已漸為國人重視。以工業機器人 (IR) 為例，因為產業自動化之需要日益增加，我國電子、電腦、電機等產業對其使用量也因而大幅增加，民國 84 年（1995 年）國際機器人聯盟統計，該年 25 個會員國共使用工業機器人七萬五千餘臺，其中我國使用了六百三十臺，名列全球第十二名，次年，我國工業機器人使用量則增至六百八十八臺，這些工業機器人主要來自日本廠牌，國際、山葉、富士、安川，亦有部份來自國產，如工研院機械所、程裕、福裕等，我國之電子、汽車、機械業所使用之工業機器人即佔全國工業機器人使用量之 75% 以上。電子業以使用工業機器人在物料搬運、噴漆為主，汽車業則主要用在噴漆、電弧焊與點燃焊接為最多。

我們再看看自動化在服務業界應用之一個例子，邇來國內電腦、電子等產業出口旺盛，為了爭取國際商機，藉助國際快遞輸出產品、零件已蔚為趨勢，業者在將空運貨品送交國際快遞後往往會擔心交寄貨物之下落，這對掌握出口之交期極為重要。一些在臺之國際級快遞公司如 DHL, UPS, FedEx, TNT，自民國 84 年起紛紛推出「網路追蹤系統」，並在網際網路上設站，顧客只需鍵入提單號碼便可查詢到寄交貨品之動向。以 TNT 為例，顧客在鍵入提單號碼後，電腦即自動顯示廿四小時前之一百筆最新資料細目，包括運送時間、轉運地點、收件人收到貨品的時間等等，DHL 除了網際網路外還輔以專人、廿四小時語音以及傳真等三種查詢方式，至於 UPS 還有一套特製之查詢軟體，顧客加裝這種軟體後可與 UPS 之電腦連線，更增加了查詢之便利性。

網路時代

自從甲骨文 (Oracle) 提出**網路電腦** (Network Computer) 的概念後，全球便走入網路化，網路亦取代傳統之軟硬體成為資訊科技之核心。據

估計本世紀末全球網路人口將近兩億，在如此龐大之市場與商機下，網際網路將對未來產業商機產生空前的影響與衝擊自不待言。我國之宏碁、大眾、精業等資訊大廠亦成立了網路事業部門以搶佔此一先機。

美國 Don Tapscott 在其名著 *The Digital Economy* 一書即揭櫫了網際網路對未來產生的影響與衝擊，包括：未來世界之消費者與生產者可以透過網路直接接觸使得兩者間之中介商消失；同時消費者可藉由網路將其意見納入生產者生產系統，而使得消費者成為生產者的一部份，因而模糊了消費者與生產者之角色界線；在知識密集的產業裡，創新對企業之重要性勝過原料（此與 L. Thurow、Peter F. Drucker 等大師想法一致），產業間相互結合發展新產業（**電腦** (Computer)、**通訊** (Communication)與**內容** (Content) 3C 之結合產生了**互動多媒體** (Interactive Multimedia) 即為一例）是未來的最新趨勢；網路之快速延伸下，全球化的腳步更為加快；以上種種造成人們作業組織、工作環境與工作內容均大為改變，**虛擬組織** (Virtual Corporation) 取代了現行之功能性組織、矩陣組織；電子會議取代了現行之面對面的開會方式等等。

對**網路經營者** (Internet Service Provider，簡記ISP) 而言，掌握了獨家資訊就可阻絕競爭者先進入市場的機會，如此就等於掌握了獨家利器。網路之短期商機在於建構銷售管道，最後則在提供高附加價值、完整的資訊。針對目前資訊過於氾濫使得使用者無所適從下，有一種軟體可以根據客戶有興趣之特定議題進行全球網路搜尋、篩選，然後按時傳到客戶的電子信箱。**網路漫遊** (Roaming) 是經由 ISP 間之合作，造成網網相連，如此又將伴有網路傳真、網路電話、電子郵件等等商機。

目前網際網路仍存在一些問題有待突破，這包括：網路保密與安全、與企業現有電腦系統之整合與管理，以及傳輸品質穩定性等問題。

19.2 我國製造業環境及其因應

臺灣在光復初期，除了日據時代遺留之煉油、電廠外，工業幾乎停留在製糖、樟腦等農產加工業，以及紡織等一些民生輕工業，靠著廉價之勞力進行簡單之加工。1966年，政府在臺中、楠梓及高雄三個加工出口區，吸引了許多外資企業前來投資設廠，其中不乏國際級之企業，外商帶來的製造技術與管理方法配合著國人不服輸的精神，為臺灣日後製造業奠定良好的基石。六○年代以後，臺灣廉價勞力優勢漸漸地為東南亞國家以及大陸所取代。1981年新竹科學園區成立後，更將臺灣的製造轉型到高科技產業，新興的 IC 封裝、測試與液晶顯示器也陸續地取代傳統的成衣、家電、製鞋，資訊業與半導體方面已在世界市場上取得相當之優勢，1997年，我國資訊工業產值已超過德國而位居全球第三位，半導體業佔第四位，根據資策會的統計資料，該年我國的掌上型掃描器、機殼、桌上型掃描器、電源供應器、滑鼠、鍵盤、主機板等都佔世界第一位，無怪乎 Intel，當下這個世界半導體領導廠商，董事長 Andy Grove 說如果臺灣電腦廠商停止生產，全球個人電腦產業將走不下去。無可諱言地，臺灣也有許多製造廠商面臨了行銷困境甚至關門，因此我們擬在本節中就我國製造業現行情況，除自動化部份已在前節中說明外，包括兩岸、國際分工、研究發展、智慧財產權、多角化經營、環保等問題逐項說明。

兩岸問題

1978年大陸實施經濟改革後，便挾其豐沛價廉之人力資源以及龐大之內銷市場而吸引大量外資。臺灣因地利而佔大陸外資之首位，近年來

大陸因外資企業帶來大量的資金、製造技術以及管理方法，再配合所謂的「宏觀微控」之經濟政策，使得原本基礎研究即具規模的中國大陸在經濟上便以每年二位數字成長，使她能夠成功地向各先進工業國家進行招商，一些世界級的企業像美商之波音、英特爾、GM 汽車以及臺灣的統一、光陽工業、味全等知名企業均在大陸投資設廠。

臺商在大陸設廠之動機多基於大陸低廉之生產要素成本，因而在策略上是採兩岸垂直分工的方式，即臺灣接單、大陸加工，由臺灣負責產品研發、設計、模具開發以及關鍵性製程等附加價值較高的部份，而將附加價值較低的部份或屬 3K 性之零組件交與大陸工廠。也有的臺商認為一味地由臺灣提供零組件運交大陸工廠施工所能取得之投資效益並不高，而採水平分工的策略，亦即提昇大陸工廠之自製率而以低價在大陸進行內銷。

國際分工

我國的核心競爭力是專業代工（OEM 或 ODM），我國有許多電腦業者在國際分工中一直扮演專業分工的角色，這種角色往往會因國外大廠下單或抽單而大起大落，造成業者極大之不安全感，有時廠商為擴大市場佔有率，除擴大產能外並相繼引發價格戰，利潤低風險大。

目前資訊工業競爭極為激烈，**訂單後生產** (Build to Order，簡記BTO)模式極為盛行，在這個模式下委託代工之國外廠商便將存貨的風險轉嫁給負責生產的臺灣廠商，結果客戶生意好時臺灣加工業者生意就跟著好，但是客戶生意不好時臺灣加工業者就有存貨的壓力，屆時只有降價競爭一途，因此在此情況下，臺灣加工業者除需具有製造能力外，還必須有幫客戶經銷及運籌能力，以延伸臺灣業者的**價值鏈** (Value Chain)。

研究發展

　　研究發展 (R&D) 是企業尤其是製造業改善製程與產品創新的重要途徑之一，國外之世界級企業莫不提撥營業額相當比重的金額來進行此一業務。目前我國正邁向科技島之際，如何取得更高層之技術實屬關鍵。一般而言，我國科技廠商取得技術來源大致有以下幾個方向：

　　⑴自行研發。

　　⑵取得其他公司的授權，這可能是單方授權也可能是交互授權。

　　⑶成立**合資公司** (Joint Venture)，俾由技術來源的一方授權技術進行
　　　研發生產。

　　⑷**買斷**技術。

　　⑸併購公司以取得技術。

因為外國科技公司發展科技所耗用之研發經費極為龐大，因此我國廠商在取得這些專利與智慧財產權時自然要付出極為昂貴的代價，以個人電腦為例，據保守估計在民國 85 年，我國電腦廠商大約付給 IBM 之權利金八千萬美元，付給美國微軟每年 DOS、視窗作業系統之權利金更高達一億美元。

智慧財產權

　　自八○年代全球智慧財產權體系強化以來，擁有大量智慧財產權的企業尤其是美國之大型企業，經常以策略性智慧型訴訟來排除對手、收取權利金、維持研發領先地位。在美國之韓國三星電子公司即於 1998 年控訴我國南亞科技公司竊取其半導體製造技術，1997 年美商普利斯通生物醫藥技術公司以我國廠商侵害其專利「免疫測定裝置及物件」而發生專利糾紛，鑒於高科技產業之創新成果與交易方式日新月異，智慧財

產權涵蓋的範圍亦加廣泛，除了傳統之著作權、專利權與商標權外，近年國際間營業秘密、積體電路布局等之訴訟日增，我國雖也有營業秘密法、積體電路布局保護法等法規，但因國內這些法規與先進國家之法規並不盡相容，常使國內廠商赴海外投資因不諳國外法令而觸法。因此企業必須考慮設置一個有效降低智慧財產權法律風險的機制，這種機制可能來自特約之法律顧問，也可能由組織內成立一個法務部門，同時企業尤其是從事高科技產業之業者，必須加強研究發展，並有效地管理其智慧財產權，並向有關部門辦理專利註冊。

　　因為高科技產業之競爭日益激烈，一旦產品或製程上之落後極可能從此退出市場，若忽視智慧財產權之相關保護措施與策略，競爭對手極可能透過反向工程而後來居上，過去我國從事高科技產業之廠商往往只一味埋頭研發，如今除要有效管理其智慧財產權以排除對手鞏固優勢外，還更要學會策略性智慧財產權訴訟之應用，一般而言，在美國這種涉及智慧財產權訴訟即便控訴不成立但也不失打開知名度的方法，此可供我國業者參考。

多角化經營

　　David A. Aaker 對**多角化經營** (Diversification) 作了一個精簡的定義：若企業機構進入一個不同於現有之產品市場組合，便可稱這個企業正從事多角化經營。企業多角化經營在方式上可約略分成兩種：一是**關聯性的多角化經營** (Related Diversification)，這是兩個事業體間有若干共通性之交換利用，而這種共通性可能來自：共通的市場、共通的行銷通路、共通的生產製程技術、共通的研究發展 (R&D) 以及共通的設施等等，或者是藉由技術或資源之交換而產生規模經濟；另一是**非關聯性的多角化經營** (Unrelated Diversification)，這是兩個事業體沒有前述之共通性，而純係基於財務上之考量，例如為踏入某高投資報酬率之領域、為從稅

捐之考量、低價收購一家公司可產生高投資報酬率之效果等等，有志者可參考 David A. Aaker 之 *Strategic Market Management* 第十四章。

臺灣一些財團漸漸地進行多角化經營，茲舉例如下：

- 臺塑：這原本是以石化業起家之國內最大民營製造業者，近年來亦致力發展資訊業、電信、電廠（國內之汽電共生以及大陸電廠之興建）、電動車甚至養殖業等。

- 大陸工程：這是以營建業為主之公司，目前除了積極參與捷運 BOT 案（註：所謂 BOT 是指 Build, Operation 及 Transfer）外，也涉足了銀行、電力與電信業之投資，甚至將跨足生物科技與環保事業。

- 中鋼：這原本是以煉鋼為主之國營事業，自民營化後不僅從事化學原料、水泥、電子、工程等事業以及矽晶圓高科技外，它還進軍貿易、休閒服務業、金融服務業。

- 永豐餘：這家國內造紙業之龍頭廠商，亦在多角化之步伐下參與了晶圓廠、營建、證券、銀行、生物科技等。

環保與生產管理

有許多人認為環保與生產力、經濟利益兩者是互相衝突甚至是不能並存的，美國策略大師 Michael E. Porter 認為這些人只看到環保法規中所帶來之成本負擔，而忽視了一個志在時時創新的企業必需將未使用物料、廢棄物排放等有關之環境策略融入日常管理中，也惟有如此，企業才可能更有效地利用各種生產投入（包括：原料、能源、技術、人力等），透過更新穎之產品設計或生產流程以降低生產成本、提升產品品質與價值，環保方面所作之投資也從而得以彌補，企業也因而方足以因應高度競爭之市場環境。

ISO 14001

東西冷戰結束後，區域性經濟組織已替代了傳統之政治勢力成為主導世局的新力量，隨著國際間經貿互動關係的急遽變化，產業技術日新月異之經營環境下，環保問題即成為國際競爭的關鍵與協商的重要議題之一。1992 年巴西里約熱內盧召開之**地球高峰會議** (Earth Summit) 即揭櫫人類在發展工業時必須兼顧環保，方能使地球永續發展與經營；國際標準組織 (ISO) 在 1996 年公布了 ISO 14001 **環境管理系統** (Environmental Management System ISO 14001)，其基本精神兼具了持續改善與污染預防兩種觀念；亦即企業為了落實 ISO 14001 不僅要降低能源和資源之浪費、減少毒性物質之使用或以低毒性物質來取代高毒性物質以及臭氧層保護等外，更應要求每位員工主動地、積極地從源頭的製程或設備改善開始，一個製程接著一個製程地減少廢棄物產生，即便產生廢棄物時也要設法**回收** (Recycle) 再利用，俾使廢棄程度降到最低。總而言之，ISO 14001 是基於產品生命週期之整體考量下，從生產、流通、銷售、消費以迄廢棄為止之每一階段，都必須致力於降低產品對環境所造成之衝擊和影響。

自 1998 年 1 月起輸歐盟 (EC) 之電腦產品都要求有 ISO 14001 認證，這種要求通過 ISO 14001 認證之廠商才可將產品外銷到他們的國家之做法已儼然蔚為未來必然之趨勢，EC 及一些工業先進國甚至以此作為談判之籌碼，而形成一個非關稅的貿易壓力甚至壁壘。以日本為例，不僅日本政府採購標準已趨向 ISO 化，並擴大到所謂的綠色採購行動，日本許多企業也紛紛尋求 ISO 14001 認證，以得到貨品輸出歐美之「貿易護照」。臺灣基本上是以外銷為導向的國家，爰此，經濟部工業局於民國 84 年起便開始透過研討會、教育訓練等方式，推廣與輔導國內廠

商實施 ISO 14001 環境管理系統，此已成為我國經濟部及環保署未來施政重點之一。

　　ISO 14001 之內容大致為：

　　⑴先期審查及提出改善計畫。

　　⑵分工合作並建立文件追蹤。

　　⑶環境監測分析和稽核。

　　⑷管理階層審查。

　　⑸循環不斷地持續改善。

　　事實上廠商實施 ISO 14001 環境管理系統不僅為配合外銷的需要外，尚可經由工業減廢之污染預防措施以降低生產成本，同時由於環保之成效，亦可減少環保罰鍰及巨額之污染賠償費，進而可提升企業競爭力與企業形象，因此可預期 ISO 14001 之認證將是未來國內廠商努力以赴之目標。

作業十九

一、問答題

1.企業實施自動化之理由何在？實施自動化是否為企業經營成功之保證？
　如果你是公司生產部經理，想引入自動化前，你必須考慮到那些問題？

2.試述網際網路對未來企業之影響。

3.我國高科技廠商取得技術來源大致有那些方式？

4.D.A. Aaker 對多角化經營之定義為何？除了本書所提之企業外，能否
　找出一至二家國內企業多角化經營的例子。如果你是企業之高階主管
　(CEO) 而欲進行多角化經營時，請問你應注意到那些問題？請列舉 5
　項。

5.企業透過環保策略之落實何以能提升生產力？

累積卜瓦松分配表 $\sum\limits_{x=0}^{n} \dfrac{e^{-\lambda}\lambda^x}{x^i}$

	λ								
n	0.1	0.2	0.3	0.4	0.5	0.6	0.7	0.8	0.9
0	0.9048	0.8187	0.7408	0.6730	0.6065	0.5488	0.4966	0.4493	0.4066
1	0.9953	0.9825	0.9631	0.9384	0.9098	0.8781	0.8442	0.8088	0.7725
2	0.9998	0.9989	0.9964	0.9921	0.9856	0.9769	0.9659	0.9526	0.9371
3	1.0000	0.9999	0.9997	0.9992	0.9982	0.9966	0.9942	0.9909	0.9865
4		1.0000	1.0000	0.9999	0.9998	0.9996	0.9992	0.9986	0.9977
5				1.0000	1.0000	1.0000	0.9999	0.9998	0.9997
6							1.0000	1.0000	1.0000

	λ								
n	1.0	1.5	2.0	2.5	3.0	3.5	4.0	4.5	5.0
0	0.3679	0.2231	0.1353	0.0821	0.0498	0.0302	0.0183	0.0111	0.0067
1	0.7358	0.5578	0.4060	0.2873	0.1991	0.1359	0.0916	0.0611	0.0404
2	0.9197	0.8088	0.6767	0.5438	0.4232	0.3208	0.2381	0.1736	0.1247
3	0.9810	0.9344	0.8571	0.7576	0.6472	0.5366	0.4335	0.3423	0.2650
4	0.9963	0.9814	0.9473	0.8912	0.8153	0.7254	0.6288	0.5321	0.4405
5	0.9994	0.9955	0.9834	0.9580	0.9161	0.8576	0.7851	0.7029	0.6160
6	0.9999	0.9991	0.9955	0.9858	0.9665	0.9347	0.8893	0.8311	0.7622
7	1.0000	0.9998	0.9989	0.9958	0.9881	0.9733	0.9489	0.9134	0.8666
8		1.0000	0.9998	0.9989	0.9962	0.9901	0.9786	0.9597	0.9319
9			1.0000	0.9997	0.9989	0.9967	0.9919	0.9829	0.9682
10				0.9999	0.9997	0.9990	0.9972	0.9933	0.9863
11				1.0000	0.9999	0.9997	0.9991	0.9976	0.9945
12					1.0000	0.9999	0.9997	0.9992	0.9980
13						1.0000	0.9999	0.9997	0.9993
14							1.0000	0.9999	0.9998
15								1.0000	0.9999
16									1.0000

累積卜瓦松機率分配表（續）

n	λ 5.5	6.0	6.5	7.0	7.5	8.0	8.5	9.0	9.5
0	0.0041	0.0025	0.0015	0.0009	0.0006	0.0003	0.0002	0.0001	0.0001
1	0.0266	0.0174	0.0113	0.0073	0.0047	0.0030	0.0019	0.0012	0.0008
2	0.0884	0.0620	0.0430	0.0296	0.0203	0.0138	0.0093	0.0062	0.0042
3	0.2017	0.1512	0.1118	0.0818	0.0591	0.0424	0.0301	0.0212	0.0149
4	0.3575	0.2851	0.2237	0.1730	0.1321	0.0996	0.0744	0.0550	0.0403
5	0.5289	0.4457	0.3690	0.3007	0.2414	0.1912	0.1496	0.1157	0.0885
6	0.6860	0.6063	0.5265	0.4497	0.3782	0.3134	0.2562	0.2068	0.1649
7	0.8095	0.7440	0.6728	0.5987	0.5246	0.4530	0.3856	0.3239	0.2687
8	0.8944	0.8472	0.7916	0.7291	0.6620	0.5925	0.5231	0.4557	0.3918
9	0.9462	0.9161	0.8774	0.8305	0.7764	0.7166	0.6530	0.5874	0.5218
10	0.9747	0.9574	0.9332	0.9015	0.8622	0.8159	0.7634	0.7060	0.6453
11	0.9890	0.9799	0.9661	0.9466	0.9208	0.8881	0.8487	0.8030	0.7520
12	0.9955	0.9912	0.9840	0.9730	0.9573	0.9362	0.9091	0.8758	0.8364
13	0.9983	0.9964	0.9929	0.9872	0.9784	0.9658	0.9486	0.9261	0.8981
14	0.9994	0.9986	0.9970	0.9943	0.9897	0.9827	0.9726	0.9585	0.9400
15	0.9998	0.9995	0.9988	0.9976	0.9954	0.9918	0.9862	0.9780	0.9665
16	0.9999	0.9998	0.9996	0.9990	0.9980	0.9963	0.9934	0.9889	0.9823
17	1.0000	0.9999	0.9998	0.9996	0.9992	0.9984	0.9970	0.9947	0.9911
18		1.0000	0.9999	0.9999	0.9997	0.9994	0.9987	0.9976	0.9957
19			1.0000	1.0000	0.9999	0.9997	0.9995	0.9989	0.9980
20					1.0000	0.9999	0.9998	0.9996	0.9991
21						1.0000	0.9999	0.9998	0.9996
22							1.0000	0.9999	0.9999
23								1.0000	0.9999
24									1.0000

附　錄　二

面積

0　z

常態分配表

z	0.00	0.01	0.02	0.03	0.04	0.05	0.06	0.07	0.08	0.09
−3.4	0.0003	0.0003	0.0003	0.0003	0.0003	0.0003	0.0003	0.0003	0.0003	0.0002
−3.3	0.0005	0.0005	0.0005	0.0004	0.0004	0.0004	0.0004	0.0004	0.0004	0.0003
−3.2	0.0007	0.0007	0.0006	0.0006	0.0006	0.0006	0.0006	0.0005	0.0005	0.0005
−3.1	0.0010	0.0009	0.0009	0.0009	0.0008	0.0008	0.0008	0.0008	0.0007	0.0007
−3.0	0.0013	0.0013	0.0013	0.0012	0.0012	0.0011	0.0011	0.0011	0.0010	0.0010
−2.9	0.0019	0.0018	0.0017	0.0017	0.0016	0.0016	0.0015	0.0015	0.0014	0.0014
−2.8	0.0026	0.0025	0.0024	0.0023	0.0023	0.0022	0.0021	0.0021	0.0020	0.0019
−2.7	0.0035	0.0034	0.0033	0.0032	0.0031	0.0030	0.0029	0.0028	0.0027	0.0026
−2.6	0.0047	0.0045	0.0044	0.0043	0.0041	0.0040	0.0039	0.0038	0.0037	0.0036
−2.5	0.0062	0.0060	0.0059	0.0057	0.0055	0.0054	0.0052	0.0051	0.0049	0.0048
−2.4	0.0082	0.0080	0.0078	0.0075	0.0073	0.0071	0.0069	0.0068	0.0066	0.0064
−2.3	0.0107	0.0104	0.0102	0.0099	0.0096	0.0094	0.0091	0.0089	0.0087	0.0084
−2.2	0.0139	0.0136	0.0132	0.0129	0.0125	0.0122	0.0119	0.0116	0.0113	0.0110
−2.1	0.0179	0.0174	0.0170	0.0166	0.0162	0.0158	0.0154	0.0150	0.0146	0.0143
−2.0	0.0228	0.0222	0.0217	0.0212	0.0207	0.0202	0.0197	0.0192	0.0188	0.0183
−1.9	0.0287	0.0281	0.0274	0.0268	0.0262	0.0256	0.0250	0.0244	0.0239	0.0233
−1.8	0.0359	0.0352	0.0344	0.0336	0.0329	0.0322	0.0314	0.0307	0.0301	0.0294
−1.7	0.0446	0.0436	0.0427	0.0418	0.0409	0.0401	0.0392	0.0384	0.0375	0.0367
−1.6	0.0548	0.0537	0.0526	0.0516	0.0505	0.0495	0.0485	0.0475	0.0465	0.0455
−1.5	0.0668	0.0655	0.0643	0.0630	0.0618	0.0606	0.0594	0.0582	0.0571	0.0559
−1.4	0.0808	0.0793	0.0778	0.0764	0.0749	0.0735	0.0722	0.0708	0.0694	0.0681
−1.3	0.0968	0.0951	0.0934	0.0918	0.0901	0.0885	0.0869	0.0853	0.0838	0.0823
−1.2	0.1151	0.1131	0.1112	0.1093	0.1075	0.1056	0.1038	0.1020	0.1003	0.0985
−1.1	0.1357	0.1335	0.1314	0.1292	0.1271	0.1251	0.1230	0.1210	0.1190	0.1170
−1.0	0.1587	0.1562	0.1539	0.1515	0.1492	0.1469	0.1446	0.1423	0.1401	0.1379
−0.9	0.1841	0.1814	0.1788	0.1762	0.1736	0.1711	0.1685	0.1660	0.1635	0.1611
−0.8	0.2119	0.2090	0.2061	0.2033	0.2005	0.1977	0.1949	0.1922	0.1894	0.1867

−0.7	0.2420	0.2389	0.2358	0.2327	0.2296	0.2266	0.2236	0.2206	0.2177	0.2148
−0.6	0.2743	0.2709	0.2676	0.2643	0.2611	0.2578	0.2546	0.2514	0.2483	0.2451
−0.5	0.3085	0.3050	0.3015	0.2981	0.2946	0.2912	0.2877	0.2843	0.2810	0.2776
−0.4	0.3446	0.3409	0.3372	0.3336	0.3300	0.3264	0.3228	0.3192	0.3156	0.3121
−0.3	0.3821	0.3783	0.3745	0.3707	0.3669	0.3632	0.3594	0.3557	0.3520	0.3483
−0.2	0.4207	0.4166	0.4129	0.4090	0.4052	0.4013	0.3974	0.3936	0.3897	0.3859
−0.1	0.4602	0.4562	0.4522	0.4483	0.4443	0.4404	0.4364	0.4325	0.4286	0.4247
−0.0	0.5000	0.4960	0.4920	0.4880	0.4840	0.4801	0.4761	0.4721	0.4681	0.4641
0.0	0.5000	0.5040	0.5080	0.5120	0.5160	0.5199	0.5239	0.5279	0.5319	0.5359
0.1	0.5398	0.5438	0.5478	0.5517	0.5557	0.5596	0.5636	0.5675	0.5714	0.5753
0.2	0.5793	0.5832	0.5871	0.5910	0.5948	0.5987	0.6026	0.6064	0.6103	0.6141
0.3	0.6179	0.6217	0.6255	0.6293	0.6331	0.6368	0.6406	0.6443	0.6480	0.6517
0.4	0.6554	0.6591	0.6628	0.6664	0.6700	0.6736	0.6772	0.6808	0.6844	0.6879
0.5	0.6915	0.6950	0.6985	0.7019	0.7054	0.7088	0.7123	0.7157	0.7190	0.7224
0.6	0.7257	0.7291	0.7324	0.7357	0.7389	0.7422	0.7454	0.7486	0.7517	0.7549
0.7	0.7580	0.7611	0.7642	0.7673	0.7704	0.7734	0.7764	0.7794	0.7823	0.7852
0.8	0.7881	0.7910	0.7939	0.7967	0.7995	0.8023	0.8051	0.8078	0.8106	0.8133
0.9	0.8159	0.8186	0.8212	0.8238	0.8264	0.8289	0.8315	0.8340	0.8365	0.8389
1.0	0.8413	0.8438	0.8461	0.8485	0.8508	0.8531	0.8554	0.8577	0.8599	0.8621
1.1	0.8643	0.8665	0.8686	0.8708	0.8729	0.8749	0.8770	0.8790	0.8810	0.8830
1.2	0.8849	0.8869	0.8888	0.8907	0.8925	0.8944	0.8962	0.8980	0.8997	0.9015
1.3	0.9032	0.9049	0.9066	0.9082	0.9099	0.9115	0.9131	0.9147	0.9162	0.9177
1.4	0.9192	0.9207	0.9222	0.9236	0.9251	0.9265	0.9278	0.9292	0.9306	0.9319
1.5	0.9332	0.9345	0.9357	0.9370	0.9382	0.9394	0.9406	0.9418	0.9429	0.9441
1.6	0.9452	0.9463	0.9474	0.9484	0.9495	0.9505	0.9515	0.9525	0.9535	0.9545
1.7	0.9554	0.9564	0.9573	0.9582	0.9591	0.9599	0.9608	0.9616	0.9625	0.9633
1.8	0.9641	0.9649	0.9656	0.9664	0.9671	0.9678	0.9686	0.9693	0.9699	0.9706
1.9	0.9713	0.9719	0.9726	0.9732	0.9738	0.9744	0.9750	0.9756	0.9761	0.9767
2.0	0.9772	0.9778	0.9783	0.9788	0.9793	0.9798	0.9803	0.9808	0.9812	0.9817
2.1	0.9821	0.9826	0.9830	0.9834	0.9838	0.9842	0.9846	0.9850	0.9854	0.9857
2.2	0.9861	0.9864	0.9868	0.9871	0.9875	0.9878	0.9881	0.9884	0.9887	0.9890
2.3	0.9893	0.9896	0.9898	0.9901	0.9904	0.9906	0.9909	0.9911	0.9913	0.9916
2.4	0.9918	0.9920	0.9922	0.9925	0.9927	0.9929	0.9931	0.9932	0.9934	0.9936
2.5	0.9930	0.9940	0.9941	0.9943	0.9945	0.9946	0.9948	0.9949	0.9951	0.9952
2.6	0.9953	0.9955	0.9956	0.9957	0.9959	0.9960	0.9961	0.9962	0.9963	0.9964
2.7	0.9965	0.9966	0.9967	0.9968	0.9969	0.9970	0.9971	0.9972	0.9973	0.9974
2.8	0.9974	0.9975	0.9976	0.9977	0.9977	0.9978	0.9979	0.9979	0.9980	0.9981
2.9	0.9981	0.9982	0.9982	0.9983	0.9984	0.9984	0.9985	0.9985	0.9986	0.9986
3.0	0.9987	0.9987	0.9987	0.9988	0.9988	0.9989	0.9989	0.9989	0.9990	0.9990
3.1	0.9990	0.9991	0.9991	0.9991	0.9992	0.9992	0.9992	0.9992	0.9993	0.9993
3.2	0.9993	0.9993	0.9994	0.9994	0.9994	0.9994	0.9994	0.9995	0.9995	0.9995
3.3	0.9995	0.9995	0.9995	0.9996	0.9996	0.9996	0.9996	0.9996	0.9996	0.9997
3.4	0.9997	0.9997	0.9997	0.9997	0.9997	0.9997	0.9997	0.9997	0.9997	0.9998

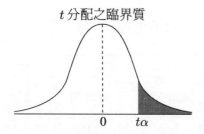

t 分配之臨界質

t 分配表

v	α				
	0.10	0.05	0.025	0.01	0.005
1	3.078	6.314	12.706	31.821	63.657
2	1.886	2.920	4.303	6.965	9.925
3	1.638	2.353	3.182	4.541	5.841
4	1.533	2.132	2.776	3.747	4.604
5	1.476	2.015	2.571	3.365	4.032
6	1.440	1.943	2.447	3.143	3.707
7	1.415	1.895	2.365	2.998	3.499
8	1.397	1.860	2.306	2.896	3.355
9	1.383	1.833	2.262	2.821	3.250
10	1.372	1.812	2.228	2.764	3.169
11	1.363	1.796	2.201	2.718	3.106
12	1.356	1.782	2.179	2.681	3.055
13	1.350	1.771	2.160	2.650	3.012
14	1.345	1.761	2.145	2.624	2.977
15	1.341	1.753	2.131	2.602	2.947
16	1.337	1.746	2.120	2.583	2.921
17	1.333	1.740	2.110	2.567	2.898
18	1.330	1.734	2.101	2.552	2.878
19	1.328	1.729	2.093	2.539	2.861
20	1.325	1.725	2.086	2.528	2.845
21	1.323	1.721	2.080	2.518	2.831
22	1.321	1.717	2.074	2.508	2.819
23	1.319	1.714	2.069	2.500	2.807
24	1.318	1.711	2.064	2.492	2.797
25	1.316	1.708	2.060	2.485	2.787
26	1.315	1.706	2.056	2.479	2.779
27	1.314	1.703	2.052	2.473	2.771
28	1.313	1.701	2.048	2.467	2.763
29	1.311	1.699	2.045	2.462	2.756
∞	1.282	1.645	1.960	2.326	2.576

學習曲線係數

單位量	70%		75%		80%		85%		90%	
	單位時間	總時間	單位時間	總時間	單位時間	總時間	單位時間	總時間	單位時間	總時間
1	1.000	1.000	1.000	1.000	1.000	1.000	1.000	1.000	1.000	1.000
2	0.700	1.700	0.750	1.750	0.800	1.800	0.850	1.850	0.900	1.900
3	0.568	2.268	0.634	2.384	0.702	2.502	0.773	2.623	0.846	2.746
4	0.490	2.758	0.562	2.946	0.640	3.142	0.723	3.345	0.810	3.556
5	0.437	3.195	0.513	3.459	0.596	3.738	0.686	4.031	0.783	4.339
6	0.398	3.593	0.475	3.934	0.562	4.299	0.657	4.688	0.762	5.101
7	0.367	3.960	0.446	4.380	0.534	4.834	0.634	5.322	0.744	5.845
8	0.343	4.303	0.422	4.802	0.512	5.346	0.614	5.936	0.729	6.574
9	0.323	4.626	0.402	5.204	0.493	5.839	0.597	6.533	0.716	7.290
10	0.306	4.932	0.385	5.589	0.477	6.315	0.583	7.116	0.705	7.994
11	0.291	5.223	0.370	5.958	0.462	6.777	0.570	7.686	0.695	8.689
12	0.278	5.501	0.357	6.315	0.449	7.227	0.558	8.244	0.685	9.374
13	0.267	5.769	0.345	6.660	0.438	7.665	0.548	8.792	0.677	10.052
14	0.257	6.026	0.334	6.994	0.428	8.092	0.539	9.331	0.670	10.721
15	0.248	6.274	0.325	7.319	0.418	8.511	0.530	9.861	0.663	11.384

附 錄 五

選擇題解答

作業一

1.(D)　　2.(C)　　3.(A)　　4.(B)　　5.(B)

6.(C)　　7.(D)　　8.(C)　　9.(D)　　10.(D)

11.(B)　　12.(B)　　13.(A)　　14.(D)　　15.(A)

16.(A)　　17.(D)　　18.(B)　　19.(C)　　20.(C)

作業二

1.(A)　　2.(C)　　3.(A)　　4.(C)　　5.(D)

6.(C)　　7.(C)　　8. (A、B)　　9.(C)　　10.(A)

11.(A)　　12.(C)　　13.(B)

作業三

1.(A)　　2.(A)　　3.(D)　　4.(C)　　5.(D)

6.(A)　　7.(D)　　8.(C)　　9.(C)　　10.(A)

11.(A)　　12.(C)　　13.(A)　　14.(B)　　15.(D)

16.(C)　　17.(D)　　18.(D)　　19.(D)　　20.(C)

21.(C)　　22.(D)

作業四

1.(D)　2.(C)　3.(C)　4.(D)　5.(D)

6.(D)　7.(C)　8.(A)　9.(C)　10.(B)

11.(B)　12.(A)　13.(A)　14.(C)　15.(B)

作業五

1.(A)　2.(A)　3.(C)　4.(B)　5.(B)

6.(A)　7.(B)　8.(B)　9.(C)　10.(D)

11.(D)

作業六

1.(A)　2.(D)　3.(C)　4.(D)　5.(D)

6.(A)　7.(D)　8.(C)　9.(C)　10.(D)

作業七

1.(A)　2.(D)　3.(C)　4.(B)　5.(A)

6.(B)　7.(C)　8.(D)　9.(B)　10.(A)

11.(B)　12.(A)

作業八

1.(A)　2.(D)　3.(B)　4.(C)　5.(D)

6.(B)　7.(A)　8. (C或 D)　9.(C)　10.(D)

11.(B)　12.(D)　13.(C)　14.(C)　15.(A)

16.(A)　17.(D)　18.(D)　19.(B)

作業九

1.(D)　2.(A)　3.(D)　4.(C)　5.(C)

6.(A)　7.(A)　8.(D)　9.(D)　10.(A)

11.(D)　12.(B)

作業十

1.(A)　2.(C)　3.(C)　4.(C)　5.(B)

6.(C)　7.(D)　8.(C)　9.(D)　10.(C)

11.(C)　12.(B)　13.(B)　14.(B)　15.(B)

16.(C)　17.(C)　18.(A)　19.(B)　20.(B)

21.(A)　22.(B)

作業十一

1.(D)　2.(C)　3.(A)　4.(A)　5.(B)

6.(B)　7.(D)　8.(A)　9.(C)　10.(A)

11.(C)　12.(C)

作業十二

1.(B)　2.(A)　3.(D)　4.(C)　5.(B)

6.(A)　7.(D)　8.(B)　9.(B)　10.(B)

11.(D)　12.(D)

作業十三

1.(C)　2.(A)　3.(A)　4.(D)　5.(A)

6.(B)　7.(D)　8.(A)　9.(D)　10.(C)

11.(A)　12.(B)　13.(D)　14.(D)

作業十四

1.(C)　2.(B)　3.(C)　4.(C)　5.(A)

6.(A)　7.(C)　8.(B)　9.(B)　10.(B)

作業十五

1.(B)　2.(D)　3.(B)　4.(C)　5.(B)

6.(C)　7.(C)　8.(A)　9.(A)　10.(D)

11.(C)

作業十六

1.(C)　2.(B)　3.(A)　4.(A)　5.(D)

6.(C)　7.(D)　8.(B)　9.(D)　10.(B)

11.(C)　12.(B)　13.(B)　14.(B)　15.(D)

16.(A)

作業十七

1.(D)　2.(B)　3.(C)　4.(D)　5.(C)

6.(D)　7.(C)　8.(B)　9.(B)　10.(D)

11.(B)　12.(B)　13.(A)　14.(A)　15.(C)

16.(D)

作業十八

1.(B)　2.(C)　3.(A)　4.(B)　5.(A)

6.(C)　7.(B)　8.(A)　9.(C)　10.(D)

11.(D)　12.(D)

● 附錄六 ●

參考書目

中文參考書部分

1. 中國生產力中心譯：《21 世紀企業經營大師》，臺北中國生產力中心，民國 87 年。

2. 天下編輯著：《輕鬆與大師對話㈠克接克解讀克拉克》，臺北天下叢書，民國 86 年。

3. 天下編輯著：《輕鬆與大師對話㈡波特解讀波特》，臺北天下叢書，民國 86 年。

4. 天下編輯著：《輕鬆與大師對話㈢梭羅解讀梭羅》，臺北天下叢書，民國 86 年。

5. 天下編譯：《追求卓越》，臺北天下叢書，民國 82 年。

6. 王美音、楊子江譯：《創新與創業》，臺北卓越，民國 74 年。

7. 周旭華譯：《優勢行銷》，臺北天下叢書，民國 83 年。

8. 林曾祥、鄭玉龍與葉維彰著：《電腦整合製造入門與探討》，臺北全欣資訊，民國 82 年。

9. 林維新、林勝賢：《彈性製造系統》，臺北全華，民國 82 年。

10. 柳昆成、李祖慰等譯：《高科技製造技術》，臺北全華，民國 84 年。

11. 黃一魯譯：《豐田生產體系》，臺北中國生產力中心，民國 74 年。

12. 黃政民譯：《企業管理：理論、程序及實務》，臺北天一，民國 81 年。

13. 黃學亮著：《機率學》三版，臺北中央，民國 84 年。

14.楊丁元、陳慧玲著:《業競天擇: 高科技產業生態》, 臺北工商時報, 民國 87 年。

15.楊幼蘭譯:《改造企業》, 臺北牛頓, 民國 85 年。

16.齊若蘭譯:《目標》, 臺北天下叢書, 民國 86 年。

17.劉仁傑:《重建臺灣產業競爭力》, 臺北遠流, 民國 86 年。

18.蔣寬和、梁添富、吳英偉譯:《工程經濟》三版, 臺中滄海, 民國 83 年。

19.顧淑馨譯:《世紀之爭》, 臺北天下叢書, 民國 81 年。

20.顧淑馨譯:《競爭大未來》, 臺北智庫文化, 民國 85 年。

英文參考書部分

1.Buffa E. S., R. K. Sarin: *Modern Production/Operations Management* 8th ed., Wiley, 1987

2.Chase R. B., N. J. Aquilano: *Production and Operations Management: A Life Cycle Approach* 6th ed., Homewood, III.: Irwin, 1992

3.Gaither, N.: *Production and Operations Management* 6th ed., Orlando: Dryden Press.., 1994

4.Grooved, M. P.: *Automation, Production System, and Computer-Aided Manufacturing*, Englewood Cliff, N. J., Prentice Hall, 1987

5.Krajewski, L. J., and L. P. Ritzman: *Operations Management* 4th ed., Addison-Wesley, 1996

6.Logothetis, N. *Managing for Total Quality*, Englewood Cliff, N. J., Prentice Hall, 1991

7.Russell, R. S., and B. W. Taylor III: *Production and Operations Management: Focusing on Quality and Competitiveness*, Englewood Cliff, N. J., Prentice Hall, 1995

8.Schonberger, R. J.: *Japanese Manufacturing Techniques: Nine Hidden*

Lessons in Simplicity, New York: Free Press 1982

9.Stevenson, W. J.: *Production/Operations Management* 4th ed., Homewood, III.: Irwin, 1993.

10.Vollman T., W. Berry, and C. Whybark: *Manufacturing Planning and Control System* 3rd ed., Homewood, III.: Irwin, 1992

11.Winston, W. L.: *Operations Research: Applications and Algorithms*, Boston: Duxbury Press, 1987

三民大專用書書目——行政・管理